Schummelseite – Grundlagen der Linearen Algebra für Dummies

Werte einiger wichtiger trigonometrischer Funktionen

Bei der Anwendung von Transformationen wie etwa Drehungen benötigen Sie die numerischen Funktionswerte einiger der gebräuchlichsten Winkel.

Werte einiger gebräuchlicher trigonometrischer Funktionen

Winkel in Grad	Sinus (sin)	Kosinus (cos)	Tangens (tan)
0	0	1	0
30	½	$\frac{\sqrt{3}}{2}$	$\frac{\sqrt{3}}{3}$
45	$\frac{\sqrt{2}}{2}$	$\frac{\sqrt{2}}{2}$	1
60	$\frac{\sqrt{3}}{2}$	½	$\sqrt{3}$
90	1	0	Nicht definiert
180	0	–1	0
270	–1	0	Nicht definiert

Anforderungen an den Vektorraum

Eine Menge von Elementen wird als Vektorraum bezeichnet, wenn bestimmte Anforderungen erfüllt sind. Angenommen, eine Menge besteht aus den Vektoren $\vec{u}$, $\vec{v}$ und $\vec{w}$. Außerdem seien k und l reelle Zahlen. Wir betrachten die Operationen $\oplus$ und $\odot$. Die Menge ist ein Vektorraum, wenn unter der Operation $\oplus$ folgendes gilt:

- ✓ Abgeschlossenheit: $\vec{u} \oplus \vec{v}$ befindet sich ebenfalls in der Menge.
- ✓ Kommutativität: $\vec{u} \oplus \vec{v} = \vec{v} \oplus \vec{u}$.
- ✓ Assoziativität: $\vec{u} \oplus (\vec{v} \oplus \vec{w}) = (\vec{u} \oplus \vec{v}) \oplus \vec{w}$.
- ✓ Neutrales Element $\vec{0}$: $\vec{u} \oplus \vec{0} = \vec{0} \oplus \vec{u} = \vec{u}$ für alle Elemente $\vec{u}$.
- ✓ Inverses Element: $-\vec{u} : \vec{u} \oplus -\vec{u} = -\vec{u} \oplus \vec{u} = \vec{0}$.

Und wenn für die Operation $\odot$ gilt:

- ✓ Abgeschlossenheit: $k \odot \vec{u}$ befindet sich ebenfalls in der Menge.
- ✓ Distributivität über eine Vektorsumme: $k \odot (\vec{u} \oplus \vec{v}) = k \odot \vec{u} \oplus k \odot \vec{v}$.
- ✓ Distributivität über eine Skalarsumme: $(k + l) \odot \vec{u} = k \odot \vec{u} \oplus l \odot \vec{u}$.
- ✓ Assoziativität eines Skalarprodukts: $k \odot (l \odot \vec{u}) = (kl) \odot \vec{u}$.
- ✓ Multiplikation mit der Skalaridentität: $1 \odot \vec{u} = \vec{u}$.

Algebraische Eigenschaften

Einige Eigenschaften von algebraischen Ausdrücken gelten auch für Matrizen, Determinanten und Vektorräume:

- ✓ Kommutativeigenschaft von Addition und Multiplikation: $a + b = b + a$ und $ab = ba$. (Die multiplikative Kommutativität gilt jedoch nicht bei Matrizenmultiplikation!)
- ✓ Assoziativeigenschaft von Addition und Multiplikation: $a + (b + c) = (a + b) + c$ und $a(bc) = (ab)$ c.
- ✓ Distributiveigenschaft der Multiplikation über die Addition: $a(b + c) = ab + ac$ und $(b + c)\,a = ba + ca$.
- ✓ Identitäten bei Addition und Multiplikation: $0 + a = a + 0$ und $1 \cdot a = a \cdot 1 = a$.
- ✓ Inverse in Addition und Multiplikation: $a + (-a) = (-a) + a = 0$ und $a \cdot \frac{1}{a} = \frac{1}{a} \cdot a = 1$ (mit $a \neq 0$).

Befehle für den Taschenrechner

Nachfolgend finden Sie einige allgemeine Anweisungen, die für die meisten gängigen Taschenrechner funktionieren. Weitere, detaillierte Anleitungen finden Sie in Kapitel 18.

Gleichungssysteme graphisch lösen:

1. **Schreiben Sie jede Gleichung in der Form $y = mx + b$.**
2. **Geben Sie die Gleichungen im y-Menü ein.**
3. **Zeigen Sie die Graphen der Geraden an.**
4. **Bestimmen Sie mit Hilfe der Schnittstellenfunktion die Lösung.**

Matrizen addieren und subtrahieren:

1. **Geben Sie die Einträge in die Matrizen A und B ein.**
2. **Drücken Sie unter einem neuen Display [A] + [B] oder [A] – [B] und drücken Sie die Eingabetaste.**

Mit einem Skalar multiplizieren.

1. **Geben Sie die Einträge in die Matrix A ein.**
2. **Drücken Sie unter einem neuen Display den Skalar und multiplizieren Sie: k · [A] und drücken Sie die Eingabetaste.**

Zwei Matrizen multiplizieren:

1. **Geben Sie die Einträge in die Matrizen A und B ein.**
2. **Drücken Sie unter einem neuen Display [A] · [B] und drücken Sie die Eingabetaste.**

Zeilen vertauschen:

1. **Geben Sie die Einträge in die Matrix ein.**
2. **Verwenden Sie die Zeilenvertauschung: *rowSwap*([Matrixname], erste Zeile, zweite Zeile), und drücken Sie die Eingabetaste.**

Zwei Zeilen addieren:

1. **Geben Sie die Einträge in die Matrix ein.**
2. **Verwenden Sie die Zeilenaddition: *row+*([Matrixname], zur Zielzeile zu addierende Zeile, Zielzeile), und drücken Sie die Eingabetaste.**

Das Vielfache einer Zeile zu einer anderen addieren:

1. **Geben Sie die Einträge in die Matrix ein.**
2. **Verwenden Sie die Addition des Zeilenvielfachen:**
   · *row+*(Faktor, [Matrixname], zu multiplizierende Zeile, Zielzeile zu der das Vielfache addiert wird), und drücken Sie die Eingabetaste.

Eine Zeile mit einem Skalar multiplizieren:

1. **Geben Sie die Einträge in die Matrix ein.**
2. **Verwenden Sie die Zeilenmultiplikation:**
   · *row+*(Multiplikator, [Matrixname], Zeile), und drücken Sie die Eingabetaste.

Eine Stufenform erzeugen:

1. **Geben Sie die Einträge in die Matrix ein.**
2. **Verwenden Sie die Zeilenstufenform: *ref*([Matrixname]) oder für die reduzierte Zeilenstufenform: *rref* ([Matrixname]), und drücken Sie die Eingabetaste.**

Eine Matrix in eine Potenz erheben:

1. **Geben Sie die Einträge in die Matrix ein.**
2. **Verwenden Sie die Caret-Operation mit Potenz: *p*: [Matrixname]^*p*, und drücken Sie die Eingabetaste.**

Inverse bestimmen:

1. **Geben Sie die Einträge in die Matrix ein.**
2. **Verwenden Sie die Umkehroperation, x^{-1}: $[\text{Matrixname}]^{-1}$, und drücken Sie die Eingabetaste.**

Lineare Gleichungssysteme lösen:

1. **Schreiben Sie sich alle Gleichungen mit den Variablen in derselben Reihenfolge auf der einen und den Konstanten auf der anderen Seite des Gleichheitszeichens auf.**
2. **Erstellen Sie eine Matrix A, deren Einträge die Koeffizienten der Variablen sind.**
3. **Erstellen Sie eine Matrix B, deren Einträge die Konstanten sind.**
4. **Drücken Sie $A^{-1} \cdot B$ und drücken Sie die Eingabetaste.**

Grundlagen der Linearen Algebra für Dummies

Mary Jane Sterling

Grundlagen der Linearen Algebra für Dummies

Übersetzung aus dem Amerikanischen von
Judith Muhr

Fachkorrektur von Dr. Patrick Kühnel und Katrin Baum

WILEY-VCH

WILEY-VCH Verlag GmbH & Co. KGaA

Bibliografische Information der Deutschen Nationalbibliothek
Die Deutsche Nationalbibliothek verzeichnet diese Publikation in der Deutschen Nationalbibliografie; detaillierte bibliografische Daten sind im Internet über http://dnb.d-nb.de abrufbar.

1. Auflage 2010

Printed in Germany

Gedruckt auf säurefreiem Papier

Korrektur: Patrick Kühnel

Satz: Druckhaus »Thomas Müntzer«, Bad Langensalza
Druck und Bindung: CPI – Ebner & Spiegel, Ulm

ISBN 978-3-527-70620-4

Cartoons im Überblick

von Rich Tennant

Seite 23

Seite 97

„Erst hat er nur ein paar lineare Gleichungen hingeschrieben und irgendwelche Sätze darauf angewendet, aber ehe ich wusste, wie mir geschieht, hatte ich diesen Hohlraumrostschutz gekauft!“

Seite 177

Seite 235

Besonders Algebraprüfungen waren für Hans unangenehm. Er konnte seine Rechenergebnisse einfach nicht für sich behalten.

Seite 299

Fax: 001-978-546-7747
Internet: www.the5thwave.com
E-Mail: richtennant@the5thwave.com

Inhaltsverzeichnis

Kapitel 3 Matrizen und Matrizenalgebra 55

Kapitel 4 Gleichungssysteme systematisch lösen 79

Kapitel 11 Die Eigenschaften von Determinanten 201

Kapitel 12 Die Cramersche Regel nutzen 221

Teil IV
Vektorräume 235

Kapitel 13
Die Eigenschaften von Vektorräumen 237

Kapitel 14
Unterräume eines Vektorraums bestimmen 249

Kapitel 15
Vektorraumbasen – es geht um das große Ganze 265

Einführung

Die lineare Algebra ist in der Regel die erste Begegnung des angehenden Mathematikers mit der *richtigen* Welt der Mathematik. Nach diesem Satz werden Sie laut aufschreien. Sie fragen sich, was Sie eigentlich bis zu diesem Moment gemacht haben, wenn es keine richtige Mathematik war. Schließlich haben Sie schon als Kleinkind angefangen, zu zählen, und sich dann durch alle möglichen schwierigen Themen gekämpft – vielleicht sogar schon durch die Analysis.

Ich versuche nicht, Ihre bisherigen Leistungen kleiner zu reden, aber Sie sind jetzt in einem Bereich der Mathematik angelangt, wo die mathematischen Strukturen in einem neuen Licht erscheinen. Alle bewährten und funktionierenden Regeln und Grundsätze der Arithmetik, Algebra, Trigonometrie und Geometrie gelten zwar weiterhin, aber die lineare Algebra betrachtet diese Regeln genauer, strukturiert sie und vertieft dadurch Ihr Verständnis.

Sie werden feststellen, dass Sie in der linearen Algebra Ihre ganz eigene Menge oder Gruppierung von Objekten definieren können – Sie bestimmen anhand eines bestimmten Auswahlkriteriums, wer mitspielt. Und basierend auf den von Ihnen festgelegten Standards wird anschließend entschieden, wer in der Gruppe bleibt. Die Operationen innerhalb der linearen Algebra sind präzise und auf bestimmte Weise definiert. Sie wenden zwar nicht unbedingt die üblichen Operationen (wie etwa Addition, Subtraktion, Multiplikation und Division) auf die Objekte in Ihrer Menge an, aber das beinträchtigt kaum Ihre Möglichkeiten. Sie bekommen einen völlig neuen Blick auf mathematische Operationen um diese dann bei Ihren Untersuchungen der linearen Algebra und bei der Erkundung unterschiedlicher Facetten des jeweiligen Themas einzusetzen.

Bei der linearen Algebra geht es um Gleichungssysteme, lineare Transformationen, Vektoren und Matrizen sowie Determinanten. Sie haben die meisten dieser Strukturen wahrscheinlich schon in anderem Kontext kennen gelernt, aber die lineare Algebra verknüpft sie auf eine ganz spezielle Weise.

Zu diesem Buch

Die lineare Algebra umfasst mehrere verschiedene Themen, die Sie völlig separat voneinander betrachten können, ohne viel Zeit für die anderen aufwenden zu müssen. Sie brauchen dieses Buch nicht von vorne nach hinten (und schon gar nicht von hinten nach vorne!) zu lesen. Vielleicht interessieren Sie sich ja gerade für Determinanten und wollen zuerst die Kapitel lesen, die davon handeln. Wenn Sie Hilfe brauchen, während Sie die Erklärungen zu den Determinanten lesen, verweise ich Sie auf die anderen Stellen im Buch, wo Sie die benötigten Informationen möglicherweise finden. Im gesamten Buch gibt es solche Verweise, die Sie zu weiteren Informationen an anderen Stellen führen. Der Aufbau des Buches ist logisch und folgt einem Plan, aber mein Plan muss nicht Ihr Plan sein. Legen Sie also Ihre eigene Vorgehensweise fest.

Konventionen in diesem Buch

Sie werden den in diesem Buch beschriebenen Stoff als hilfreiche Referenz zu schätzen lernen, während Sie sich mit der linearen Algebra beschäftigen. Bei den Erklärungen verwende ich *Kursivschrift*, um neue Begriffe einzuführen. Ich definiere die Wörter dann sofort, und wenn das noch nicht reicht, können Sie im Glossar nachsehen, um mehr über diese und verwandte Wörter zu finden. **Fett ausgezeichneter Text** kennzeichnet eine Liste von Eigenschaften oder Schritte für die Ausführung einer Funktion.

Was Sie nicht lesen müssen

Sie müssen nicht jedes Wort in diesem Buch lesen, um die benötigte Information zu erhalten. Hier einige Dinge, die Sie problemlos überspringen können, wenn Sie es eilig haben oder sich einfach nur einen Überblick verschaffen wollen,

- ✔ **Einschübe**: Text in grauen Kästen wird als Einschub bezeichnet. Einschübe enthalten interessante Informationen, die jedoch nicht wesentlich für das Verständnis des aktuellen Themas sind.
- ✔ **Text, der mit dem Symbol »Vorsicht, Technik« (Das ist das Männchen mit dem erhobenen Zeigefinger) gekennzeichnet ist**: Weitere Informationen zu diesem Symbol finden Sie im Abschnitt »In diesem Buch verwendete Symbole« später in dieser Einführung.
- ✔ **Die Copyright-Seite**. Wenn Sie nicht gerade zu den Menschen gehören, die die Listen der Inhaltsstoffe aller Lebensmittel lesen, die sie jemals essen, werden Sie es verschmerzen können, diese Seite zu überspringen!

Törichte Annahmen über den Leser

Als ich dieses Buch geplant und geschrieben habe, musste ich ein paar Annahmen über Sie und Ihre Vertrautheit mit der Mathematik treffen. Ich gehe davon aus, dass Sie ausreichend über Algebra informiert sind und dass Sie zumindest Grundzüge der Geometrie oder Trigonometrie beherrschen. Sie brauchen natürlich keine geometrischen Beweise zu führen oder Winkel zu messen, aber in der linearen Algebra werden bei der Arbeit mit Matrizen algebraische Operationen und Gruppierungssymbole verwendet, bei denen ich auf geometrische Transformationen wie etwa Drehungen und Spiegelungen verweise. Ich erkläre zwar immer, was gerade passiert, aber es ist hilfreich, wenn Sie dieses Hintergrundwissen besitzen.

Wie dieses Buch aufgebaut ist

Dieses Buch ist in mehrere *Teile* untergliedert, die jeweils mehrere Kapitel enthalten. Jedes Kapitel wiederum ist in Abschnitte unterteilt, die jeweils ein bestimmtes Thema haben. Es ist alles sehr klar gegliedert und logisch aufgebaut. Sie sollten deshalb in der Lage sein, sich von Abschnitt zu Abschnitt, von Kapitel zu Kapitel und von Teil zu Teil zu bewegen, während Sie immer genau darüber im Bilde sind, was Sie als Nächstes erwartet.

Bei der linearen Algebra geht es um Gleichungen, Matrizen und Vektoren. All dies ist jedoch nicht streng voneinander zu trennen. Selbst wenn sich ein bestimmter Abschnitt auf eine dieser Komponenten konzentriert, werden auch die anderen Themen immer wieder hineinspielen und in der Diskussion Erwähnung finden.

Teil I: Die Grundlagen der linearen Algebra werden vorgestellt

In diesem Teil finden Sie unterschiedliche Ansätze, Zahlen und Gleichungen anzuordnen. Die Kapitel zu Vektoren und Matrizen zeigen Ihnen Zeilen und Spalten mit Zahlen, die alle sehr ordentlich aufgebaut sind. Dabei führen Sie Operationen für die angeordneten Zahlen aus, und erhalten dabei manchmal überraschende Ergebnisse. Die Matrizenstruktur gestattet, die zahlreichen Berechnungen in der linearen Algebra effizienter durchzuführen. Ein weiteres grundlegendes Thema sind Gleichungssysteme. Sie werden erfahren, wie diese kategorisiert werden, und Sie lernen, die Gleichungen algebraisch oder mit Hilfe von Matrizen zu lösen.

Teil II: Vektoren und lineare Transformationen in Zusammenhang bringen

In Teil II lernen Sie eine neue Dimension in der Welt der Mathematik kennen. Sie werden Bekanntschaft mit hübschen, überschaubaren Vektoren und Matrizen machen und sie unter Verwendung von Linearkombinationen verknüpfen. Und als ob das noch nicht genug wäre, werden Sie Lösungen von Vektorgleichungen und den Test auf homogene Systeme betrachten. Lassen Sie sich von diesen großen, schillernden Wörtern und Sätzen, mit denen ich hier herumwerfe, nicht einschüchtern! Ich weise nur darauf hin, was Sie noch alles lernen können – und das ist wirklich interessant!

Teil III: Determinanten berechnen

Eine Determinante ist eine Funktion. Sie wenden diese Funktion auf eine quadratische Matrix an und erhalten als Lösung eine einzelne Zahl. Die Kapitel in diesem Teil beschreiben, wie die Determinantenfunktion für unterschiedliche Matrizengrößen ausgeführt wird, wie Matrizen angepasst werden, um Berechnungen zu vereinfachen und wie Matrizen angewendet werden können.

Teil IV: Vektorräume erkunden

Die Kapitel in diesem Teil verschaffen Ihnen die wichtigsten Details über Vektorräume und ihre Unterräume. Sie erfahren, was es mit der linearen Unabhängigkeit in den Vektorräumen auf sich hat. Und schließlich geht es noch um Eigenwerte und Eigenvektoren, und wie diese sich für bestimmte Matrizen verhalten.

Teil V: Der Teil der Zehn

Die letzten drei Kapitel enthalten ein paar Auflistungen – mit interessanten Details über die aufgelisteten Dinge. Als erstes stelle ich einige Anwendungen von Matrizen vor – Dinge, für die Matrizen in der Praxis eingesetzt werden. Das zweite Kapitel in diesem Teil beschäftigt sich damit, wie Sie Ihren graphischen Taschenrechner für die Arbeit mit Matrizen verwenden. Und schließlich zeige ich Ihnen noch zehn der am häufigsten verwendeten griechischen Buchstaben und erkläre, wofür sie in der Mathematik und in anderen Wissenschaften stehen.

Symbole in diesem Buch

Wenn Sie Ihren Computer anschalten, erscheinen auf dem Bildschirm zahlreiche interessante Symbole. Diese Symbole sind praktisch für einen schnellen Überblick und bieten Anleitung, wenn Sie bestimmte Aufgaben durchführen wollen. Sehr praktisch bei diesen Symbolen ist, dass sie in der Regel darauf hinweisen, was ein bestimmtes Programm erledigt. Und genau dasselbe gilt für die Symbole in diesem Buch.

Dieses Symbol weist Sie auf wichtige Informationen oder Regeln hin, die Sie brauchen, um eine Aufgabe zu lösen, oder die Sie für das weitere Verständnis des Themas benötigen. Das Symbol dient als Markierung, so dass Sie immer wieder zu ihm zurückkehren können, wenn Sie den nachfolgenden Stoff lesen. Die Information hinter diesem Symbol ist sehr wichtig für die Mathematik in diesem Abschnitt des Buches.

Der Stoff hinter diesem Symbol ist wunderbare Mathematik. Er hat eng mit dem vorliegenden Thema zu tun, ist aber für Ihr Verständnis der Materie nicht unabdingbar. Sie können ihn lesen, müssen aber nicht – wie Sie wollen.

Wenn Sie dieses Symbol sehen, finden Sie irgendetwas Hilfreiches oder Zeitsparendes. Das muss nicht weltbewegend sein, hilft Ihnen aber, die Bodenhaftung zu bewahren.

Das Bild in diesem Symbol sagt alles. Sie sollten wirklich aufpassen, wenn Sie dieses Warnsymbol sehen. Ich verwende es, um Sie vor sehr gefährlichen Fallstricken oder drohenden Missverständnissen zu warnen. Ich verwende es nur sehr selten. Denken Sie also nicht, dass ich nur viel Wind um nichts mache, wenn Sie es dann in einem Abschnitt tatsächlich sehen.

Wie es weitergeht

In diesem Buch können Sie eigentlich überall anfangen zu lesen. Wenn Sie lieber zuerst das Gelände sondieren, fangen Sie mit Vektoren und Matrizen in den Kapiteln 2 und 3 an und sehen sich an, wie diese zusammenspielen. Sie können aber auch in Kapitel 4 anfangen, wo es um verschiedene Ansätze für die Lösung von Gleichungssystemen geht. Und auch wenn Sie sofort etwas über Transformationen lesen wollen, können Sie dabei ein Gefühl dafür entwickeln, worum es in der linearen Algebra eigentlich geht. Kapitel 8 handelt von linearen Transformationen, aber in den Kapiteln in Teil II lernen Sie auch immer wieder andere Arten von Transformationen kennen. Sie können aber auch gleich mit mathematischen Berechnungen anfangen, etwa in Kapitel 9 über Permutationen, oder in den Kapiteln 10 und

11, wo es um die Berechnung von Determinanten geht. Aber wenn Sie die wirklich tiefgründigen Aspekte der linearen Algebra kennen lernen wollen, gehen Sie direkt zu den Vektorräumen in Teil IV und lesen mehr über Eigenwerte und Eigenvektoren in Kapitel 16. Wie auch immer Sie vorgehen, Sie können Ihre Entscheidung jederzeit ändern. Sie können schnell oder langsam beginnen – es gibt keinen richtigen oder falschen Weg, um sich diesem Thema anzunähern.

Teil I
Grundlagen der linearen Algebra

In diesem Teil...

Willkommen in L.A.! Nein, Sie befinden sich nicht im lockerleichten Sonnenstaat Kalifornien (na gut, es *könnte* natürlich sein), sondern haben sich völlig unabhängig von Ihrem Aufenthaltsort in die aufregenden Gefilde der linearen Algebra begeben. Nicht die Lichter von Hollywood werde ich strahlen lassen, sondern die Schönheit linearer Gleichungssysteme. Und statt durch die La Brea Tar Pits zu wandern, werden Sie sich über Matrizen und Vektoren wundern. Machen Sie sich bereit, das Abenteuer beginnt jetzt!

Lineare Algebra – Was ist das?

1

In diesem Kapitel…

- Den algebraischen Teil der linearen Algebra mit Gleichungssystemen abgleichen
- Matrizen und Determinanten kennen lernen
- Sich mit Vektoren verteidigen
- Einen Blick auf Eigenwerte und Eigenvektoren werfen

Die Begriffe *linear* und *Algebra* werden nicht unbedingt zusammen verwendet. Das Wort *linear* ist ein Adjektiv, das häufig in Kombinationen auftritt: *lineare Gleichungen, lineare Regression, lineare Programmierung, lineare Technologie* usw. Und der Begriff *Algebra* ist den meisten Schülern schon ab der 5. Klasse vertraut. In ihrer Kombination jedoch beschreiben die beiden Begriffe einen Bereich der Mathematik, in dem einige altbekannte algebraische Symbole, genauer gesagt Operationen und Manipulationen auf Vektoren und Matrizen angewendet werden. Damit werden Systeme oder Strukturen geschaffen, die es gestatten, sich noch tiefer gehend mit der Mathematik zu beschäftigen, oder die die unterschiedlichsten praktischen Anwendungsmöglichkeiten in Wissenschaft und Wirtschaft bieten.

Die wichtigsten Elemente der linearen Algebra sind lineare Gleichungssysteme, Vektoren und Matrizen, lineare Transformationen, Determinanten und Vektorräume. Dabei handelt es sich um jeweils eigenständige Themenbereiche, die sich wiederum verzweigen und in sich abgeschlossen sind. Und alle diese Hauptthemen sind eng miteinander verwoben. Es handelt sich um eine Art symbiotischer Beziehung – das Beste aus allen Welten.

Sie finden lineare Gleichungssysteme in Kapitel 4, Vektoren in Kapitel 2, Matrizen in Kapitel 3. Natürlich ist das jeweils nur der Ausgangspunkt. Der Verwendungszweck und die Anwendungen dieser Themen werden im gesamten Buch durchgängig beschrieben. In Kapitel 8 erhalten Sie einen Überblick über Lineartransformationen. Um Determinanten geht es in Kapitel 10, um Vektorräume in Kapitel 13.

Gleichungssysteme entspannt lösen

Ein *Gleichungssystem* ist eine Gruppierung oder Auflistung mathematischer Aussagen, die aus irgendeinem Grund miteinander verknüpft sind. Mehrere Gleichungen können dadurch zusammen hängen, dass sie alle Beziehungen zwischen denselben zwei oder mehr Variablen oder Unbekannten beschreiben. Bei der Beschäftigung mit Gleichungssystemen (siehe Kapitel 4) versuchen Sie festzustellen, ob die verschiedenen Gleichungen oder Aussagen gemeinsame Lösungen haben – das sind Wertemengen für die Variablen, für die alle Gleichungen gleichzeitig wahr sind.

Das folgende Gleichungssystem beispielsweise besteht aus drei verschiedenen Gleichungen, die alle wahr sind (eine Seite ist gleich der anderen Seite), wenn $x = 1$ und $y = 2$.

$$\begin{cases} 2x + y = 4 \\ y^2 - x = 3 \\ \sqrt{x+3} = y \end{cases}$$

Aus Sicht der *linearen* Algebra besteht das einzige Problem des oben gezeigten Gleichungssystems darin, dass die zweite und die dritte Gleichung des Systems nicht *linear* sind.

Eine lineare Gleichung hat die Form $a_1x_1 + a_2x_2 + a_3x_3 + \ldots + a_nx_n = k$, wobei a_i eine reelle Zahl, x_i eine Variable und k irgendeine reelle Konstante ist.

Beachten Sie, dass in einer linearen Gleichung jede der Variablen genau den Exponenten 1 hat. Ich weiß, dass Sie hier keine Exponenten an den x sehen, aber das ist einfach Standard – die 1 wird als vorhanden angenommen. In dem zuvor gezeigten Gleichungssystem habe ich x und y als Variablen anstelle eines x mit unterschiedlichen tiefgestellten Indizes verwendet. Es ist einfacher, x, y, z usw. zu schreiben (oder einzutippen), wenn man es mit kleineren Systemen zu tun hat, als Indizes für einen einzelnen Buchstaben zu verwenden.

Als nächstes zeige ich Ihnen ein System *linearer* Gleichungen. Ich verwende x, y, z und w als Variablen statt x_1, x_2, x_3 und x_4.

$$\begin{cases} 2x + y - 3z + 4w = 11 \\ x + 3y - 2z + w = 5 \\ 3x + y + 2w = 13 \\ 4x + y + 5z - w = 17 \end{cases}$$

Das System aus vier linearen Gleichungen mit vier Variablen oder Unbekannten *hat* eine einzige Lösung. Jede Gleichung ist wahr, wenn $x = 1$, $y = 2$, $z = 3$ und $w = 4$. Ein Wort zur Vorsicht: Nicht jedes lineare Gleichungssystem hat eine Lösung. Einige Gleichungssysteme haben keine Lösungen, und andere haben mehrere oder sogar unendlich viele Lösungen. In Kapitel 4 werden Sie erfahren, wie Sie feststellen, welche Situation vorliegt: keine, eine oder viele Lösungen.

Lineare Gleichungssysteme werden genutzt, um die Beziehungen zwischen verschiedenen Einheiten zu beschreiben. Stellen Sie sich vor, Sie haben einen Süßwarenladen und wollen unterschiedliche Packungen mit Süßigkeiten zusammenstellen. Sie wollen eine Packung mit 480 g, eine Packung mit 960 g, eine Packung mit 1440 g und eine jede Diät sprengende Packung mit 1920 g anbieten. Als nächstes werde ich den Inhalt der verschiedenen Packungen beschreiben. Nachdem Sie alle Beschreibungen gelesen haben, werden Sie zu schätzen wissen, wie übersichtlich und einfach die zugehörigen Gleichungen sind.

Die vier Arten von Süßigkeiten, die Sie verwenden werden, sind Nougatriegel, Cremetörtchen, Nussecken und Karamellbonbons. Paket 1 mit 480 g enthält drei Nougatriegel, ein Kremtörtchen, eine Nussecke und zwei Tüten Karamellbonbons. Paket 2 mit 960 g enthält drei Nougatriegel, zwei Kremtörtchen, drei Nussecken und vier Tüten Karamellbonbons.

Das Paket 3 mit 1440 g enthält vier Nougatriegel, zwei Cremetörtchen, acht Nussecken und vier Tüten Karamellbonbons. Und das Paket 4 mit 1920 g enthält sechs Nougatriegel, fünf Kremtörtchen, acht Nussecken und sechs Tüten Karamellbonbons. Was wiegen die einzelnen Süßigkeiten?

Wir stellen das Gewicht der Nougatriegel durch x_1 dar, das Gewicht der Cremetörtchen durch x_2, das Gewicht der Nussecken durch x_3 und das Gewicht der Karamellbonbontüten durch x_4. Damit erhalten Sie das folgende Gleichungssystem:

$$\begin{cases} 3x_1 + 1x_2 + 1x_3 + 2x_4 = 480 \\ 3x_1 + 2x_2 + 3x_3 + 4x_4 = 960 \\ 4x_1 + 2x_2 + 8x_3 + 4x_4 = 1440 \\ 6x_1 + 5x_2 + 8x_3 + 6x_4 = 1920 \end{cases}$$

Die Lösung des linearen Gleichungssystems lautet $x_1 = 30$ g, $x_2 = 60$ g, $x_3 = 90$ g, $x_4 = 120$ g. Dies ist eine sehr vereinfachte Darstellung des Süßwarenhandels, aber Sie können daran erkennen, wie lineare Gleichungssysteme aufgebaut sind, und wie sie helfen, komplizierte Probleme zu lösen. Sie lösen ein solches System unter Verwendung algebraischer Methoden oder Matrizen. Weitere Informationen darüber, wie Sie mit einer solchen Situation umgehen, finden Sie in Kapitel 4.

Gleichungssysteme haben nicht immer Lösungen. Bereits eine einzige Gleichung kann unendlich viele Lösungen haben. Betrachten Sie die Gleichung $2x + 3y = 8$. Wenn Sie geordnete Paare (x, y) verwenden, um die gewünschten Zahlen darzustellen, sind einige Lösungen des Systems (1, 2), (4, 0), (–8, 8) und (10, –4). Keine der Lösungen für die Gleichung $2x + 3y = 8$ ist jedoch gleichzeitig eine Lösung für die Gleichung $4x + 6y = 10$. Sie können versuchen, Übereinstimmungen zu finden, aber es gibt keine. Einige Lösungen von $4x + 6y = 10$ sind (1, 1), (4, –1) und (10, –5). Jede Gleichung hat unendlich viele Lösungen, aber es gibt keine übereinstimmenden Lösungspaare. Das folgende System hat also keine Lösung:

$$\begin{cases} 2x + 3y = 8 \\ 4x + 6y = 10 \end{cases}$$

Und auch die Information, dass es keine Lösung gibt, ist eine sehr wichtige Erkenntnis.

Vergleichen durch die Anordnung von Daten in Matrizen

Eine Matrix ist eine rechteckige Anordnung von Zahlen in rechteckigen oder runden Klammern. Sie sehen einfach nur ein paar Zahlen – Zeile für Zeile und Spalte für Spalte. Matrizen sind Werkzeuge, um alle Nichtigkeiten (wie etwa die nervtötenden Variablen) zu eliminieren und die sachdienlichen Informationen in einer organisierten, logischen Reihenfolge darzustellen. (Matrizen werden in Kapitel 3 genauer vorgestellt, und in Kapitel 4 werden Sie mit ihrer Hilfe Gleichungssysteme lösen.) Wenn man Matrizen für die Lösung von Gleichungssystemen einsetzt, dann werden die Koeffizienten der Variablen in eine Matrix aufgenommen, und die Variablen werden weggelassen. Woher wissen Sie also, was was ist? Anhand der Reihenfolge – ganz einfach.

Nachfolgend ein System aus vier linearen Gleichungen:

$$\begin{cases} x_1 - 2x_2 + 3x_3 - 6x_4 = 8 \\ x_1 \qquad\quad - 10x_3 + x_4 = 11 \\ 4x_1 + x_2 \qquad\quad - 4x_4 = 8 \\ 3x_1 + 5x_2 - 7x_3 \qquad = 6 \end{cases}$$

Bei der Arbeit mit diesem Gleichungssystem können Sie eine Matrix verwenden, um alle Koeffizienten der Variablen darzustellen.

$$A = \begin{pmatrix} 1 & -2 & 3 & -6 \\ 1 & 0 & -10 & 1 \\ 4 & 1 & 0 & -4 \\ 3 & 5 & -7 & 0 \end{pmatrix}$$

Beachten Sie, dass ich für die in der Gleichung fehlende Terme eine 0 angegeben habe. Die Koeffizienten schreibt man in der Reihenfolge der Terme auf, mit denen sie multipliziert werden; für fehlende Terme werden daher Nullen als Platzhalter verwendet. Die Koeffizientenmatrix ist sehr viel einfacher zu überblicken als das Gleichungssystem. Sie müssen jedoch unbedingt die Reihenfolge einhalten. Außerdem habe ich der Matrix einen Namen gegeben – nein, nicht *Angelina*, sondern ein einfaches A.

Wenn Sie Koeffizientenmatrizen verwenden, sind diese in der Regel von zwei Vektoren begleitet. (Ein *Vektor* ist im Grunde eine eindimensionale Matrix. Er hat eine Spalte und viele Zeilen oder eine Zeile und viele Spalten. Weitere Informationen über Vektoren finden Sie in den Kapiteln 2 und 3.)

Die Vektoren, die dem obigen Gleichungssystem entsprechen, sind der Variablenvektor und der Konstantenvektor. Ich gebe den Vektoren die Namen X und C.

$$\mathrm{x} = \begin{pmatrix} x_1 \\ x_2 \\ x_3 \\ x_4 \end{pmatrix} \quad \mathrm{c} = \begin{pmatrix} 8 \\ 11 \\ 8 \\ 6 \end{pmatrix}$$

Nachdem Sie die Matrizen- und Vektorform vorliegen haben, können Sie individuelle Operationen für Matrizen und Vektoren oder auch Operationen mit Matrizen auf Vektoren oder umgekehrt ausführen. Und genau darum wird es in Kapitel 2 gehen.

Ich werde Ihnen hier jedoch eine praktischere Anwendung von Matrizen zeigen, und demonstrieren, warum es so übersichtlich ist, die Zahlen (Koeffizienten) in einer Matrix abzulegen. Stellen Sie sich eine Versicherungsagentur vor, die verfolgt, wie viele Policen die einzelnen Mitarbeiter verkaufen. In meinem Beispiel halte ich die Anzahl der Mitarbeiter und der Policen klein, und überlasse es Ihnen zu erahnen, wie riesig die Matrizen bei einer großen Anzahl an Mitarbeitern und vielen verschiedenen Policentypen werden.

Bei der Rundumglück-Versicherung arbeiten die Vertreter Anton, Berta, Cäsar und Dora. Im Januar hat Anton 15 Autoversicherungen, 10 Hausratversicherungen, 5 Lebensversicherungen, 9 Grundstücksversicherungen und 1 Krankenversicherung verkauft. Berta hat... ok. Hier wird es schon unübersichtlich. Ich werde alle Policen, die die Mitarbeiter im Januar verkauft haben, in einer Matrix darstellen.

$$\begin{array}{r} \\ \textit{Anton} \\ \textit{Berta} \\ \textit{Cäsar} \\ \textit{Dora} \end{array} \begin{array}{c} \begin{array}{ccccc} \text{A} & \text{H} & \text{L} & \text{G} & \text{K} \end{array} \\ \begin{pmatrix} 15 & 10 & 5 & 9 & 1 \\ 10 & 9 & 4 & 9 & 2 \\ 20 & 0 & 0 & 23 & 1 \\ 15 & 6 & 10 & 6 & 5 \end{pmatrix} \end{array}$$

Wenn Sie die Anzahl der Policen von Januar, Februar, März usw. in Matrizen ablegen, dann ist es ganz einfach, eine *Matrixaddition* durchzuführen, um die Summen für das gesamte Jahr zu erhalten. Außerdem können die Provisionen für die Mitarbeiter berechnet werden, indem eine *Matrixmultiplikation* durchgeführt wird. Wenn die Provisionen für diese Policen beispielsweise immer gleiche Beträge sind, etwa 110 Euro, 200 Euro, 600 Euro, 60 Euro und 100 Euro, legen Sie einfach einen Vektor für die Auszahlungen an und multiplizieren.

$$\begin{array}{r} \\ \textit{Anton} \\ \textit{Berta} \\ \textit{Cäsar} \\ \textit{Dora} \end{array} \begin{array}{c} \begin{array}{ccccc} \text{A} & \text{H} & \text{L} & \text{G} & \text{K} \end{array} \\ \begin{pmatrix} 15 & 10 & 5 & 9 & 1 \\ 10 & 9 & 4 & 9 & 2 \\ 20 & 0 & 0 & 23 & 1 \\ 15 & 6 & 10 & 6 & 5 \end{pmatrix} \end{array} \cdot \begin{pmatrix} 110 \\ 200 \\ 600 \\ 60 \\ 100 \end{pmatrix} = \begin{pmatrix} 7290 \\ 6040 \\ 3680 \\ 9710 \end{pmatrix} \begin{array}{l} \textit{Anton} \\ \textit{Berta} \\ \textit{Cäsar} \\ \textit{Dora} \end{array}$$

All diese Dinge mit Matrizenaddition und Matrizenmultiplikation sind in Kapitel 3 beschrieben. Weitere Prozesse für das Versicherungsunternehmen, die mit Hilfe von Matrizen durchgeführt werden könnten, sind die Bestimmung der prozentualen Zu- oder Abnahmen der Verkäufe (des gesamten Unternehmens oder der einzelnen Verkaufsmitarbeiter), indem Operationen auf Summenvektoren angewendet werden, die Bestimmung von Provisionen, indem die Gesamtsummen mit den jeweiligen Raten multipliziert werden, die Einrichtung von prozentualen Zunahmezielen usw. Die Möglichkeiten sind nur durch mangelnde Phantasie, Richtlinien oder Bedürfnisse begrenzt.

Vektorräume betrachten

In Teil IV dieses Buches finden Sie alle möglichen wichtigen Informationen und interessante Mathematik zum Thema Vektorräume. In anderen Kapiteln beschreibe ich Vektoren und arbeite mit ihnen. Es tut mir leid, dass es kein separates Kapitel über *Räume* oder den Raum gibt – das muss ich den Architekten und Astronomen überlassen. Der Begriff *Vektorraum* ist letztlich nur ein mathematischer Ausdruck, mit dem eine bestimmte Gruppe von Elementen definiert wird, die bestimmten Bedingungen gehorchen. (Weitere Informationen über die Eigenschaften von Vektorräumen finden Sie in Kapitel 13.)

Stellen Sie sich einen Vektorraum wie ein Billardspiel vor. Sie haben alle Elemente (die Billardkugeln), die oben auf dem Tisch angeordnet sind (und die dort bleiben, wenn sie korrekt getroffen werden). Selbst wenn die Billardkugeln interagieren (voneinander abprallen), bleiben sie irgendwo auf dem Tisch. Die Billardkugeln sind also die Elemente des Vektorraums und der Tisch ist dieser Vektorraum. Es gibt Operationen, die Aktionen auf dem Tisch bewirken - eine Kugel wird mit einem Queue angestoßen oder eine Kugel wird von einer anderen Kugel getroffen. Und es gibt Regeln, die festlegen, wie alle Aktionen ablaufen müssen. Außerdem sollten die Billardkugeln während der Aktionen auf dem Tisch (innerhalb des Vektorraums) bleiben. Natürlich ist ein Billardspiel nicht annähernd so interessant wie ein Vektorraum, aber ich wollte mit diesem Vergleich aus dem wirklichen Leben lediglich die sonst etwas abstrakten Elemente und Regeln veranschaulichen.

Ein Vektorraum ist eine Art Kategorie oder Bauplan in der Welt der linearen Algebra. Andere Bereiche der Mathematik haben Ähnliches (Kategorien und Baupläne). Eine Gemeinsamkeit dieser Kategorien ist, dass sie eine Menge oder Gruppierung von Objekten enthalten, die alle eine verbindende Eigenschaft aufweisen. Mit dem Plan sind also bestimmte Eigenschaften verknüpft – Eigenschaften, die für alle Mitglieder der Gruppierung gelten. Wenn alle Mitglieder den Regeln gehorchen müssen, können Sie Bewertungen oder Schlussfolgerungen basierend auf ein paar wenigen der Elemente ableiten, statt jedes einzelne Element untersuchen zu müssen (selbst wenn das möglich ist).

Vektorräume enthalten Vektoren, die viele unterschiedliche Formen annehmen können. Die einfachste Form, die ich Ihnen zeigen kann, ist ein Vektor im engeren Sinne, aber bei Vektoren kann es sich auch um Matrizen oder Polynome handeln. Solange diese unterschiedlichen Formen den Regeln gehorchen, haben Sie einen Vektorraum. (In Kapitel 14 werden Sie die Regeln kennen, die Sie benötigen, wenn Sie Unterräume von Vektorräumen betrachten.)

Die Regeln für einen Vektorraum sind wesentlich von den Operationen abhängig, die zu diesem Vektorraum gehören. Sie werden einige Besonderheiten gegenüber der herkömmlichen Notation für Operatoren kennen lernen. Statt eines einfachen Pluszeichens, +, wird $\oplus$ verwendet, statt des Multiplikationszeichens, ·, wird $\odot$ verwendet. Diese neuen Symbole werden eingesetzt, um Sie daran zu erinnern, dass Sie einen Schritt weiter sind. Bei Vektorräumen kann die Addition völlig anders als üblicherweise definiert sein. Beispielsweise könnten Sie die Vektoraddition von zwei Elementen x und y als $x \oplus y = 2x + y$ definieren. Funktioniert diese Regel in einem Vektorraum? Genau das müssen Sie feststellen, wenn Sie sich mit Vektorräumen beschäftigen.

Werte mit Hilfe von Determinanten bestimmen

Eine *Determinante* ist mit einer Matrix verknüpft, wie Sie in Kapitel 10 erfahren werden. Sie können sich eine Determinante wie eine Operation vorstellen, die auf eine Matrix angewendet wird. Die Determinante schließt alle Einträge einer Matrix ein. Bevor Sie die Determinante bestimmen, müssen Sie jedoch sicherstellen, dass die Matrixeinträge einige Voraussetzungen erfüllen.

Nur quadratische Matrizen haben eine Determinante. Ich werde Ihnen jetzt ein paar Beispiele für Matrizen und ihre Determinanten zeigen. Die Matrix A hat eine Determinante |A|, auch als det(A) bezeichnet, und auch die Matrizen B und C haben Determinanten.

$$A = \begin{pmatrix} 1 & 2 & 5 \\ -3 & 8 & 0 \\ 2 & -1 & 1 \end{pmatrix}, \det(A) = |A| = -51$$

$$B = \begin{pmatrix} -2 & 3 \\ 5 & -8 \end{pmatrix}, \det(B) = |B| = 1$$

$$C = (4), \det(C) = |C| = 4$$

Die Matrizen A, B und C sind jeweils eine 3×3-Matrix, eine 2×2-Matrix und eine 1×1-Matrix. Die Berechnung der Determinanten der einzelnen Matrizen reicht von ganz schwierig bis hin zu ganz einfach. Ich werde Ihnen alle Details zur Berechnung von Determinanten in Kapitel 10 vermitteln. Hier geht es allerdings noch gar nicht um rechnerische Details, sondern nur um die Tatsache, dass diese quadratischen Matrizen durch eine praktische Funktion mit einfachen Zahlen verknüpft sind.

Alle quadratischen Matrizen haben Determinanten, aber einige dieser Determinanten sind nicht besonders groß (die Determinanten sind zum Beispiel gleich 0). Wenn eine Matrix eine Determinante von 0 hat, ist das kein größeres Problem für die Matrix, aber der Wert 0 verursacht Probleme mit einigen der Anwendungen von Matrizen und Determinanten. Eine allgemeine Eigenschaft von Matrizen mit einer Determinante von 0 ist, dass sie kein multiplikatives Inverses besitzen.

Die nachfolgend gezeigte Matrix D beispielsweise hat die Determinante 0 und besitzt demzufolge keine Inverse:

$$D = \begin{pmatrix} 1 & 2 & 5 \\ -3 & 8 & -4 \\ -2 & 10 & 1 \end{pmatrix}, \det(D) = |D| = 0$$

Die Matrix D sieht auf den ersten Blick perfekt aus, aber wenn man einen Blick unter die Oberfläche wagt, erkennt man, worin das Problem bestehen könnte, wollte man diese Matrix zur Lösung von Aufgaben einsetzen. Sie müssen sich der Bedeutung einer Determinante, die gleich 0 ist, bewusst sein, und gegebenenfalls bestimmte Vorkehrungen treffen oder Anpassungen vornehmen, um eine Lösung zu erzielen.

Beispielsweise werden in Kapitel 12 Determinanten in Kombination mit der Cramerschen Regel (zum Lösen von Gleichungssystemen) eingesetzt. Die Werte der Variablen sind Quotienten aus unterschiedlichen Determinanten, die aus den Koeffizienten in den Gleichungen berechnet werden. Wenn die Determinante im Nenner des Quotienten gleich Null ist, haben Sie Pech gehabt, und Sie müssen die Lösung mit Hilfe einer anderen Methode bestimmen.

Und nun Eigenwerte und Eigenvektoren

In Kapitel 16 werden Sie erfahren, wie Eigenwerte und Eigenvektoren in Hinblick auf eine bestimmte Matrix einander entsprechen. Jeder *Eigenwert* hat einen zugehörigen *Eigenvektor*. Aber worum handelt es sich bei diesen Eigen-Dingern überhaupt?

Erstens, das Wort »Eigen« beschreibt im wahrsten Sinne des Wortes, wie es sich mit Eigenwerten und Eigenvektoren verhält. Ein Eigenwert ist eine Zahl, in unserer Welt der linearen Algebra als *Skalar* bezeichnet. Und ein Eigenvektor ist ein $n \times 1$-Vektor. Ein Eigenwert und ein Eigenvektor sind mit einer bestimmten $n \times n$-Matrix verknüpft.

Nehmen wir als Beispiel die Zahl 13. Anschließend multiplizieren wir diese Zahl 13 mit einem 2×1-Vektor. In Kapitel 2 werden Sie erfahren, dass die Multiplikation eines Vektors mit einem Skalar einfach bedeutet, dass jeder Eintrag in dem Vektor mit dieser Zahl multipliziert wird. Bis dahin sollten Sie mir das einfach glauben.

$$13 \cdot \begin{pmatrix} 3 \\ 4 \end{pmatrix} = \begin{pmatrix} 39 \\ 52 \end{pmatrix}$$

Das scheint nicht besonders aufregend zu sein, deshalb lege ich noch einen drauf – vielleicht können Sie dem nächsten Schritt schon mehr abgewinnen. Auch hier müssen Sie mir in punkto Multiplikation erst einfach mal glauben. Ich werde jetzt denselben Vektor, der eben mit 13 multipliziert wurde, mit einer Matrix multiplizieren.

$$\begin{pmatrix} 1 & 9 \\ 12 & 4 \end{pmatrix} \cdot \begin{pmatrix} 3 \\ 4 \end{pmatrix} = \begin{pmatrix} 39 \\ 52 \end{pmatrix}$$

Egal, ob ich den Vektor mit 13 oder mit der Matrix multipliziere, ich erhalte denselben Vektor. (Weitere Informationen darüber, wie diese Multiplikation vorgenommen wird, bekommen Sie in Kapitel 3.) Nur ein Wort: Manchmal findet man eine Zahl, die genau dasselbe erledigt wie eine ganze Matrix. Sie können dazu allerdings nicht einfach irgendwelche Zahlen erfinden, wie es bei mir hier den Anschein hatte. (Ich habe gespickt.) Jede Matrix hat nämlich ihre *eigenen Eigenwerte* (die Zahlen) und *Eigenvektoren* (die mit den Eigenwerten multipliziert werden). In Kapitel 16 erfahren Sie alle Details – alle Schritte und Verfahren, die erforderlich sind, um diese schwer fassbaren Gebilde zu verstehen.

Vektoren

2

In diesem Kapitel...

- Zweidimensionale Vektoren mit allen $n \times 1$-Vektoren in Verbindung bringen
- Vektoreigenschaften mit Hilfe von Pfeilen in einem Koordinatensystem verdeutlichen
- Operationen auf Vektoren erklären
- Die Bedeutung des Betrags kennen lernen
- Winkel erstellen und messen

Das Wort *Vektor* hat eine sehr spezielle Bedeutung in der Welt der Mathematik und der linearen Algebra. Ein Vektor ist eine besondere Art *Matrix* (ein rechteckiges Zahlenfeld). Die Vektoren in diesem Kapitel sind Zahlenspalten in runden Klammern. Zweidimensionale und dreidimensionale Vektoren werden anhand von zwei bzw. drei Achsen dargestellt, um einige der Eigenschaften, Maße und Operationen von bzw. für Vektoren zu veranschaulichen.

Sie werden die Diskussion der Vektoren möglicherweise als einschränkend und gleichzeitig erweiternd empfinden – beides zugleich. Vektoren scheinen einschränkend zu sein, weil sie eine sehr restriktive Struktur aufweisen. Gleichzeitig bringen sie eine Erweiterung mit sich, weil die Eigenschaften, die für den einfachen Vektor vorgesehen sind, dann auch auf größere Gruppierungen und allgemeinere Zahlenfelder angewendet werden können.

Wie bei vielen mathematischen Beschreibungen werden Ihnen sehr spezielle Bedeutungen von Wörtern aus unserer Alltagssprache begegnen (und manchmal auch sehr spezielle Wörter). Merken Sie sich die Wörter und ihre Bedeutungen, so dass das Gesamtbild irgendwann einen Sinn ergibt. Wenn Sie dennoch eines der Wörter vergessen sollten, können Sie sich im Glossar schlau machen oder die kursiv ausgezeichnete Definition suchen.

Vektoren in der Ebene

Ein *Vektor* ist eine geordnete Sammlung von Zahlen. Vektoren, die zwei oder drei Zahlen enthalten, werden häufig durch Pfeile dargestellt. Die Darstellung von Vektoren als Pfeile funktioniert für zwei oder drei Zahlen. Wenn Sie es dagegen mit größeren Vektoren und mehr Zahlen zu tun haben, verliert der Pfeil seinen Sinn. Es gibt größere Vektoren, aber ich kann Ihnen kein einfaches Bild davon zeigen. Die Eigenschaften, die für kleine Vektoren gelten, gelten jedoch auch für große Vektoren; deshalb zeige ich Ihnen solche Vektoren, die sich in Form von Bildern darstellen lassen, so dass Sie sich das Gesamtbild besser vorstellen können.

Wenn Sie einen Vektor erstellen, schreiben Sie die Zahlen in eine Spalte in runde Klammern. Vektoren haben Namen (natürlich heißen sie nicht Kevin-Noah oder Jacqueline-Denise). Die Namen von Vektoren werden in der Regel als fett ausgezeichnete Kleinbuchstaben oder als Kleinbuchstaben mit einem kleinen Pfeil darüber dargestellt. Wir verwenden Kleinbuchstaben mit einem kleinen Pfeil darüber, da man so handschriftlich besser zwischen Vektoren und Strecken unterscheiden kann, als wenn man Vektoren etwas dicker schreibt. Häufig sieht man auch, dass derselbe Buchstabe für mehrere Vektoren verwendet wird, wenn die Vektoren in einer bestimmten Beziehung zueinander stehen. Um die Vektoren dann voneinander unterscheiden zu können wird diesem Buchstaben dann einfach ein tiefgestellter Index hinzugefügt: $\vec{u}_1, \vec{u}_2, \vec{u}_2$ usw.

Hier zeige ich Ihnen vier meiner Lieblingsvektoren, bezeichnet als $\vec{u}$, $\vec{v}$, $\vec{w}$ und $\vec{x}$:

$$\vec{u} = \begin{pmatrix} 3 \\ -1 \end{pmatrix}, \vec{v} = \begin{pmatrix} 8 \\ 4 \\ 0 \end{pmatrix}, \vec{w} = \begin{pmatrix} -1 \\ 0 \\ 0 \\ 3 \end{pmatrix}, \vec{x} = \begin{pmatrix} 4 \\ 0 \\ -3 \\ 2 \\ 1 \end{pmatrix}$$

Die Größe eines Vektors wird durch seine Zeilen oder die Anzahl seiner Zahlen bestimmt. Rein technisch betrachtet ist ein Vektor eine Spaltenmatrix (Matrizen werden detailliert in Kapitel 3 beschrieben), d.h. Sie haben nur eine Spalte und eine bestimmte Anzahl von Zeilen. In diesem Beispiel ist der Vektor $\vec{u}$ eine 2×1-Matrix, $\vec{v}$ eine 3×1-Matrix, $\vec{w}$ eine 4×1-Matrix und $\vec{x}$ eine 5×1-Matrix, d.h. $\vec{u}$ hat zwei Zeilen und eine Spalte, $\vec{v}$ hat drei Zeilen und eine Spalte usw.

Vektoren in der Koordinatenebene

Für 2×1-Vektoren sagt man, sie gehören zu $\mathbb{R}^2$, d.h. sie gehören in die Menge der *reellen* Zahlen, die jeweils paarweise kombiniert sind. Das große $\mathbb{R}$ soll darauf hinweisen, dass es sich um *reelle* Zahlen handelt. Man sagt auch, 2×1-Vektoren oder Vektoren in $\mathbb{R}^2$ gehören in den *zweidimensionalen Raum*.

Vektoren im zweidimensionalen Raum werden im zweidimensionalen Koordinatensystem durch Pfeile dargestellt. In der Standardposition hat der einen Vektor darstellende Pfeil seinen Ausgangspunkt im Ursprung und seinen Endpunkt (oder die Spitze) an der (x, y)-Koordinate, die durch den Spaltenvektor dargestellt ist. Die x-Koordinate befindet sich in der ersten Zeile des Vektors, die y-Koordinate in der zweiten Zeile. Die folgenden Vektoren werden mit ihren als geordnete Paare (x, y) dargestellten Endpunkten gezeigt:

$$\begin{pmatrix} 1 \\ 4 \end{pmatrix} \rightarrow (1,4), \begin{pmatrix} 2 \\ -3 \end{pmatrix} \rightarrow (2,-3), \begin{pmatrix} -5 \\ 3 \end{pmatrix} \rightarrow (-5,3),$$

$$\begin{pmatrix} -1 \\ -5 \end{pmatrix} \rightarrow (-1,-5), \begin{pmatrix} 0 \\ 4 \end{pmatrix} \rightarrow (0,4), \begin{pmatrix} -3 \\ 0 \end{pmatrix} \rightarrow (-3,0)$$

Zweidimensionale Vektoren in Standardposition darstellen

In der Standardposition haben zweidimensionale Vektoren ihre Ausgangspunkte im Ursprung, am Punkt (0, 0). Es werden die üblichen Koordinatenachsen verwendet, mit der horizontalen x-Achse und der vertikalen y-Achse. Abbildung 2.1 zeigt die im obigen Abschnitt aufgelisteten Vektoren an ihren Standardpositionen. Die Koordinaten der Endpunkte sind im Graphen eingetragen.

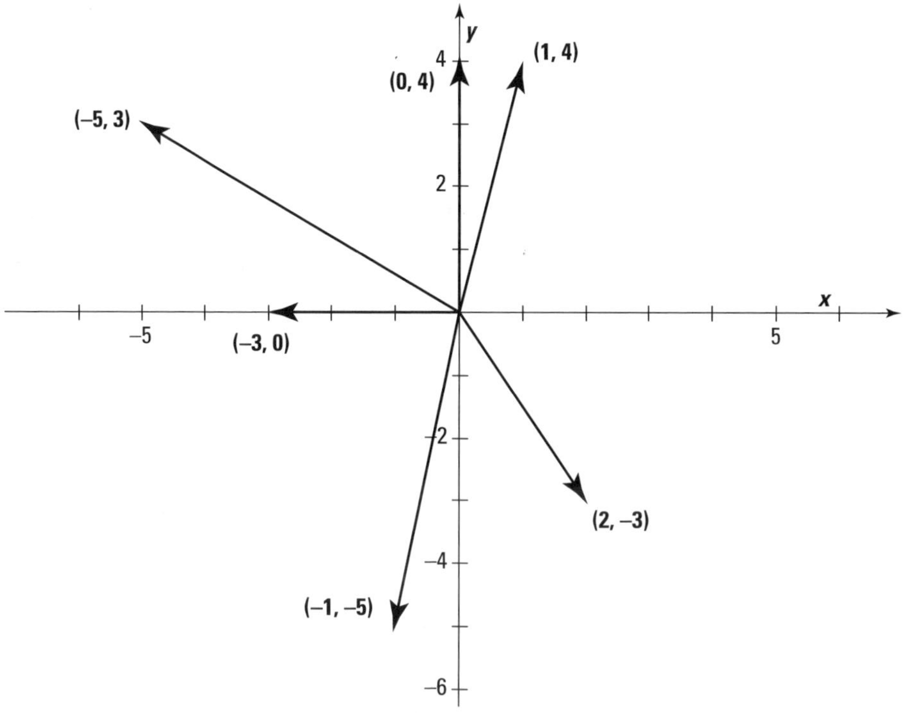

Abbildung 2.1: Durch Strahlen dargestellte Vektoren

Vektoren, die im Ursprung beginnen, werden Ortsvektoren genannt.

Die Vektoren verlassen den Ursprung

Sie sind jedoch keinesfalls darauf festgelegt, zweidimensionale Vektoren immer vom Ursprung aus zu zeichnen. Der folgende Vektor ist ebenso korrekt gezeichnet. Er beginnt mit dem Punkt (–1, 4) als Ausgangspunkt und wird dann aufgespannt, indem er zwei Einheiten nach rechts und drei Einheiten nach unten weitergeführt wird, so dass der Endpunkt schließlich auf (1, 1) liegt.

$$\begin{pmatrix} 2 \\ -3 \end{pmatrix}$$

Abbildung 2.2 zeigt Ihnen den Vektor in dieser alternativen Position. (Weitere Informationen darüber, was tatsächlich passiert, und wie der neue Ausgangspunkt berechnet wird, finden Sie im Abschnitt »Vektoren addieren und subtrahieren« später in diesem Kapitel.)

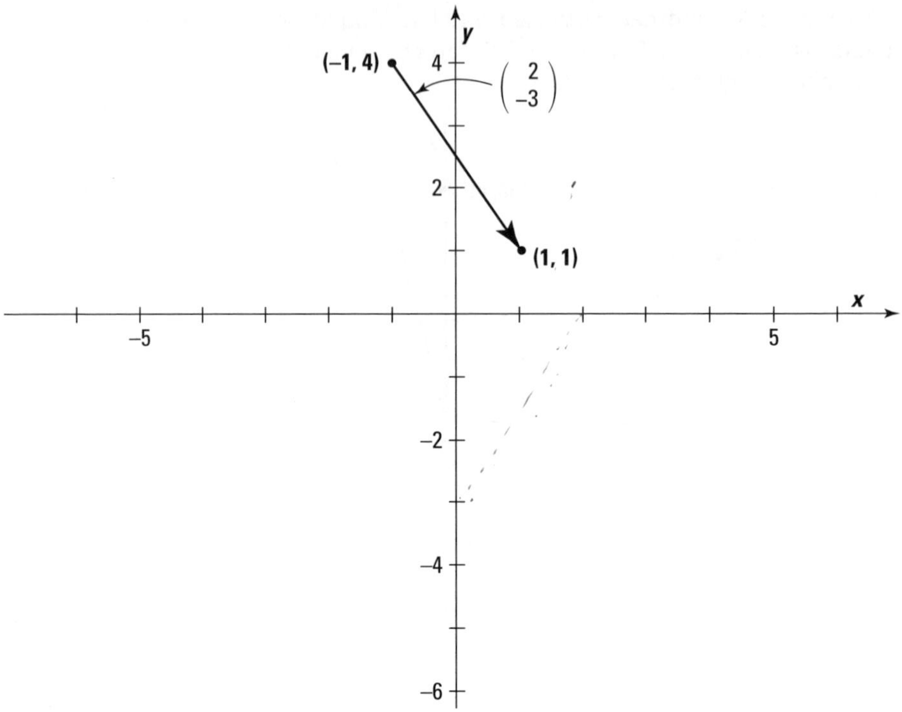

Abbildung 2.2: Ein Vektor kann auch außerhalb der Standardposition gezeichnet werden

Beachten Sie in Abbildung 2.1 und 2.2 auch, dass der folgende Vektor dieselbe Länge hat und in dieselbe Richtung zeigt.

$$\begin{pmatrix} 2 \\ -3 \end{pmatrix}$$

Die Länge eines Vektors wird auch als sein *Betrag* bezeichnet. Länge und Richtung zusammen bestimmen einen Vektor eindeutig und ermöglichen die Entscheidung, ob ein Vektor *gleich* einem anderen Vektor ist.

Vektoren können letztlich beliebig viele Zeilen haben. Allerdings können Sie Vektoren mit mehr als drei Zeilen nicht mehr grafisch darstellen. Außerdem sind die Anwendungen von Vektoren mit Hunderten von Einträgen begrenzt und schwer zu verarbeiten, wenn man keinen Computer zur Verfügung hat. Alle Eigenschaften, die für Vektoren im zwei- und im dreidimensionalen Raum gelten, gelten auch für größere Vektoren. Aus diesem Grund verwende ich in den meisten Beispielen Vektoren von übersichtlicher Größe.

Eine weitere Dimension – Vektoren im dreidimensionalen Raum

Vektoren in $\mathbb{R}^3$ werden auch als Vektoren im *dreidimensionalen Raum* bezeichnet. Die Vektoren aus dem dreidimensionalen Raum sind Spaltenmatrizen mit drei Einträgen oder Zahlen. Das $\mathbb{R}$ in $\mathbb{R}^3$ besagt, dass der Vektor reelle Zahlen enthält.

Dreidimensionale Vektoren werden durch dreidimensionale Abbildungen dargestellt. Die Pfeile zeigen an Positionen im Raum. Vektoren im dreidimensionalen Raum werden daher durch Spaltenvektoren mit der Dimension 3×1 dargestellt. Wenn sie innerhalb der standardmäßigen x-, y- und z-Achsen gezeichnet werden, verläuft die y-Achse von links nach rechts, die x-Achse scheint aus der Seite heraus zu ragen, und die z-Achse verläuft von unten nach oben. Die Darstellung eines Vektors im dreidimensionalen Raum kann man sich als Diagonale von einer Ecke eines Quaders zu der gegenüberliegenden Ecke vorstellen. Abbildung 2.3 zeigt einen Pfeil, der einen Vektor mit Ausgangspunkt im Ursprung und mit Endpunkt am Punkt (2, 3, 4) repräsentiert.

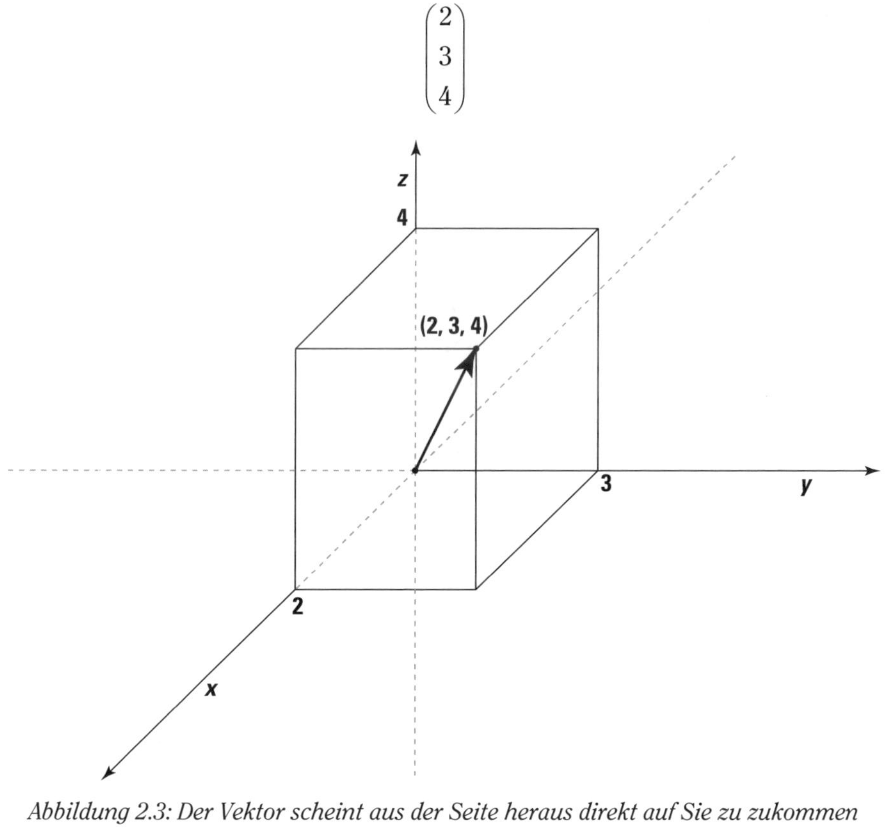

Abbildung 2.3: Der Vektor scheint aus der Seite heraus direkt auf Sie zu zukommen

Definition der algebraischen und geometrischen Eigenschaften von Vektoren

Für die Definition der allgemeinen Eigenschaften von Vektoren sind Vektoren im zwei- und dreidimensionalen Raum gut geeignet. Vektoren sind Gruppierungen von Zahlen, für die bestimmte Operationen ausgeführt werden sollen – welche wiederum zu vorhersehbaren Ergebnissen führen. Zu den unterschiedlichen geometrischen Transformationen für Vektoren gehören Drehungen, Spiegelungen, Streckungen und Kontraktionen (Stauchungen). Um Drehungen und Spiegelungen geht es in Kapitel 8, wo auch größere Matrizen besprochen werden. Was nun die Operationen auf Vektoren betrifft: Sie können Vektoren addieren, subtrahieren, ihre Inverse finden oder sie mit einem *Skalar* (das ist eine konstante Zahl) multiplizieren. Und Sie können ein *inneres Produkt* zwischen zwei Vektoren berechnen – indem Sie alle enthaltenen Einträge multiplizieren. Das innere Produkt wird auch Skalarprodukt genannt. Das Skalarprodukt ist nicht mit der Skalarmultiplikation zu verwechseln.

Die Skalarmultiplikation

Die Skalarmultiplikation ist eine der beiden grundlegenden Operationen für Vektoren, die das ursprüngliche Format bewahrt. Wenn Sie einen 2×1-Vektor mit einem Skalar multiplizieren, erhalten Sie wieder einen 2×1-Vektor. Möglicherweise überrascht Sie diese Erkenntnis nicht, aber Sie sollten die Tatsache zu schätzen wissen, dass der Skalar die ursprüngliche Dimension des Vektors beibehält. Dieses Beibehalten ist nicht unbedingt die Regel in der Mathematik, wie Sie später in diesem Kapitel noch sehen werden, wenn es um das Skalarprodukt geht.

Wie man mit einem Skalar multipliziert

Ein Skalar ist eine reelle Zahl – eine Konstante. Die Multiplikation eines Vektors mit einem Skalar bedeutet, dass Sie jeden Eintrag im Vektor mit demselben konstanten Wert multiplizieren, der unmittelbar außerhalb vor dem Vektor steht.

Bei der Multiplikation des Vektors $\vec{v}$ mit dem Skalar k multiplizieren Sie jeden Eintrag im Vektor, v_i, mit dem Skalar k:

$$k\begin{pmatrix} v_1 \\ v_2 \\ v_3 \\ \vdots \\ v_n \end{pmatrix} = \begin{pmatrix} kv_1 \\ kv_2 \\ kv_3 \\ \vdots \\ kv_n \end{pmatrix}$$

Hier ein Beispiel:

$$5\begin{pmatrix} 2 \\ -3 \\ 0 \end{pmatrix} = \begin{pmatrix} 5 \cdot 2 \\ 5(-3) \\ 5 \cdot 0 \end{pmatrix} = \begin{pmatrix} 10 \\ -15 \\ 0 \end{pmatrix}$$

Sie haben mit einem 3×1-Vektor begonnen und haben einen 3×1-Vektor erhalten.

Streckung und Kontraktion von Vektoren erkennen

Vektoren können durch bestimmte Operationen gestreckt (verlängert) oder kontrahiert (verkürzt) werden. Beide Operationen werden bewirkt, indem man die Einträge des Vektors mit einem Skalar multipliziert.

Wenn der Skalar k, mit dem der Vektor multipliziert wird, größer 1 ist, entsteht eine Streckung des ursprünglichen Vektors. Ist der Skalar k eine Zahl zwischen 0 und 1, dann ist das Ergebnis eine Kontraktion des ursprünglichen Vektors. (Die Multiplikation mit 1 ist die Multiplikation mit dem *neutralen Element* bezüglich der Multiplikation) – der Vektor ändert sich dadurch überhaupt nicht.)

Betrachten Sie beispielsweise den folgenden Vektor:

$$\begin{pmatrix} 2 \\ 4 \end{pmatrix}$$

Wenn Sie den Vektor mit 3 multiplizieren, erhalten Sie eine Streckung, wenn Sie ihn mit $\frac{1}{2}$ multiplizieren, erhalten Sie eine Kontraktion.

$$3\begin{pmatrix} 2 \\ 4 \end{pmatrix} = \begin{pmatrix} 6 \\ 12 \end{pmatrix}, \quad \frac{1}{2}\begin{pmatrix} 2 \\ 4 \end{pmatrix} = \begin{pmatrix} 1 \\ 2 \end{pmatrix}$$

In Abbildung 2.4 sehen Sie die Wirkung von Streckung und Kontraktion auf den ursprünglichen Vektor.

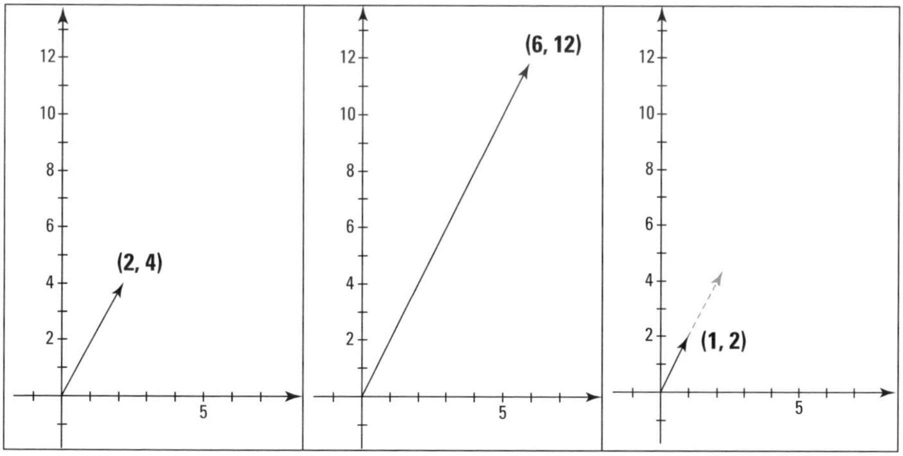

Abbildung 2.4: Streckung und Kontraktion bei einem Vektor im zweidimensionalen Raum

Wie Sie sehen, wird die Länge des Vektors durch die Skalarmultiplikation verändert, während die Richtung oder der Winkel zur *Achse* (Neigung) nicht verändert werden. Sie haben sich vielleicht auch gefragt, warum ich nur mit Zahlen größer 0 multipliziert habe. Die Regel für die Kontraktion von Vektoren bezieht sich auf Zahlen zwischen 0 und 1, und nicht auf kleinere Zahlen. Im nächsten Abschnitt werde ich dann die negativen Zahlen und 0 betrachten.

Mit Null multiplizieren und etwas davon haben

Wahrscheinlich überrascht es Sie nicht, dass die Multiplikation eines Vektors mit der Zahl 0 zu einem Vektor führt, dessen Einträge alle 0 sind. Die Abbildung für die Multiplikation mit 0 im zweidimensionalen Raum ist ein einziger Punkt. Wie zu erwarten war.

Aber verkennen Sie diesen Vektor mit lauter Nullen nicht. Der Vektor mit lauter Nullen als Einträgen ist sehr wichtig. Man spricht vom *Nullvektor* (noch eine Überraschung!). Der Nullvektor ist das neutrale Element für die Vektoraddition, so wie die Zahl 0 das neutrale Element für die Addition reeller Zahlen ist. Wenn Sie den Nullvektor zu einem anderen Vektor addieren, behält dieser andere Vektor alle seine Eigenschaften – er ändert sich nicht. (Weitere Informationen zur Addition von Vektoren finden Sie im Abschnitt »Vektoren addieren und subtrahieren« später in diesem Kapitel.)

$$0\begin{pmatrix} 8 \\ -3 \end{pmatrix} = \begin{pmatrix} 0 \\ 0 \end{pmatrix}, \quad 0\begin{pmatrix} 5 \\ 2 \\ 0 \\ -6 \end{pmatrix} = \begin{pmatrix} 0 \\ 0 \\ 0 \\ 0 \end{pmatrix}$$

Mit negativen Skalaren multiplizieren

Wenn Sie einen 2×1- oder einen 3×1-Vektor mit einem negativen Skalar multiplizieren, können Sie zwei Dinge beobachten:

✔ Die Größe des Vektors ändert sich (außer bei –1).

✔ Die Richtung des Vektors kehrt sich um.

Diese Eigenschaften gelten auch für größere Vektoren, was ich Ihnen aber nicht anhand von Abbildungen zeigen kann. Später in diesem Kapitel werden Sie erfahren, wie die Multiplikation mit einem negativen Skalar sich auf den Betrag auswirkt.

Wenn Sie einen Vektor mit –2 multiplizieren, wie nachfolgend gezeigt, ändert sich jeder Eintrag in dem Vektor und erhält einen größeren Absolutwert:

$$-2\begin{pmatrix} -2 \\ 3 \\ 5 \end{pmatrix} = \begin{pmatrix} 4 \\ -6 \\ -10 \end{pmatrix}$$

Abbildung 2.5 zeigt den ursprünglichen Vektor als eine Diagonale in einem Quader, die nach oben und von Ihnen weg zeigt, sowie den resultierenden Vektor in einem größeren Quader, der nach unten und in Ihre Richtung läuft.

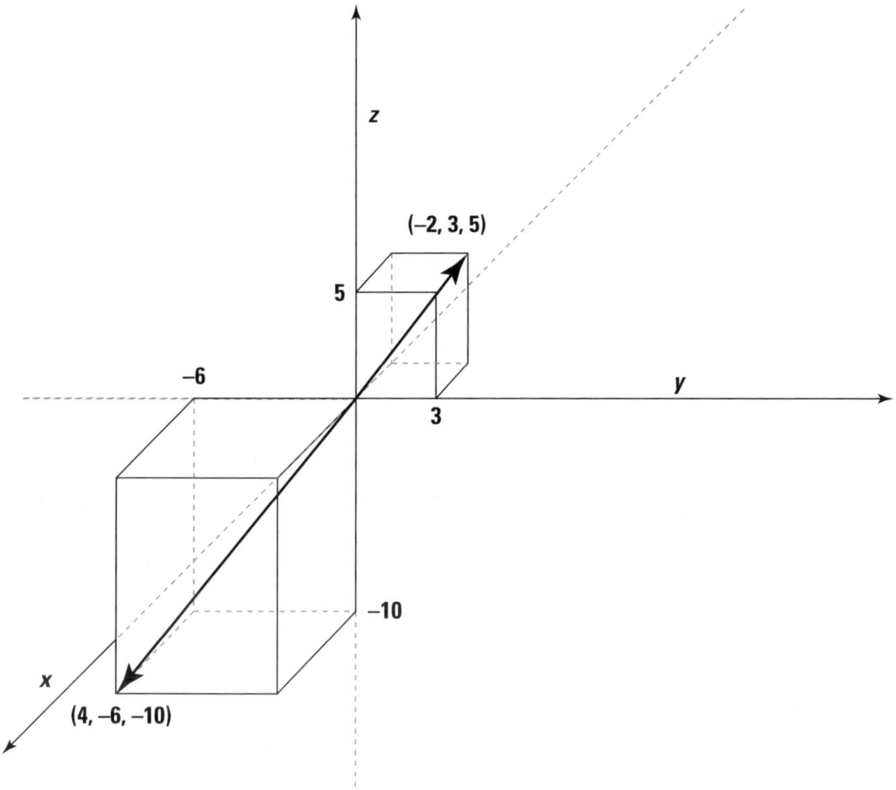

Abbildung 2.5: Multiplikation eines Vektors mit einem negativen Skalar

Vektoren addieren und subtrahieren

Vektoren können zueinander addiert und voneinander subtrahiert werden – mit einer einzigen Einschränkung: Die Vektoren müssen dieselbe Dimension (d.h. Anzahl der Zahleneinträge) haben. Beim Addieren und Subtrahieren von Vektoren werden die einander entsprechenden Einträge der Vektoren addiert bzw. subtrahiert, Sie brauchen also eine Übereinstimmung der Dimensionen, um alle Operationen ausführen zu können.

Um zwei $n \times 1$-Vektoren zu addieren oder zu subtrahieren, addieren oder subtrahieren Sie die einander entsprechenden Einträge der Vektoren:

$$\vec{u}+\vec{v}=\begin{pmatrix} u_1 \\ u_2 \\ u_3 \\ \vdots \\ u_n \end{pmatrix}+\begin{pmatrix} v_1 \\ v_2 \\ v_3 \\ \vdots \\ v_n \end{pmatrix}=\begin{pmatrix} u_1+v_1 \\ u_2+v_2 \\ u_3+v_3 \\ \vdots \\ u_n+v_n \end{pmatrix} \quad \text{und} \quad \vec{u}-\vec{v}=\begin{pmatrix} u_1 \\ u_2 \\ u_3 \\ \vdots \\ u_n \end{pmatrix}-\begin{pmatrix} v_1 \\ v_2 \\ v_3 \\ \vdots \\ v_n \end{pmatrix}=\begin{pmatrix} u_1-v_1 \\ u_2-v_2 \\ u_3-v_3 \\ \vdots \\ u_n-v_n \end{pmatrix}$$

Verdeutlichung der Vektoraddition

Und jetzt betrachten Sie, was passiert, wenn Sie die folgende Vektoraddition durchführen:

$$\begin{pmatrix}2\\4\end{pmatrix}+\begin{pmatrix}3\\1\end{pmatrix}=\begin{pmatrix}2+3\\4+1\end{pmatrix}=\begin{pmatrix}5\\5\end{pmatrix}$$

Wir tragen den ersten Vektor:

$$\begin{pmatrix}2\\4\end{pmatrix}$$

in das Koordinatensystem ein, und fügen dann den Vektor

$$\begin{pmatrix}3\\1\end{pmatrix}$$

am Endpunkt des ersten Vektors hinzu. Das Ergebnis ist der Vektor, den wir auch aus der Vektoraddition erhalten haben. Abbildung 2.6 zeigt die drei Vektoren.

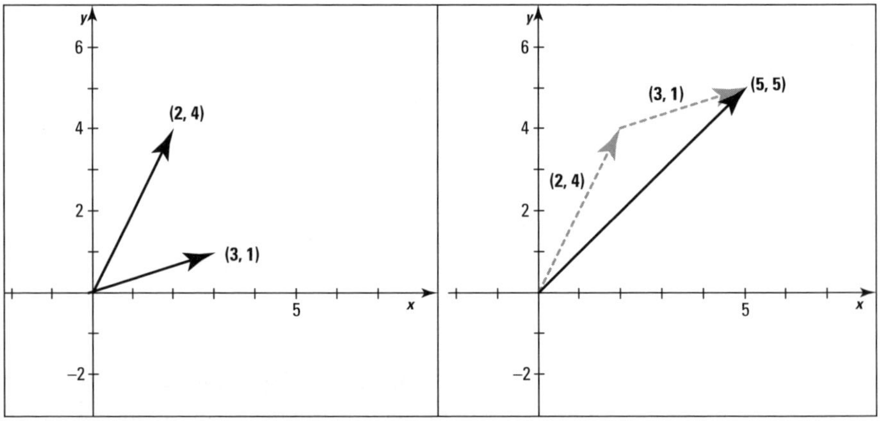

Abbildung 2.6: Zwei Vektoren werden addiert

Nichts zu addieren, ändert nichts

Wenn Sie den Nullvektor (neutrales Element) zu einem anderen Vektor addieren, ändern Sie überhaupt nichts:

$$\begin{pmatrix}4\\5\\6\end{pmatrix}+\begin{pmatrix}0\\0\\0\end{pmatrix}=\begin{pmatrix}0\\0\\0\end{pmatrix}+\begin{pmatrix}4\\5\\6\end{pmatrix}=\begin{pmatrix}4\\5\\6\end{pmatrix}$$

Unabhängig davon, ob der Nullvektor der erste oder der zweite Summand der Addition ist, erhalten Sie immer wieder den ursprünglichen Vektor.

Und jetzt zur Vektorsubtraktion

Bei der Vektorsubtraktion wird einfach ein Vektor zu einem anderen Vektor addiert, der mit dem Skalar –1 multipliziert wurde. Wenn Sie also eine Subtraktionsaufgabe in eine Additionsaufgabe umwandeln wollen (um vielleicht die Reihenfolge der Vektoren in der Operation umzukehren), schreiben Sie den zweiten Vektor in der Aufgabe unter Verwendung seines Negativen.

Um beispielsweise die folgende Subtraktionsaufgabe zu einer Addition zu machen und dann die Reihenfolge umzuschreiben, gehen Sie wie folgt vor:

$$\begin{pmatrix}5\\-2\\3\end{pmatrix}-\begin{pmatrix}3\\1\\-5\end{pmatrix}=\begin{pmatrix}5\\-2\\3\end{pmatrix}+(-1)\begin{pmatrix}3\\1\\-5\end{pmatrix}=\begin{pmatrix}5\\-2\\3\end{pmatrix}+\begin{pmatrix}-3\\-1\\5\end{pmatrix}=\begin{pmatrix}-3\\-1\\5\end{pmatrix}+\begin{pmatrix}5\\-2\\3\end{pmatrix}$$

Natürlich bleiben die Antworten dieselben, egal ob Sie subtrahieren oder den zweiten Vektor mit –1 multiplizieren und anschließend addieren. Die hier gezeigten Vorgehensweisen helfen, die Struktur oder die Reihenfolge innerhalb der Aufgabe zu steuern und werden in verschiedenen Vektoranwendungen eingesetzt.

Den Betrag eines Vektors verwalten

Der Betrag eines Vektors wird auch als seine *Länge* oder *Norm* bezeichnet. Im zwei- oder dreidimensionalen Raum sehen Sie einen Pfeil, der eine bestimmte Länge hat, und können sich vorstellen, woher der numerische Wert des Betrags kommt. Vektoren mit mehreren Zeilen haben ebenfalls einen Betrag, und die Berechnung ist immer dieselbe, unabhängig davon, welche Größe der Vektor hat. Leider kann ich Ihnen jedoch kein Bild zeigen.

Der Betrag eines Vektors $\vec{v}$ wird unter Verwendung zweier vertikaler Striche dargestellt, $\|\vec{v}\|$. Die Formel für die Berechnung des Betrags lautet:

$$\|\vec{v}\|=\sqrt{v_1^2+v_2^2+\ldots+v_n^2}$$

Dabei sind $v_1, v_2, \ldots, v_n$ Einträge des Vektors $\vec{v}$.

Beispielsweise wird für den Vektor

$$\vec{v}=\begin{pmatrix}3\\2\\4\end{pmatrix}$$

der Betrag ermittelt mit:

$$\|\vec{v}\|=\sqrt{3^2+2^2+4^2}=\sqrt{9+4+16}=\sqrt{29}\approx 5{,}4$$

Sie können sich dieses Beispiel als rechteckiges Prisma vorstellen (eine Pappkartonschachtel). Die Schachtel ist 3 × 2 × 4 Meter groß. Wie lang darf ein Stab sein, der diagonal in die Schachtel verpackt werden soll? Gemäß der Formel für den Betrag des Vektors, dessen Zahlen die Ausmaße der Schachtel angeben, können Sie einen Stab von etwa 5,4 Meter Länge in der Schachtel unterbringen, von Ecke zu Ecke.

Den Betrag für die Skalarmultiplikation anpassen

Der Betrag eines Vektors wird bestimmt, indem alle Einträge im Vektor quadriert, die Quadrate addiert und aus der Summe die Quadratwurzel gezogen werden. Was passiert jedoch mit dem Betrag eines Vektors, wenn Sie ihn mit einem Skalar multiplizieren? Können Sie den Betrag des neuen Vektors vorhersagen, ohne alle Berechnungen durchführen zu müssen, wenn Sie den Betrag des ursprünglichen Vektors kennen?

Betrachten Sie den folgenden Vektor:

$$\vec{v} = \begin{pmatrix} 1 \\ -4 \\ -2 \\ 2 \end{pmatrix}$$

Wenn Sie den Betrag berechnen, erhalten Sie:

$$\|\vec{v}\| = \sqrt{1^2 + (-4)^2 + (-2)^2 + 2^2} = \sqrt{1+16+4+4} = \sqrt{25} = 5$$

Jetzt multiplizieren Sie den Vektor $\vec{v}$ mit $k = 3$, also $3\vec{v}$, und berechnen den Betrag des resultierenden Vektors.

$$3\vec{v} = 3\begin{pmatrix} 1 \\ -4 \\ -2 \\ 2 \end{pmatrix} = \begin{pmatrix} 3 \\ -12 \\ -6 \\ 6 \end{pmatrix} \quad \text{und} \quad \|3\vec{v}\| = \sqrt{3^2 + (12)^2 + (-6)^2 + 6^2}$$

$$= \sqrt{9+144+36+36} = \sqrt{225} = 15$$

Der Betrag des neuen Vektors ist das Dreifache des ursprünglichen Vektors. Es sieht also ganz danach aus, dass Sie einfach nur den ursprünglichen Betrag mit dem Skalar multiplizieren müssen, um den neuen Betrag zu erhalten.

Aber Vorsicht! In der Mathematik muss man misstrauisch sein, wenn jemand ein paar Zahlen hinwirft und erklärt, dass, wenn ein Beispiel funktioniert, alle funktionieren. In diesem Fall trifft dies allerdings tatsächlich zu. Durch eine minimale Anpassung der Regel ergibt sich der neue Betrag einfach als entsprechendes Vielfaches des ursprünglichen Betrags.

Der Betrag des Produkts aus einem Skalar k und einem Vektor $\vec{v}$ ist gleich dem Produkt aus dem Absolutwert des Skalars und dem Betrag des ursprünglichen Vektors, $|k| \cdot \|\vec{v}\|$.

Und um dies zu beweisen, hier die zugehörige Mathematik:

$$k\begin{pmatrix} v_1 \\ v_2 \\ v_3 \\ \vdots \\ v_n \end{pmatrix} = \begin{pmatrix} kv_1 \\ kv_2 \\ kv_3 \\ \vdots \\ kv_n \end{pmatrix} \quad \text{damit ist} \quad \| k\vec{v} \| = \sqrt{(kv_1)^2 + (kv_2)^2 + \ldots + (kv_n)^2}$$

$$= \sqrt{k^2v_1^2 + k^2v_2^2 + \ldots + k^2v_n^2}$$

$$= \sqrt{k^2\left(v_1^2 + v_2^2 + \ldots v_n^2\right)}$$

$$= | k | \sqrt{v_1^2 + v_2^2 + \ldots v_n^2}$$

$$= | k | \cdot \| \vec{v} \|$$

Der Betrag von $k\vec{v}$ ist gleich dem Absolutwert von k mal dem Betrag des ursprünglichen Vektors $\vec{v}$.

Die Wurzel eines Quadrats ist gleich dem Absolutwert der Zahl, die ins Quadrat gesetzt wird:

$$\sqrt{k^2} = | k |$$

Durch die Verwendung des Absolutwerts werden die Fälle berücksichtigt, bei denen k eine negative Zahl ist.

Wenn Sie also einen Vektor mit einer negativen Zahl multiplizieren, ist der Wert des Betrags des resultierenden Vektors trotzdem eine positive Zahl.

Wenn beispielsweise

$$\vec{v} = \begin{pmatrix} -9 \\ 6 \\ -2 \end{pmatrix}$$

den folgenden Betrag hat:

$$\| \vec{v} \| = \sqrt{(-9)^2 + 6^2 + (-2)^2} = \sqrt{81 + 36 + 4} = \sqrt{121} = 11$$

und dann der Vektor $\vec{v}$ mit –8 multipliziert wird, ist der Betrag des Vektors $-8\vec{v}$ gleich $|-8| \cdot 11 = 8 \cdot 11 = 88$.

Alles wird gut: Mit der Dreiecksungleichung

Bei der Addition von Vektoren tritt eine besondere Eigenschaft in Erscheinung, die mit ihren Beträgen und der Summe ihrer Beträge zu tun hat. Diese Beziehung wird als *Dreiecksungleichung* oder auch *Cauchy-Schwarz-Ungleichung* (nach den dafür verantwortlichen Mathematikern) bezeichnet.

Für beliebige Vektoren $\vec{u}$ und $\vec{v}$ gilt, dass der Betrag der Summe der Vektoren immer kleiner oder gleich der Summe der Beträge der Vektoren ist:

$\| \vec{u} + \vec{v} \| \leq \| \vec{u} \| + \| \vec{v} \|$

Wofür die Ungleichung gut ist

In Abbildung 2.7 sehen Sie zwei Vektoren $\vec{u}$ und $\vec{v}$ mit den Endpunkten (x_1, y_1) und (x_2, y_2). Die Dreiecksungleichung besagt, dass der Betrag des Vektors, der durch Addition der beiden Vektoren entsteht, entweder kleiner oder manchmal gleich der Summe der Beträge der beiden addierten Vektoren ist.

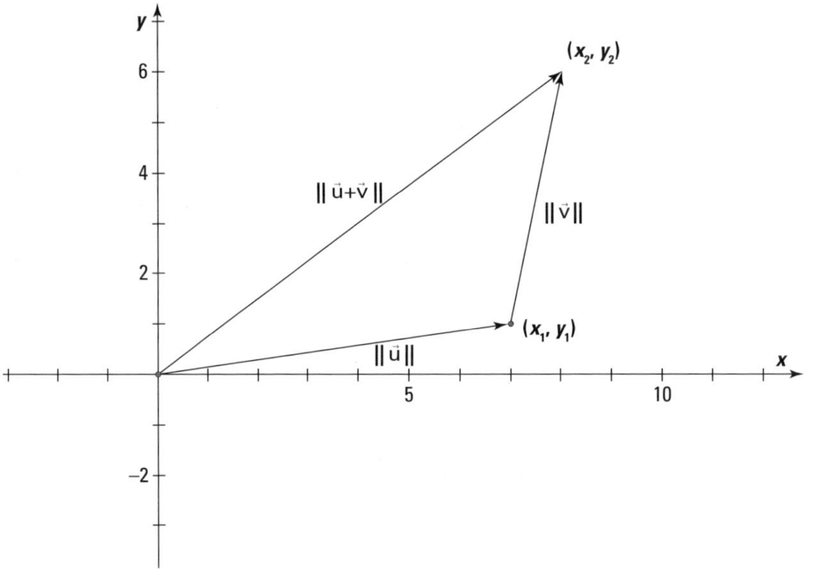

Abbildung 2.7: Die kürzeste Distanz zwischen zwei Punkten

Ich verdeutliche die Dreiecksungleichung anhand der Addition von zwei Vektoren (und damit sie wirklich *zufällig* sind, verwende ich dafür die Geburtsdaten meiner beiden ältesten Kinder):

$$\vec{u}+\vec{v} = \begin{pmatrix} 1 \\ 10 \\ 79 \end{pmatrix} + \begin{pmatrix} 9 \\ 19 \\ 81 \end{pmatrix} = \begin{pmatrix} 10 \\ 29 \\ 160 \end{pmatrix}$$

$$\| \vec{u}+\vec{v} \| = \left\| \begin{pmatrix} 10 \\ 29 \\ 160 \end{pmatrix} \right\| = \sqrt{10^2 + 29^2 + 160^2} = \sqrt{26541} \approx 162{,}9$$

$$\| \vec{u} \| + \| \vec{v} \| = \left\| \begin{pmatrix} 1 \\ 10 \\ 79 \end{pmatrix} \right\| + \left\| \begin{pmatrix} 9 \\ 19 \\ 81 \end{pmatrix} \right\| = \sqrt{1^2 + 10^2 + 79^2} + \sqrt{9^2 + 19^2 + 81^2}$$

$$= \sqrt{6342} + \sqrt{7003} \approx 79{,}6 + 83{,}7 = 163{,}3$$

Als erstes sehen Sie den Betrag der ersten Summe, $\| \vec{u} + \vec{v} \|$. Anschließend vergleiche ich diesen mit dem Betrag der Summe der beiden separaten Beträge. Die Summen sind sehr ähnlich, aber der Betrag der Summe ist kleiner, genau wie erwartet.

Die Cauchy-Schwarz-Ungleichung zur Berechnung des Durchschnitts verwenden

Das *arithmetische Mittel* von zwei Zahlen ist der Wert, den sich die meisten Menschen vorstellen, wenn sie das Wort *Durchschnitt* hören. Sie finden den Durchschnitt von zwei Zahlen, indem Sie sie addieren und dann durch 2 dividieren. Das geometrische Mittel von zwei Zahlen dagegen ist eine Zahl zwischen den beiden Zahlen, für die gilt: Der Quotient aus der ersten Zahl und diesem Mittelwert ist gleich dem Quotienten aus diesem Mittelwert und der zweiten Zahl.

Ich werde das Konzept des geometrischen Mittels anhand eines Beispiels erklären. Das geometrische Mittel aus 4 und 9 ist 6, weil der Quotient $\frac{4}{6}$ gleich dem Quotienten $\frac{6}{9}$ ist. Beide Quotienten sind gleich $\frac{2}{3}$. Um ein geometrisches Mittel aus zwei Zahlen zu bestimmen, ermitteln Sie einfach die Quadratwurzel des Produkts der Zahlen.

Für $ab \geq 0$ ist das geometrische Mittel aus a und b

$$\sqrt{ab}$$

während das arithmetische Mittel

$$\frac{a+b}{2}$$

ist.

Als Beispiel dafür, wie das arithmetische und das geometrische Mittel von zwei Zahlen zusammenhängen, betrachten Sie die beiden Zahlen 16 und 25. Das arithmetische Mittel ist die Summe der beiden Zahlen dividiert durch 2: $(16 + 25) \div 2 = 20{,}5$. Das geometrische Mittel ist die Wurzel aus dem Produkt der Zahlen.

$$\sqrt{16 \cdot 25} = \sqrt{400} = 20$$

In diesem Beispiel ist das geometrische Mittel etwas kleiner als das arithmetische Mittel.

Tatsächlich ist das geometrische Mittel *nie* größer als das arithmetische Mittel – das geometrische Mittel ist immer kleiner oder gleich dem arithmetischen Mittel. Um zu zeigen, warum das so ist, verwende ich zwei sehr sorgfältig ausgewählte Vektoren $\vec{u}$ und $\vec{v}$, deren Einträge meine Aussage verdeutlichen werden.

Zunächst seien

$$\vec{u} = \begin{pmatrix} \sqrt{a} \\ \sqrt{b} \end{pmatrix} \quad \text{und} \quad \vec{v} = \begin{pmatrix} \sqrt{b} \\ \sqrt{a} \end{pmatrix}$$

Weiterhin nehmen wir an, dass a und b positive Zahlen sind. Sie fragen sich vielleicht, warum ich solche schrecklichen Einträge in den Vektoren verwende, aber Sie werden den Grund dafür bald verstehen.

Wenden Sie die Dreiecksungleichung auf beide Vektoren an:

$$\|\vec{u}+\vec{v}\| \leq \|\vec{u}\|+\|\vec{v}\|$$

$$\left\|\begin{pmatrix}\sqrt{a}+\sqrt{b}\\ \sqrt{b}+\sqrt{a}\end{pmatrix}\right\| \leq \left\|\begin{pmatrix}\sqrt{a}\\ \sqrt{b}\end{pmatrix}\right\| + \left\|\begin{pmatrix}\sqrt{b}\\ \sqrt{a}\end{pmatrix}\right\|$$

$$\sqrt{\left(\sqrt{a}+\sqrt{b}\right)^2+\left(\sqrt{b}+\sqrt{a}\right)^2} \leq \sqrt{\left(\sqrt{a}\right)^2+\left(\sqrt{b}\right)^2}+\sqrt{\left(\sqrt{b}\right)^2+\left(\sqrt{a}\right)^2}$$

$$\sqrt{2\left(\sqrt{a}+\sqrt{b}\right)^2} \leq 2\sqrt{a+b}$$

Sie sehen, dass die anfängliche und die abschließende Ungleichung äquivalent sind.

Um zum letzten Schritt zu gelangen, habe ich die Kommutativeigenschaft der Addition auf der linken Seite genutzt (um die Reihenfolge zu ändern) und festgestellt, dass ich zweimal denselben Term hatte. Auf der rechten Seite habe ich die Wurzel der Quadrate gezogen (und weil a und b positiv sind, brauche ich keinen Absolutwert) und festgestellt, dass die beiden Terme ebenfalls äquivalent sind.

Jetzt quadriere ich beide Seiten der Ungleichung, dividiere jede Seite durch 2, quadriere das Binom, multipliziere mit der 2 aus und vereinfache, indem ich a und b von jeder Seite subtrahiere:

$$\left(\sqrt{2\left(\sqrt{a}+\sqrt{b}\right)^2}\right)^2 \leq \left(2\sqrt{a+b}\right)^2$$

$$2\left(\sqrt{a}+\sqrt{b}\right)^2 \leq 4(a+b)$$

$$\left(\sqrt{a}+\sqrt{b}\right)^2 \leq 2(a+b)$$

$$a+2\sqrt{ab}+b \leq 2a+2b$$

$$2\sqrt{ab} \leq a+b$$

$$\sqrt{ab} \leq \frac{a+b}{2}$$

Voilà! Das geometrische Mittel der beiden Zahlen a und b ist kleiner oder gleich dem arithmetischen Mittel der beiden selben Zahlen.

Das innere Produkt verinnerlichen

Das *innere Produkt* von zwei Vektoren wird auch als Skalarprodukt bezeichnet. Wenn $\vec{u}$ und $\vec{v}$ zwei $n \times 1$-Vektoren sind, dann bezeichnet die Notation $\vec{u}^T\vec{v}$ das Skalarprodukt von $\vec{u}$ und $\vec{v}$.

Augustin Louis Cauchy: Ein Name, den man in vielen mathematischen Sätzen findet

Augustin Louis Cauchy war ein französischer Mathematiker, der 1789 wenige Wochen nach dem Sturm auf die Bastille in Paris geboren wurde. Seine Geburt in einer Zeit des politischen Aufruhrs schien sein restliches Leben vorzuprägen.

Cauchy wurde von seinem Vater zuhause unterrichtet, bevor er eine Ausbildung auf akademischem Niveau erhielt. Seine Familie wurde häufig von den damals wirkenden Mathematikern besucht, insbesondere von Joseph Louis Lagrange und Pierre-Simon Laplace, die das junge Wunderkind ermutigten, sich zunächst mit Sprachen und dann mit der Mathematik zu befassen.

Der erste Beruf von Cauchy war Militärtechniker, was ihm aber bald nicht mehr gefiel, so dass er später die Technik zugunsten der Mathematik aufgab. Zu einer Zeit, wo man als Mathematiker zumeist als Professor an der Universität arbeitete, hatte Cauchy aufgrund seiner öffentlich ausgesprochenen religiösen und politischen Ansichten Probleme, eine solche Stelle zu finden. Er verzichtete sogar auf eine Stelle an der École Polytechnique, weil er die von der französischen Regierung geforderten Eide nicht ablegen wollte.

Irgendwann bewarb sich Cauchy auf eine Ausschreibung des damals entthronten König, Charles X, dessen Enkel zu unterrichten. Die Erfahrung war weder besonders erfreulich noch erfolgreich – möglicherweise weil Cauchy den Prinzen dauernd laut anschrie. Cauchy war in einer politischen Umgebung aufgewachsen und relativ politisch und starrsinnig. Häufig war er sehr schwierig im Umgang mit anderen Mathematikern. Niemand konnte ihm jedoch seinen hervorragenden Ruf für seine mathematische Arbeit und die strengen Beweise absprechen, die er in etwa 800 mathematischen Aufsätzen hinterließ. Cauchy veröffentlichte seine Erkenntnisse immer sehr schnell (anders als viele andere Mathematiker, die dazu neigen, ihre Entdeckungen für sich zu behalten), vielleicht aufgrund der günstigen Umstände bei der Drucklegung seiner Arbeit: Er war mit Aloise de Bure verheiratet, einer engen Verwandten eines Verlegers.

Das *Skalarprodukt* von zwei $n \times 1$-Vektoren wird berechnet, in dem ihre entsprechenden Einträge multipliziert und alle Produkte addiert werden:

$$\vec{u} = \begin{pmatrix} u_1 \\ u_2 \\ \vdots \\ u_n \end{pmatrix}, \qquad \vec{v} = \begin{pmatrix} v_1 \\ v_2 \\ \vdots \\ v_n \end{pmatrix}$$

$$\vec{u}^T\vec{v} = (u_1 \;\; u_2 \ldots u_n) \begin{pmatrix} v_1 \\ v_2 \\ \vdots \\ v_n \end{pmatrix} = u_1v_1 + u_2v_2 + \ldots + u_nv_n$$

Wahrscheinlich haben Sie bemerkt, dass der Vektor $\vec{u}$ hier horizontal statt vertikal dargestellt wurde. Das hochgestellte T in der Notation $\vec{u}^T\vec{v}$ bedeutet, dass der Vektor $\vec{u}$ *transpo-*

niert wird, um seine Ausrichtung zu ändern. Dies ist nur eine technische Feinheit der Notation, die verdeutlicht, was bei der Operation passiert. Weitere Informationen über das *Transponieren* von Matrizen finden Sie in Kapitel 3.

Wenn Sie beispielsweise

$$\vec{u} = \begin{pmatrix} 4 \\ -2 \\ 0 \\ 1 \end{pmatrix} \quad \text{und} \quad \vec{v} = \begin{pmatrix} -1 \\ -3 \\ 1 \\ 5 \end{pmatrix}$$

gegeben haben, dann ist das Skalarprodukt gleich:

$$\vec{u}^T \vec{v} = (4 \quad -2 \quad 0 \quad 1)\begin{pmatrix} -1 \\ -3 \\ 1 \\ 5 \end{pmatrix} = 4(-1)+(-2)(-3)+0\cdot 1+1\cdot 5 = -4+6+0+5 = 7$$

Außerdem fragen Sie sich vielleicht, warum Sie überhaupt das Skalarprodukt von zwei Vektoren berechnen sollen. Der Grund dafür wird im nächsten Abschnitt endlich klar.

Alles wird gut: Mit Winkeln

Zwei Geraden, Pfeile oder Ebenen werden als *orthogonal* bezeichnet, wenn sie senkrecht aufeinander stehen. Betrachten Sie die beiden in Abbildung 2.8 gezeigten Vektoren, die senkrecht aufeinander gezeichnet sind und einen 90°-Winkel bilden (einen rechten Winkel), wo sich die Ausgangspunkte treffen. Sie können unter Anwendung ganz einfacher Algebra bestätigen, dass die beiden Strahlen, aus denen die Vektoren bestehen, senkrecht aufeinander stehen, weil ihre Steigungen negative Kehrwerte zueinander sind.

Die Steigung einer Gerade wird berechnet, indem die Differenz zwischen den y-Koordinaten von zwei Punkten auf der Linie durch die Differenz zwischen den entsprechenden x-Koordinaten der Punkte auf dieser Linie dividiert wird.

$$m = \frac{y_2 - y_1}{x_2 - x_1}$$

Darüber hinaus sind zwei Geraden senkrecht aufeinander (bilden einen rechten Winkel), wenn das Produkt ihrer Steigungen gleich –1 ist. (Dann sind die Steigungen nämlich genau negative Kehrwerte voneinander.)

$$m_1 \cdot m_2 = -1 \quad \text{oder} \quad m_1 = -\frac{1}{m_2}$$

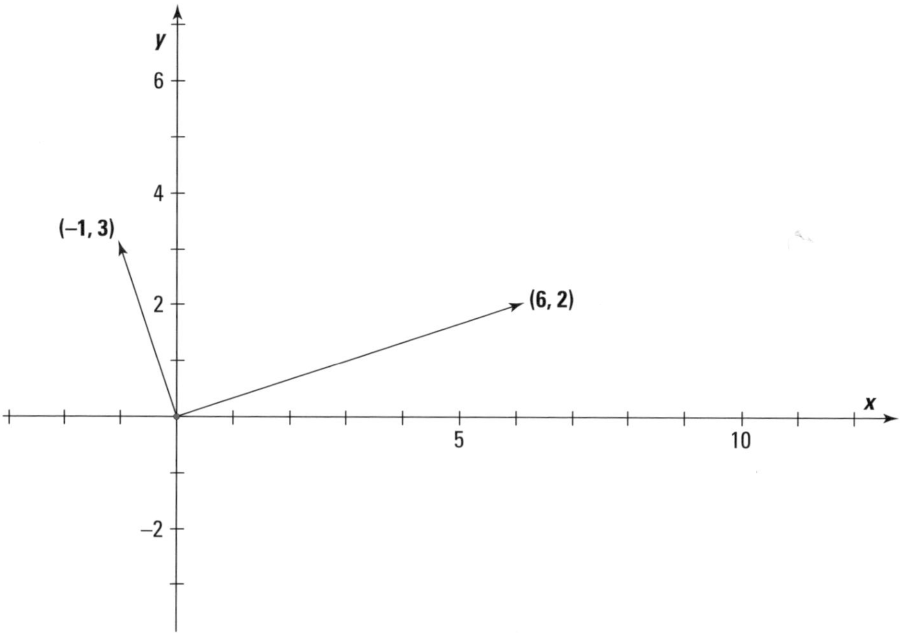

Abbildung 2.8: Die beiden Strahlen bilden einen rechten Winkel

Was hat dies mit Vektoren und ihrer Orthogonalität zu tun? (Ich gehe davon aus, dass Sie genau das fragen!) Lesen Sie weiter!

Orthogonalität bestimmen (rechte Winkel)

Wenn Sie es mit Vektoren zu tun haben, bestimmen Sie, ob diese senkrecht aufeinander stehen, indem Sie ihr Skalarprodukt berechnen. Wenn das innere Produkt der Vektoren $\vec{u}$ und $\vec{v}$ gleich 0 ist, stehen die Vektoren senkrecht aufeinander.

Wenn wir die beiden Vektoren aus Abbildung 2.8 betrachten, haben Sie also:

$$\vec{u} = \begin{pmatrix} 6 \\ 2 \end{pmatrix}, \qquad \vec{v} = \begin{pmatrix} -1 \\ 3 \end{pmatrix}$$

Jetzt bestimmen Sie das Skalarprodukt:

$$\vec{u}^T \vec{v} = (6 \quad 2)\begin{pmatrix} -1 \\ 3 \end{pmatrix} = 6(-1) + 2 \cdot 3 = -6 + 6 = 0$$

Weil das Skalarprodukt gleich 0 ist, müssen die Pfeile senkrecht aufeinander stehen und damit einen rechten Winkel bilden.

Zu bestimmen, ob zwei Vektoren senkrecht aufeinander stehen, ist hübsch und praktisch, aber womöglich interessiert es Sie noch mehr, wie groß der Winkel zwischen zwei Pfeilen ist, wenn sie *nicht* senkrecht aufeinander stehen (wie im nächsten Abschnitt erklärt)!

Den Winkel zwischen zwei Vektoren im zweidimensionalen Raum bestimmen

Eine sehr praktische Beziehung zwischen dem Skalarprodukt von zwei Vektoren, dem Betrag der Vektoren und dem Winkel der Vektoren ist folgende:

$$\vec{u} \cdot \vec{v} = \|\vec{u}\| \cdot \|\vec{v}\| \cos\theta$$

Dabei sind $\vec{u}$ und $\vec{v}$ zwei Vektoren im zweidimensionalen Raum, $\vec{u} \cdot \vec{v}$ ist das Skalarprodukt der beiden Vektoren, $\|\vec{u}\|$ und $\|\vec{v}\|$ sind die entsprechenden Beträge der Vektoren und $\cos\theta$ ist der Kosinuswert des Winkels (gegen den Uhrzeigersinn gemessen), der zwischen den beiden Vektoren gebildet wird.

Sie können also die Größe des Winkels θ bestimmen, indem Sie zuerst nach dem Kosinus auflösen:

$$\frac{\vec{u} \cdot \vec{v}}{\|\vec{u}\| \cdot \|\vec{v}\|} = \cos\theta$$

und dann den Winkel θ ermitteln.

In Abbildung 2.9 sehen Sie die beiden Vektoren, deren Endpunkte (2, 6) und (–1, 5) sind. Der Winkel zwischen den beiden Vektoren ist der Winkel θ.

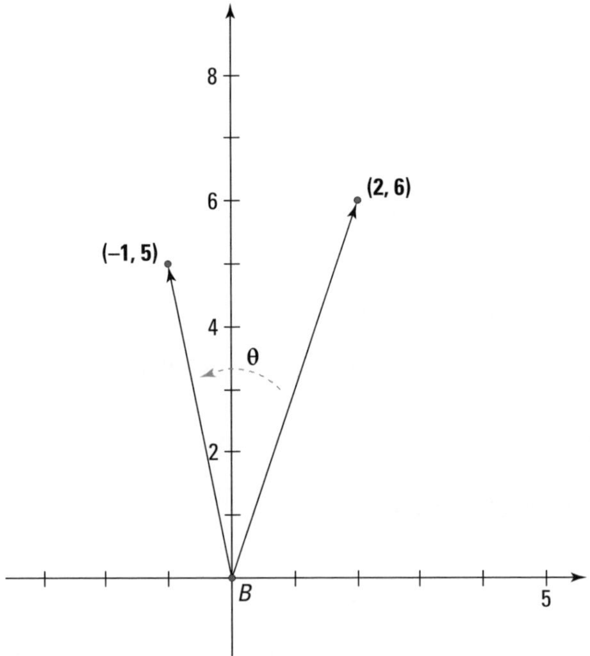

Abbildung 2.9: Der Winkel wird gegen den Uhrzeigersinn gemessen

Bestimmen Sie das Skalarprodukt der beiden Vektoren und ihre jeweiligen Beträge. Anschließend setzen Sie die Zahlen an den passenden Stellen in die Formel ein:

$$\vec{u} = \begin{pmatrix} 2 \\ 6 \end{pmatrix}, \vec{v} = \begin{pmatrix} -1 \\ 5 \end{pmatrix}$$

$$\vec{u} \cdot \vec{v} = (2 \quad 6)\begin{pmatrix} -1 \\ 5 \end{pmatrix} = 2(-1) + 6 \cdot 5 = 28$$

$$\|\vec{u}\| = \sqrt{2^2 + 6^2} = \sqrt{40}, \|\vec{v}\| = \sqrt{(-1)^2 + 5^2} = \sqrt{26}$$

$$\frac{\vec{u} \cdot \vec{v}}{\|\vec{u}\| \cdot \|\vec{v}\|} = \frac{28}{\sqrt{40} \cdot \sqrt{26}} = \frac{28}{\sqrt{1040}} \approx 0{,}8682$$

Mit Hilfe eines Taschenrechners oder einer Tabelle der trigonometrischen Funktionen stellen Sie fest, dass der Winkel, dessen Kosinus am nächsten bei 0,8682 liegt, etwa 29,75 Grad groß ist. Der Winkel, der von den beiden Vektoren gebildet wird, kommt einem 30°-Winkel sehr nahe.

Matrizen und Matrizenalgebra

3

In diesem Kapitel...

- Matrizenvokabular und -notation kennen lernen
- Operationen auf Matrizen ausführen
- Matrizen nach Größe und Format einordnen
- Eigenschaften von Matrizen und Matrizenoperationen kennen lernen
- Inverse von invertierbaren Matrizen bestimmen

Matrizen sind im Wesentlichen rechteckige Zahlenfelder. Der Grund dafür, warum Sie überhaupt Zahlen in rechteckigen Feldern anordnen sollten, ist es, sie zu systematisieren oder so auszurichten, dass sie genauer untersucht oder in einer Anwendung genutzt werden können. Bei Matrizen verwendet man eine eigene Arithmetik. Was Sie sich normalerweise unter dem Konzept der *Multiplikation* vorstellen, hat nur wenig mit der Matrixmultiplikation zu tun. Bei der Arbeit mit Matrizen werden Sie zwar nach wie vor noch das Gefühl haben, sich innerhalb der Ihnen bisher bekannten Welt der Mathematik zu bewegen – aber Sie werden auch genügend Unterschiede feststellen, um die Möglichkeiten zu erkennen, die sich darüber hinaus bieten. Matrixalgebra arbeitet mit Identitäten, Inversen und Operationen. Weitere Informationen über all diese interessanten Dinge finden Sie im Verlauf dieses Kapitels.

Die Grundlagen für den Umgang mit Matrizen

Eine Matrix besteht aus Zeilen und Spalten mit Zahlen – sie ist ein rechteckiges Zahlenfeld. Sie haben dieselbe Anzahl an Zahlen in jeder Zeile und dieselbe Anzahl an Zahlen in jeder Spalte. Die Anzahl der Zeilen und Spalten in einer Matrix müssen jedoch nicht übereinstimmen. Ein Vektor ist eine Matrix mit nur einer Spalte und einer oder mehreren Zeilen. Ein Vektor wird auch als Spaltenvektor bezeichnet. (Weitere Informationen über Vektoren finden Sie in Kapitel 2.)

Matrizennotation

Ich zeige Ihnen hier vier Matrizen A, B, C und D. Matrizen werden im Allgemeinen mit einem Namen versehen, so dass sie sie in der Diskussion oder im Text voneinander unterscheiden können. In der Regel werden Großbuchstaben für die Bezeichnung von Matrizen verwendet. Die Zahlenfelder werden von eckigen oder runden Klammern eingeschlossen. In diesem Buch finden Sie durchgängig die Verwendung runder Klammern.

$$A = \begin{pmatrix} 2 & 3 \\ 6 & 0 \end{pmatrix} \quad B = \begin{pmatrix} 1 & -1 & 2 & 0 & 0 & 3 \\ -4 & 8 & 3 & 2 & 0 & 5 \\ 2 & 0 & 1 & 0 & 20 & 4 \\ -3 & 6 & 8 & 5 & 9 & 0 \end{pmatrix}$$

$$C = \begin{pmatrix} 1 \\ 2 \\ 3 \\ 4 \end{pmatrix} \quad D = \begin{pmatrix} 3 & 5 & 6 \end{pmatrix}$$

Die Matrix A hat zwei Zeilen und zwei Spalten, die Matrix B hat vier Zeilen und sechs Spalten. Die rechteckigen Zahlenfelder sind von runden Klammern umgeben, was darauf hinweist, dass es sich um eine mathematische Struktur namens *Matrix* handelt. Die verschiedenen Positionen oder Werte in einer Matrix werden als *Einträge* bezeichnet. Die eigentlichen Einträge werden als Kleinbuchstaben mit jeweils einer tief gestellten Nummer dargestellt. Diese tief gestellte Nummer ist der *Index* des Eintrags. Der Eintrag a_{12} befindet sich in der Matrix A und ist die Zahl in der ersten Zeile und zweiten Spalte. Wenn Sie die Matrix A betrachten, sehen Sie, dass $a_{12} = 3$ ist. Eine allgemeine Notation für die Einträge in einer Matrix A lautet a_{ij}, wobei i für die Zeile und j für die Spalte steht. In der Matrix B bezeichnen Sie die Einträge als b_{ij}. in der Matrix B ist der Eintrag $b_{35} = 20$.

Manchmal wird eine Regel oder ein Muster verwendet, um eine bestimmte Matrix anzulegen. Die Regel kann ganz einfach sein, wie etwa »Jeder Eintrag ist das Vierfache des Index plus drei«, oder »Jeder Eintrag ist die Summe der tief gestellten Zahlen im Index«. Um Verwirrung oder Missverständnisse zu vermeiden, verwenden Sie Symbole, um eine Regel für die Formulierung der Einträge einer Matrix zu beschreiben.

Wenn Sie beispielsweise eine Matrix mit drei Zeilen und vier Spalten anlegen wollen, in der jeder Eintrag die Summe der Ziffern in seinem Index ist, schreiben Sie:

A ist eine 3×4-Matrix mit $a_{ij} = i + j$.

Das $\times$-Zeichen werde ich im nächsten Abschnitt erklären. Und hier die Matrix A:

$$A = \begin{pmatrix} 1+1 & 1+2 & 1+3 & 1+4 \\ 2+1 & 2+2 & 2+3 & 2+4 \\ 3+1 & 3+2 & 3+3 & 3+4 \end{pmatrix} = \begin{pmatrix} 2 & 3 & 4 & 5 \\ 3 & 4 & 5 & 6 \\ 4 & 5 & 6 & 7 \end{pmatrix}$$

Und jetzt zeige ich Ihnen die Matrix B, eine 3×3-Matrix mit $b_{ij} = i^2 - 2j$.

$$B = \begin{pmatrix} 1^2 - 2\cdot 1 & 1^2 - 2\cdot 2 & 1^2 - 2\cdot 3 \\ 2^2 - 2\cdot 1 & 2^2 - 2\cdot 2 & 2^2 - 2\cdot 3 \\ 3^2 - 2\cdot 1 & 3^2 - 2\cdot 2 & 3^2 - 2\cdot 3 \end{pmatrix} = \begin{pmatrix} -1 & -3 & -5 \\ 2 & 0 & -2 \\ 7 & 5 & 3 \end{pmatrix}$$

Die Dimension definieren

Matrizen gibt es in allen Größen oder *Dimensionen*. Die Dimension gibt die Anzahl der Zeilen an, gefolgt von einem Multiplikationszeichen $\times$, gefolgt von der Anzahl der Spalten. Matrix A ist eine 2×2-Matrix, weil sie 2 Zeilen und 2 Spalten umfasst. Matrix B hat 4 Zeilen und

6 Spalten, ihre Dimension ist also 4×6. Matrix C entspricht einem Spaltenvektor, weil sie nur eine Spalte hat, ihre Dimension ist 4×1. Und D ist ein Zeilenvektor mit der Dimension 1×3.

Die Bestimmung der Dimension einer Matrix ist dann wichtig, wenn Operationen mit mehreren Matrizen ausgeführt werden. Wenn Matrizen addiert oder subtrahiert werden, müssen die beiden Matrizen dieselbe Dimension haben. Wenn Matrizen multipliziert werden, muss die Anzahl der Spalten in der ersten Matrix mit der Anzahl der Zeilen in der zweiten Matrix übereinstimmen. Weitere Informationen über das Addieren, Subtrahieren, Multiplizieren, Dividieren und das Bestimmen von Inversen von Matrizen finden Sie später in diesem Kapitel. Bei jeder Operation muss auf die Dimension geachtet werden.

Matrixoperationen

Matrixoperationen sind spezielle Operationen, die eigens für Matrizen definiert wurden. Bei einer *Matrixaddition* wenden Sie den traditionellen Prozess der Addition von Zahlen an, aber für diese Operation gelten spezielle Anforderungen und bestimmte Regeln. Die *Matrixmultiplikation* ist letztlich eine Kombination aus Multiplikation und Addition. Die Operationen und Regeln sind nicht schwierig. Sie müssen nur die Regeln für die jeweiligen Prozesse genau einhalten.

Matrizen addieren und subtrahieren

Für das Addieren und Subtrahieren von Matrizen müssen die beiden betreffenden Matrizen dieselbe Dimension haben. Der Prozess, zwei Matrizen zu addieren oder zu subtrahieren, besteht darin, dass die jeweilige Operation auf jedes Paar entsprechender Einträge angewendet wird.

Um zwei $m \times n$-Matrizen zu addieren oder zu subtrahieren, addieren (oder subtrahieren) Sie die einander entsprechenden Einträge in den Matrizen.

$$A + B = \begin{pmatrix} a_{11} + b_{11} & a_{12} + b_{12} & \dots & a_{1n} + b_{1n} \\ a_{21} + b_{21} & a_{22} + b_{22} & \dots & a_{2n} + b_{2n} \\ \vdots & \vdots & \vdots & \vdots \\ a_{m1} + b_{m1} & a_{m2} + b_{m2} & \dots & a_{mn} + b_{mn} \end{pmatrix}$$

$$A - B = \begin{pmatrix} a_{11} - b_{11} & a_{12} - b_{12} & \dots & a_{1n} - b_{1n} \\ a_{21} - b_{21} & a_{22} - b_{22} & \dots & a_{2n} - b_{2n} \\ \vdots & \vdots & \vdots & \vdots \\ a_{m1} - b_{m1} & a_{m2} - b_{m2} & \dots & a_{mn} - b_{mn} \end{pmatrix}$$

Wenn beispielsweise die Matrix J die Anzahl der Lebensversicherungen, Autoversicherungen und Haftpflichtversicherungen darstellt, die von acht verschiedenen Versicherungsagenten im Januar, verkauft wurden, und Matrix F die Anzahl der Versicherungen, die von denselben Versicherungsagenten im Februar verkauft wurden, dann stellt J + F die Gesamtzahl der verkauften Versicherungen für die einzelnen Agenten dar. Die Matrizen (rechteckige Anordnungen) enthalten immer denselben Versicherungstyp in jeder Spalte und dieselben Agenten in jeder Zeile.

$$\begin{array}{c} \\ \\ J+F= \end{array}
\begin{array}{ccc} LV & AV & HV \end{array} \quad \begin{array}{ccc} LV & AV & HV \end{array} \quad \begin{array}{ccc} LV & AV & HV \end{array}$$

$$J+F=\begin{pmatrix} 12 & 23 & 14 \\ 20 & 29 & 38 \\ 3 & 6 & 10 \\ 15 & 12 & 2 \\ 90 & 5 & 16 \\ 40 & 40 & 40 \\ 0 & 0 & 83 \\ 16 & 26 & 39 \end{pmatrix}+\begin{pmatrix} 13 & 33 & 22 \\ 10 & 19 & 8 \\ 30 & 0 & 20 \\ 0 & 0 & 0 \\ 60 & 15 & 26 \\ 30 & 40 & 50 \\ 0 & 0 & 69 \\ 12 & 48 & 11 \end{pmatrix}=\begin{pmatrix} 25 & 56 & 36 \\ 30 & 48 & 46 \\ 33 & 6 & 30 \\ 15 & 12 & 2 \\ 150 & 20 & 42 \\ 70 & 80 & 90 \\ 0 & 0 & 152 \\ 28 & 74 & 50 \end{pmatrix}$$

Das rechteckige Feld gestattet dem Verkaufsmanager, Trends, Muster oder Probleme in Hinblick auf die Leistung eines Vertriebsmitarbeiters schnell zu erkennen.

Die Matrixaddition ist kommutativ. *Kommutativität* bedeutet, dass Sie die Reihenfolge umkehren können, also F + J rechnen können, und dasselbe Ergebnis erhalten. Die Matrixsubtraktion dagegen ist *nicht* kommutativ. So wie 4 – 1 nicht gleich 1 – 4 ist, ist auch die Subtraktion J – F nicht dasselbe wie F – J.

Die Skalarmultiplikation

Die Multiplikation von zwei Matrizen bedeutet einen gewissen Aufwand – wie etwa die Besteigung des Matterhorns. Die *Skalarmultiplikation* dagegen ist ein Kinderspiel – ein Spaziergang im Park. Damit will ich nicht sagen, dass die Skalarmultiplikation nicht genau so wichtig ist. Ohne die Skalarmultiplikation ist keine Matrizenarithmetik möglich. Das wollte ich Ihnen nur gesagt haben, bevor ich anfange.

Die Multiplikation einer Matrix A mit einem Skalar k (einer Konstanten) bedeutet, dass jeder Eintrag der Matrix A mit der Zahl k multipliziert wird, die vor der Matrix steht.

$$kA = k\begin{pmatrix} a_{11} & a_{12} & \dots & a_{1n} \\ a_{21} & a_{22} & \dots & a_{2n} \\ \vdots & \vdots & \vdots & \vdots \\ a_{m1} & a_{m2} & \dots & a_{mn} \end{pmatrix} = \begin{pmatrix} ka_{11} & ka_{12} & \dots & ka_{1n} \\ ka_{21} & ka_{22} & \dots & ka_{2n} \\ \vdots & \vdots & \vdots & \vdots \\ ka_{m1} & ka_{m2} & \dots & ka_{mn} \end{pmatrix}$$

Wenn Sie eine Matrix also mit –4 multiplizieren, könnte das so aussehen:

$$A = \begin{pmatrix} 2 & -3 & -4 & 0 \\ -3 & 1 & -1 & 5 \\ 4 & 0 & -6 & -7 \end{pmatrix}$$

$$-4A = -4\begin{pmatrix} 2 & -3 & -4 & 0 \\ -3 & 1 & -1 & 5 \\ 4 & 0 & -6 & -7 \end{pmatrix} = \begin{pmatrix} -8 & 12 & 16 & 0 \\ 12 & -4 & 4 & -20 \\ -16 & 0 & 24 & 28 \end{pmatrix}$$

Matrixmultiplikation

An der Matrixmultiplikation sind letztlich zwei unterschiedliche Operationen beteiligt: Multiplikation und Addition. Die Einträge in den jeweiligen Matrizen werden sorgfältig ausgerichtet, multipliziert, addiert und dann wird die Gesamtsumme exakt in der resultierenden Matrix platziert. Die Matrixmultiplikation wird nur ausgeführt, wenn die beiden betreffenden Matrizen sehr spezielle Standards erfüllen. Sie können nicht einfach zwei beliebige Matrizen miteinander multiplizieren. Sehr häufig kann man nicht einmal eine Matrix mit sich selbst multiplizieren.

Um die Matrixmultiplikation von der Multiplikation reeller Zahlen zu unterscheiden, verwende ich den Stern, *, wenn zwei Matrizen multipliziert werden. Die Multiplikation von Matrix A mit Matrix B wird also als A * B dargestellt.

Bestimmen, welche Matrizen und welche Reihenfolge

Um eine Matrixmultiplikation für zwei Matrizen durchzuführen, muss die Anzahl der Spalten der ersten Matrix mit der Anzahl der Zeilen der zweiten Matrix übereinstimmen.

Um eine Matrixmultiplikation für die $m \times n$-Matrix A und die $p \times q$-Matrix M durchzuführen, muss $n = p$ sein. Darüber hinaus hat die resultierende Matrix $A * B$ die Dimension $m \times q$.

Wenn beispielsweise die Matrix A die Dimension 3×4, die Matrix B die Dimension 4×7 hat, dann hat das Produkt $A * B$ die Dimension 3×7. In umgekehrter Reihenfolge können die Matrizen nicht multipliziert werden. Das Produkt $B * A$ kann nicht gebildet werden, weil die Matrix B sieben Spalten, die Matrix A drei Zeilen hat.

Zwei Matrizen multiplizieren

Beim Multiplizieren von zwei Matrizen werden mehrere Produkte addiert. Jeder Eintrag in der neuen durch die Matrixmultiplikation entstehenden Matrix ist die Summe aller Produkte der Einträge in einer Zeile der ersten Matrix mit den entsprechenden Einträgen einer Spalte der zweiten Matrix. Wenn Sie beispielsweise den Eintrag a_{23} in der Produktmatrix A haben, erhielten Sie diesen Eintrag, indem Sie jeden Eintrag in der zweiten Zeile der ersten Matrix mit seinem zugehörigen Eintrag in der dritten Spalte der zweiten Matrix multiplizierten und dann alle Produkte addierten.

Ich zeige Ihnen ein Beispiel, bevor ich die Regel mit Symbolen darstelle. In dem Beispiel wird die 2×3-Matrix K mit der 3×4-Matrix L multipliziert.

$$K = \begin{pmatrix} 2 & -3 & 0 \\ 1 & 4 & -4 \end{pmatrix}, \quad L = \begin{pmatrix} 1 & 2 & 3 & 4 \\ 5 & 6 & 7 & 6 \\ 5 & 4 & 3 & 2 \end{pmatrix}$$

Die Anzahl der Spalten in der Matrix K ist 3, ebenso wie die Anzahl der Zeilen in Matrix L. Die resultierende Matrix, $K * L$, hat die Dimension 2×4.

$$K * L = \begin{pmatrix} a_{11} & a_{12} & a_{13} & a_{14} \\ a_{21} & a_{22} & a_{23} & a_{24} \end{pmatrix} = A$$

Um die einzelnen Einträge in der Produktmatrix K ∗ L zu bestimmen, multiplizieren Sie die Einträge in den Zeilen von K mit den Einträgen in den Spalten von L und addieren die Produkte:

- ✔ Der Eintrag a_{11} wird gebildet, indem die Einträge in der ersten Zeile von K mit den Einträgen in der ersten Spalte von L multipliziert werden: $2 \cdot 1 + (-3) \cdot 5 + 0 \cdot 5 = 2 - 15 + 0 = -13$.
- ✔ Der Eintrag a_{12} wird gebildet, indem die Einträge in der ersten Zeile von K mit den Einträgen in der zweiten Spalte von L multipliziert werden: $2 \cdot 2 + (-3) \cdot 6 + 0 \cdot 4 = 4 - 18 + 0 = -14$.
- ✔ Der Eintrag a_{13} wird gebildet, indem die Einträge in der ersten Zeile von K mit den Einträgen in der dritten Spalte von L multipliziert werden: $2 \cdot 3 + (-3) \cdot 7 + 0 \cdot 3 = 6 - 21 + 0 = -15$.
- ✔ Der Eintrag a_{14} wird gebildet, indem die Einträge in der ersten Zeile von K mit den Einträgen in der vierten Spalte von L multipliziert werden: $2 \cdot 4 + (-3) \cdot 6 + 0 \cdot 2 = 8 - 18 + 0 = -10$.
- ✔ Der Eintrag a_{21} wird gebildet, indem die Einträge in der zweiten Zeile von K mit den Einträgen in der ersten Spalte von L multipliziert werden: $1 \cdot 1 + 4 \cdot 5 + (-4) \cdot 5 = 1 + 20 - 20 = 1$.
- ✔ Der Eintrag a_{22} wird gebildet, indem die Einträge in der zweiten Zeile von K mit den Einträgen in der zweiten Spalte von L multipliziert werden: $1 \cdot 2 + 4 \cdot 6 + (-4) \cdot 4 = 2 + 24 - 16 = 10$.
- ✔ Der Eintrag a_{23} wird gebildet, indem die Einträge in der zweiten Zeile von K mit den Einträgen in der dritten Spalte von L multipliziert werden: $1 \cdot 3 + 4 \cdot 7 + (-4) \cdot 3 = 3 + 28 - 12 = 19$.
- ✔ Der Eintrag a_{24} wird gebildet, indem die Einträge in der zweiten Zeile von K mit den Einträgen in der vierten Spalte von L multipliziert werden: $1 \cdot 4 + 4 \cdot 6 + (-4) \cdot 2 = 4 + 24 - 8 = 20$.

Jetzt werden die Einträge an ihren zugehörigen Positionen platziert:

$$K * L = \begin{pmatrix} -13 & -14 & -15 & -10 \\ 1 & 10 & 19 & 20 \end{pmatrix}$$

Für eine Matrixmultiplikation A ∗ B, wobei die Matrix A die Dimension $n \times m$ und die Matrix B die Dimension $n \times p$ haben, sind die Einträge in der resultierenden $m \times p$-Matrix A*B gleich:

$$A * B = \begin{pmatrix} a_{11}b_{11} + a_{12}b_{21} + \ldots + a_{1m}b_{m1} & a_{11}b_{12} + a_{12}b_{22} + \ldots + a_{1m}b_{m2} & \cdots \\ a_{21}b_{11} + a_{22}b_{21} + \ldots + a_{2m}b_{m1} & a_{21}b_{12} + a_{22}b_{22} + \ldots + a_{2m}b_{m2} & \cdots \\ \vdots & \vdots & \ddots \end{pmatrix}$$

Im Allgemeinen ist die Matrixmultiplikation nicht kommutativ. Selbst wenn Sie zwei quadratische Matrizen haben (d. h. die Anzahl der Zeilen und die Anzahl der Spalten sind gleich), ist ihr Produkt in der Regel nicht gleich, wenn die Matrizen vertauscht werden. Angenommen, wir haben die Matrizen C und D, beides 3 × 3-Matrizen. Ich berechne zuerst C ∗ D und dann D ∗ C.

$$C=\begin{pmatrix}4 & -3 & 2\\ 0 & 1 & -1\\ 5 & 4 & 0\end{pmatrix} \quad \text{und} \quad D=\begin{pmatrix}2 & 2 & -5\\ 3 & 1 & 0\\ -1 & 1 & 4\end{pmatrix}$$

$$C*D=\begin{pmatrix}4\cdot 2+(-3)3+2(-1) & 4\cdot 2+(-3)1+2\cdot 1 & 4(-5)+(-3)0+2\cdot 4\\ 0\cdot 2+1\cdot 3+(-1)(-1) & 0\cdot 2+1\cdot 1+(-1)1 & 0(-5)+1\cdot 0+(-1)4\\ 5\cdot 2+4\cdot 3+0(-1) & 5\cdot 2+4\cdot 1+0\cdot 1 & 5(-5)+4\cdot 0+0\cdot 4\end{pmatrix}$$
$$=\begin{pmatrix}-3 & 7 & -12\\ 4 & 0 & -4\\ 22 & 14 & -25\end{pmatrix}$$

$$D*C=\begin{pmatrix}2\cdot 4+2\cdot 3+(-5)5 & 2(-3)+2\cdot 1+(-5)4 & 2\cdot 2+2(-1)+(-5)0\\ 3\cdot 4+1\cdot 0+0\cdot 5 & 3(-3)+1\cdot 1+0\cdot 4 & 3\cdot 2+1(-1)+0\cdot 0\\ (-1)4+1\cdot 0+4\cdot 5 & -1(-3)+1\cdot 1+4\cdot 4 & (-1)2+1(-1)+4\cdot 0\end{pmatrix}$$
$$=\begin{pmatrix}-17 & -24 & 2\\ 12 & -8 & 5\\ 16 & 20 & -3\end{pmatrix}$$

Selbst wenn also in der Arithmetik die Multiplikation kommutativ ist, gilt das nicht für die Matrixmultiplikation. Nachdem ich dies gesagt habe, muss ich Ihnen noch mitteilen, dass es Situationen gibt, in denen die Matrixmultiplikation tatsächlich kommutativ *ist*. Hier die Sonderfälle, in denen die Matrixmultiplikation kommutativ ist:

- ✔ Wenn mit dem neutralen Element der Multiplikation für eine quadratische Matrix multipliziert wird.
- ✔ Wenn mit der Inversen der Matrix multipliziert wird – gesetzt den Fall, die Matrix hat eine Inverse.

Ich werde später noch einmal auf die Kommutativität zurückkommen, nämlich in den Abschnitten »Identitätsmatrizen«, »Eigenschaften bei der Multiplikation« und »Eigenschaften einer invertierbaren Matrix«.

Die verschiedenen Matrizentypen

Matrizen werden in der Regel mit Großbuchstaben bezeichnet, also zum Beispiel A, B, C usw. Matrizen werden außerdem nach ihrem Aufbau oder nach ihren Einträgen unterschieden; So wie Sie Menschen nach ihrer Größe, ihrem Alter oder ihrem Herkunftsland unterscheiden, können Sie Matrizen nach ihren Eigenschaften unterscheiden. Matrizen können quadratisch sein, Identitätsmatrizen, Dreiecksmatrizen, singuläre Matrizen – oder keines davon.

Neutrale Elemente

Die beiden Typen von neutralen Matrizen sind eng mit den neutralen Elementen in der Arithmetik verwandt. Das neutrale Element bezüglich der Addition in der Arithmetik ist 0. Wenn Sie 0 zu einer Zahl addieren, ändern Sie die Zahl damit nicht – die Zahl behält ihre Identität. Dasselbe Konzept funktioniert für die multiplikative Identität. Das neutrale Element bezüglich der Multiplikation in der Arithmetik ist 1. Sie multiplizieren eine beliebige Zahl mit 1 und die Zahl behält ihre ursprüngliche Identität.

Die Nullmatrix

Das neutrale Element der Addition von Matrizen ist die *Nullmatrix*. Alle Einträge einer Nullmatrix sind Null. Wie praktisch! Aber die Nullmatrix kann viele Formen und Größen annehmen. Das neutrale Element der Addition von 3×4-Matrizen ist eine 3×4-Nullmatrix. Matrizen können nur dann addiert werden, wenn sie dieselbe Dimension haben. Wenn in der Arithmetik Zahlen addiert werden, brauchen Sie nur eine 0. Bei der Matrizenaddition hingegen mehrere Nullen – letztlich sogar unendlich viele davon (technisch betrachtet). Nicht schlecht.

Es gibt nicht nur viele additive neutrale Elemente – eine für jede Matrixgröße – sondern bei jeder Nullmatrix gilt auch die Kommutativität der Addition. Die Addition ist ja in jedem Fall kommutativ, deshalb sollte sie bei der Nullmatrix auch keine größere Überraschung darstellen.

Die Matrizen A, B und C werden zu ihren Nullmatrizen addiert:

$$A = \begin{pmatrix} 4 & 5 \\ 0 & -3 \end{pmatrix} \quad B = \begin{pmatrix} 1 \\ -2 \\ 3 \\ 7 \end{pmatrix} \quad C = \begin{pmatrix} 1 & 0 & 3 & 0 \\ 0 & 2 & 0 & 4 \\ 5 & 0 & 6 & 7 \end{pmatrix}$$

$$A + 0 = \begin{pmatrix} 4 & 5 \\ 0 & -3 \end{pmatrix} + \begin{pmatrix} 0 & 0 \\ 0 & 0 \end{pmatrix} = \begin{pmatrix} 4 & 5 \\ 0 & -3 \end{pmatrix} = A$$

$$0 + B = \begin{pmatrix} 0 \\ 0 \\ 0 \\ 0 \end{pmatrix} + \begin{pmatrix} 1 \\ -2 \\ 3 \\ 7 \end{pmatrix} = \begin{pmatrix} 1 \\ -2 \\ 3 \\ 7 \end{pmatrix} = B$$

$$C + 0 = \begin{pmatrix} 1 & 0 & 3 & 0 \\ 0 & 2 & 0 & 4 \\ 5 & 0 & 6 & 7 \end{pmatrix} + \begin{pmatrix} 0 & 0 & 0 & 0 \\ 0 & 0 & 0 & 0 \\ 0 & 0 & 0 & 0 \end{pmatrix} = \begin{pmatrix} 1 & 0 & 3 & 0 \\ 0 & 2 & 0 & 4 \\ 5 & 0 & 6 & 7 \end{pmatrix} = C$$

Und jetzt das multiplikative neutrale Element

Das multiplikative neutrale Element von Matrizen weist im Vergleich mit dem additiven neutralen Element eine große Gemeinsamkeit und einen großen Unterschied auf: Die Gemeinsamkeit besteht darin, dass auch das multiplikative neutrale Element in allen möglichen Größen vorkommt; der Unterschied zum additiven neutralen Element liegt darin, dass sie nur in einer Form erscheint: als quadratische Matrix. Eine quadratische Matrix ist eine $n \times n$-Matrix, d. h. die Anzahl der Zeilen und die Anzahl der Spalten sind gleich.

Das multiplikative neutrale Element ist eine quadratische Matrix, bei der die Einträge auf der Hauptdiagonalen von oben links nach unten rechts Einsen sind. Alle anderen Einträge der Matrix sind Nullen. Hier zeige ich Ihnen drei multiplikative neutrale Elemente in den Dimensionen 2×2, 3×3 bzw. 4×4, auch Einheitsmatrizen genannt.

$$I_2 = \begin{pmatrix} 1 & 0 \\ 0 & 1 \end{pmatrix}, \quad I_3 = \begin{pmatrix} 1 & 0 & 0 \\ 0 & 1 & 0 \\ 0 & 0 & 1 \end{pmatrix}, \quad I_4 = \begin{pmatrix} 1 & 0 & 0 & 0 \\ 0 & 1 & 0 & 0 \\ 0 & 0 & 1 & 0 \\ 0 & 0 & 0 & 1 \end{pmatrix}$$

Wenn Sie eine Matrix mit einer Einheitsmatrix multiplizieren, bleibt die ursprüngliche Matrix gleich – sie behält ihre Identität. Natürlich müssen die Spalten und Zeilen korrekt übereinstimmen.

Betrachten Sie als Beispiel die Matrix D, die mit verschiedenen Einheitsmatrizen multipliziert wird. Matrix D ist eine 3×2-Matrix. Bei der Multiplikation $D * I$ muss die Einheitsmatrix I eine 2×2-Matrix sein. Bei der Multiplikation $I * D$ muss die Einheitsmatrix eine 3×3-Matrix sein.

$$D = \begin{pmatrix} 3 & 4 \\ 2 & -1 \\ -5 & 6 \end{pmatrix}$$

$$D * I = \begin{pmatrix} 3 & 4 \\ 2 & -1 \\ -5 & 6 \end{pmatrix} * \begin{pmatrix} 1 & 0 \\ 0 & 1 \end{pmatrix} = \begin{pmatrix} 3 & 4 \\ 2 & -1 \\ -5 & 6 \end{pmatrix}$$

$$I * D = \begin{pmatrix} 1 & 0 & 0 \\ 0 & 1 & 0 \\ 0 & 0 & 1 \end{pmatrix} * \begin{pmatrix} 3 & 4 \\ 2 & -1 \\ -5 & 6 \end{pmatrix} = \begin{pmatrix} 3 & 4 \\ 2 & -1 \\ -5 & 6 \end{pmatrix}$$

Die Größe der Einheitsmatrix wird durch die Dimension der zu multiplizierenden Matrix und die Multiplikationsreihenfolge festgelegt.

Im Abschnitt »Zwei Matrizen multiplizieren« weiter oben in diesem Kapitel habe ich erwähnt, dass die Multiplikation im Allgemeinen *nicht* kommutativ ist. Eine Ausnahme zu dieser Regel liegt dann vor, wenn eine quadratische Matrix mit einer Einheitsmatrix multipliziert wird.

Betrachten Sie beispielsweise eine 2 × 2-Matrix, die mit einer 2 × 2-Einheitsmatrix multipliziert wird:

$$\begin{pmatrix} 1 & 0 \\ 0 & 1 \end{pmatrix} * \begin{pmatrix} 4 & -1 \\ 2 & 3 \end{pmatrix} = \begin{pmatrix} 4 & -1 \\ 2 & 3 \end{pmatrix} = \begin{pmatrix} 4 & -1 \\ 2 & 3 \end{pmatrix} * \begin{pmatrix} 1 & 0 \\ 0 & 1 \end{pmatrix}$$

Die ursprüngliche Matrix behält ihre Identität, unabhängig davon, ob die Einheitsmatrix in der Multiplikation an erster oder zweiter Stelle steht. In diesem Sonderfall liegt eine Kommutativität der Multiplikation vor.

Dreiecksmatrizen und diagonale Matrizen

Matrizen, die als dreieckig oder diagonal bezeichnet werden, haben die gemeinsame Eigenschaft, dass sie *quadratische* Matrizen sind. Eine Dreiecksmatrix ist entweder eine *obere Dreiecksmatrix* oder eine *untere Dreiecksmatrix*. Am besten kann man diese Matrizen definieren oder beschreiben, wenn man sich ansieht, worum es sich dabei handelt:

$$A = \begin{pmatrix} 4 & 3 & 5 \\ 0 & 1 & -4 \\ 0 & 0 & 2 \end{pmatrix} \quad B = \begin{pmatrix} 7 & 0 & 0 & 0 \\ 7 & 8 & 0 & 0 \\ 5 & 2 & 3 & 0 \\ 5 & -4 & -9 & 1 \end{pmatrix} \quad C = \begin{pmatrix} 4 & 0 & 0 & 0 \\ 0 & 3 & 0 & 0 \\ 0 & 0 & 1 & 0 \\ 0 & 0 & 0 & 2 \end{pmatrix}$$

Matrix A ist eine *obere Dreiecksmatrix*. Alle Einträge *unterhalb* der Hauptdiagonalen (der Diagonalen von oben links nach unten rechts) sind Nullen. Matrix B ist eine *untere Dreiecksmatrix*. Alle Einträge *oberhalb* der Hauptdiagonalen sind Nullen. Und Matrix C ist eine Diagonalmatrix, weil alle Einträge oberhalb und unterhalb der Hauptdiagonalen Nullen sind.

Dreiecks- und Diagonalmatrizen sind für Matrixanwendungen hoch geschätzt. Man findet die Dreiecks- und Diagonalmatrizen, wenn man Gleichungssysteme löst und Determinanten berechnet (siehe Kapitel 11).

Weiter mit invertierbaren und nicht invertierbaren Matrizen

Die Klassifizierung als invertierbare oder nicht invertierbare Matrizen wird nur auf quadratische Matrizen angewendet. Quadratische Matrizen sind in der linearen Algebra sehr wichtig, und dies ist ein weiteres Beispiel.

Eine quadratische Matrix ist *invertierbar (oder regulär)*, wenn sie eine multiplikative Inverse besitzt. Eine Matrix ist *nicht invertierbar (oder nicht regulär)*, wenn sie *keine* multiplikative Inverse besitzt.

Zwei Zahlen sind multiplikative Inverse, wenn ihr Produkt gleich 1 ist (das multiplikative neutrale Element). Beispielsweise sind 4 und $\frac{1}{4}$ multiplikative Inverse. Die Zahlen $\frac{3}{5}$ und $\frac{5}{3}$ sind multiplikative Inverse. Die Zahl 0 hat kein multiplikatives Inverses, weil es keine Zahl gibt, die multipliziert mit 0 das Ergebnis 1 ergibt.

Wenn eine Matrix eine multiplikative Inverse hat, dann ist das Produkt aus der Matrix und ihrer Inversen gleich einer Einheitsmatrix (multiplikatives neutrales Element). Und darüber hinaus können Sie die beiden beteiligten Matrizen in beliebiger Reihenfolge multiplizieren (Kommutativität) und erhalten dennoch in beiden Fällen die Identitätsmatrix. Später in diesem Kapitel, im Abschnitt »Die Inverse einer Matrix«, werden Sie erfahren, wie die Inverse einer Matrix aussieht, und wie Sie sie finden.

Das Bindeglied: Matrixalgebra

Arithmetische Algebra und Matrixalgebra weisen viele Gemeinsamkeiten und viele Unterschiede auf. Zunächst sei gesagt, dass arithmetische Algebra und Matrixalgebra sich auf völlig unterschiedliche Objekte beziehen: Arithmetik auf Zahlen wie 4, 7 und 0 und Matrixalgebra auf rechteckige Zahlenfelder, die in runde Klammern eingeschlossen sind (es können auch eckige Klammern verwendet werden).

In den Abschnitten »Matrixmultiplikation« und »neutrale Elemente« weiter oben in diesem Kapitel habe ich dargelegt, wann die Kommutativeigenschaft für Matrizen gilt. In diesem Abschnitt gehe ich weiter ins Detail und beschreibe alle Eigenschaften, die Ihnen bei der Matrixalgebra begegnen. Sie müssen zunächst wissen, ob eine bestimmte Operation oder Eigenschaft überhaupt gilt, um sie bei Berechnungen sinnvoll nutzen können.

Eigenschaften bei der Addition

Für die Matrixaddition ist es erforderlich, dass die betreffenden Matrizen dieselbe Dimension haben. Nachdem die Frage der Dimension geklärt ist, ergeben sich bei der Addition zwei sehr praktische Eigenschaften: Kommutativität und Assoziativität.

Kommutativität

Die Matrixaddition ist *kommutativ*. Wenn Sie Matrix A zu Matrix B addieren, erhalten Sie dasselbe Ergebnis, wie wenn Sie Matrix B zu Matrix A addieren:

$$A + B = B + A$$

Im Abschnitt »Matrizen addieren und subtrahieren« weiter oben in diesem Kapitel haben Sie erfahren, wie die einander entsprechenden Einträge addiert werden, um eine Matrixaddition vorzunehmen. Weil das Addieren reeller Zahlen kommutativ ist, bleiben die Summen, die bei der Matrixaddition entstehen, dieselben, auch wenn die Zahlen in der umgekehrten Reihenfolge addiert werden.

$$\begin{pmatrix} 5 & 3 \\ 0 & 1 \end{pmatrix} + \begin{pmatrix} 4 & -1 \\ 2 & 3 \end{pmatrix} = \begin{pmatrix} 9 & 2 \\ 2 & 4 \end{pmatrix} = \begin{pmatrix} 4 & -1 \\ 2 & 3 \end{pmatrix} + \begin{pmatrix} 5 & 3 \\ 0 & 1 \end{pmatrix}$$

Assoziativität

Die Matrixaddition ist *assoziativ*. Wenn Sie drei Matrizen addieren, erhalten Sie dasselbe Ergebnis, ganz gleich, ob Sie die Summe der beiden ersten zur dritten addieren, oder ob Sie die erste zur Summe der zweiten und dritten addieren:

$$(A + B) + C = A + (B + C)$$

Beachten Sie, dass sich die Reihenfolge nicht ändert, sondern nur die Gruppierungen. Die folgenden Gleichungen sind äquivalent:

$$\left(\begin{pmatrix} 5 & 3 \\ 0 & 1 \end{pmatrix} + \begin{pmatrix} 4 & -1 \\ 2 & 3 \end{pmatrix}\right) + \begin{pmatrix} 9 & 8 \\ -6 & 2 \end{pmatrix} = \begin{pmatrix} 4 & -1 \\ 2 & 3 \end{pmatrix} + \left(\begin{pmatrix} 5 & 3 \\ 0 & 1 \end{pmatrix} + \begin{pmatrix} 9 & 8 \\ -6 & 2 \end{pmatrix}\right)$$

$$\begin{pmatrix} 9 & 2 \\ 2 & 4 \end{pmatrix} + \begin{pmatrix} 9 & 8 \\ -6 & 2 \end{pmatrix} = \begin{pmatrix} 4 & -1 \\ 2 & 3 \end{pmatrix} + \begin{pmatrix} 14 & 11 \\ -6 & 3 \end{pmatrix}$$

$$\begin{pmatrix} 18 & 10 \\ -4 & 6 \end{pmatrix} = \begin{pmatrix} 18 & 10 \\ -4 & 6 \end{pmatrix}$$

Eigenschaften bei der Multiplikation

Wenn Sie Zahlen multiplizieren, müssen Sie nur einen Prozess oder eine Operation berücksichtigen. Wenn Sie $6 \cdot 4$ rechnen, wissen Sie aus Ihrem kleinen $1 \cdot 1$, dass das Ergebnis gleich 24 ist. Es gibt keine andere Multiplikationsart, die ein anderes Ergebnis erbringen könnte. Die Multiplikation von Matrizen erfolgt in einer von zwei möglichen Richtungen. Details zur Matrixmultiplikation finden Sie im Abschnitt »Matrixmultiplikation« weiter oben in diesem Kapitel. Eine weitere Art der Multiplikation, die *Skalarmultiplikation*, wurde eingehend im Abschnitt »Die Skalarmultiplikation« behandelt.

Die Multiplikationsprozesse oder -operationen bei Matrizen haben sehr spezielle Eigenschaften. Einige dieser Eigenschaften sind eng mit den Eigenschaften der Multiplikation von reellen Zahlen verwandt, während andere Eigenschaften speziell für Matrizen gelten:

- **A * B ≠ B * A**: Die Matrixmultiplikation ist in der Regel *nicht* kommutativ. Eine Ausnahme liegt bei der Multiplikation einer Matrix mit ihrer Inversen oder mit der Einheitsmatrix vor. Sie könnten auch als eine etwas stupide Übung eine quadratische Matrix mit einer quadratischen Nullmatrix derselben Größe multiplizieren und den Prozess als kommutativ erkennen. (Sie erhalten unter beiden Reihenfolgen dasselbe Ergebnis, nämlich die Nullmatrix.)

✔ **kA = Ak:** Die Skalarmultiplikation ist kommutativ – Sie können den Skalar vor oder hinter die Matrix schreiben und erhalten dasselbe Ergebnis:

$$5\begin{pmatrix}4 & -1\\ 2 & 3\end{pmatrix} = \begin{pmatrix}4 & -1\\ 2 & 3\end{pmatrix}5$$
$$\begin{pmatrix}5\cdot 4 & 5(-1)\\ 5\cdot 2 & 5\cdot 3\end{pmatrix} = \begin{pmatrix}4\cdot 5 & (-1)5\\ 2\cdot 5 & 3\cdot 5\end{pmatrix}$$

✔ **(A * B) * C = A * (B * C):** Die Matrixmultiplikation ist assoziativ, wenn Sie es mit drei Matrizen zu tun haben. Die Multiplikation des Produkts von zwei Matrizen mit der dritten Matrix führt zum selben Ergebnis, die Multiplikation der ersten Matrix mit dem Produkt der beiden letzten Matrizen. Die folgenden Gleichungen sind äquivalent:

$$\left(\begin{pmatrix}5 & 3\\ 0 & 1\end{pmatrix}\cdot\begin{pmatrix}4 & -1\\ 2 & 3\end{pmatrix}\right)\cdot\begin{pmatrix}9 & 8\\ -6 & 2\end{pmatrix} = \begin{pmatrix}5 & 3\\ 0 & 1\end{pmatrix}\cdot\left(\begin{pmatrix}4 & -1\\ 2 & 3\end{pmatrix}\cdot\begin{pmatrix}9 & 8\\ -6 & 2\end{pmatrix}\right)$$
$$\begin{pmatrix}26 & 4\\ 2 & 3\end{pmatrix}\cdot\begin{pmatrix}9 & 8\\ -6 & 2\end{pmatrix} = \begin{pmatrix}5 & 3\\ 0 & 1\end{pmatrix}\cdot\begin{pmatrix}42 & 30\\ 0 & 22\end{pmatrix}$$
$$\begin{pmatrix}210 & 216\\ 0 & 22\end{pmatrix} = \begin{pmatrix}210 & 216\\ 0 & 22\end{pmatrix}$$

✔ **(kA) * B = k(A * B):** Die Multiplikation einer Matrix mit einem Skalar und die anschließende Multiplikation dieses Produkts mit einer zweiten Matrix erzeugt dasselbe Ergebnis, wie wenn Sie zuerst die beiden Matrizen multiplizieren und dann dieses Produkt mit dem Skalar multiplizieren. Man könnte auch von einer *gemischten Assoziativregel* sprechen, wobei der Skalar und die Matrizen gemischt werden. Die folgenden Gleichungen sind äquivalent:

$$\left(3\begin{pmatrix}4 & -1\\ 2 & 3\end{pmatrix}\right)\cdot\begin{pmatrix}9 & 8\\ -6 & 2\end{pmatrix} = 3\left(\begin{pmatrix}4 & -1\\ 2 & 3\end{pmatrix}\cdot\begin{pmatrix}9 & 8\\ -6 & 2\end{pmatrix}\right)$$
$$\begin{pmatrix}12 & -3\\ 6 & 9\end{pmatrix}\cdot\begin{pmatrix}9 & 8\\ -6 & 2\end{pmatrix} = 3\begin{pmatrix}42 & 30\\ 0 & 22\end{pmatrix}$$
$$\begin{pmatrix}126 & 90\\ 0 & 66\end{pmatrix} = \begin{pmatrix}126 & 90\\ 0 & 66\end{pmatrix}$$

✔ **(kl)A = k(lA):** Eine weitere gemischte Assoziativregel gestattet Ihnen, die beiden Skalare zusammenzufassen und das Produkt mit einer Matrix zu multiplizieren, oder einen der Skalare mit der Matrix zu multiplizieren und dann dieses Produkt mit dem zweiten Skalar zu multiplizieren.

Distributivität bei Matrixmultiplikation und -addition

Die Distributiveigenschaft in der Arithmetik bezieht sich auf die Multiplikation der Summe von zwei Zahlen mit einer anderen Zahl. Die Distributivregel wird wie folgt dargestellt: $a(b + c) = ab + ac$. Die Distributivregel besagt, dass Sie dasselbe Ergebnis erhalten, wenn Sie eine Zahl mit der Summe aus zwei anderen Zahlen multiplizieren, wie wenn Sie zuerst jede der Zahlen aus der Summe mit der dritten Zahl multiplizieren und dann die beiden Ergebnisse addieren. Die Distributivregel funktioniert auch in der Matrixalgebra:

$$A * (B + C) = A * B + A * C$$

Wenn Sie zwei Matrizen addieren und die Summe mit einer dritten Matrix multiplizieren, erhalten Sie dasselbe Ergebnis, wie wenn Sie jede der beiden ersten Matrizen mit der dritten Matrix multiplizieren und dann die Produkte addieren. Die folgenden Gleichungen sind äquivalent:

$$\begin{pmatrix} 4 & -1 \\ 2 & 3 \end{pmatrix} * \left(\begin{pmatrix} 5 & 3 \\ 0 & 1 \end{pmatrix} + \begin{pmatrix} 9 & 8 \\ -6 & 2 \end{pmatrix} \right) = \left(\begin{pmatrix} 4 & -1 \\ 2 & 3 \end{pmatrix} * \begin{pmatrix} 5 & 3 \\ 0 & 1 \end{pmatrix} \right) + \left(\begin{pmatrix} 4 & -1 \\ 2 & 3 \end{pmatrix} * \begin{pmatrix} 9 & 8 \\ -6 & 2 \end{pmatrix} \right)$$

$$\begin{pmatrix} 4 & -1 \\ 2 & 3 \end{pmatrix} * \begin{pmatrix} 14 & 11 \\ -6 & 3 \end{pmatrix} = \begin{pmatrix} 20 & 11 \\ 10 & 9 \end{pmatrix} + \begin{pmatrix} 42 & 30 \\ 0 & 22 \end{pmatrix}$$

$$\begin{pmatrix} 62 & 41 \\ 10 & 31 \end{pmatrix} = \begin{pmatrix} 62 & 41 \\ 10 & 31 \end{pmatrix}$$

Die Änderung der Reihenfolge in der Distribution führt auch zu einer wahren Aussage:

$$(B + C) * A = B * A + C * A$$

Hier die drei anderen Variationen der Distributivregel (unter Verwendung von Skalaren):

$$k(A + B) = kA + kB$$

$$(k + l)A = kA + lA$$

$$(A + B)k = Ak + Bk$$

Eine Matrix transponieren

Beim Transponieren einer Matrix werden die Positionen der Einträge der Matrix vertauscht. Wenn Sie eine *Matrixtransposition* vornehmen, wechselt der Eintrag in Zeile 1 und Spalte 4 nach Zeile 4 und Spalte 1. Die Wirkung ist, dass die Zeilen und Spalten und die Spalten zu Zeilen werden. Eine 3 × 5-Matrix wird durch eine Matrixtransposition zu einer 5 × 3-Matrix.

Eine Matrixtransposition für die Matrix A wird als A^T dargestellt. Wenn A in A^T umgewandelt wird, wird jedes a_{ij} in A zu a_{ji} in A^T:

$$A = \begin{pmatrix} 1 & 2 & 3 & 4 & 5 \\ 6 & 7 & 8 & 9 & 10 \\ 11 & 12 & 13 & 14 & 15 \end{pmatrix} \quad A^T = \begin{pmatrix} 1 & 6 & 11 \\ 2 & 7 & 12 \\ 3 & 8 & 13 \\ 4 & 9 & 14 \\ 5 & 10 & 15 \end{pmatrix}$$

Die Transposition der Summe von zwei Matrizen ist gleich der Summe der beiden Transponierten:

$(A + B)^T = A^T + B^T$

Die Transponierte des Produkts von zwei Matrizen ist gleich dem Produkt der beiden Transponierten in umgekehrter Reihenfolge:

$(A * B)^T = B^T * A^T$

Implizit setzt diese Regel voraus, dass die Multiplikation möglich ist (d. h. die Dimensionen passen zueinander). Hier sehen Sie zwei Matrizen, A und B, ihr Produkt, die Transponierte ihres Produkts sowie das Produkt ihrer Transponierten (in umgekehrter Reihenfolge).

Und die Matrixmultiplikation ist nicht allgemein kommutativ, deshalb erhalten Sie bei der Multiplikation von $A^T * B^T$ nicht dasselbe Ergebnis wie bei der Multiplikation in der umgekehrten Reihenfolge.

$$A = \begin{pmatrix} 1 & 2 \\ 3 & 4 \\ 5 & 6 \end{pmatrix}, \quad B = \begin{pmatrix} 1 & 0 & 2 \\ 4 & 5 & 6 \end{pmatrix}, \quad A * B = \begin{pmatrix} 9 & 10 & 14 \\ 19 & 20 & 30 \\ 29 & 30 & 46 \end{pmatrix}, \quad (A * B)^T = \begin{pmatrix} 9 & 10 & 14 \\ 19 & 20 & 30 \\ 29 & 30 & 46 \end{pmatrix},$$

$$A^T = \begin{pmatrix} 1 & 3 & 5 \\ 2 & 4 & 6 \end{pmatrix}, \quad B^T = \begin{pmatrix} 1 & 4 \\ 0 & 5 \\ 2 & 6 \end{pmatrix} \quad \text{und} \quad B^T * A^T = \begin{pmatrix} 9 & 19 & 29 \\ 10 & 20 & 30 \\ 14 & 30 & 46 \end{pmatrix}$$

Nullmatrizen

Die Nullmatrix enthält lauter Nullen. Diese Situation führt zu einigen interessanten Eigenschaften.

Wenn Sie eine Matrix zu ihrem skalaren Vielfachen addieren, das durch die Multiplikation mit –1 entsteht, erhalten Sie die Nullmatrix:

$A + (-1)A = 0$

AB = 0 bedeutet *nicht*, dass A = 0 oder B = 0. Diese Regel steht in direktem Widerspruch zur Nulleigenschaft der Arithmetik, die besagt, dass das Produkt von zwei Zahlen dann 0 ist, wenn mindestens eine der beiden Zahlen 0 ist. In der Welt der Matrizen besagt die Nulleigenschaft, dass Sie eine Nullmatrix erhalten können, ohne dass eine der Matrizen, aus denen das Produkt gebildet wurde, eine Nullmatrix sein muss. Nachfolgend sehen Sie als Beispiel die Matrizen A und B, die beide keine Nullmatrizen sind:

$$A = \begin{pmatrix} 1 & 0 \\ 1 & 0 \end{pmatrix}, \quad B = \begin{pmatrix} 0 & 0 \\ 1 & 1 \end{pmatrix} \quad \text{und} \quad A * B = \begin{pmatrix} 0 & 0 \\ 0 & 0 \end{pmatrix}$$

Eigenschaften einer invertierbaren Matrix

Eine *invertierbare Matrix* ist eine Matrix, die eine Inverse besitzt. Diese Aussage werden Sie nicht für besonders hilfreich halten. Eine *invertierbare Matrix* ist außerdem eine quadratische Matrix. Weil sie invertierbar ist, gibt es auch eine Matrix A^{-1}, die mit A multipliziert, also $A * A^{-1}$, eine Einheitsmatrix derselben Dimension wie A und A^{-1} ergibt.

Beispielsweise ist die Matrix B invertierbar, weil $B * B^{-1} = I$.

$$B = \begin{pmatrix} 3 & 7 \\ 2 & 5 \end{pmatrix} \quad B^{-1} = \begin{pmatrix} 5 & -7 \\ -2 & 3 \end{pmatrix}$$

$$B * B^{-1} = \begin{pmatrix} 3 & 7 \\ 2 & 5 \end{pmatrix} * \begin{pmatrix} 5 & -7 \\ -2 & 3 \end{pmatrix} = \begin{pmatrix} 1 & 0 \\ 0 & 1 \end{pmatrix}$$

Außerdem gilt, wie in Abschnitt »Das multiplikative neutrale Element« bereits erwähnt, dass die Reihenfolge keine Rolle spielt, wenn Sie eine Matrix mit ihrer Inversen multiplizieren. Jede Reihenfolge bei der Multiplikation erzeugt die Identitätsmatrix:

$$B = \begin{pmatrix} 3 & 7 \\ 2 & 5 \end{pmatrix} \quad B^{-1} = \begin{pmatrix} 5 & -7 \\ -2 & 3 \end{pmatrix}$$

$$B^{-1} * B = \begin{pmatrix} 5 & -7 \\ -2 & 3 \end{pmatrix} * \begin{pmatrix} 3 & 7 \\ 2 & 5 \end{pmatrix} = \begin{pmatrix} 1 & 0 \\ 0 & 1 \end{pmatrix}$$

Nicht alle Matrizen sind invertierbar. Beispielsweise ist eine Matrix mit einer Zeile aus lauter Nullen oder einer Spalte aus lauter Nullen nicht invertierbar – sie hat keine Inverse. Um Ihnen zu demonstrieren, warum eine Matrix mit einer Zeile oder Spalte aus lauter Nullen keine Inverse hat, betrachten Sie die folgende Multiplikationsaufgabe mit zwei 3×3-Matrizen, wobei eine Zeile der ersten Matrix aus lauter Nullen besteht.

$$\begin{pmatrix} a_{11} & a_{12} & a_{13} \\ a_{21} & a_{22} & a_{23} \\ 0 & 0 & 0 \end{pmatrix} * \begin{pmatrix} b_{11} & b_{12} & b_{13} \\ b_{21} & b_{22} & b_{23} \\ b_{31} & b_{32} & b_{33} \end{pmatrix}$$

$$= \begin{pmatrix} a_{11}b_{11} + a_{12}b_{21} + a_{13}b_{31} & a_{11}b_{12} + a_{12}b_{22} + a_{13}b_{32} & a_{11}b_{13} + a_{12}b_{23} + a_{13}b_{33} \\ a_{21}b_{11} + a_{22}b_{21} + a_{23}b_{31} & a_{21}b_{12} + a_{22}b_{22} + a_{23}b_{32} & a_{21}b_{13} + a_{22}b_{23} + a_{23}b_{33} \\ 0 \cdot b_{11} + 0 \cdot b_{21} + 0 \cdot b_{31} & 0 \cdot b_{12} + 0 \cdot b_{22} + 0 \cdot b_{32} & 0 \cdot b_{13} + 0 \cdot b_{23} + 0 \cdot b_{33} \end{pmatrix}$$

Die untere Zeile im Produkt der beiden Matrizen enthält lauter Nullen. Die untere Zeile kann daher keine 1 an der letzten Position haben, deshalb kann eine solche Matrix nie die Identitätsmatrix sein. Wenn Sie eine Matrix mit einer Zeile aus lauter Nullen oder einer Spalte aus lauter Nullen vorfinden, gibt es keinen Matrix-Multiplikator, der daraus die Inverse der Matrix machen könnte. Solche Matrizen können keine Inverse haben.

Wassily Wassilyovitch Leontief: Idol der Industrieplaner

Wassily Leontief ist in der Welt der Mathematik wahrscheinlich am bekanntesten für seine Input/Output-Modelle – d. h. für die Untersuchung der Frage, wie Eingangsgrößen einer Industrie die Produktion der Ausgangsgrößen einer anderen Industrie beeinflussen, und wie das Ganze ausgeglichen werden kann. Input/Output-Modelle werden am besten mit Hilfe von Matrizen untersucht. Input/Output-Modelle gestatten annäherungsweise Vorhersagen für eine Nachfrageänderung bei Eingangsgrößen, die aus einer Nachfrageänderung nach dem fertigen Produkt resultiert.

Leontief wurde 1905 oder 1906 in Deutschland oder Russland geboren, darüber sind sich die Quellen nicht einig. Er ging 1921 an die Universität von Leningrad und schloss sein Studium 1925 mit einem Titel ab, der dem heutigen Master-Grad entspricht. 1928 promovierte er im Fach Wirtschafswissenschaften. Im Laufe seiner Karriere war Leontief auch an der Universität Kiel beschäftigt, er war Berater des Eisenbahnministers in China und arbeitete für das U.S. National Bureau of Economic Research (Wirtschaftsinstitut in den USA) als Berater des Amts für strategische Dienste während des 2. Weltkriegs sowie als Professor für Wirtschaftswissenschaften an der Harvard Universität. Der Nobelpreis in Wirtschaftswissenschaften wurde Leontief 1973 für seine Arbeiten zu Input/Output-Tabellen verliehen.

Die Inverse einer Matrix

Viele quadratische Matrizen haben Inverse. Wenn eine Matrix und ihre Inverse miteinander multipliziert werden, egal in welcher Reihenfolge, ergibt sich als Produkt eine Einheitsmatrix. Inverse von Matrizen werden verwendet, um Aufgaben mit Gleichungssystemen zu lösen oder eine *Matrixdivision* durchzuführen.

2 × 2-Inverse schnell abgeleitet

Wenn eine Matrix eine Inverse hat, kann diese Inverse im Allgemeinen mit Hilfe einer Methode bestimmt werden, die auch als *Zeilenreduktion* bezeichnet wird. (Eine vollständige Beschreibung dieses Prozesses finden Sie im späteren Abschnitt »Inverse mit Hilfe der Zeilenreduktion bestimmen«.) Glücklicherweise gibt es jedoch für 2 × 2-Matrizen eine schnellere und unkompliziertere Methode. Um die Inverse einer 2 × 2-Matrix zu bestimmen (falls diese existiert), vertauschen Sie ein paar Einträge, wechseln ein paar Vorzeichen und dividieren alle neu positionierten Einträge durch eine Zahl, die von den ursprünglichen Einträgen abgeleitet wird.

Am einfachsten verstehen Sie das Ganze an einem Beispiel. Betrachten Sie also eine allgemeine 2 × 2-Matrix M mit den Einträgen a, b, c und d.

$$\mathrm{M} = \begin{pmatrix} a & b \\ c & d \end{pmatrix}$$

Um die Inverse einer Matrix M zu bestimmen, berechnen Sie zuerst eine Zahl: $ad - bc$. Diese Zahl ist die Differenz zwischen den Produkten der Zahlen auf den Diagonalen der Matrix M. Jetzt nehmen Sie die Originalmatrix, vertauschen die Einträge a und d und multiplizieren dann die Einträge b und c mit –1 (Sie wechseln das Vorzeichen). Am Ende dividieren Sie alle Einträge der neuen Matrix durch die zuerst berechnete Zahl:

$$M^{-1} = \begin{pmatrix} \frac{d}{ad-bc} & \frac{-b}{ad-bc} \\ \frac{-c}{ad-bc} & \frac{a}{ad-bc} \end{pmatrix}$$

Weil Sie durch die Zahl dividieren, die Sie aus $ad - bc$ berechnet haben, ist es wichtig, dass die Differenz $ad - bc$ nicht 0 ist.

Wir berechnen als Beispiel die Inverse der folgenden Matrix A:

$$A = \begin{pmatrix} 4 & -7 \\ 2 & -3 \end{pmatrix}$$

Als erstes berechnen wir die Zahl, durch die jeder Eintrag dividiert wird: $4(-3) - (-7) \cdot 2 = -12 + 14 = 2$.

Jetzt tauschen wir die Positionen von 4 und –3 und machen –7 zu 7 und 2 zu –2. Anschließend dividieren wir alle Einträge durch 2.

$$A^{-1} = \begin{pmatrix} \frac{-3}{2} & \frac{7}{2} \\ \frac{-2}{2} & \frac{4}{2} \end{pmatrix} = \begin{pmatrix} -\frac{3}{2} & \frac{7}{2} \\ -1 & 2 \end{pmatrix}$$

Wenn Sie die ursprüngliche Matrix A mit der Inversen A^{-1} multiplizieren, erhalten Sie die 2×2-Einheitsmatrix.

$$\begin{aligned} A * A^{-1} &= \begin{pmatrix} 4 & -7 \\ 2 & -3 \end{pmatrix} * \begin{pmatrix} -\frac{3}{2} & \frac{7}{2} \\ -1 & 2 \end{pmatrix} \\ &= \begin{pmatrix} 4\left(-\frac{3}{2}\right)+7 & 4\left(\frac{7}{2}\right)-14 \\ 2\left(-\frac{3}{2}\right)+(-3)(-1) & 2\cdot\frac{7}{2}+(-3)\cdot 2 \end{pmatrix} \\ &= \begin{pmatrix} -6+7 & 14-14 \\ -3+3 & 7-6 \end{pmatrix} = \begin{pmatrix} 1 & 0 \\ 0 & 1 \end{pmatrix} \end{aligned}$$

Die schnelle Regel für die Bestimmung der Inversen einer 2 × 2-Matrix bietet eine gute Gelegenheit, zu demonstrieren, warum es für einige Matrizen keine Inversen gibt. Wenn die Zahl $ad - bc$ (Differenz der Diagonalprodukte) gleich 0 ist, müssten Sie durch 0 dividieren. Dies ist eine unmögliche Situation – ein Bruch mit Null im Nenner ist nicht definiert. Beispielsweise hat die Matrix B keine Inverse. Die beiden Diagonalprodukte sind gleich 24, und ihre Differenz ist 0.

$$B = \begin{pmatrix} 8 & 2 \\ 12 & 3 \end{pmatrix}$$

Einige Matrizen haben keine Inversen, so auch die Matrix B.

Inverse mit Hilfe der Zeilenreduktion bestimmen

Die schnelle Regel für die Bestimmung von Inversen von 2 × 2-Matrizen ist die sinnvolle Methode für Matrizen dieser Dimension. Für größere quadratische Matrizen werden die Inversen bestimmt, indem Additionen und Multiplikationen in Form von *Zeilenoperationen* durchgeführt werden. Bevor ich Ihnen zeige, wie Sie die Inverse einer 3 × 3-Matrix bestimmen, will ich die verschiedenen Operationen beschreiben, die bei der Zeilenreduktion möglich sind.

Regeln für die Zeilenreduktion

Zeilenoperationen haben das Ziel, ein unpraktisches Format in ein praktischeres Format umzuwandeln. Was »praktisch« ist, hängt von der jeweiligen Anwendung ab, kann sich also von Fall zu Fall unterscheiden. In jedem Fall führen Zeilenreduktionen die erste Matrix in eine andere Matrix über, die *äquivalent* zur ersten Matrix ist.

Die Zeilenoperationen sind:

1. **Vertauschen von zwei Zeilen.**
2. **Multiplizieren aller Einträge einer Zeile mit einer reellen Zahl (außer 0).**
3. **Addieren von Vielfachen der Einträge in einer Zeile zu den Einträgen einer anderen Zeile.**

Sehen Sie sich die Zeilenoperationen für die Matrix C an:

$$C = \begin{pmatrix} 3 & 4 & -2 & 8 \\ 5 & -6 & 1 & -3 \\ 0 & 5 & 20 & 30 \\ 1 & 6 & 3 & 3 \end{pmatrix}$$

1. **Vertauschen der Zeilen 1 und 4.**

   Die Notation $Z_1 \leftrightarrow Z_4$ bedeutet, dass die beiden Zeilen ausgetauscht werden sollen.

$$Z_1 \leftrightarrow Z_4 \begin{pmatrix} 1 & 6 & 3 & 3 \\ 5 & -6 & 1 & -3 \\ 0 & 5 & 20 & 30 \\ 3 & 4 & -2 & 8 \end{pmatrix}$$

2. **Multiplizieren aller Einträge in Zeile 3 mit $\frac{1}{5}$.**

   Die Notation $\frac{1}{5}Z_3 \to Z_3$ bedeutet, »Alle Einträge der Zeile 3 werden mit $\frac{1}{5}$ multipliziert und bilden die neue Zeile 3«.

$$\frac{1}{5}Z_3 \to Z_3 \begin{pmatrix} 1 & 6 & 3 & 3 \\ 5 & -6 & 1 & -3 \\ 0 & 1 & 4 & 6 \\ 3 & 4 & -2 & 8 \end{pmatrix}$$

3. **Multiplizieren aller Einträge in Zeile 1 mit –5 und addieren der Einträge zu Zeile 2.**

   Die Notation $-5Z_1 + Z_2 \to Z_2$ bedeutet, »Multipliziere jeden Eintrag in Zeile 1 mit –5 und addiere es zu den Einträgen in Zeile 2, um die neue Zeile 2 zu bilden«. Beachten Sie, dass sich die Einträge der Zeile 1 dadurch nicht ändern. Sie verwenden nur die Vielfachen der Einträge in der Operation, um eine neue Zeile 2 zu bilden.

$$-5Z_1 + Z_2 \to Z_2 \begin{pmatrix} 1 & 6 & 3 & 3 \\ 0 & -36 & -14 & -18 \\ 0 & 1 & 4 & 6 \\ 3 & 4 & -2 & 8 \end{pmatrix}$$

Möglicherweise verstehen Sie nicht gleich, wofür ich diese Zeilenoperationen durchführe, aber jede davon ist sinnvoll für die Arbeit mit Matrizen. Die Bedeutung der Operation wird offensichtlich, wenn nach einer inversen Matrix gesucht wird, ebenso wie bei der Arbeit mit Gleichungssystemen in Kapitel 4.

Schrittweise Inverse bestimmen

Wenn Sie eine quadratische Matrix mit einer Dimension größer 2×2 haben, bestimmen Sie die Inverse (falls vorhanden) dieser Matrix, indem Sie eine Matrix der doppelten Breite anlegen, mit der ursprünglichen Matrix links und einer Einheitsmatrix rechts. Anschließend führen Sie verschiedene Zeilenoperationen durch, um die linke Matrix in eine Einheitsmatrix überzuführen. Nachdem Sie fertig sind, ist die Matrix auf der rechten Seite die Inverse der ursprünglichen Matrix.

Um beispielsweise die Inverse für die Matrix D zu bestimmen, schreiben Sie eine 3×3-Einheitsmatrix neben die Einträge in D.

$$D = \begin{pmatrix} 1 & 2 & 0 \\ -1 & 3 & 3 \\ 0 & 1 & 1 \end{pmatrix} \rightarrow \left(\begin{array}{ccc|ccc} 1 & 2 & 0 & 1 & 0 & 0 \\ -1 & 3 & 3 & 0 & 1 & 0 \\ 0 & 1 & 1 & 0 & 0 & 1 \end{array}\right)$$

Sie wollen die 3×3-Matrix auf der linken Seite zur Einheitsmatrix machen (das ist eine Matrix, deren Diagonale aus Einsen besteht, der Rest aus Nullen.) Dazu wenden Sie die geeigneten Zeilenoperationen an. Beachten Sie, dass der Eintrag in Zeile 1, Spalte 1 bereits 1 ist, Sie müssen sich also auf die Einträge unterhalb dieser 1 konzentrieren. Der Eintrag in Zeile 3 ist bereits eine 0, Sie müssen also nur die –1 in Zeile 2 in eine 0 umwandeln. Die Zeilenoperation dafür ist, Zeile 1 zu Zeile 2 zu addieren und damit eine neue Zeile 2 zu erstellen. Sie müssen Zeile 1 nicht mit irgendetwas multiplizieren (technisch gesehen, multiplizieren Sie mit 1).

$$Z_1 + Z_2 \rightarrow Z_2 \left(\begin{array}{ccc|ccc} 1 & 2 & 0 & 1 & 0 & 0 \\ 0 & 5 & 3 & 1 & 1 & 0 \\ 0 & 1 & 1 & 0 & 0 & 1 \end{array}\right)$$

Was immer Sie mit den Einträgen auf der linken Matrix machen, sollten Sie auch mit den Einträgen der rechten Matrix machen. Sie konzentrieren sich darauf, die linke Matrix in die Einheitsmatrix umzuwandeln, und die Einträge auf der anderen Seite müssen dabei einfach mitkommen. Das Ergebnis der Zeilenoperation ist, dass Sie jetzt eine 0 für Eintrag d_{21} haben. Beide Einträge unter der 1 sind jetzt 0.

Jetzt gehen Sie weiter in die zweite Spalte. Sie wollen, dass eine 1 in Zeile 2, Spalte 2 steht, und oberhalb und unterhalb dieser 1 sollen Nullen stehen. Zuerst multiplizieren Sie Zeile 2 mit $\frac{1}{5}$. Jeder Eintrag der gesamten Zeile wird mit diesem Bruch multipliziert.

$$\frac{1}{5} Z_2 \rightarrow Z_2 \left(\begin{array}{ccc|ccc} 1 & 2 & 0 & 1 & 0 & 0 \\ 0 & 1 & \frac{3}{5} & \frac{1}{5} & \frac{1}{5} & 0 \\ 0 & 1 & 1 & 0 & 0 & 1 \end{array}\right)$$

Um Nullen über der 1 in Spalte 2 zu erhalten, müssen Sie die Zeile 2 mit –2 multiplizieren und das Ergebnis zu Zeile 1 addieren, um eine neue Zeile 1 zu erhalten. Außerdem multiplizieren Sie Zeile 2 mit –1 und addieren das Ergebnis zu Zeile 3, um eine neue Zeile 3 zu erhalten. Beachten Sie, dass sich die Zeile 2 in beiden Fällen nicht ändert. Sie addieren einfach ein Vielfaches einer Zeile zu einer anderen Zeile.

$$-2Z_2 + Z_1 \to Z_1 \left(\begin{array}{ccc|ccc} 1 & 0 & -\frac{6}{5} & \frac{3}{5} & -\frac{2}{5} & 0 \\ 0 & 1 & \frac{3}{5} & \frac{1}{5} & \frac{1}{5} & 0 \\ 0 & 1 & 1 & 0 & 0 & 1 \end{array}\right)$$

$$-1Z_2 + Z_3 \to Z_3 \left(\begin{array}{ccc|ccc} 1 & 0 & -\frac{6}{5} & \frac{3}{5} & -\frac{2}{5} & 0 \\ 0 & 1 & \frac{3}{5} & \frac{1}{5} & \frac{1}{5} & 0 \\ 0 & 0 & \frac{2}{5} & -\frac{1}{5} & -\frac{1}{5} & 1 \end{array}\right)$$

Ihre beiden ersten Spalten in der linken Matrix sehen schon sehr gut aus. Sie haben Einsen in der Hauptdiagonalen und Nullen über und unter den Einsen. Sie brauchen als nächstes eine 1 in Zeile 3, Spalte 3, deshalb multiplizieren Sie Zeile 3 mit $\frac{5}{2}$.

$$\frac{5}{2}Z_3 \to Z_3 \left(\begin{array}{ccc|ccc} 1 & 0 & -\frac{6}{5} & \frac{3}{5} & -\frac{2}{5} & 0 \\ 0 & 1 & \frac{3}{5} & \frac{1}{5} & \frac{1}{5} & 0 \\ 0 & 0 & 1 & -\frac{1}{2} & -\frac{1}{2} & \frac{5}{2} \end{array}\right)$$

Jetzt schaffen Sie Nullen über der 1 in Spalte 3, indem Sie Zeile 3 mit $\frac{6}{5}$ multiplizieren und sie zu Zeile 1 addieren. Anschließend multiplizieren Sie Zeile 3 mit $-\frac{3}{5}$ und addieren sie zu Zeile 2.

$$\frac{6}{5}Z_3 + Z_1 \to Z_1 \left(\begin{array}{ccc|ccc} 1 & 0 & 0 & 0 & -1 & 3 \\ 0 & 1 & \frac{3}{5} & \frac{1}{5} & \frac{1}{5} & 0 \\ 0 & 0 & 1 & -\frac{1}{2} & -\frac{1}{2} & \frac{5}{2} \end{array}\right)$$

$$-\frac{3}{5}Z_3 + Z_2 \to Z_2 \left(\begin{array}{ccc|ccc} 1 & 0 & 0 & 0 & -1 & 3 \\ 0 & 1 & 0 & \frac{1}{2} & \frac{1}{2} & -\frac{3}{2} \\ 0 & 0 & 1 & -\frac{1}{2} & -\frac{1}{2} & \frac{5}{2} \end{array}\right)$$

Jetzt haben Sie die Einheitsmatrix auf der linken Seite und die Inverse von Matrix D auf der rechten Seite.

$$D = \begin{pmatrix} 1 & 2 & 0 \\ -1 & 3 & 3 \\ 0 & 1 & 1 \end{pmatrix} \quad D^{-1} = \begin{pmatrix} 0 & -1 & 3 \\ \frac{1}{2} & \frac{1}{2} & -\frac{3}{2} \\ -\frac{1}{2} & -\frac{1}{2} & \frac{5}{2} \end{pmatrix}$$

$$D * D^{-1} = \begin{pmatrix} 1 & 2 & 0 \\ -1 & 3 & 3 \\ 0 & 1 & 1 \end{pmatrix} * \begin{pmatrix} 0 & -1 & 3 \\ \frac{1}{2} & \frac{1}{2} & -\frac{3}{2} \\ -\frac{1}{2} & -\frac{1}{2} & \frac{5}{2} \end{pmatrix} = \begin{pmatrix} 1 & 0 & 0 \\ 0 & 1 & 0 \\ 0 & 0 & 1 \end{pmatrix}$$

Und natürlich ist $D * D^{-1}$ auch gleich der Einheitsmatrix.

Gleichungssysteme systematisch lösen

4

In diesem Kapitel...

- Gleichungssysteme algebraisch lösen
- Lösungen anhand von Graphen visualisieren
- Die Eigenschaften von Matrizen ausnutzen, um Systeme zu lösen
- Die Lösungsmöglichkeiten für ein Gleichungssystem zusammenführen

Gleichungssysteme kommen in fast jedem Bereich der Mathematik vor. Sie lösen Gleichungssysteme in Ihrem ersten Jahr Algebra, um ein Gefühl dafür zu entwickeln, wie sich Systeme verhalten, und wie Sie sich einer Lösung am besten annähern.

Gleichungssysteme werden genutzt, um verschiedene zählbare Einheiten und ihre Beziehung zueinander darzustellen. Die Systeme können aus lauter linearen Gleichungen bestehen, sie können aber auch nichtlineare Gleichungen enthalten. (Die nichtlinearen Gleichungen gehören jedoch in einen anderen Kontext – nicht in dieses Buch.) In diesem Kapitel erfahren Sie, wie Sie ein einfaches System schnell und effizient algebraisch lösen. Anschließend werden Sie lernen, wie Sie Matrizen einsetzen können, wenn das Gleichungssystem zu groß und unhandlich wird.

Einzelne Lösungen von Gleichungssystemen notiert man, indem man die numerischen Werte aller Variablen als geordnetes Paar, Tripel, Quadrupel usw. zusammenfasst. Um mehrere Lösungen zu schreiben, zeige ich Ihnen, wie Sie einen Parameter einführen und eine hübsche, saubere Regel formulieren.

Lösungen für Systeme

Ein Gleichungssystem hat eine *Lösung*, wenn Sie mindestens eine Zahlenmenge haben, die beim Einsetzen für die Variablen jede Gleichung zu einer wahren Aussage macht. Ein Gleichungssystem kann mehr als eine Lösung haben. Systeme mit mehreren Lösungen haben in der Regel unendlich viele Lösungen, und diese Lösungen werden als Ausdruck oder Regel unter Verwendung eines Parameters dargestellt.

Eigenschaften, die bei einer einzigen Lösung vorliegen

Ein Gleichungssystem ist *konsistent*, wenn es mindestens eine Lösung hat. Ein System mit *genau* einer Lösung hat zwei Eigenschaften, die es von anderen Systemen unterscheiden: Das System besteht aus linearen Gleichungen, und es gibt so viele *unabhängige* Gleichungen, wie es Variablen gibt. Diese beiden Eigenschaften alleine garantieren zwar noch keine Lösung, aber sie sind notwendig für die Existenz einer einzelnen Lösung.

Die erste Voraussetzung für eine einzige Lösung ist, dass das System lineare Gleichungen enthält. Eine lineare Gleichung hat die Form $y = a_1x_1 + a_2x_2 + a_3x_3 + \ldots + a_nx_n$, wobei die a-Faktoren reelle Zahlen sind und die x-Faktoren Variablen. Bei einem *linearen* System besitzen die Variablen den Exponenten (oder die Potenz) 1.

Das folgende System linearer Gleichungen hat eine einzige Lösung, $x = 2$, $y = 3$ und $z = 1$:

$$\begin{cases} 2x + 3y + z = 14 \\ 4x - y + 5z = 10 \\ x + 2y - 3z = 5 \end{cases}$$

Die Lösung des Systems wird auch als geordnetes Tripel (2, 3, 1) geschrieben. Bei der Darstellung dieses Systems habe ich die aufeinander folgenden Buchstaben x, y und z verwendet, nur um einen tiefgestellten Index zu vermeiden. Wenn Systeme sehr viele Variablen enthalten, ist es effizienter, Indexvariablen zu verwenden, wie beispielsweise x_0, x_1, x_2 usw. Außerdem stellen Sie beim obigen System fest, dass keine der Variablen in eine höhere oder negative Potenz oder in eine Bruchpotenz erhoben wird.

Die zweite Voraussetzung für die Existenz einer einzigen Lösung ist es, dass das Gleichungssystem so viele unabhängige Gleichungen enthält, wie es Variablen im System gibt. Wenn das System drei Variablen enthält, muss es drei unabhängige Gleichungen umfassen. Was bedeutet dieses *unabhängig*? Wenn Gleichungen *unabhängig* sind, heißt das einfach nur, dass keine der Gleichungen ein Vielfaches oder eine Kombination von Vielfachen der anderen Gleichungen im System ist.

Das folgende System beispielsweise enthält zwei Gleichungen und zwei Unbekannte bzw. Variablen:

$$\begin{cases} 3x_1 - 2x_2 = 16 \\ x_1 - 5x_2 = 14 \end{cases}$$

Wenn die Gleichung $-4x_1 - 6x_2 = -4$ in das System aufgenommen wird, erhöht dies die Anzahl der Gleichungen im System, aber die neue Gleichung ist nicht unabhängig. Die neue Gleichung erhält man nämlich, indem die obere Gleichung mit –2 multipliziert, die untere Gleichung mit 2 multipliziert und die beiden Vielfachen addiert werden.

Ausdrücke für unendlich viele Lösungen

Einige Gleichungssysteme haben viele Lösungen – unendlich viele. Wenn Systeme mehrere Lösungen haben, können Sie eine Vorschrift oder eine Regel benennen, die angibt, wie diese Lösungen aussehen. Das folgende System beispielsweise hat die Lösungen (3, 1, 1), (8, 5, 2), (13, 9, 3), (–2, –3, 0) und viele, viele weitere.

$$\begin{cases} -x + y + z = -1 \\ -x + 2y - 3z = -4 \\ 3x - 2y - 7z = 0 \end{cases}$$

Das Muster für die Lösungen ist, dass x immer 2 kleiner als fünfmal z ist, und dass y immer 3 kleiner als viermal z ist. Eine effiziente Methode, die Lösungen in Form einer Regel zu schreiben, ist die Verwendung eines geordneten Tripels und eines Parameters (das ist eine Variable, die als Basis für die Regel verwendet wird). Beginnen Sie mit dem geordneten Tripel (x, y, z), ersetzen Sie das z durch den Parameter k. Damit wird die erste Gleichung zu $-x + y + k = -1$, und die zweite Gleichung zu $-x + 2y -3k = -4$. Wenn Sie in diesem System aus zwei Gleichungen nach y auflösen, erhalten Sie $y = 4k - 3$. Wenn Sie diesen Wert für das y in der dritten Gleichung einsetzen, erhalten Sie $x = 5k - 2$. Das geordnete Tripel wird jetzt als $(5k - 2, 4k - 3, k)$ geschrieben. Sie finden eine Lösung, indem Sie einen Wert für k festlegen und gemäß der Regeln nach x und y auflösen. Wenn beispielsweise $k = 4$ sein soll, ist $x = 5 \cdot 4 - 2 = 18$ und $y = 4 \cdot 4 - 3 = 13$. Die Lösung ist in diesem Fall (18, 13, 4).

Systeme mit zwei oder drei Gleichungen graphisch darstellen

Ein Bild sagt mehr als tausend Worte. Hört sich gut an. Sie werden in diesem Abschnitt mehrere Bilder sehen, so genannte Graphen, zu denen ich vorab allerdings noch ein paar Worte sagen muss. Vielleicht nicht gerade tausend, aber doch eine ganze Menge.

Systeme aus zwei Gleichungen und zwei Variablen werden durch zwei Geraden in einem Graphen dargestellt. Wenn das System eine einzige Lösung hat, sehen Sie, dass sich die beiden Geraden an einer Stelle schneiden – das ist die Lösung des Systems. Wenn das System mit den beiden Geraden überhaupt keine Lösung hat, besteht der Graph aus zwei parallelen Geraden, die sich nie berühren. Und Systeme mit unendlich vielen Lösungen haben zwei Geraden, die sich vollständig überlappen - eigentlich sehen Sie nur eine einzige Gerade.

Systeme mit drei Gleichungen sind etwas schwieriger graphisch darzustellen. Eine Gleichung mit drei Variablen wird durch eine Ebene dargestellt – eine flache Oberfläche, die in einem dreidimensionalen Raum liegt und auch so gezeichnet werden soll. Dazu müssen Sie sich jedoch eine Achse vorstellen, die aus der Buchseite auf Sie zukommt. Drei Ebenen schneiden sich an einem einzigen Punkt oder in einer einzigen Geraden. Manchmal haben Ebenen jedoch überhaupt keine gemeinsame Ebene oder Gerade.

Zwei Geraden für zwei Gleichungen graphisch darstellen

Gleichungssysteme mit zwei Variablen haben eine Lösung, viele Lösungen oder keine Lösungen.

Der Graph des Gleichungssystems $ax + by = c$ und $dx + ey = f$, mit x und y als Variablen und a, b, c, d, e und f als reelle Zahlen, hat:

- ✔ sich schneidende Geraden (genau eine Lösung), wenn das System *konsistent* ist und die Gleichungen *unabhängig* sind.
- ✔ parallele Geraden (keine Lösung), wenn das System *inkonsistent* ist.
- ✔ übereinstimmende Geraden (unendlich viele Lösungen), wenn das System *konsistent* ist und die Gleichungen *abhängig* sind.

Ein konsistentes und unabhängiges System aus zwei Gleichungen hat einen einzigen Schnittpunkt. Die Gleichungen sind unabhängig, weil eine Gleichung nicht ein Vielfaches der anderen ist. In Abbildung 4.1 sehen Sie die Graphen der beiden Geraden aus dem folgenden Gleichungssystem, dessen Lösung als der Schnittpunkt dargestellt ist:

$$\begin{cases} x + y = 5 \\ x - y = -3 \end{cases}$$

Ein konsistentes und abhängiges System aus zwei Gleichungen hat unendlich viele Schnittpunkte. Mit anderen Worten, jeder Punkt auf einer der Geraden ist ein Punkt auf der anderen Geraden. Der Graph eines solchen Systems besteht aus einer einzigen Geraden (bzw. aus zwei Geraden, die aufeinander liegen). Ein Beispiel für ein solches System sieht wie folgt aus:

$$\begin{cases} 2x + 4y = 6 \\ x + 2y = 3 \end{cases}$$

Möglicherweise haben Sie sofort gesehen, dass die erste Gleichung das Doppelte der zweiten Gleichung ist. Wenn eine Gleichung ein Vielfaches (ungleich Null) der anderen ist, dann sind ihre Graphen gleich und natürlich haben sie dieselben Lösungen.

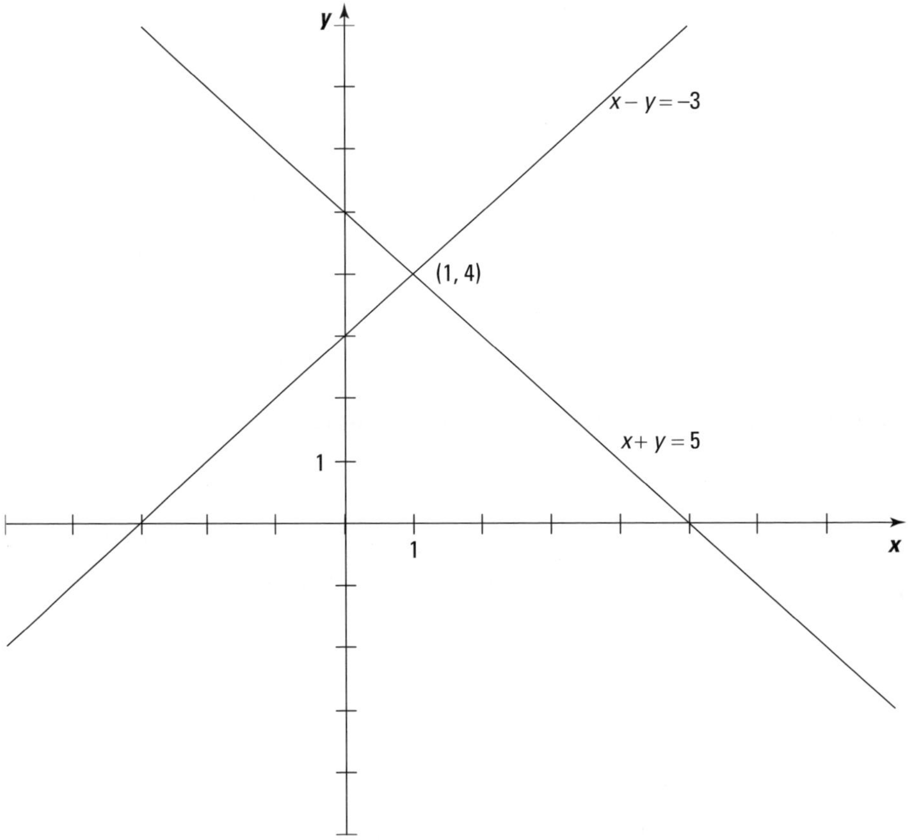

Abbildung 4.1: Zwei Geraden, die sich in einem einzigen Punkt schneiden

Die letzte Situation für durch Geraden dargestellte Gleichungssysteme ist, dass inkonsistente Systeme vorliegen. Weitere Informationen über inkonsistente Systeme finden Sie im Abschnitt »Inkonsistente Systeme ohne Lösung« später in diesem Kapitel. Dort zeige ich Ihnen auch den Graphen mit parallelen Geraden.

Und jetzt zu den drei Ebenen

Eine Ebene ist eine flache Fläche. In der Mathematik breitet sich eine Ebene unendlich weit aus. Es ist ein bisschen schwierig, »unendlich« darzustellen, deshalb zeigt eine Nahansicht die allgemeine Neigung und Richtung der Ebene; den weiteren Verlauf können Sie sich von dort aus dann selber vorstellen. Die Gleichung einer Ebene hat die Form $ax + by + cz = 0$, wobei x, y und z die Variablen (und die Namen der drei Achsen) sind, und a, b und c reelle Zahlen. Die interessantesten Situationen liegen vor bei Ebenen, die sich alle drei an genau einem Punkt schneiden – so wie sich zwei Wände und der Boden in einer Ecke treffen-, oder wenn sie sich in einer geraden Linie schneiden, so wie die überdimensionierten Schaufeln eines Schaufelrads.

Abbildung 4.2 zeigt die Darstellung von drei Ebenen, die sich treffen – die vordere, die untere und die linke Seite einer Schachtel. Die Ebenen schneiden sich in einem einzigen Punkt, der Ecke.

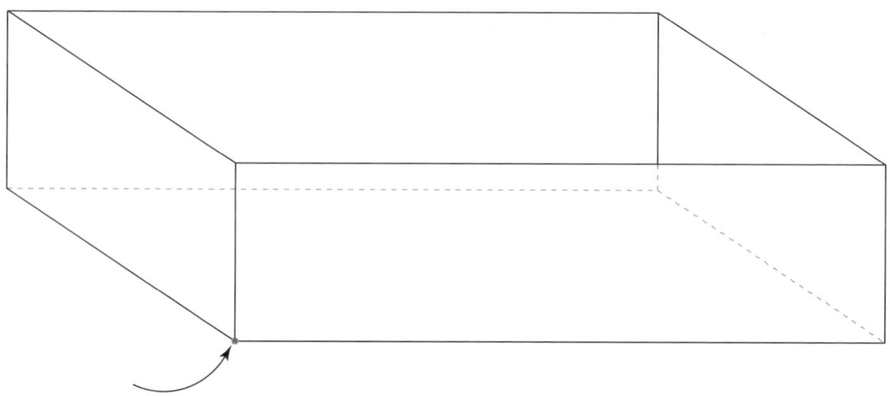

Abbildung 4.2: Drei Ebenen schneiden sich in einem einzigen Punkt

Abbildung 4.3 zeigt drei Ebenen, die alle eine gemeinsame gerade Linie haben – ähnlich wie die Achse eines Schaufelrads.

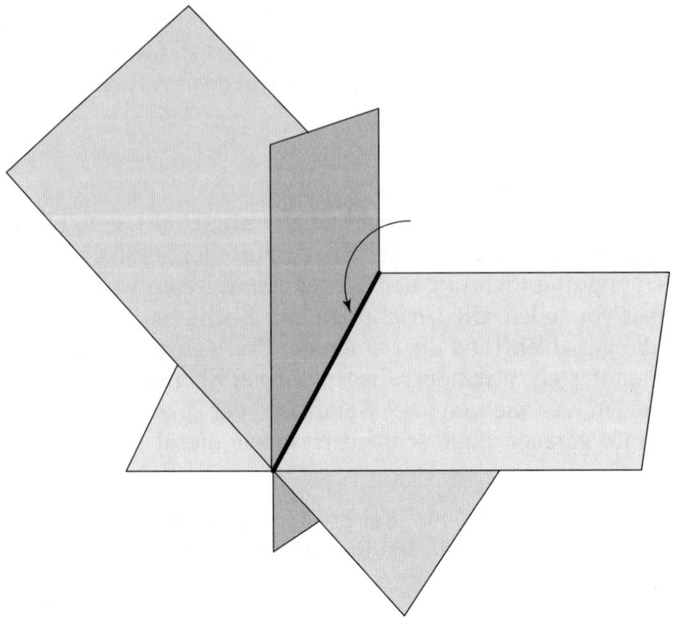

Abbildung 4.3: Drei Ebenen schneiden sich in einer Linie

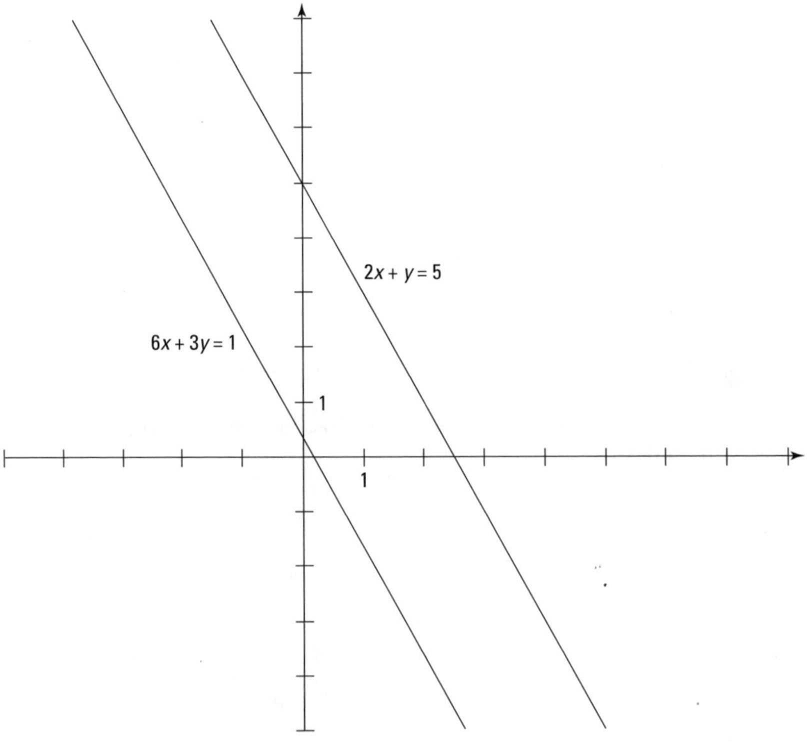

Abbildung 4.4: Unterschiedliche parallele Linien schneiden sich nie

Inkonsistente Systeme ohne Lösung

Ein *inkonsistentes* System aus zwei Gleichungen beinhaltet zwei Geraden, die sich nie schneiden. Die Geraden sind parallel, das System hat also keine Lösung. Abbildung 4.4 zeigt das folgende System:

$$\begin{cases} 2x + \ \ y = 5 \\ 6x + 3y = 1 \end{cases}$$

Das System ist inkonsistent, weil die Geraden dieselbe Steigung haben, aber unterschiedliche y-Achsenabschnitte. Die erste Gleichung, $2x + y = 5$, kann in Normalform umgeschrieben werden als $y = -2x + 5$. Anhand der Gleichung in Normalform erkennen Sie, dass die Steigung der Gerade gleich –2 ist, und dass die Gerade die y-Achse am Punkt (0, 5) schneidet.

Die *Normalform* einer linearen Gleichung mit zwei Variablen lautet $y = mx + b$. m ist die Steigung der Gerade, b ist der y-Achsenabschnitt.

Die zweite Gleichung, $6x + 3y = 1$, wird umgeschrieben als $3y = -6x + 1$ und anschließend durch 3 dividiert, woraus sich $y = -2x + \frac{1}{3}$ ergibt. Diese Gerade hat also eine Steigung von –2, aber ihr y-Achsenabschnitt ist $(0, \frac{1}{3})$. Die beiden Geraden sind parallel, und es geht ihnen wie den Königskindern – sie werden niemals zueinanderfinden.

Ein logischer Sprung von parallelen Geraden erfolgt in die Welt der parallelen Ebenen. (Hört sich an wie aus einem SciFi-Roman.) Ebenen, die dieselbe Neigung aber unterschiedliche Achsenschnitte haben, schneiden sich nie. Abbildung 4.5 zeigt parallele Ebenen.

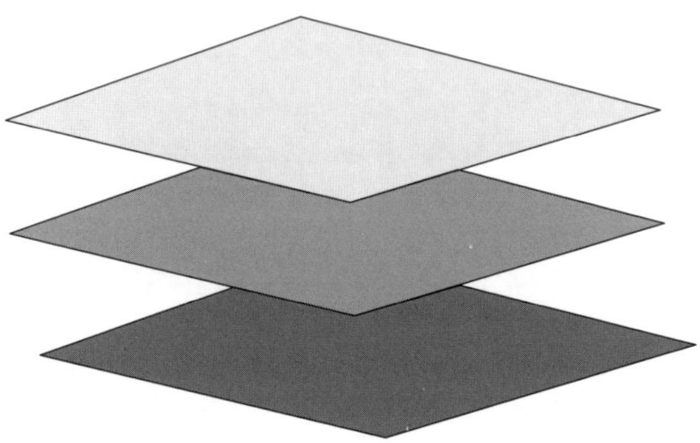

Abbildung 4.5: Diese drei Ebenen haben immer und überall denselben Abstand voneinander

Systeme algebraisch lösen

Die Lösung eines Gleichungssystems bedeutet, dass Sie die gemeinsame Lösung bzw. die Lösungen finden, die alle Gleichungen in eine wahre Aussage überführen. Die Bestimmung der Lösungen für Systeme ist manchmal relativ schnell zu erledigen, wenn es sich um wenige Gleichungen handelt und die Zahlen in den Gleichungen kooperativ sind. Sie müssen jedoch immer vom schlimmsten Fall ausgehen und sich darauf vorbereiten, dass Sie alle Hilfsmittel benötigen, die Ihnen zur Verfügung stehen, um die Systeme zu lösen – und können dann freudig überrascht sein, wenn sie sich ohne großen Aufwand lösen lassen.

Die Werkzeuge oder Methoden für die algebraische Lösung von Systemen sind:

- ✔ **Eliminierung**: Sie eliminieren eine der Variablen im System, um es zu einem einfacheren System zu machen, wobei jedoch die ursprüngliche Beziehung zwischen den Variablen beibehalten wird.
- ✔ **Einsetzungsverfahren**: Sie wenden die Rückwärtssubstitution an, wenn Sie einen Wert für eine der Variablen gefunden haben, und lösen dann nach den Werten der anderen Variablen auf.

Zunächst ein System aus zwei Gleichungen

Ein System aus zwei Gleichungen und zwei Unbekannten wird am besten durch zwei Geraden dargestellt. Der Schnittpunkt der Geraden entspricht der Lösung des Systems. Wie das funktioniert, haben Sie im Abschnitt »Zwei Geraden für zwei Gleichungen graphisch darstellen« bereits gelesen.

Um das folgende Gleichungssystem zu lösen, wende ich zuerst die Eliminierung an, um die y loszuwerden, und dann das Einsetzungsverfahren, um den Wert von y zu bestimmen, nachdem ich x bestimmt habe.

$$\begin{cases} 2x+3y=23 \\ 4x-3y=\ \ 1 \end{cases}$$

Addieren Sie die beiden Gleichungen. Anschließend dividieren Sie jede Seite der Gleichung durch 6:

$$\begin{array}{l} 2x+3y=23 \\ \underline{4x-3y=\ \ 1} \\ 6x \qquad\ =24 \\ x\ =\dfrac{24}{6}=\ \ 4 \end{array}$$

Sie erhalten den Wert $x = 4$. Jetzt wenden Sie das Einsetzungsverfahren auf eine der Gleichungen an, um den Wert von y zu bestimmen. Unter Verwendung der ersten Gleichung mit x gleich 4 erhalten Sie:

$$\begin{aligned} 2\cdot 4+3y &= 23 \\ 8+3y &= 23 \\ 3y &= 15 \\ y &= 5 \end{aligned}$$

Die einzige Lösung für das System ist also $x = 4$ und $y = 5$, die mit (4, 5) als *geordnetes Paar* dargestellt ist.

Das obige Gleichungssystem hatte eine sehr übersichtliche Menge an Termen. Außerdem unterschieden sich die beiden y-Terme nur im Vorzeichen. Auf diese sehr praktische Situation sollten Sie jedoch nicht immer hoffen, wenn Sie Systeme lösen. Viel häufiger kommt es nämlich vor, dass die Zahlen weniger direkt zusammenhängen, wie etwa beim nächsten System:

$$\begin{cases} 3x+5y = 12 \\ 4x-3y = -13 \end{cases}$$

Die Koeffizienten der Variablen sind hier weder gleich, nur durch Vorzeichen unterschieden noch ein Vielfaches voneinander – Ihre Hoffnung war vergebens. Meine Vorgehensweise wäre jetzt, den Vorteil der entgegengesetzten Vorzeichen der y zu nutzen, so dass ich nicht mit einer negativen Zahl multiplizieren muss. Um dieses System zu lösen, multipliziere ich die Terme der ersten Gleichung mit 3 und die Terme der zweiten Gleichung mit 5. Diese Schritte ergeben $15y$ und $-15y$ in der jeweiligen Gleichung. Durch Addieren der Gleichungen kann man die y eliminieren:

$$\begin{array}{rl} 9x+15y = & 36 \\ 20x-15y = & -65 \\ \hline 29x \qquad = & -29 \end{array}$$

$$x = \frac{-29}{29} = -1$$

Gerüstet mit dem Wissen, dass $x = -1$ ist, lösen Sie erste Gleichung nach Einsetzen von x nach y auf. Sie erhalten $3(-1) + 5y = 12$, $5y = 15$ und damit $y = 3$. Die Lösung lautet $(-1, 3)$.

Das Verfahren wird auf mehr als zwei Gleichungen ausgeweitet

Wenn Sie Gleichungssysteme durch Eliminierung und Rückwärtssubstitution auflösen, müssen Sie einen Plan haben und bei der Arbeit sehr systematisch vorgehen. Als erstes identifizieren Sie eine bestimmte Variable, die eliminiert werden soll. Anschließend führen Sie Multiplikationen und Additionen durch um diese Variable aus allen Gleichungen zu eliminieren. Wenn nach dieser ersten Eliminierung weiterhin mehr als eine Variable in den Gleichungen vorhanden ist, wiederholen Sie den Prozess.

Die folgenden Operationen können (unter Beibehaltung des ursprünglichen Verhältnisses zwischen den Variablen) durchgeführt werden, um eine Lösung für die Ausgangsgleichung zu erhalten:

- ✔ Austauschen der beiden Gleichungen (Änderung ihrer Reihenfolge)
- ✔ Multiplizieren oder Dividieren jedes Terms innerhalb einer Gleichung mit einer bzw. durch eine konstante Zahl ($\neq 0$).
- ✔ Addieren von zwei Gleichungen und Zusammenfassen ähnlicher Terme.
- ✔ Addieren des Vielfachen einer Gleichung zu einer anderen Gleichung.

Das folgende Gleichungssystem hat vier Variablen und vier Gleichungen:

$$\begin{cases} 2x+3y-4z+\ w=15 \\ \ x-2y+3z-2w=-3 \\ 3x+5y+\ z-\ w=20 \\ 4x+\ y-\ z+\ w=\ 5 \end{cases}$$

Als erstes eliminiere ich hier die w. Diese Entscheidung ist mehr oder weniger zufällig, aber sie ist durchaus sinnvoll. Ich will von den drei Koeffizienten profitieren, die 1 oder –1 sind, sowie von dem Koeffizienten –2.

Addieren Sie Zeile 2 zum Doppelten von Zeile 1. Addieren Sie Zeile 1 zu Zeile 3. Anschließend addieren Sie Zeile 4 zu Zeile 3. Ich verwende die Notation für die Zeilenreduzierung (Zeilenoperation), um die Schritte zu verdeutlichen. Beispielsweise bedeutet $2Z_1 + Z_2 \rightarrow 5x + 4y - 5z = 27$ in natürlicher Sprache »Die Addition des Doppelten von Zeile 1 zu Zeile 2 ergibt die neue Gleichung $5x + 4y - 5z = 27$«. Die hier verwendete Notation ist vergleichbar mit der Notation der Zeilenoperationen für Matrizen (siehe Kapitel 3). Der Unterschied zwischen der Notation für Matrizen und der Notation für Gleichungen ist, dass ich bei Matrizen eine Zeilennummer nach dem Pfeil angebe. Bei Gleichungen zeige ich die resultierende Gleichung nach dem Pfeil.

$$\begin{cases} 2x+3y-4z+\ w=15 \\ \ x-2y+3z-2w=-3 \\ 3x+5y+\ z-\ w=20 \\ 4x+\ y-\ z+\ w=\ 5 \end{cases} \qquad \begin{aligned} 2Z_1+Z_2 &\rightarrow 5x+4y-5z=27 \\ Z_1+Z_3 &\rightarrow 5x+8y-3z=35 \\ Z_4+Z_3 &\rightarrow 7x+6y \qquad\ =25 \end{aligned}$$

Jetzt habe ich ein System aus drei Gleichungen mit drei Unbekannten. Weil die letzte Gleichung keinen z-Term aufweist, eliminiere ich das z in den beiden anderen Gleichungen. Ich multipliziere hierzu die erste Gleichung mit 3 und die zweite Gleichung mit –5. Anschließend addiere ich die beiden Gleichungen:

$$\begin{cases} 5x+4y-5z=27 \\ 5x+8y-3z=35 \\ 7x+6y \qquad =25 \end{cases} \qquad \begin{aligned} 3Z_1 &\rightarrow\ 15x+12y-15z=\ \ 81 \\ -5Z_2 &\rightarrow \underline{-25x-40y+15z=-175} \\ 3Z_1+(-5Z_2) &\rightarrow -10x-28y \qquad\ =-\ 94 \end{aligned}$$

Das neue Gleichungssystem besteht aus der Summe aus dem vorherigen Schritt und der Gleichung, die kein z enthalten hat. Das neue System verwendet nur x und y als Variablen. Multiplizieren Sie die erste Gleichung mit 14 und die zweite Gleichung mit 3, um Koeffizienten für die y-Terme zu erzeugen, die einander aufheben. Anschließend addieren Sie die neuen Gleichungen.

$$\begin{aligned} 7x+\ 6y &=\ 25 \\ -10x-28y &=-94 \end{aligned} \qquad \begin{aligned} 14Z_1 &\rightarrow\ 98x+84y=\ 350 \\ 3Z_2 &\rightarrow \underline{-30x-84y=-282} \\ 14Z_1+3Z_2 &\rightarrow\ 68x \qquad\ =\ \ 68 \end{aligned}$$

Durch Division beider Seiten von $68x = 68$ durch 68 erhalten Sie $x = 1$. Anschließend nutzen Sie die Tatsache, dass $x = 1$, und setzen den Wert in $7x + 6y = 25$ ein, um $7 \cdot 1 + 6y = 25$ zu erhalten, woraus Sie ableiten, dass $y = 3$. Jetzt setzen Sie die 1 und die 3 in $5x + 4y - 5z = 27$ ein, um $5 \cdot 1 + 4 \cdot 3 - 5z = 27$ zu erhalten, woraus sich $17 - 5z = 27$ ergibt, also $z = -2$. Mit den Werten von x, y und z in einer der ursprünglichen Gleichungen berechnen Sie jetzt $w = -4$. Die Lösung, dargestellt als geordnetes Quadrupel, lautet (1, 3, –2, –4).

Wären Sie nicht froh, wenn es noch eine andere Möglichkeit gäbe, solche Gleichungen zu lösen? Natürlich glaube ich Ihnen nur zu gerne, dass Sie diese algebraischen Abenteuer lieben. Aber ich kenne einen alternativen Lösungsweg für große Gleichungssysteme. Sie brauchen einfach nur ein paar Informationen über Matrizen und deren Funktionsweise, um die Methode effektiv nutzen zu können. Weitere Informationen über Matrizen finden Sie in Kapitel 3. Wie Gleichungen gelöst werden, erfahren Sie in den Abschnitten »Mit Hilfe von Inversen Systeme lösen« und »Erweiterte Matrizen« später in diesem Kapitel.

Gleichungssysteme mit Hilfe von Matrizen lösen

Die algebraische Lösung von Gleichungssystemen ist die herkömmliche Methode. Sie wird von den Mathematikern genutzt, seit diese Konzepte entwickelt bzw. entdeckt wurden. Seit der Erfindung von Computern und Taschenrechnern bevorzugt man beim Umgang mit großen Gleichungssystemen jedoch die Matrixalgebra sowie Matrixanwendungen. Kleinere Systeme sind immer noch einfacher per Hand zu lösen, aber bei größeren Systemen ist die Verwendung von Matrizen kaum zu umgehen, um effiziente und exakte Lösungen zu erhalten.

George Bernard Dantzig

Falls Sie je den Film *Good Will Hunting* gesehen haben, haben Sie bereits einen Einblick in die Legende George Dantzig erhalten. Die erste Szene von *Good Will Hunting* ist eine abgewandelte Version dessen, was Dantzig als Doktorand an der Universität von Kalifornien, Berkeley, passiert ist.

Die Geschichte geht so, dass Dantzig eines Tages zu spät zum Unterricht kommt und zwei Aufgaben an der Tafel sieht. Er schreibt die Aufgaben sorgfältig ab und geht davon aus, dass es sich dabei um eine Hausaufgabe handelt. Dantzig denkt, dass die Aufgaben einfach ein bisschen schwieriger als die üblichen Hausaufgaben seien, aber innerhalb von ein paar Tagen erledigt er sie.

Dantzig wusste nicht, dass der Professor diese beiden Aufgaben als Beispiele für berühmte ungelöste Statistikprobleme angeschrieben hatte. Einige Wochen später erzählte der Professor Dantzig aufgeregt, dass eine der Lösungen zur Veröffentlichung vorgesehen war.

George Dantzig wird als einer der Begründer der linearen Programmierung betrachtet, einer Optimierungsmethode und Strategie, Matrizen zu nutzen. Die Anwendungen der linearen Programmierung wurden im 2. Weltkrieg getestet, als Militärversorgung und Personal effizient transportiert werden mussten. Die lineare Programmierung verwendet Gleichungssysteme, Ungleichungen und Matrizen. Damals mussten die Lösungen ohne Zuhilfenahme elektronischer Computer ermittelt werden. So entwickelte Dantzig die

Simplex-Methode als Beitrag zur Lösung derartiger Aufgabenstellungen. Heutzutage findet man Anwendungen linearer Programmierung in der Zeitplanung für Flugbesatzungen bei Fluglinien, beim Versand von Waren an Einzelhändler, bei der Planung von Ölraffinerien und in zahlreichen anderen Bereichen.

Mit Hilfe von Inversen Systeme lösen

Wenn ein Gleichungssystem einige sehr strenge Kriterien erfüllt, dann können Sie eine quadratische Matrix und ihre Inverse nutzen, um das System nach der einzigen Lösung aufzulösen. Auch wenn es sich so anhört, als wäre die Anwendung dieser Methode mit unangemessen hohem Aufwand verbunden, sollten Sie sich doch nicht abschrecken lassen. Viele Anwendungen basieren auf vielen Gleichungen und Unbekannten und verlangen dabei eine einzige Lösung. Und genau das sind die erwähnten Kriterien: eine Lösung und ausreichend viele Gleichungen für die Variablen.

Um ein System aus n Gleichungen mit n Unbekannten unter Verwendung einer $n \times n$-Matrix und ihrer Inversen zu lösen, gehen Sie wie folgt vor:

1. **Schreiben Sie alle Gleichungen in dem System untereinander. Die Variablen jeder Gleichung stehen jeweils in derselben Reihenfolge links des Gleichheitszeichens, die Konstanten rechts davon.**
2. **Erstellen Sie eine *Koeffizientenmatrix* (eine quadratische Matrix, deren Einträge die Koeffizienten der Variablen sind).**
3. **Schreiben Sie die *Konstantenmatrix* (eine n × 1 Matrix, also mit n Zeilen und einer Spalte) unter Verwendung der Konstanten aus den Gleichungen.**
4. **Bestimmen Sie die Inverse der Koeffizientenmatrix.**
5. **Multiplizieren Sie die Inverse der Koeffizientenmatrix mit der Konstantenmatrix.**

Die resultierende Matrix zeigt die Werte der Variablen für die Lösung des Systems.

Hier folgt ein Beispiel. (Ich zeige die Schritte unter Verwendung derselben Nummerierung wie in der Anleitung.)

Lösen Sie das folgende Gleichungssystem:

$$\begin{cases} 0 = 3 + x + y + z \\ 4x + 5y + 6 = 0 \\ y = 3z + 5 \end{cases}$$

1. Schreiben Sie das Gleichungssystem mit den Variablen in alphabetischer Reihenfolge auf die eine und die Konstanten auf die andere Seite des Gleichheitszeichens:

$$\begin{cases} -x - y - z = 3 \\ 4x + 5y = -6 \\ y - 3z = 5 \end{cases}$$

2. Erstellen Sie eine Koeffizientenmatrix mit Nullen für die fehlenden Variablen:

$$A = \begin{pmatrix} -1 & -1 & -1 \\ 4 & 5 & 0 \\ 0 & 1 & -3 \end{pmatrix}$$

3. Schreiben Sie die Konstantenmatrix auf:

$$B = \begin{pmatrix} 3 \\ -6 \\ 5 \end{pmatrix}$$

4. Bestimmen Sie die Inverse der Koeffizientenmatrix:

$$A^{-1} = \begin{pmatrix} 15 & 4 & -5 \\ -12 & -3 & 4 \\ -4 & -1 & 1 \end{pmatrix}$$

Weitere Informationen zur Bestimmung einer inversen Matrix finden Sie in Kapitel 3.

Falls die Koeffizientenmatrix keine Inverse besitzt, hat das System keine eindeutige Lösung.

5. Multiplizieren Sie die Inverse der Koeffizientenmatrix mit der Konstantenmatrix:

$$A^{-1} \cdot B = \begin{pmatrix} 15 & 4 & -5 \\ -12 & -3 & 4 \\ -4 & -1 & 1 \end{pmatrix} \cdot \begin{pmatrix} 3 \\ -6 \\ 5 \end{pmatrix} = \begin{pmatrix} -4 \\ 2 \\ -1 \end{pmatrix}$$

Die resultierende Matrix enthält die Werte für x, y und z von oben nach unten. Wir haben also $x = -4$, $y = 2$ und $z = -1$.

Erweiterte Matrizen

Nicht alle Matrizen haben Inverse. Einige quadratische Matrizen sind nicht regulär (invertierbar). Doch auch dann können Sie Systeme mit Matrizen- und Zeilenoperationen lösen, weil Sie es nur mit den Koeffizienten (Zahlen) zu tun haben. Sie müssen die Variablen nicht einbeziehen, bis Sie die Lösung aufschreiben. Die rechteckige Anordnung der Matrix sorgt dafür, dass die verschiedenen Einträge in der richtigen Reihenfolge bleiben, so dass die Variablen anhand ihrer Position identifizierbar sind. Unter Verwendung einer erweiterten Matrix und durch Anwendung von Zeilenoperationen reduzieren Sie das ursprüngliche Gleichungssystem auf eine einfachere Form. Am Ende erhalten Sie entweder eine einzige Lösung, oder Sie können Lösungen mit Hilfe von Parametern angeben – d. h. Sie erhalten viele Lösungen.

Eine erweiterte Matrix einrichten

Die Darstellung eines Gleichungssystems als erweiterte Matrix setzt voraus, dass alle Variablen in jeder Gleichung in derselben Reihenfolge erscheinen. Da Sie nur die Koeffizienten anschreiben, müssen Sie sicherstellen, dass jede Zahl in der Matrix auch tatsächlich die zugehörige Variable darstellt.

Anders als bei der Methode, wo eine Koeffizientenmatrix mit ihrer Inversen multipliziert wird (wie im Abschnitt »Mit Hilfe von Inversen Systeme lösen« weiter oben in diesem Kapitel gezeigt), erweitern Sie jetzt die Koeffizientenmatrix, indem Sie die Konstanten in die Matrix miteintragen und von den Koeffizienten durch eine gestrichelte Linie abtrennen. Hier ein Gleichungssystem und seine erweiterte Matrix:

$$\begin{cases} 2x - y - 4z = 3 \\ 4x + 5y - z = -6 \\ 3y - 3z = 50 \end{cases}$$

$$\left(\begin{array}{ccc|c} 2 & -1 & -4 & 3 \\ 4 & 5 & -1 & -6 \\ 0 & 3 & -3 & 50 \end{array}\right)$$

Die Darstellung in Treppenform

Eine Matrix befindet sich in der *reduzierten Zeilenstufenform* (auch als *Stufenform* bezeichnet) wenn sie die folgenden Eigenschaften besitzt:

- ✔ Matrixzeilen, deren Einträge alle Nullen sind, stehen ganz unten in der Matrix.
- ✔ Von links nach rechts betrachtet, ist der erste Eintrag einer Zeile, der nicht 0 ist, immer eine 1. Diese erste 1 wird als *führende* 1 ihrer Zeile bezeichnet.
- ✔ In jeder Zeile befindet sich die führende 1 immer rechts unterhalb der führenden 1 der darüber liegenden Zeile.
- ✔ In jeder Spalte sind alle Einträge oberhalb und unterhalb dieser führenden 1 ausschließlich Nullen.

Die Regeln für die reduzierte Zeilentreppenform sind relativ streng und müssen genau eingehalten werden. Eine nicht derart streng definierte Form für eine Matrix ist die *Zeilenstufenform* (im Gegensatz zur *reduzierten Zeilenstufenform*). Der Unterschied zwischen den beiden Formen ist, dass die Zeilenstufenform nur Nullen unterhalb jeder führenden 1 fordert. Alle anderen Bedingungen gelten jedoch auch hier.

Matrix R befindet sich in reduzierter Zeilenstufenform, Matrix E in Zeilenstufenform.

$$R = \begin{pmatrix} 1 & 0 & 0 & 3 & 4 \\ 0 & 1 & 0 & 0 & 2 \\ 0 & 0 & 1 & -1 & 1 \\ 0 & 0 & 0 & 0 & 0 \end{pmatrix} \quad E = \begin{pmatrix} 1 & 3 & 0 & 2 & -3 \\ 0 & 1 & 4 & 0 & 3 \\ 0 & 0 & 1 & 1 & 4 \\ 0 & 0 & 0 & 0 & 0 \end{pmatrix}$$

Jede Stufenform hat ihren Sinn bei der Lösung von Gleichungssystemen und Operationen innerhalb der linearen Algebra. Manchmal hat man die Wahl, manchmal ist man auf die eine oder andere Form festgelegt.

Äquivalente Matrizen erstellen

In Kapitel 3 finden Sie die drei verschiedene Zeilenoperationen beschrieben, die für Matrizen ausgeführt werden können, und die zu einer äquivalenten Matrix führen. Ich verwende diese Regeln erneut, um eine erweiterte Matrix in Zeilenstufenform zu überführen. Kurz gesagt handelt es sich um die folgenden Operationen:

- ✔ Vertauschen von zwei Zeilen
- ✔ Multiplizieren einer Zeile mit einer Zahl ungleich Null
- ✔ Addieren des Vielfachen einer Zeile zu einer anderen Zeile

Weitere Informationen über die Zeilenoperationen und die Notation für ihre Verwendung finden Sie in Kapitel 3.

Ein Gleichungssystem mit Hilfe einer erweiterten Matrix lösen und sich einer Zeilenstufenform annähern

Nachdem Sie das Gleichungssystem als erweiterte Matrix dargestellt haben, führen Sie Zeilenoperationen durch bis sich die Matrix entweder in Zeilenstufenform oder in reduzierter Zeilenstufenform befindet. Die zusätzlichen Schritte, um die Matrix in die reduzierte Zeilenstufenform zu bringen, sind erforderlich, um die Lösung direkt aus der Matrix ablesen zu können, ohne noch eine Rückwärtslösung oder sonstige algebraische Operationen durchführen zu müssen.

Betrachten Sie beispielsweise das folgende Gleichungssystem und seine zugehörige erweiterte Matrix:

$$\begin{cases} -x - y - z = 3 \\ 4x + 5y = -6 \\ y - 3z = 5 \end{cases}$$

$$\left(\begin{array}{ccc|c} -1 & -1 & -1 & 3 \\ 4 & 5 & 0 & -6 \\ 0 & 1 & -3 & 5 \end{array}\right)$$

Um die erweiterte Matrix in die reduzierte Zeilenstufenform zu bringen, multiplizieren Sie zunächst die erste Zeile mit –1:

$$-1R_1 \rightarrow R_1 \left(\begin{array}{ccc|c} 1 & 1 & 1 & -3 \\ 4 & 5 & 0 & -6 \\ 0 & 1 & -3 & 5 \end{array}\right)$$

Unter der führenden 1 in der ersten Zeile müssen lauter Nullen stehen. Zeile 3 hat bereits eine 0 an dieser ersten Stelle, so dass Sie sich nur um die 4 in Zeile 2 kümmern müssen. Multiplizieren Sie Zeile 1 mit –4 und addieren Sie sie zu Zeile 2, so dass der erste Eintrag in Zeile 2 zu einer 0 wird.

$$-4Z_1 + Z_2 \rightarrow Z_2 \left(\begin{array}{ccc|c} 1 & 1 & 1 & -3 \\ 0 & 1 & -4 & 6 \\ 0 & 1 & -3 & 5 \end{array}\right)$$

Sie haben bereits eine 1 in der zweiten Zeile, zweite Spalte, deshalb müssen Sie keine weiteren Anpassungen vornehmen, um eine führende 1 zu erhalten. Aber Sie müssen Nullen oberhalb und unterhalb dieser 1 erzeugen. Sie multiplizieren also Zeile 2 mit –1 und addieren sie zu Zeile 1. Anschließend erledigen Sie dasselbe für Zeile 3:

$$-1Z_2 + Z_1 \rightarrow Z_1 \left(\begin{array}{ccc|c} 1 & 0 & 5 & -9 \\ 0 & 1 & -4 & 6 \\ 0 & 1 & -3 & 5 \end{array}\right)$$

$$-1Z_2 + Z_3 \rightarrow Z_3 \left(\begin{array}{ccc|c} 1 & 0 & 5 & -9 \\ 0 & 1 & -4 & 6 \\ 0 & 0 & 1 & -1 \end{array}\right)$$

Damit könnten Sie eigentlich aufhören. Die Matrix befindet sich in Zeilenstufenform. Unter Verwendung dieser Zeilenstufenform und durch Rückwärtsauflösung schreiben Sie zuerst die letzte Zeile als die Gleichung $z = -1$. Anschließend führen Sie eine Rückwärtseinsetzung für den Wert von z in die darüber liegende Zeile durch, $y - 4z = 6$. Sie erhalten $y + 4 = 6$ oder $y = 2$. Jetzt setzen Sie die –1 für das z und die 2 für das y in der oberen Gleichung ein (falls es ein y gibt), $x + 5z = -9$. Sie erhalten $x - 5 = -9$ oder $x = -4$.

Wenn Sie dagegen fertig stellen wollen, was Sie angefangen haben, und die reduzierte Zeilenstufenform erstellen wollen, betrachten Sie jetzt diese letzte Zeile. Auch hier ist etwas Praktisches passiert: Der Eintrag in Zeile 3, Spalte 3 ist eine 1. Sie erzeugen Nullen oberhalb der 1, indem Sie Zeile 3 mit –5 multiplizieren und sie zu Zeile 1 addieren, und dann Zeile 3 mit 4 multiplizieren und sie zu Zeile 2 addieren.

$$-5Z_3 + Z_1 \rightarrow Z_1 \left(\begin{array}{ccc|c} 1 & 0 & 0 & -4 \\ 0 & 1 & -4 & 6 \\ 0 & 0 & 1 & -1 \end{array}\right)$$

$$4Z_3 + Z_2 \rightarrow Z_2 \left(\begin{array}{ccc|c} 1 & 0 & 0 & -4 \\ 0 & 1 & 0 & 2 \\ 0 & 0 & 1 & -1 \end{array}\right)$$

Sie können direkt aus der letzten Spalte ablesen, dass $x = -4$, $y = 2$ und $z = -1$.

Parametrisierte Lösungen aus erweiterten Matrizen ableiten

Ein Gleichungssystem hat nicht immer eine einzige Lösung. Wenn das System eine Gleichung enthält, bei der es sich um eine Linearkombination anderer Gleichungen handelt, ist das System *abhängig* und hat mehr als eine Lösung. Dass das System mehr als eine Lösung hat, erkennen Sie daran, dass die Zeilenstufenform eine oder mehrere Zeilen nur aus Nullen enthält.

Beispielsweise habe ich das folgende System gefunden, das eine unendliche Anzahl an Lösungen hat. Um zu zeigen, dass das System mehrere Lösungen hat, schreibe ich das System zunächst als erweiterte Matrix.

$$\begin{cases} x - y - z = 1 \\ 3x - 2y - 7z = 0 \\ 5x - 4y - 9z = 2 \end{cases} \left(\begin{array}{ccc|c} 1 & -1 & -1 & 1 \\ 3 & -2 & -7 & 0 \\ 5 & -4 & -9 & 2 \end{array}\right)$$

Jetzt führe ich Zeilenoperationen durch, um die erweiterte Matrix in die reduzierte Zeilenstufenform zu bringen.

$$\begin{array}{l} -3Z_1 + Z_2 \rightarrow Z_2 \\ -5Z_1 + Z_3 \rightarrow Z_3 \end{array} \left(\begin{array}{ccc|c} 1 & -1 & -1 & 1 \\ 0 & 1 & -4 & -3 \\ 0 & 1 & -4 & -3 \end{array}\right)$$

$$-1Z_2 + Z_3 \rightarrow Z_3 \left(\begin{array}{ccc|c} 1 & -1 & -1 & 1 \\ 0 & 1 & -4 & -3 \\ 0 & 0 & 0 & 0 \end{array}\right)$$

$$Z_2 + Z_1 \rightarrow Z_1 \left(\begin{array}{ccc|c} 1 & 0 & -5 & -2 \\ 0 & 1 & -4 & -3 \\ 0 & 0 & 0 & 0 \end{array}\right)$$

Jetzt habe ich eine erweiterte Matrix mit einer Zeile aus lauter Nullen ganz unten; deshalb schreibe ich die ersten beiden Zeilen als ihre äquivalenten Gleichungen in x, y und z. Anschließend löse ich in den beiden Gleichungen nach x und y auf.

$$\begin{cases} x - 5z = -2 \\ y - 4z = -3 \end{cases} \quad \text{oder} \quad \begin{cases} x = 5z - 2 \\ y = 4z - 3 \end{cases}$$

Sowohl x als auch y sind abhängig von z. Ich wähle deshalb den Parameter k, um irgendeine reelle Zahl zu repräsentieren. Sei $z = k$, so dass $x = 5k - 2$ und $y = 4k - 3$. Die Lösung wird auch als $(5k - 2, 4k - 3, k)$ dargestellt, als geordnetes Tripel. Nachdem man eine reelle Zahl für k gewählt hat, ergibt sich eine spezielle Lösung aus der Berechnung des geordneten Tripels. Wenn beispielsweise $k = 1$, dann ist $(3, 1, 1)$ eine Lösung für das System.

Teil II
Die Beziehung zwischen Vektoren und Lineartransformationen

In diesem Teil…

Sie wissen nicht, was LUV bedeutet? Sie vermuten, das sei so etwas wie das tiefer gelegte neue Auto Ihres Nachbarn? Leider daneben! In diesem Kapitel erfahren Sie mehr über Linear Unabhängige Vektoren – und andere Linear-Konstellationen.

Linearkombinationen

5

In diesem Kapitel...

- Vektoren mit Hilfe von Linearkombinationen kombinieren
- Vektoren in einer linearen Hülle (Span) erkennen
- Vektorenmengen bestimmen, die $\mathbb{R}^2$ und $\mathbb{R}^3$ aufspannen

Vektoren sind $n \times 1$-Matrizen, mit denen unterschiedliche Operationen ausgeführt werden können. Zwei spezielle Vektortypen sind diejenigen für $n = 2$ und $n = 3$ – Sie können hier Bilder mit graphischen Darstellungen der Vektoren zeichnen, um die Vektoreigenschaften zu verdeutlichen. Bei einer *Linearkombination* werden Skalarmultiplikation und Matrixaddition auf Vektoren einer bestimmten Menge angewendet um einen neuen Vektor zu erstellen, der dieselbe Dimension hat wie die an den Operationen beteiligten Vektoren.

Bei der Bildung von Linearkombinationen aus Vektorenmengen stellen sich verschiedene Fragen, wie etwa wie groß die resultierenden Vektoren sind, oder ob ein bestimmter Vektor aus einer bestimmten Vektormenge überhaupt gebildet werden kann usw. In diesem Kapitel werde ich diese Fragen beantworten und die dafür angewendeten Methoden vorstellen.

Linearkombinationen von Vektoren – Definition

Eine lineare *Gleichung*, wie $4x + 3y + (-5z) + 6w = 7$ besteht aus Produkten und Summen. Die Variablen werden mit Koeffizienten multipliziert, und die Produkte werden anschließend addiert. Eine *Linearkombination* von Vektoren ist ebenfalls das Ergebnis aus Produkten und Summen. Die Multiplikatoren heißen Skalare, um zu verdeutlichen, dass eine Skalarmultiplikation durchgeführt wird, und die Summen der Produkte führen zu neuen Vektoren, die dieselben Dimensionen wie diejenigen haben, die multipliziert werden.

Vektoren als Summen anderer Vektoren schreiben

Eine Linearkombination von Vektoren wird dargestellt als $\vec{y} = c_1\vec{v}_1 + c_2\vec{v}_2 + c_3\vec{v}_3 + \ldots + c_k\vec{v}_k$, wobei $\vec{v}_1, \vec{v}_2, \vec{v}_3, \ldots, \vec{v}_k$ Vektoren sind, und c_i ein reeller Koeffizient, auch als Skalar bezeichnet.

Aus einer Menge von Vektoren derselben Dimension können viele verschiedene Linearkombinationen gebildet werden. Und für einen gegebenen Vektor können Sie feststellen, ob er aus einer Linearkombination einer bestimmten Menge von Vektoren erstellt wurde.

Hier zeige ich Ihnen drei Vektoren und eine Linearkombination. Beachten Sie, dass die Spaltenvektoren alle die Dimension 3×1 haben. Die bei der Linearkombination verwendeten Operationen sind die *Skalarmultiplikation* und die *Vektoraddition*. (Weitere Informationen über Vektoroperationen finden Sie in Kapitel 2.)

Hier die drei Vektoren:

$$\vec{v}_1 = \begin{pmatrix} 3 \\ -2 \\ 0 \end{pmatrix}, \quad \vec{v}_2 = \begin{pmatrix} 4 \\ 0 \\ -4 \end{pmatrix}, \quad \vec{v}_3 = \begin{pmatrix} 8 \\ -1 \\ -3 \end{pmatrix}$$

Und hier die Linearkombination: $\vec{y} = 3\vec{v}_1 + 4\vec{v}_2 + 2\vec{v}_3$.

Jetzt wenden wir die durch die Regel definierte Linearkombination an:

$$\vec{y} = 3\begin{pmatrix} 3 \\ -2 \\ 0 \end{pmatrix} + 4\begin{pmatrix} 4 \\ 0 \\ -4 \end{pmatrix} + 2\begin{pmatrix} 8 \\ -1 \\ -3 \end{pmatrix} = \begin{pmatrix} 9 \\ -6 \\ 0 \end{pmatrix} + \begin{pmatrix} 16 \\ 0 \\ -16 \end{pmatrix} + \begin{pmatrix} 16 \\ -2 \\ -6 \end{pmatrix} = \begin{pmatrix} 41 \\ -8 \\ -22 \end{pmatrix}$$

Das Endergebnis ist ein weiterer 3×1-Vektor.

Betrachten Sie als nächstes die Linearkombination $\vec{y} = -4\vec{v}_1 - 13\vec{v}_2 + 8\vec{v}_3$ und den Vektor, der aus der Anwendung der Operationen auf die Vektoren $\vec{v}_1$, $\vec{v}_2$ und $\vec{v}_3$ entsteht.

$$\vec{y} = -4\begin{pmatrix} 3 \\ -2 \\ 0 \end{pmatrix} - 13\begin{pmatrix} 4 \\ 0 \\ -4 \end{pmatrix} + 8\begin{pmatrix} 8 \\ -1 \\ -3 \end{pmatrix} = \begin{pmatrix} -12 \\ 8 \\ 0 \end{pmatrix} + \begin{pmatrix} -52 \\ 0 \\ 52 \end{pmatrix} + \begin{pmatrix} 64 \\ -8 \\ -24 \end{pmatrix} = \begin{pmatrix} 0 \\ 0 \\ 28 \end{pmatrix}$$

In diesem Fall sind die beiden ersten Elemente des resultierenden Vektors Nullen. Ich habe versucht, eine Linearkombination der drei Vektoren zu finden, für die alle Elemente im resultierenden Vektor gleich 0 sind, aber es ging nicht. In den Kapiteln 6 und 7 erfahren Sie, wie Sie feststellen, ob ein Ergebnis mit lauter Nullen möglich ist, und wie praktisch es ist, im Ergebnis lauter Nullen zu haben. Hier zeige ich Ihnen einfach nur die Prozeduren und Verfahrensweisen für die Arbeit mit den Kombinationen.

Feststellen, ob ein Vektor dazugehört

Für eine Menge von Vektoren gibt es zahlreiche Linearkombinationen aus diesen Vektoren. Wenn Sie die Werte der Skalare nicht einschränken, dann gibt es unendlich viele Möglichkeiten für die resultierenden Vektoren. Aber was ist zu tun, wenn Sie feststellen wollen, ob ein bestimmter Vektor das Ergebnis einer bestimmten Linearkombination aus einer Menge von Vektoren ist?

Angenommen, Sie haben die folgende Menge von Vektoren:

$$\vec{v}_1 = \begin{pmatrix} 3 \\ -2 \\ 0 \end{pmatrix}, \quad \vec{v}_2 = \begin{pmatrix} 4 \\ 0 \\ -4 \end{pmatrix}, \quad \vec{v}_3 = \begin{pmatrix} 8 \\ -1 \\ -3 \end{pmatrix}$$

Sie wollen feststellen, ob es eine Möglichkeit gibt, den Vektor

$$\begin{pmatrix} 4 \\ 5 \\ -1 \end{pmatrix}$$

als Linearkombination aus $\vec{v}_1, \vec{v}_2$ und $\vec{v}_3$ zu erstellen. Dazu überprüfen Sie die verschiedenen Linearkombinationen, die die Einträge in dem Vektor erzeugen könnten.

Einfach, einfacher, am einfachsten

Die bequemste Situation bei der Suche nach einer geeigneten Linearkombination liegt vor, wenn alle Skalare bis auf einen 0 sind, was dann der Fall ist, wenn der gewünschte Vektor einfach ein Vielfaches eines der Vektoren in der Menge ist.

Dies ist beispielsweise dann der Fall, wenn der Vektor, den Sie mit einer Linearkombination aus einer Menge von Vektoren erzeugen wollen, wie folgt aussieht:

$$\begin{pmatrix} -8 \\ 1 \\ 3 \end{pmatrix}$$

Unter Verwendung der obigen Menge von Vektoren, $\vec{v}_1, \vec{v}_2$ und $\vec{v}_3$, erkennen Sie, dass die Multiplikation des Vektors $\vec{v}_3$ mit -1 zu ihrem gewünschten Vektor führt, deshalb schreiben Sie die Linearkombination $0\vec{v}_1 + 0\vec{v}_2 - 1\vec{v}_3$, um diesen Vektor zu erzeugen.

Die Suche nach einer Lösung

Wenn der gewünschte Vektor kein einfaches Vielfaches eines der Vektoren in der Vektormenge ist, müssen Sie auf eine andere Methode ausweichen – und nach den einzelnen Skalaren auflösen, die den Vektor erzeugen.

Die gesuchten Skalare sind Multiplikatoren der betrachteten Vektormenge. Auch hier schreiben Sie unter Verwendung der Vektoren $\vec{v}_1, \vec{v}_2$ und $\vec{v}_3$ die Gleichung $x_1\vec{v}_1 + x_2\vec{v}_2 + x_3\vec{v}_3 = \vec{b}$, wobei x_i Skalare sind und $\vec{b}$ der Zielvektor ist.

$$x_1\begin{pmatrix} 3 \\ -2 \\ 0 \end{pmatrix} + x_2\begin{pmatrix} 4 \\ 0 \\ -4 \end{pmatrix} + x_3\begin{pmatrix} 8 \\ -1 \\ -3 \end{pmatrix} = \begin{pmatrix} 4 \\ 5 \\ -1 \end{pmatrix}$$

Durch Multiplikation jedes Vektors mit dem entsprechenden Skalar erhalten Sie

$$\begin{pmatrix} 3x_1 \\ -2x_1 \\ 0 \end{pmatrix} + \begin{pmatrix} 4x_2 \\ 0 \\ -4x_2 \end{pmatrix} + \begin{pmatrix} 8x_3 \\ -x_3 \\ -3x_3 \end{pmatrix} = \begin{pmatrix} 4 \\ 5 \\ -1 \end{pmatrix}$$

Um jetzt nach den Werten der Skalare aufzulösen, für die die Gleichung wahr ist, schreiben Sie die Vektorgleichung als System linearer Gleichungen um.

$$\begin{cases} 3x_1 + 4x_2 + 8x_3 = 4 \\ -2x_1 \qquad - x_3 = 5 \\ \qquad -4x_2 - 3x_2 = -1 \end{cases}$$

Das System wird aufgelöst, indem eine erweiterte Matrix erstellt wird, wobei jede Spalte der Matrix zu einem der Vektoren in der Vektorgleichung gehört.

$$\left(\begin{array}{ccc|c} 3 & 4 & 8 & 4 \\ -2 & 0 & -1 & 5 \\ 0 & -4 & -3 & -1 \end{array}\right)$$
$$\begin{array}{cccc} \uparrow & \uparrow & \uparrow & \uparrow \\ \vec{v}_1 & \vec{v}_2 & \vec{v}_3 & \vec{v}_4 \end{array}$$

Jetzt führen Sie die Zeilenoperationen durch, um eine reduzierte Zeilenstufenform zu erzeugen (weitere Informationen zu diesen Schritten finden Sie in Kapitel 4).

$$\left(\begin{array}{ccc|c} 3 & 4 & 8 & 4 \\ -2 & 0 & -1 & 5 \\ 0 & -4 & -3 & -1 \end{array}\right)$$

$$Z_1 + Z_2 \to Z_1 \left(\begin{array}{ccc|c} 1 & 4 & 7 & 9 \\ -2 & 0 & -1 & 5 \\ 0 & -4 & -3 & -1 \end{array}\right)$$

$$2Z_1 + Z_2 \to Z_2 \left(\begin{array}{ccc|c} 1 & 4 & 7 & 9 \\ 0 & 8 & 13 & 23 \\ 0 & -4 & -3 & -1 \end{array}\right)$$

$$Z_2 \leftrightarrow Z_3 \left(\begin{array}{ccc|c} 1 & 4 & 7 & 9 \\ 0 & -4 & -3 & -1 \\ 0 & 8 & 13 & 23 \end{array}\right)$$

$$\begin{array}{c} Z_2 + Z_1 \to Z_1 \\ 2Z_2 + Z_3 \to Z_3 \end{array} \left(\begin{array}{ccc|c} 1 & 0 & 4 & 8 \\ 0 & -4 & -3 & -1 \\ 0 & 0 & 7 & 21 \end{array}\right)$$

$$\begin{array}{c} -\frac{1}{4}Z_2 \to Z_2 \\ \frac{1}{7}Z_2 + Z_3 \to Z_3 \end{array} \left(\begin{array}{ccc|c} 1 & 0 & 4 & 8 \\ 0 & 1 & \frac{3}{4} & \frac{1}{4} \\ 0 & 0 & 1 & 3 \end{array}\right)$$

$$\begin{array}{c} -4Z_3 + Z_1 \to Z_1 \\ -\frac{3}{4}Z_3 + Z_2 \to Z_2 \end{array} \to \left(\begin{array}{ccc|c} 1 & 0 & 0 & -4 \\ 0 & 1 & 0 & -2 \\ 0 & 0 & 1 & 3 \end{array}\right)$$

Die Lösung des Gleichungssystems lautet $x_1 = -4$, $x_2 = -2$, $x_3 = 3$. Die Lösungen entsprechen den Skalaren, die für die Vektorgleichung benötigt werden.

$$x_1\vec{v}_1 + x_2\vec{v}_2 + x_3\vec{v}_3 = \vec{b}$$

$$-4\begin{pmatrix}3\\-2\\0\end{pmatrix} - 2\begin{pmatrix}4\\0\\-4\end{pmatrix} + 3\begin{pmatrix}8\\-1\\-3\end{pmatrix} = \begin{pmatrix}-12\\8\\0\end{pmatrix} + \begin{pmatrix}-8\\0\\8\end{pmatrix} + \begin{pmatrix}24\\-3\\-9\end{pmatrix} = \begin{pmatrix}4\\5\\-1\end{pmatrix}$$

Erkennen, wann keine Kombination möglich ist

Nicht jeder Vektor, den Sie auswählen, erweist sich als Linearkombination einer bestimmten Vektorenmenge. Wenn Sie jedoch anfangen, die erforderlichen Skalare zu bestimmen, wissen Sie noch nicht, dass keine Linearkombination möglich ist. Erst nach einigen Zeilenoperationen, wenn Sie auf einen Widerspruch oder eine unmögliche Situation gestoßen sind, stellen Sie fest, dass es keine Lösung gibt.

Betrachten Sie beispielsweise die folgende Vektormenge und den Zielvektor, $\vec{b}$:

$$\vec{v}_1 = \begin{pmatrix}3\\-2\\1\end{pmatrix},\quad \vec{v}_2\begin{pmatrix}4\\0\\12\end{pmatrix},\quad \vec{v}_3 = \begin{pmatrix}8\\-1\\20\end{pmatrix},\quad \vec{b} = \begin{pmatrix}8\\-7\\4\end{pmatrix}$$

Sie wollen die Vektorgleichung lösen, die entsteht, wenn Sie die Vektoren in der Menge mit Skalaren multiplizieren und sie gleich dem Zielvektor setzen.

$$x_1\begin{pmatrix}3\\-2\\1\end{pmatrix} + x_2\begin{pmatrix}4\\0\\12\end{pmatrix} + x_3\begin{pmatrix}8\\-1\\20\end{pmatrix} = \begin{pmatrix}8\\-7\\4\end{pmatrix}$$

Wenn Sie die erweiterte Matrix für das Gleichungssystem erstellen und nach den Skalaren auflösen, erhalten Sie:

$$\left(\begin{array}{ccc|c}3 & 4 & 8 & 8\\-2 & 0 & -1 & -7\\1 & 12 & 20 & 4\end{array}\right)$$

$$Z_1 + Z_2 \to Z_1 \left(\begin{array}{ccc|c}1 & 4 & 7 & 1\\-2 & 0 & -1 & -7\\1 & 12 & 20 & 4\end{array}\right)$$

$$\begin{array}{r}2Z_1 + Z_2 \to Z_2\\-Z_1 + Z_3 \to Z_3\end{array}\left(\begin{array}{ccc|c}1 & 0 & 4 & 8\\0 & 8 & 13 & -5\\0 & 8 & 13 & 3\end{array}\right)$$

$$-1Z_2 + Z_3 \to Z_3 \to \left(\begin{array}{ccc|c}1 & 0 & 4 & 8\\0 & 8 & 13 & -5\\0 & 0 & 0 & 8\end{array}\right)$$

Nach einigen Zeilenoperationen stellen Sie fest, dass die letzte Zeile der Matrix nur Nullen und eine 8 enthält. Die entsprechende Gleichung lautet $0x_1 + 0x_2 + 0x_3 = 8$ oder $0 + 0 + 0 = 8$. Diese Gleichung ist unsinnig – sie kann nicht wahr sein. Es gibt also keine Lösung für das Gleichungssystem und keine Skalarmenge, die den Zielvektor darstellt. Der Vektor $\vec{b}$ ist demnach keine der mit der gewählten Vektormenge möglichen Linearkombinationen.

Nach Mustern in Linearkombinationen suchen

Viele verschiedene Vektoren können als Linearkombination einer bestimmten Vektormenge geschrieben werden. Umgekehrt können Sie eine Vektormenge suchen, mit der sich ein bestimmter Zielvektor schreiben lässt.

Eine Vektormenge für einen Zielvektor suchen

Wenn Sie beispielsweise den folgenden Vektor erzeugen wollen:

$$\begin{pmatrix} 4 \\ 1 \\ 3 \\ 2 \end{pmatrix}$$

könnten Sie die folgende Vektormenge verwenden:

$$\left\{ \begin{pmatrix} 1 \\ 0 \\ 1 \\ 0 \end{pmatrix}, \begin{pmatrix} 1 \\ 0 \\ 0 \\ 1 \end{pmatrix}, \begin{pmatrix} 0 \\ 1 \\ 1 \\ 0 \end{pmatrix} \right\}$$

und diese Linearkombination:

$$2\begin{pmatrix} 1 \\ 0 \\ 1 \\ 0 \end{pmatrix} + 2\begin{pmatrix} 1 \\ 0 \\ 0 \\ 1 \end{pmatrix} + 1\begin{pmatrix} 0 \\ 1 \\ 1 \\ 0 \end{pmatrix} = \begin{pmatrix} 4 \\ 1 \\ 3 \\ 2 \end{pmatrix}$$

Die hier gezeigte Vektormenge und die Linearkombination sind keineswegs eindeutig. Tatsächlich könnten Sie viele verschiedene Kombinationen und viele verschiedene Vektormengen angeben, die den betreffenden Vektor erzeugen. Beachten Sie jedoch, dass meine Vektormenge gewissermaßen speziell ist, weil alle Einträge entweder 0 oder 1 sind. (Weitere Vektoren mit diesen beiden Einträgen sehen Sie später in diesem Kapitel sowie in den Kapiteln 6 und 7.)

Ein Muster verallgemeinern und eine Vektormenge erzeugen

Vektormengen können beschrieben werden, indem entweder alle Vektoren in der Menge aufgelistet werden, oder indem eine Regel für ein Muster erkannt und formuliert wird. Wenn eine Vektormenge sehr groß ist oder sogar unendlich viele Elemente enthält, ist ein Muster oder eine allgemeine Regel immer besser, als alle Elemente zu beschreiben, falls dies überhaupt möglich ist.

Betrachten Sie die folgenden Vektoren:

$$\left\{ \begin{pmatrix} 1 \\ 4 \\ 5 \\ 6 \end{pmatrix}, \begin{pmatrix} 3 \\ 12 \\ 7 \\ 10 \end{pmatrix}, \begin{pmatrix} -2 \\ -8 \\ 3 \\ 1 \end{pmatrix}, \begin{pmatrix} 0 \\ 0 \\ -11 \\ -11 \end{pmatrix} \right\}$$

Eine Möglichkeit, die Vektoren dieser Menge zu beschreiben, ist eine Regel unter Verwendung von zwei reellen Zahlen, *a* und *b*, wie nachfolgend gezeigt:

$$\left\{ \begin{pmatrix} 1 \\ 4 \\ 5 \\ 6 \end{pmatrix}, \begin{pmatrix} 3 \\ 12 \\ 7 \\ 10 \end{pmatrix}, \begin{pmatrix} -2 \\ -8 \\ 3 \\ 1 \end{pmatrix}, \begin{pmatrix} 0 \\ 0 \\ -11 \\ -11 \end{pmatrix}, \ldots, \begin{pmatrix} a \\ 4a \\ b \\ a+b \end{pmatrix} \right\}$$

Zwei Einträge, der erste und der dritte, bestimmen die Werte der beiden anderen Einträge.

Diese Regel ist nur eine Möglichkeit (von vielen) für ein Muster in der Vektormenge. Eine Liste von vier Vektoren ist nicht besonders groß. Wenn Sie nur ein paar Vektoren haben, müssen Sie vorsichtig damit sein, dieses Muster oder die Regel auf ein bestimmtes Problem anzuwenden.

Die Regel zeigt, wie die Vektoren unter Verwendung des einen Vektors oben, bzw. seiner Einträge erzeugt werden. Eine Alternative zur Verwendung nur eines Vektors ist die Verwendung von zwei Vektoren in Linearkombination:

$$\vec{a}\begin{pmatrix} 1 \\ 4 \\ 0 \\ 1 \end{pmatrix} + \vec{b}\begin{pmatrix} 0 \\ 0 \\ 1 \\ 1 \end{pmatrix}$$

Die Qual der Wahl!

Linearkombinationen aus Vektoren visualisieren

Vektoren mit der Dimension 2×1 können in einem Koordinatensystem als Punkte in der Ebene dargestellt werden. Die Vektoren

$$\vec{v}_1 = \begin{pmatrix} 2 \\ -1 \end{pmatrix}, \vec{v}_2 = \begin{pmatrix} 4 \\ 3 \end{pmatrix}$$

werden in Standardform mit den Ausgangspunkten am Ursprung, (0, 0), und den Endpunkten (2, –1) und (4, 3) dargestellt. Abbildung 5.1 zeigt beide Vektoren und beide Punkte. (Weitere Informationen über die Darstellung von Vektoren in Graphen finden Sie in Kapitel 2.)

Linearkombinationen aus Vektoren werden unter Verwendung paralleler Linien dargestellt, die durch die Vielfachen der Punkte gezeichnet werden, die die Vektoren darstellen. In Abbildung 5.1 sehen Sie die Skalar-Vielfachen von $\mathbf{v}_1$: $-3\mathbf{v}_1$, $-2\mathbf{v}_1$, $-\mathbf{v}_1$, $2\mathbf{v}_1$ und $3\mathbf{v}_1$, sowie Vielfache von $\mathbf{v}_2$: $-\mathbf{v}_2$ und $2\mathbf{v}_2$. Außerdem sehen Sie die Punkte, die folgende Linearkombinationen darstellen: $-3\mathbf{v}_1-\mathbf{v}_2$, $-3\mathbf{v}_1 + \mathbf{v}_2$, $2\mathbf{v}_1-\mathbf{v}_2$ und $2\mathbf{v}_1 + \mathbf{v}_2$.

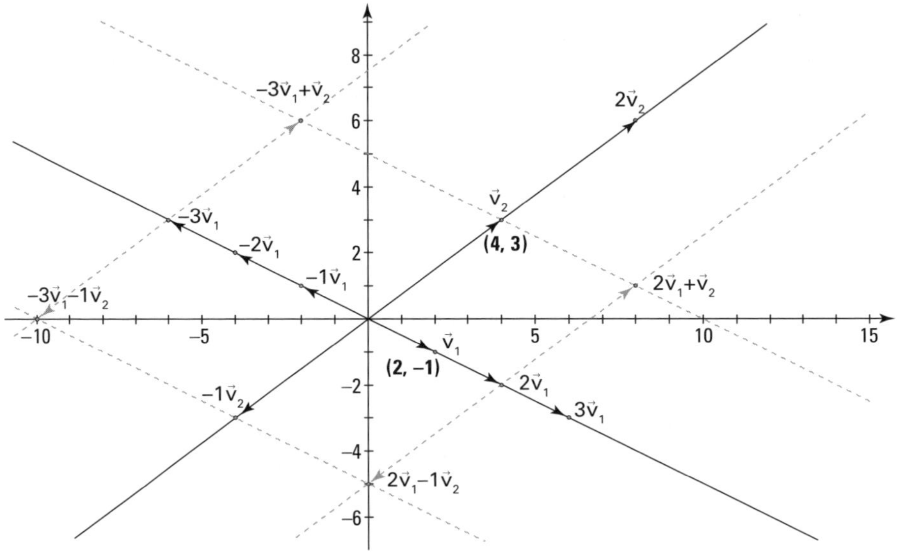

Abbildung 5.1: Skalare Vielfache und Linearkombinationen

Achtung, Spannweiten – die lineare Hülle!

Möglicherweise sind Sie bereits vertraut mit den Begriffen der Lebensspanne, der Spannweite einer Brücke, einer Flügelspannweite oder einem Pferdegespann. Jetzt werde ich Ihnen die Spanne einer Vektormenge vorstellen – die lineare Hülle (auch als *Span* bezeichnet).

Die *lineare Hülle* einer Vektormenge besteht aus einer weiteren Vektormenge, die alle eine Beziehung zu der ursprünglichen Menge haben. Die lineare Hülle einer Vektormenge ist im Allgemeinen unendlich groß, weil Sie es mit sehr vielen reellen Zahlen zu tun haben. Andererseits kann eine lineare Hülle endlich sein, wenn Sie den Bereich der verwendeten Skalare einschränken.

Das Konzept oder die Idee der linearen Hülle schafft eine Struktur für die verschiedenen Linearkombinationen einer Vektormenge. Die Vektoren in einer Menge bestimmen weitgehend die Größe des Resultates.

Die lineare Hülle (Span) einer Vektormenge beschreiben

Betrachten Sie die Vektormenge $\{\vec{v}_1, \vec{v}_2, \ldots, \vec{v}_k\}$. Die Menge aller Linearkombinationen dieser Menge wird als ihre lineare Hülle bezeichnet. Diese Menge der *Linearkombinationen* der Vektoren wird durch die ursprüngliche Vektormenge aufgespannt. Jeder Vektor in der linearen Hülle $\{\vec{v}_1, \vec{v}_2, \ldots, \vec{v}_k\}$ hat die Form $c_1\vec{v}_1 + c_2\vec{v}_2 + \ldots + c_k\vec{v}_k$, wobei c_i Skalare sind, reelle Zahlen.

Wenn Sie beispielsweise die Vektormenge $\{\vec{v}_1, \vec{v}_2, \vec{v}_3\}$ haben, mit

$$\vec{v}_1 = \begin{pmatrix} 1 \\ -2 \\ 0 \end{pmatrix}, \vec{v}_2 = \begin{pmatrix} 4 \\ 2 \\ -1 \end{pmatrix}, \vec{v}_3 = \begin{pmatrix} 3 \\ -1 \\ 2 \end{pmatrix}$$

dann ist die lineare Hülle $\{\mathbf{v}_1, \mathbf{v}_2, \mathbf{v}_3\}$ =

$$span\{v_1, v_2, v_3\} = c_1\begin{pmatrix} 1 \\ -2 \\ 0 \end{pmatrix} + c_2\begin{pmatrix} 4 \\ 2 \\ -1 \end{pmatrix} + c_3\begin{pmatrix} 3 \\ -1 \\ 2 \end{pmatrix}$$

Wenn Sie die Skalare durch reelle Zahlen ersetzen, erzeugen Sie neue Vektoren derselben Dimension. Aufgrund der Möglichkeit, beliebige reelle Zahlen für die Skalare einzusetzen, ist die resultierende Vektormenge unendlich groß.

Eine lineare Hülle so weit wie möglich machen

Die lineare Hülle einer Vektormenge ist die Menge aller Vektoren, die durch Linearkombinationen der ursprünglichen Vektormenge erzeugt werden kann. Die umfangreichsten und sozusagen allumfassenden linearen Hüllen sind diejenigen, die alle Möglichkeiten für jeden Vektor beinhalten – alle Anordnungen reeller Zahlen für die Elemente der Menge.

In $\mathbb{R}^2$ spannt die Vektormenge

$$\left\{\begin{pmatrix} 1 \\ 0 \end{pmatrix}, \begin{pmatrix} 0 \\ 1 \end{pmatrix}\right\}$$

alle 2×1-Vektoren auf. In $\mathbb{R}^3$ spannt die Vektormenge

$$\left\{\begin{pmatrix} 1 \\ 0 \\ 0 \end{pmatrix}, \begin{pmatrix} 0 \\ 1 \\ 0 \end{pmatrix}, \begin{pmatrix} 0 \\ 0 \\ 1 \end{pmatrix}\right\}$$

alle 3×1-Vektoren auf. Wenn Sie also ganz allgemein alle $n \times 1$-Vektoren aufspannen wollen, könnte Ihre Vektormenge wie folgt aussehen, wobei jedes Element der Menge ein $n \times 1$-Vektor ist.

$$\left\{ \begin{pmatrix} 1 \\ 0 \\ 0 \\ 0 \\ \vdots \\ 0 \end{pmatrix}, \begin{pmatrix} 0 \\ 1 \\ 0 \\ 0 \\ \vdots \\ 0 \end{pmatrix}, \begin{pmatrix} 0 \\ 0 \\ 1 \\ 0 \\ \vdots \\ 0 \end{pmatrix}, \ldots, \begin{pmatrix} 0 \\ 0 \\ 0 \\ 0 \\ \vdots \\ 1 \end{pmatrix} \right\}$$

Eingrenzung des Umfangs einer linearen Hülle

Jetzt betrachten wir die folgende Vektormenge (mit den Vektoren $\vec{v}_1$, $\vec{v}_2$):

$$\left\{ \begin{pmatrix} 1 \\ 5 \\ -1 \end{pmatrix}, \begin{pmatrix} -3 \\ -4 \\ 2 \end{pmatrix} \right\}$$

sowie den Vektor

$$\vec{b} = \begin{pmatrix} 6 \\ -3 \\ d \end{pmatrix}$$

Für welchen Wert oder für welche Werte von d (falls überhaupt) liegt der Vektor $\vec{b}$ in der linearen Hülle $\{\vec{v}_1, \vec{v}_2\}$?

Wenn $\vec{b}$ in der linearen Hülle $\{\vec{v}_1, \vec{v}_2\}$ liegt, suchen Sie eine Linearkombination der Vektoren, so dass gilt:

$$c_1 \begin{pmatrix} 1 \\ 5 \\ -1 \end{pmatrix} + c_2 \begin{pmatrix} -3 \\ -4 \\ 2 \end{pmatrix} = \begin{pmatrix} 6 \\ -3 \\ d \end{pmatrix}$$

Durch Umschreiben der Vektorgleichung als Gleichungssystem erhalten Sie

$$\begin{aligned} c_1 - 3c_2 &= 6 \\ 5c_1 - 4c_2 &= -3 \\ -c_1 + 2c_2 &= d \end{aligned}$$

Wenn Sie die erste und die dritte Gleichung addieren, erhalten Sie $-c_2 = 6 + d$. Wenn Sie die zweite Gleichung zum Fünffachen der dritten Gleichung addieren, erhalten sie $6c_2 = 5d - 3$. Wenn Sie $-c_2 = 6 + d$ mit -6 multiplizieren, erhalten Sie $6c_2 = -36 - 6d$. Sie haben zwei Gleichungen, auf deren linker Seite jeweils $6c_2$ steht; Sie können also die beiden rechten Seiten einander gleich setzen und erhalten $5d - 3 = -36 - 6d$. Addieren Sie $6d$ zu jeder Seite und dann noch 3 zu jeder Seite, um $11d = -33$ zu erhalten, d. h. $d = -3$. Der Vektor $\vec{b}$ liegt also nur dann in der linearen Hülle der Vektormenge, wenn die letzte Koordinate -3 ist.

Zeigen, welche Vektoren in eine lineare Hülle gehören

Eine lineare Hülle kann allumfassend sein, sie kann aber auch sehr eingeschränkt sein. Um festzustellen, ob ein Vektor Teil einer linearen Hülle ist, müssen Sie feststellen, welche Linearkombination der Vektoren diesen Zielvektor erzeugt. Wenn Sie viele Vektoren prüfen müssten, könnten Sie sich stattdessen dazu entschließen, die Werte aller in den Linearkombinationen verwendeten Skalare zu bestimmen.

Feststellen, ob ein bestimmter Vektor zu einer linearen Hülle gehört

Betrachten Sie die Vektormenge $\{\vec{v}_1, \vec{v}_2, \vec{v}_3\}$, mit

$$\vec{v}_1 = \begin{pmatrix} 1 \\ -2 \\ 0 \end{pmatrix}, \quad \underline{\vec{v}_2} = \begin{pmatrix} 4 \\ 2 \\ -1 \end{pmatrix}, \quad \vec{v}_3 = \begin{pmatrix} 3 \\ -1 \\ 2 \end{pmatrix}$$

Sie wollen feststellen, ob der Vektor

$$\vec{b} = \begin{pmatrix} -11 \\ -13 \\ 6 \end{pmatrix}$$

in die lineare Hülle $\text{span}\{\vec{v}_1, \vec{v}_2, \vec{v}_3\}$ gehört. Dazu müssen Sie die Lösung der Vektorgleichung bestimmen:

$$c_1 \begin{pmatrix} 1 \\ -2 \\ 0 \end{pmatrix} + c_2 \begin{pmatrix} 4 \\ 2 \\ -1 \end{pmatrix} + c_3 \begin{pmatrix} 3 \\ -1 \\ 2 \end{pmatrix} = \begin{pmatrix} -11 \\ -13 \\ 6 \end{pmatrix}$$

Unter Verwendung des Gleichungssystems

$$\begin{cases} c_1 + 4c_2 + 3c_3 = -11 \\ -2c_1 + 2c_2 - c_3 = -13 \\ -c_2 + 2c_3 = 6 \end{cases}$$

und der entsprechenden erweiterten Matrix (siehe Abschnitt »Bestimmen, ob ein Vektor dazugehört«) lautet die Lösung $c_1 = 2$, $c_2 = -4$ und $c_3 = 1$. Sie stellen also fest, dass eine Linearkombination der Vektoren den Zielvektor erzeugt. Der Vektor $\vec{b}$ gehört also in die lineare Hülle.

Eine allgemeine Form für alle in einer linearen Hülle verwendeten Skalare finden

Die Lösung eines Gleichungssystems, um festzustellen, ob ein Vektor in eine lineare Hülle gehört, ist kein Problem – außer wenn man den Prozess für eine sehr große Anzahl an Vektoren immer wieder durchführen muss. Eine weitere Option, die diese Wiederholungen vermeidet, ist die Angabe einer allgemeinen Form für alle Vektoren in einer linearen Hülle.

Betrachten Sie beispielsweise die Vektormenge $\{\vec{v}_1, \vec{v}_2, \vec{v}_3\}$, mit

$$\vec{v}_1 = \begin{pmatrix} 1 \\ 0 \\ 1 \end{pmatrix}, \vec{v}_2 = \begin{pmatrix} 1 \\ 2 \\ 0 \end{pmatrix}, \vec{v}_3 = \begin{pmatrix} 1 \\ 3 \\ 2 \end{pmatrix}$$

Jeder Vektor in der linearen Hülle span$\{\vec{v}_1, \vec{v}_2, \vec{v}_3\}$ genügt der Gleichung

$$c_1\vec{v}_1 + c_2\vec{v}_2 + c_3\vec{v}_3 = \begin{pmatrix} x \\ y \\ z \end{pmatrix}$$

Dabei sind x, y und z die Einträge eines Vektors in der linearen Hülle.

Unter Verwendung der Vektoren $\vec{v}_1$, $\vec{v}_2$, $\vec{v}_3$ sieht das entsprechende Gleichungssystem wie folgt aus:

$$\begin{cases} c_1 + c_2 + c_3 = x \\ \quad 2c_2 + 3c_3 = y \\ c_1 + \quad 2c_3 = z \end{cases}$$

Um das Gleichungssystem für x, y und z zu lösen, addieren Sie zunächst –2 mal Zeile 1 zu Zeile 2, um $-2c_1 + c_3 = -2x + y$ zu erhalten. Jetzt addieren Sie diese neue Gleichung zum Doppelten der dritten Gleichung.

$$\begin{array}{rl} -2c_1 + \quad c_3 &= -2x + y \\ 2c_1 + 4c_3 &= \qquad\quad 2z \\ \hline 5c_3 &= -2x + y + 2z \end{array}$$

Sie dividieren jede Seite durch 5 und erhalten

$$c_3 = \frac{-2x + y + 2z}{5}$$

Wenn Sie jetzt diesen Wert von c_3 in die ursprüngliche zweite Gleichung einsetzen, erhalten Sie

$$c_2 = \frac{3x + y - 3z}{5}$$

Wenn Sie jetzt die Werte von c_3 und c_2 in die ursprüngliche erste Gleichung einsetzen und nach c_1 auflösen, erhalten Sie

$$c_1 = \frac{4x - 2y + z}{5}$$

Jeder Vektor in der linearen Hülle hat also die Form

$$c_1\vec{v}_1 + c_2\vec{v}_2 + c_3\vec{v}_3 = \frac{4x - 2y + z}{5}\vec{v}_1 + \frac{3x + y - 3z}{5}\vec{v}_2 + \frac{-2x + y + 2z}{5}\vec{v}_3$$

Um beispielsweise den folgenden Vektor zu erstellen:

$$\begin{pmatrix}4\\1\\1\end{pmatrix}$$

setzen Sie $x = 4$, $y = 1$ und $z = 1$ und erhalten

$$\frac{4x-2y+z}{5}\vec{v}_1+\frac{3x+y-3z}{5}\vec{v}_2+\frac{-2x+y+2z}{5}\vec{v}_3$$

$$=\frac{4\cdot4-2\cdot1+1}{5}\begin{pmatrix}1\\0\\1\end{pmatrix}+\frac{3\cdot4+1-3\cdot1}{5}\begin{pmatrix}1\\2\\0\end{pmatrix}+\frac{-2\cdot4+1+2\cdot1}{5}\begin{pmatrix}1\\3\\2\end{pmatrix}$$

$$=\frac{15}{5}\begin{pmatrix}1\\0\\1\end{pmatrix}+\frac{10}{5}\begin{pmatrix}1\\2\\0\end{pmatrix}+\frac{-5}{5}\begin{pmatrix}1\\3\\2\end{pmatrix}=3\begin{pmatrix}1\\0\\1\end{pmatrix}+2\begin{pmatrix}1\\2\\0\end{pmatrix}-1\begin{pmatrix}1\\3\\2\end{pmatrix}=\begin{pmatrix}3+2-1\\0+4-3\\3+0-2\end{pmatrix}=\begin{pmatrix}4\\1\\1\end{pmatrix}$$

mit $c_1 = 3$, $c_2 = 2$ und $c_3 = -1$.

$\mathbb{R}^2$ und $\mathbb{R}^3$ aufspannen

Die 2 × 1-Vektoren, die durch Punkte in der Koordinatenebene dargestellt werden, spannen $\mathbb{R}^2$ auf. Und die 3 × 1-Vektoren, die durch Punkte im Raum dargestellt werden, spannen $\mathbb{R}^3$ auf. Eine häufige Frage bei Anwendungen der linearen Algebra ist es, ob eine bestimmte Vektormenge $\mathbb{R}^2$ oder $\mathbb{R}^3$ aufspannt.

Mengen suchen, die aufspannen

Wenn eine Vektormenge $\mathbb{R}^2$ aufspannt, können Sie jeden möglichen Punkt in der Koordinatenebene unter Verwendung von Linearkombinationen dieser Vektormenge erzeugen.

Seien $\vec{v}_1$ und $\vec{v}_2$ die beiden Elemente der Menge

$$\left\{\begin{pmatrix}2\\1\end{pmatrix},\begin{pmatrix}3\\2\end{pmatrix}\right\}$$

dann spannen sie zusammen $\mathbb{R}^2$ auf. Ich werde zeigen, dass die Aussage wahr ist, indem ich die Linearkombination schreibe und das entsprechende lineare Gleichungssystem löse.

$$c_1\begin{pmatrix}2\\1\end{pmatrix}+c_2\begin{pmatrix}3\\2\end{pmatrix}=\begin{pmatrix}x\\y\end{pmatrix}$$

$$\begin{cases}2c_1+3c_2=x\\c_1+2c_2=y\end{cases}$$

Addieren Sie –2 mal die zweite Gleichung zur ersten Gleichung, dann erhalten Sie

$$\begin{aligned} -c_2 &= x - 2y \\ c_1 + 2c_2 &= \quad\; y \end{aligned}$$

Jetzt multiplizieren Sie die erste Gleichung mit –1 und setzen den Wert von c_2 in die zweite Gleichung ein.

$$\begin{aligned} c_2 &= 2y - x \\ c_1 + 2(2y - x) &= y \\ c_1 + \;\; 4y - 2x &= y \\ c_1 &= 2x - 3y \end{aligned}$$

Sie erhalten $c_1 = 2x - 3y$ und $c_2 = 2y - x$. Jeder Vektor kann also als Linearkombination der beiden Vektoren in der Menge dargestellt werden. Angenommen, die Elemente im Zielvektor sind x und y, dann erzeugt die Linearkombination $(2x - 3y)\vec{v}_1 + (2y - x)\vec{v}_2$ diesen Zielvektor.

Es folgt ein Beispiel einer Vektormenge, die $\mathbb{R}^3$ aufspannt:

$$\left\{\begin{pmatrix}1\\0\\0\end{pmatrix}, \begin{pmatrix}0\\1\\1\end{pmatrix}, \begin{pmatrix}1\\0\\1\end{pmatrix}\right\}$$

Wenn Sie die entsprechende Linearkombination schreiben und nach den Skalarvielfachen auflösen, erhalten Sie $c_1 = x + y - z$, $c_2 = y$ und $c_3 = z - y$.

Für jeden Vektor in $\mathbb{R}^3$ gilt also

$$c_1\vec{v}_1 + c_2\vec{v}_2 + c_3\vec{v}_3 \begin{pmatrix}x\\y\\z\end{pmatrix}$$

$$(x + y - z)\begin{pmatrix}1\\0\\0\end{pmatrix} + y\begin{pmatrix}0\\1\\1\end{pmatrix} + (z - y)\begin{pmatrix}1\\0\\1\end{pmatrix} = \begin{pmatrix}x\\y\\z\end{pmatrix}$$

Mengen erkennen, die nichts aufspannen

Die Vektormenge

$$\left\{\begin{pmatrix}2\\3\end{pmatrix}, \begin{pmatrix}4\\6\end{pmatrix}\right\}$$

spannt $\mathbb{R}^2$ nicht auf. Dass diese Menge nichts aufspannt, erscheint Ihnen vielleicht offensichtlich, weil einer der Vektoren ein Vielfaches des anderen ist. Jede Linearkombination, die mit den Vektoren dieser Menge geschrieben wird, hat nur den Nullvektor als Lösung. Linearkombinationen der Vektoren erzeugen nur Vielfache des ersten Vektors, die Menge kann also $\mathbb{R}^2$ nicht aufspannen.

Betrachten wir jetzt die Vektormenge in $\mathbb{R}^3$ mit $\vec{v}_1$ und $\vec{v}_2$ als

$$\left\{\begin{pmatrix}1\\1\\3\end{pmatrix},\begin{pmatrix}0\\2\\1\end{pmatrix}\right\}$$

Die entsprechende Linearkombination und das Gleichungssystem lauten

$$c_1\begin{pmatrix}1\\1\\3\end{pmatrix}+c_2\begin{pmatrix}0\\2\\1\end{pmatrix}=\begin{pmatrix}x\\y\\z\end{pmatrix}$$

$$\begin{cases}c_1 & = x\\ c_1+2c_2 = y\\ 3c_1+c_2 = z\end{cases}$$

Wenn Sie –1 mal die erste Gleichung zur zweiten Gleichung addieren und –3 mal die erste Gleichung zur dritten Gleichung, erhalten Sie

$$\begin{cases}c_1 \quad = \quad x\\ \quad 2c_2 = y-x\\ \quad\; c_2 = z-3x\end{cases}$$

Die zweite Gleichung besagt, dass $c_2 = \frac{1}{2}(y - x)$, die dritte Gleichung, dass $c_2 = z - 3x$. Das heißt, dass die beiden Gleichungen für die meisten Werte zu Widersprüchen führen, bzw. mit Ausnahme einiger ausgewählter Vektoren nicht funktionieren.

Die Matrixgleichung Ax = b

6

In diesem Kapitel...

- Matrixmultiplikation auf unterschiedliche Arten nutzen
- Das Produkt einer Matrix und eines Vektors definieren
- Die Matrix-Vektor-Gleichung lösen, falls möglich
- Formeln für mehrere Lösungen formulieren

Die Matrix-Vektor-Gleichung $A\vec{x} = \vec{b}$ beinhaltet Eigenschaften und Techniken der Matrixarithmetik sowie der Gleichungssysteme aus der Algebra. Der Term $A\vec{x}$ bedeutet, dass die Matrix A und der Vektor $\vec{x}$ miteinander multipliziert werden. Um das Ganze zu vereinfachen, hat sich für die Darstellung der Multiplikation eingebürgert, die Symbole einfach ohne Stern (*) nebeneinander zu schreiben.

In Kapitel 3 finden Sie alle möglichen Informationen über Matrizen – angefangen von ihren Eigenschaften bis hin zu ihren Operationen. In Kapitel 4 finden Sie Gleichungssysteme und einiges darüber, wie Sie einige der Matrixeigenschaften für ihre Lösungen nutzen können. Und hier in Kapitel 6 tauchen wieder die Vektoren auf, um die es in Kapitel 3 schon ging. Dabei lernen Sie einige der besonderen Eigenschaften von Vektoren kennen – Eigenschaften, derentwegen sie sich so gut dafür eignen, die Gleichung und ihr entsprechendes System zu lösen.

Im Zusammenspiel mit den Gleichungssystemen nimmt die Matrixgleichung $A\vec{x} = \vec{b}$ gewissermaßen ein Eigenleben an, so dass sich in diesem Kapitel alles zu einer einzigen glücklichen und (normalerweise) fest zusammenhaltenden Familie aus Gleichungen und Lösungen vereinigt. Sie finden Techniken, um die Lösungen zu bestimmen (falls diese existieren), und Sie erfahren, wie unendliche Lösungsmengen in zweckmäßiger Symbolschreibweise dargestellt werden. Indem Sie die gemeinsamen Eigenschaften verschiedener Lösungen der Gleichung $A\vec{x} = \vec{b}$ ermitteln, lernen Sie zudem, wie Sie eine ansonsten komplizierte und unübersichtliche Aufgabe bequem handhaben können.

Matrix-Vektor-Produkte

Für Matrizen gibt es zwei völlig unterschiedliche Arten von Produkten. Wenn Sie vorhaben, Matrizen zu multiplizieren, müssen Sie zuerst überlegen, warum Sie sie multiplizieren wollen, und dann entscheiden, wie Sie das tun.

Die einfachste Multiplikation mit Matrizen ist die Skalarmultiplikation, wobei jedes Element in der Matrix mit demselben Faktor multipliziert wird. So einfach die Skalarmultiplikation scheinen mag – sie spielt dennoch eine wichtige Rolle bei der Lösung von Matrixgleichungen und Gleichungen mit Produkten von Matrizen und Vektoren.

Der zweite Multiplikationstyp mit Matrizen ist der kompliziertere. Sie können zwei Matrizen nur dann miteinander multiplizieren, wenn sie die korrekten Matrixdimensionen haben und die korrekte Multiplikationsreihenfolge eingehalten wird.

In Kapitel 3 geht es detailliert um die Matrixmultiplikation. Lesen Sie also dort nach, wenn Sie nicht ganz sattelfest in dem Thema sind.

In diesem Kapitel konzentriere ich mich darauf, eine Matrix mit einem Vektor (einer $n \times 1$-Matrix) zu multiplizieren. Aufgrund der speziellen Eigenschaften einer Matrix-Vektor-Multiplikation kann ich Ihnen eine schnelle und einfache Methode zeigen, das Produkt zu bestimmen.

Mit Matrixprodukten eine Verknüpfung herstellen

In Kapitel 3 finden Sie Techniken, um zwei Matrizen zu multiplizieren. Wenn Sie eine $m \times n$-Matrix mit einer $n \times p$-Matrix multiplizieren, erhalten Sie als Ergebnis eine $m \times p$-Matrix. Falls Ihnen diese Aussage nicht klar ist, lesen Sie dazu zum Thema Multiplikation von Matrizen in Kapitel 3 nach.

Ein Blick zurück auf die Matrixmultiplikation

Wenn Sie die Matrix A mit dem Vektor $\vec{x}$ multiplizieren, gilt weiterhin dieselbe Multiplikationsregel: Die Anzahl der Spalten in Matrix A muss mit der Anzahl der Zeilen im Vektor $\vec{x}$ übereinstimmen. Und weil ein Vektor immer eine $n \times 1$-Matrix ist, erhalten Sie immer einen Vektor als Ergebnis, wenn Sie eine Matrix mit einem Vektor multiplizieren.

Das Produkt $A\vec{x}$ einer $m \times n$-Matrix und eines $n \times 1$-Vektors ist ein $m \times 1$-Vektor. Betrachten Sie beispielsweise die Matrix B und den Vektor $\vec{z}$, wie nachfolgend gezeigt:

$$B = \begin{pmatrix} 2 & 3 & 1 & 0 \\ -1 & 4 & 1 & -3 \end{pmatrix} \text{ und } \vec{z} = \begin{pmatrix} 1 \\ -3 \\ 2 \\ 2 \end{pmatrix}$$

Das Produkt der 2×4-Matrix B und des 4×1-Vektors $\vec{z}$ ist ein 2×1-Vektor.

$$\mathbf{Bz} = \begin{pmatrix} 2 & 3 & 1 & 0 \\ -1 & 4 & 1 & -3 \end{pmatrix} * \begin{pmatrix} 1 \\ -3 \\ 2 \\ 2 \end{pmatrix} = \begin{pmatrix} 2 \cdot 1 + 3(-3) + 1 \cdot 2 + 0 \cdot 2 \\ -1 \cdot 1 + 4(-3) + 1 \cdot 2 + (-3) \cdot 2 \end{pmatrix} = \begin{pmatrix} -5 \\ -17 \end{pmatrix}$$

Systeme genauer betrachten

Aus der Multiplikation einer Matrix mit einem Vektor entsteht immer ein Vektor. Die Matrixmultiplikation lässt sich eigentlich schneller und einfacher ausführen, wenn man die

Multiplikationsaufgabe als Summe der Skalarmultiplikationen schreibt – letztlich also als eine Linearkombination.

Wenn A eine $m \times n$-Matrix ist, deren Spalten als $\vec{a}_1, \vec{a}_2, \ldots, \vec{a}_n$ bezeichnet sind, und der Vektor $\vec{x}$ n Zeilen hat, dann ist die Multiplikation $A\vec{x}$ äquivalent dazu, jeden der Einträge in Vektor $\vec{x}$ mit einer der Spalten in Matrix A zu multiplizieren:

$$A\vec{x} = \begin{pmatrix} \vec{a}_1 & \vec{a}_2 & \vec{a}_3 & \vec{a}_n \end{pmatrix} * \begin{pmatrix} x_1 \\ x_2 \\ x_3 \\ \vdots \\ x_n \end{pmatrix}$$

$$= x_1\vec{a}_1 + x_2\vec{a}_2 + x_3\vec{a}_3 + \ldots + x_n\vec{a}_n$$

$$= x_1 \begin{pmatrix} a_{11} \\ a_{21} \\ a_{31} \\ \vdots \\ a_{m1} \end{pmatrix} + x_2 \begin{pmatrix} a_{12} \\ a_{22} \\ a_{32} \\ \vdots \\ a_{m2} \end{pmatrix} + x_3 \begin{pmatrix} a_{13} \\ a_{23} \\ a_{33} \\ \vdots \\ a_{m3} \end{pmatrix} + \ldots + x_n \begin{pmatrix} a_{1n} \\ a_{2n} \\ a_{3n} \\ \vdots \\ a_{mn} \end{pmatrix}$$

Wenn wir jetzt die zuvor gestellte Multiplikationsaufgabe erneut betrachten und das neue Verfahren anwenden, indem wir $B\vec{z}$ durch die Multiplikation der Spalten von B mit den Zeilen von $\vec{z}$ berechnen, erhalten wir:

$$B\vec{z} = \begin{pmatrix} 2 & 3 & 1 & 0 \\ -1 & 4 & 1 & -3 \end{pmatrix} * \begin{pmatrix} 1 \\ -3 \\ 2 \\ 2 \end{pmatrix} = 1\begin{pmatrix} 2 \\ -1 \end{pmatrix} - 3\begin{pmatrix} 3 \\ 4 \end{pmatrix} + 2\begin{pmatrix} 1 \\ 1 \end{pmatrix} + 2\begin{pmatrix} 0 \\ -3 \end{pmatrix}$$

$$= \begin{pmatrix} 2 \\ -1 \end{pmatrix} + \begin{pmatrix} -9 \\ -12 \end{pmatrix} + \begin{pmatrix} 2 \\ 2 \end{pmatrix} + \begin{pmatrix} 0 \\ -6 \end{pmatrix} = \begin{pmatrix} -5 \\ -17 \end{pmatrix}$$

Die folgenden Eigenschaften gelten für Produkte aus Matrizen und Vektoren. Wenn A eine $m \times n$-Matrix ist, $\vec{u}$ und $\vec{v}$ $n \times 1$-Vektoren, und c ein Skalar ist, dann gilt:

- ✔ $cA = Ac$ und $A(c\vec{u}) = c(A\vec{u})$. Dies ist die Kommutativeigenschaft der Skalarmultiplikation.
- ✔ $A(\vec{u} + \vec{v}) = A\vec{u} + A\vec{v}$ und $c(\vec{u} + \vec{v}) = c\vec{u} + c\vec{v}$. Dies ist die Distributiveigenschaft der Skalarmultiplikation.

Gleichungssysteme und die Matrixgleichung in Verbindung bringen

Betrachten Sie die Matrix A mit der Dimension $m \times n$, deren Spalten $\vec{a}_1, \vec{a}_2, \ldots, \vec{a}_n$ sind, und einen Vektor $\vec{x}$ mit n Zeilen. Jetzt bringen Sie noch einen weiteren Vektor $\vec{b}$ ins Spiel, der m Zeilen hat. Die Multiplikation $A\vec{x}$ erzeugt eine $m \times 1$-Matrix. Außerdem hat die Gleichung $A\vec{x} = \vec{b}$ dieselbe Lösungsmenge wie die erweiterte Matrix $[\vec{a}_1\vec{a}_2\vec{a}_3\ldots\ \vec{a}_n\vec{b}]$.

Die Matrixgleichung wird geschrieben mit A als Matrix aus Spalten $\vec{a}_i$, und dann mit den Einträgen in Vektor $\vec{x}$, die die Spalten von A multiplizieren. Beim Ausmultiplizieren erhalten Sie die Ergebnisse der Skalarmultiplikation.

$$A\vec{x} = \vec{b}$$

$$\begin{pmatrix} \vec{a}_1 & \vec{a}_2 & \vec{a}_3 & \ldots & \vec{a}_n \end{pmatrix} * \begin{pmatrix} x_1 \\ x_2 \\ x_3 \\ \vdots \\ x_n \end{pmatrix} = \begin{pmatrix} b_1 \\ b_2 \\ b_3 \\ \vdots \\ b_m \end{pmatrix}$$

$$x_1 \begin{pmatrix} a_{11} \\ a_{21} \\ a_{31} \\ \vdots \\ a_{m1} \end{pmatrix} + x_2 \begin{pmatrix} a_{12} \\ a_{22} \\ a_{32} \\ \vdots \\ a_{m2} \end{pmatrix} + x_3 \begin{pmatrix} a_{13} \\ a_{23} \\ a_{33} \\ \vdots \\ a_{m3} \end{pmatrix} + \ldots + x_n \begin{pmatrix} a_{1n} \\ a_{2n} \\ a_{3n} \\ \vdots \\ a_{mn} \end{pmatrix} = \begin{pmatrix} b_1 \\ b_2 \\ b_3 \\ \vdots \\ b_m \end{pmatrix}$$

$$\begin{pmatrix} a_{11}x_1 + & a_{12}x_2 + & a_{13}x_3 + & \cdots & +a_{1n}x_n \\ a_{21}x_1 + & a_{22}x_2 + & a_{23}x_3 + & \cdots & +a_{2n}x_n \\ a_{31}x_1 + & a_{22}x_2 + & a_{33}x_3 + & \cdots & +a_{3n}x_n \\ \vdots & \vdots & \vdots & \ddots & \vdots \\ a_{m1}x_1 + & a_{22}x_2 + & a_{m3}x_3 + & \cdots & +a_{mn}x_n \end{pmatrix} = \begin{pmatrix} b_1 \\ b_2 \\ b_3 \\ \vdots \\ b_m \end{pmatrix}$$

Die entsprechende erweiterte Matrix wird verwendet, um das durch Gleichung $A\vec{x} = \vec{b}$ dargestellte Gleichungssystem zu lösen:

$$\left(\begin{array}{ccccc|c} a_{11} & a_{12} & a_{13} & \cdots & a_{1n} & b_1 \\ a_{21} & a_{22} & a_{23} & \cdots & a_{2n} & b_2 \\ a_{31} & a_{23} & a_{33} & \cdots & a_{3n} & b_3 \\ \vdots & \vdots & \vdots & \ddots & \vdots & \vdots \\ a_{m1} & a_{m2} & a_{m3} & \cdots & a_{mn} & b_m \end{array}\right)$$

Ich verwende die erweiterte Matrix, wie in Kapitel 4 gezeigt. Weitere Informationen darüber, wie erweiterte Matrizen zur Lösung von Gleichungssystemen eingesetzt werden, finden Sie dort.

Jetzt versuchen wir einmal, die folgende Gleichung $A\vec{x} = \vec{b}$ mit Hilfe einer erweiterten Matrix zu lösen:

$$A = \begin{pmatrix} -1 & 4 & 2 \\ 3 & 0 & -2 \\ 5 & 4 & 3 \end{pmatrix}, \vec{x} = \begin{pmatrix} x_1 \\ x_2 \\ x_3 \end{pmatrix}, \vec{b} = \begin{pmatrix} -30 \\ 90 \\ 45 \end{pmatrix}$$

Jetzt schreiben wir die erweiterte Matrix:

$$A\vec{x} = \vec{b}$$

$$\begin{pmatrix} -1 & 4 & 2 \\ 3 & 0 & -2 \\ 5 & 4 & 3 \end{pmatrix} * \begin{pmatrix} x_1 \\ x_2 \\ x_3 \end{pmatrix} = \begin{pmatrix} -30 \\ 90 \\ 45 \end{pmatrix}$$

$$\left(\begin{array}{ccc|c} -1 & 4 & 2 & -30 \\ 3 & 0 & -2 & 90 \\ 5 & 4 & 3 & 45 \end{array}\right)$$

Wenn die erweiterte Matrix zeilenreduziert wird, sind die Werte von x_1, x_2 und x_3 gleich 16, 7 und –21. Wie ich zu diesen Zahlen komme, zeige ich Ihnen im Abschnitt »Eine einzelne Lösung herausfinden« später in diesem Kapitel.

Und so sieht die Lösung für die Gleichung $A\vec{x} = \vec{b}$ aus, wenn die Elemente des Vektors $\vec{x}$ eingetragen sind.

$$\begin{pmatrix} -1 & 4 & 2 \\ 3 & 0 & -2 \\ 5 & 4 & 3 \end{pmatrix} * \begin{pmatrix} 16 \\ 7 \\ -21 \end{pmatrix} = \begin{pmatrix} -30 \\ 90 \\ 45 \end{pmatrix}$$

Die Existenz einer oder mehrere Lösungen bestätigen

Haben Sie je nach etwas gesucht und wussten, dass es ganz in der Nähe ist, konnten es aber nicht finden? Sie wissen, *dass* es da ist, können aber nicht einmal beweisen, dass es überhaupt existiert. Falls es sich bei diesem etwas um Ihren Schlüsselbund, einen Bleistift oder einen Ohrring handelt, kann ich auch nichts machen, aber ich kann Ihnen helfen, die Lösung einer Matrix-Vektor-Gleichung zu finden (oder definitiv sagen, dass sie nicht existiert)!

Die Gleichung $A\vec{x} = \vec{b}$ hat nur dann eine Lösung, wenn $\vec{b}$ eine Linearkombination der Spalten der Matrix A ist. Das ist die spezielle Matrix-Vektor-Multiplikation, die ich Ihnen weiter oben im Abschnitt »Gleichungssysteme und die Matrixgleichung in Verbindung bringen« erklärt habe. Außerdem liegt $\vec{b}$ in der *linearen Hülle (Span)* von A, wenn es eine Lösung für $A\vec{x} = \vec{b}$ gibt. (Sie erinnern sich nicht an die lineare Hülle einer Vektormenge? Schlagen Sie in Kapitel 5 nach!)

Eine einzelne Lösung herausfinden

Die Gleichung $A\vec{x} = \vec{b}$ hat eine einzige Lösung, wenn nur ein einziger Vektor, $\vec{x}$, die Gleichung zu einer wahren Aussage macht. Um festzustellen, ob es eine Lösung gibt, verwenden Sie die Methode des Probierens und Bestätigens, indem Sie eine erweiterte Matrix erstellen, die den Spalten von A und dem Vektor $\vec{b}$ entspricht, und dann Zeilenoperationen durchführen. Für die Matrix A und den Vektor $\vec{b}$ beispielsweise bestimme ich den Vektor $\vec{x}$, der die Gleichung löst folgendermaßen:

$$A = \begin{pmatrix} 1 & -2 & 2 & 1 \\ 1 & -1 & 5 & 0 \\ 2 & -2 & 11 & 2 \\ 0 & 2 & 8 & 1 \end{pmatrix} \text{ und } \vec{b} = \begin{pmatrix} 2 \\ 10 \\ 20 \\ 17 \end{pmatrix}$$

Sie sehen, dass die Dimension von Matrix A gleich 4×4 ist, und die Dimension von Vektor $\vec{b}$ gleich 4×1. Wenn Sie die Matrixmultiplikation formulieren, wissen Sie, dass die Dimension von Vektor $\vec{x}$ 4×1 sein muss, wenn das Produkt aus A und dem Vektor $\vec{x}$ ein 4×1-Vektor sein soll. (Weitere Informationen über die Multiplikation und Dimensionen finden Sie in Kapitel 3.)

Die Matrixgleichung für $A\vec{x} = \vec{b}$ lautet also:

$$\begin{pmatrix} 1 & -2 & 2 & 1 \\ 1 & -1 & 5 & 0 \\ 2 & -2 & 11 & 2 \\ 0 & 2 & 8 & 1 \end{pmatrix} * \begin{pmatrix} x_1 \\ x_2 \\ x_3 \\ x_4 \end{pmatrix} = \begin{pmatrix} 2 \\ 10 \\ 20 \\ 17 \end{pmatrix}$$

Die erweiterte Matrix sieht wie folgt aus:

$$\left(\begin{array}{cccc|c} 1 & -2 & 2 & 1 & 2 \\ 1 & -1 & 5 & 0 & 10 \\ 2 & -2 & 11 & 2 & 20 \\ 0 & 2 & 8 & 1 & 17 \end{array}\right)$$

Jetzt führen wir Zeilenoperationen durch und führen die Matrix in die reduzierte Stufenform über, so dass wir die Lösung bestimmen können – das, wofür jedes x_i steht.

1. **Multiplizieren Sie Zeile 1 mit –1 und addieren Sie sie zu Zeile 2. Anschließend multiplizieren Sie Zeile 1 mit –2 und addieren sie zu Zeile 3.**

   Sieht dieses $-1Z_1 + Z_2$ nach einem Geheimcode aus? Nein, es ist gar kein Geheimnis. Sie finden die Erklärung in Kapitel 4.

$$\left(\begin{array}{cccc|c} 1 & -2 & 2 & 1 & 2 \\ 1 & -1 & 5 & 0 & 10 \\ 2 & -2 & 11 & 2 & 20 \\ 0 & 2 & 8 & 1 & 17 \end{array}\right) \begin{array}{c} \\ -1Z_1 + Z_2 \to Z_2 \\ -2Z_1 + Z_3 \to Z_3 \\ \\ \end{array} \left(\begin{array}{cccc|c} 1 & -2 & 2 & 1 & 2 \\ 0 & 1 & 3 & -1 & 8 \\ 0 & 2 & 7 & 0 & 16 \\ 0 & 2 & 8 & 1 & 17 \end{array}\right)$$

2. **Multiplizieren Sie Zeile 2 mit 2 und addieren Sie sie zu Zeile 1. Multiplizieren Sie Zeile 2 mit –2 und addieren Sie sie zu Zeile 3. Und schließlich multiplizieren Sie Zeile 2 mit –2 und addieren sie zu Zeile 4.**

$$\left(\begin{array}{cccc|c} 1 & -2 & 2 & 1 & 2 \\ 0 & 1 & 3 & -1 & 8 \\ 0 & 2 & 7 & 0 & 16 \\ 0 & 2 & 8 & 1 & 17 \end{array}\right) \begin{array}{l} 2Z_2 + Z_1 \rightarrow Z_1 \\ \\ -2Z_2 + Z_3 \rightarrow Z_3 \\ -2Z_2 + Z_4 \rightarrow Z_4 \end{array} \left(\begin{array}{cccc|c} 1 & 0 & 8 & -1 & 18 \\ 0 & 1 & 3 & -1 & 8 \\ 0 & 0 & 1 & 2 & 0 \\ 0 & 0 & 2 & 3 & 1 \end{array}\right)$$

3. **Multiplizieren Sie Zeile 3 mit –8 und addieren Sie sie zu Zeile 1. Multiplizieren Sie Zeile 3 mit –3 und addieren Sie sie zu Zeile 2. Schließlich multiplizieren Sie Zeile 3 mit –2 und addieren sie zu Zeile 4.**

$$\left(\begin{array}{cccc|c} 1 & 0 & 8 & -1 & 18 \\ 0 & 1 & 3 & -1 & 8 \\ 0 & 0 & 1 & 2 & 0 \\ 0 & 0 & 2 & 3 & 1 \end{array}\right) \begin{array}{l} -8Z_3 + Z_1 \rightarrow Z_1 \\ -3Z_3 + Z_2 \rightarrow Z_2 \\ \\ -2Z_3 + Z_4 \rightarrow Z_4 \end{array} \left(\begin{array}{cccc|c} 1 & 0 & 0 & -17 & 18 \\ 0 & 1 & 0 & -7 & 8 \\ 0 & 0 & 1 & 2 & 0 \\ 0 & 0 & 0 & -1 & 1 \end{array}\right)$$

4. **Multiplizieren Sie Zeile 4 mit –1. Multiplizieren Sie die neue Zeile 4 mit 17 und addieren Sie sie zu Zeile 1. Multiplizieren Sie Zeile 4 mit 7 und addieren Sie sie zu Zeile 2. Multiplizieren Sie Zeile 4 mit –2 und addieren Sie sie zu Zeile 3.**

$$\left(\begin{array}{cccc|c} 1 & 0 & 0 & -17 & 18 \\ 0 & 1 & 0 & -7 & 8 \\ 0 & 0 & 1 & 2 & 0 \\ 0 & 0 & 0 & -1 & 1 \end{array}\right) \begin{array}{l} \\ \\ \\ -1Z_4 \rightarrow Z_4 \end{array} \left(\begin{array}{cccc|c} 1 & 0 & 0 & -17 & 18 \\ 0 & 1 & 0 & -7 & 8 \\ 0 & 0 & 1 & 2 & 0 \\ 0 & 0 & 0 & 1 & -1 \end{array}\right)$$

$$\begin{array}{r} 17Z_4 + Z_1 \rightarrow Z_1 \\ 7Z_4 + Z_2 \rightarrow Z_2 \\ -2Z_4 + Z_3 \rightarrow Z_3 \\ \\ \end{array} \left(\begin{array}{cccc|c} 1 & 0 & 0 & 0 & 1 \\ 0 & 1 & 0 & 0 & 1 \\ 0 & 0 & 1 & 0 & 2 \\ 0 & 0 & 0 & 1 & -1 \end{array}\right)$$

Die Zahlen in der letzten Spalte entsprechen der einzigen Lösung für den Vektor $\vec{x}$. Im Vektor $\vec{x}$ befinden sich die Elemente $x_1 = 1$, $x_2 = 1$, $x_3 = 2$, $x_4 = -1$. Die Gleichung $A\vec{x} = \vec{b}$ hat diese eine – und nur diese eine – Lösung.

Den Weg für mehrere Lösungen bereiten

Viele Matrix-Vektor-Gleichungen haben mehrere Lösungen. Wenn Sie die Lösungen bestimmen, könnten Sie versuchen, alle möglichen Lösungen aufzulisten, oder einfach eine Regel angeben, mit der schnell einige der Elemente aus der Lösungsmenge ermittelt werden können. Bei der praktischen Anwendung der Matrix-Vektor-Gleichung liegen häufig bestimmte *Beschränkungen* vor, die den Umfang der Zahlen begrenzen, die Sie für eine Lösung heranziehen können. Wenn Ihre Anwendung beispielsweise mit der Länge eines Gebäudes zu tun hat, dann werden Sie sehr wahrscheinlich keine Lösungen zulassen, bei denen die Länge eine negative Zahl wäre.

Nach den Lösungen eines bestimmten Vektors auflösen

Wenn der Vektor $\vec{b}$ bestimmte numerische Werte hat, wissen Sie nicht immer im Voraus, ob es eine Lösung, keine Lösung oder viele Lösungen gibt. Sie verwenden dann die erweiterte Matrix und reduzieren sie auf Stufenform.

Betrachten Sie beispielsweise Matrix A und Vektor $\vec{b}$ in der Gleichung $A\vec{x} = \vec{b}$.

$$A = \begin{pmatrix} 1 & 3 & 1 \\ 3 & -2 & -8 \\ 4 & 5 & -3 \end{pmatrix}, \vec{b} = \begin{pmatrix} 6 \\ 7 \\ 17 \end{pmatrix}$$

Die zugehörige erweiterte Matrix sieht wie folgt aus:

$$\left(\begin{array}{ccc|c} 1 & 3 & 1 & 6 \\ 3 & -2 & -8 & 7 \\ 4 & 5 & -3 & 17 \end{array}\right)$$

Jetzt führen Sie für die Zeilenreduktion die folgenden Schritte durch:

1. **Multiplizieren Sie Zeile 1 mit –3 und addieren Sie sie zu Zeile 2. Multiplizieren Sie Zeile 1 mit –4 und addieren Sie sie zu Zeile 3.**

$$\left(\begin{array}{ccc|c} 1 & 3 & 1 & 6 \\ 3 & -2 & -8 & 7 \\ 4 & 5 & -3 & 17 \end{array}\right) \begin{array}{l} \\ -3Z_1 + Z_2 \rightarrow Z_2 \\ -4Z_1 + Z_3 \rightarrow Z_3 \end{array} \left(\begin{array}{ccc|c} 1 & 3 & 1 & 6 \\ 0 & -11 & -11 & -11 \\ 0 & -7 & -7 & -7 \end{array}\right)$$

2. **Dividieren Sie Zeile 2 durch –11 und dividieren Sie Zeile 3 durch –7.**

$$\begin{array}{l} \\ -\frac{1}{11}Z_2 \rightarrow Z_2 \\ -\frac{1}{7}Z_3 \rightarrow Z_3 \end{array} \left(\begin{array}{ccc|c} 1 & 3 & 1 & 6 \\ 0 & 1 & 1 & 1 \\ 0 & 1 & 1 & 1 \end{array}\right)$$

3. **Multiplizieren Sie Zeile 2 mit –1 und addieren Sie sie zu Zeile 3.**

$$\left(\begin{array}{ccc|c} 1 & 3 & 1 & 6 \\ 0 & 1 & 1 & 1 \\ 0 & 1 & 1 & 1 \end{array}\right) \begin{array}{l} \\ \\ -1Z_2 + Z_3 \rightarrow Z_3 \end{array} \left(\begin{array}{ccc|c} 1 & 3 & 1 & 6 \\ 0 & 1 & 1 & 1 \\ 0 & 0 & 0 & 0 \end{array}\right)$$

Die letzte Zeile in der erweiterten Matrix enthält lauter Nullen. Eine Zeile mit lauter Nullen bedeutet, dass es mehrere Lösungen für die Gleichung gibt.

4. **Gehen Sie von der reduzierten Form der Matrix aus zurück zu einer Form des Gleichungssystems, bei dem die reduzierte Matrix mit Vektor $\vec{x}$ multipliziert wird, und das Produkt gleich der letzten Spalte gesetzt ist.**

$$\begin{pmatrix} 1 & 3 & 1 \\ 0 & 1 & 1 \\ 0 & 0 & 0 \end{pmatrix} * \begin{pmatrix} x_1 \\ x_2 \\ x_3 \end{pmatrix} = \begin{pmatrix} 6 \\ 1 \\ 0 \end{pmatrix}$$

Carl Friedrich Gauß

Einer der produktivsten Mathematiker aller Zeiten war der deutsche Mathematiker Carl Friedrich Gauß. Gauß lebte von 1777 bis 1855. Er leistete nicht nur Beiträge zur Mathematik, sondern auch in den Bereichen Astronomie, Elektrostatik und Optik. Gauß war ein Wunderkind – zur Freude seiner Eltern und häufig zum Kummer seiner Lehrer. Es gibt zahlreiche Legenden um die Altklugheit von Gauß.

Eine der bekanntesten Geschichten aus seiner Kindheit hat mit einem müden, gequälten Lehrer zu tun, der einfach ein paar Minuten Ruhe und Frieden wollte. Der Lehrer gab der Klasse von Gauß die Aufgabe, die Summe der Zahlen von 1 bis 100 zu ermitteln, und dachte, dass selbst das gescheiteste Kind dafür mindestens eine halbe Stunde brauchen würde. Zum Leidwesen des Lehrers kam der kleine Carl Friedrich innerhalb weniger Minuten mit der Antwort zu ihm. Gauß hatte die Lösung und dazu die Grundlagen der Formel für die Bestimmung der Summe aus n ganzen Zahlen entwickelt.

Der Vater von Gauß wollte, dass Carl Friedrich Steinmetz würde und unterstützte die höhere Schulbildung von Gauß überhaupt nicht. Mit Hilfe seiner Mutter und eines Freundes der Familie konnte Gauß jedoch die Universität besuchen.

Gauß wird die Entwicklung der so genannten *Gaußschen Eliminierung* zugeordnet, einer Methode oder einem Verfahren für die Anwendung elementarer Zeilenoperationen auf erweiterte Matrizen, um Gleichungssysteme zu lösen.

Nach dem Tod von Gauß wurde sein Gehirn konserviert und untersucht. Man stellte fest, dass es 1492 Gramm wog (ein durchschnittliches männliches Gehirn wiegt zwischen 1300 und 1400 Gramm) und der Zerebralbereich 219588 Quadratmillimeter maß (im Vergleich zu 150000 Quadratmillimetern bei einem Durchschnittsmann). Das Gehirn wies außerdem hoch entwickelte Windungen auf. All diese Messungen bestätigten angeblich das Genie von Gauß.

5. Führen Sie die Matrixmultiplikation durch und schreiben Sie das entsprechende Gleichungssystem auf.

$$\begin{cases} x_1 + 3x_2 + x_3 = 6 \\ \quad\;\; x_2 + x_3 = 1 \\ \qquad\quad\;\; 0 = 0 \end{cases}$$

6. Lösen Sie die zweite Gleichung nach x_2 auf. Sie erhalten $x_2 = 1 - x_3$. Ersetzen Sie das x_3 durch den Parameter k. Damit haben Sie $x_2 = 1 - k$. Jetzt lösen Sie in der ersten Gleichung nach x_1 auf und setzen x_2 und x_3 ein.

$$\begin{aligned} x_1 + 3x_2 + x_3 &= 6 \\ x_1 + 3(1-k) + k &= 6 \\ x_1 + 3 - 3k + k &= 6 \\ x_1 &= 3 + 2k \end{aligned}$$

Der Vektor $\vec{b}$ wird jetzt wie folgt dargestellt:

$$\vec{b} = \begin{pmatrix} 3+2k \\ 1-k \\ k \end{pmatrix}$$

Dabei ist k eine beliebige reelle Zahl.

Sei beispielsweise $k = 2$, dann haben Sie:

$$\vec{b} = \begin{pmatrix} 3+2\cdot 2 \\ 1-2 \\ 2 \end{pmatrix} = \begin{pmatrix} 7 \\ -1 \\ 2 \end{pmatrix}$$

Allgemeiner werden für unendliche Lösungen

Bei bestimmten Einträgen im Vektor $\vec{b}$ der Matrix-Vektor-Gleichung $A\vec{x} = \vec{b}$, gibt es möglicherweise mehr als eine Lösung. Was ich Ihnen im Folgenden zeige ist jedoch eine Situation, in der die Matrix A bestimmte Einträge hat, und der Vektor $\vec{b}$ variabel ist. Je nachdem, welche zufälligen Zahlen Sie einsetzen verändert sich der Vektor $\vec{b}$. Den Zahlen, die Sie als Einträge von $\vec{b}$ ausgewählt haben, entsprechen dann die jeweiligen Lösungen in Vektor $\vec{x}$.

Betrachten Sie beispielsweise Matrix A und einen zufälligen Vektor $\vec{b}$.

$$A = \begin{pmatrix} -1 & 4 & 2 \\ 3 & 0 & -2 \\ 5 & 4 & 3 \end{pmatrix} \text{ und } \vec{b} = \begin{pmatrix} b_1 \\ b_2 \\ b_3 \end{pmatrix}$$

Die erweiterte Matrix für $A\vec{x} = \vec{b}$ sieht wie folgt aus:

$$\left(\begin{array}{ccc|c} -1 & 4 & 2 & b_1 \\ 3 & 0 & -2 & b_2 \\ 5 & 4 & 3 & b_3 \end{array}\right)$$

Jetzt führen wir wie folgt Zeilenoperationen durch, um eine Stufenform zu erhalten:

1. **Multiplizieren Sie Zeile 1 mit –1. Multiplizieren Sie Zeile 1 mit –3 und addieren Sie sie zu Zeile 2. Multiplizieren Sie Zeile 1 mit –5 und addieren Sie sie zu Zeile 3.**

$$\left(\begin{array}{ccc|c} -1 & 4 & 2 & b_1 \\ 3 & 0 & -2 & b_2 \\ 5 & 4 & 3 & b_3 \end{array}\right) \begin{array}{c} -1Z_1 \to Z_1 \\ \\ \\ \end{array} \left(\begin{array}{ccc|c} 1 & -4 & -2 & -b_1 \\ 3 & 0 & -2 & b_2 \\ 5 & 4 & 3 & b_3 \end{array}\right)$$

$$\begin{array}{r} \\ -3Z_1 + Z_2 \to Z_2 \\ -5Z_1 + Z_3 \to Z_3 \end{array} \left(\begin{array}{ccc|c} 1 & -4 & -2 & -b_1 \\ 0 & 12 & 4 & 3b_1 + b_2 \\ 0 & 24 & 13 & 5b_1 + b_3 \end{array}\right)$$

2. Multiplizieren Sie Zeile 2 mit –2 und addieren Sie sie zu Zeile 3.

$$\begin{array}{r} \\ \\ -2Z_2+Z_3\to Z_3 \end{array}\left(\begin{array}{ccc|c} 1 & -4 & -2 & -b_1 \\ 0 & 12 & 4 & 3b_1+b_2 \\ 0 & 0 & 5 & -1b_1-2b_2+b_3 \end{array}\right)$$

3. Dividieren Sie Zeile 2 durch 12 und Zeile 3 durch 5.

$$\begin{array}{r} \\ \frac{1}{12}Z_2\to Z_2 \\ \frac{1}{5}Z_3\to Z_3 \end{array}\left(\begin{array}{ccc|c} 1 & -4 & -2 & -b_1 \\ 0 & 1 & \frac{1}{3} & \frac{1}{4}b_1+\frac{1}{12}b_2 \\ 0 & 0 & 1 & -\frac{1}{5}b_1-\frac{2}{5}b_2+\frac{1}{5}b_3 \end{array}\right)$$

4. Multiplizieren Sie Zeile 2 mit 4 und addieren Sie sie zu Zeile 1.

$$\begin{array}{r} 4Z_2+Z_1\to Z_1 \\ \\ \\ \end{array}\left(\begin{array}{ccc|c} 1 & 0 & -\frac{2}{3} & \frac{1}{3}b_2 \\ 0 & 1 & \frac{1}{3} & \frac{1}{4}b_1+\frac{1}{12}b_2 \\ 0 & 0 & 1 & -\frac{1}{5}b_1-\frac{2}{5}b_2+\frac{1}{5}b_3 \end{array}\right)$$

5. Multiplizieren Sie Zeile 3 mit $^2/_3$ und addieren Sie sie zu Zeile 1. Multiplizieren Sie Zeile 3 mit $-^1/_3$ und addieren Sie sie zu Zeile 2.

$$\begin{array}{r} \frac{2}{3}Z_3+Z_1\to Z_1 \\ -\frac{1}{3}Z_3+Z_2\to Z_2 \\ \\ \end{array}\left(\begin{array}{ccc|c} 1 & 0 & 0 & -\frac{2}{15}b_1+\frac{1}{15}b_2+\frac{2}{15}b_3 \\ 0 & 1 & 0 & \frac{19}{60}b_1+\frac{13}{60}b_2-\frac{1}{15}b_3 \\ 0 & 0 & 1 & -\frac{1}{5}b_1-\frac{2}{5}b_2+\frac{1}{5}b_3 \end{array}\right)$$

Die Lösung für Vektor $\vec{x}$ wird ausschließlich durch die Zahlen bestimmt, die Sie für Vektor $\vec{b}$ wählen. Nachdem Sie also Werte für Vektor $\vec{b}$ festgelegt haben, ergibt sich damit auch der Lösungsvektor $\vec{x}$. Sie erhalten für die Elemente von $\vec{x}$:

$$x_1=-\frac{2}{15}b_1+\frac{1}{15}b_2+\frac{2}{15}b_3,\quad x_2=\frac{19}{60}b_1+\frac{13}{60}b_2-\frac{1}{15}b_3,\quad x_3=-\frac{1}{5}b_1-\frac{2}{5}b_2+\frac{1}{5}b_3$$

Um zu zeigen, wie das funktioniert, wähle ich zunächst ein paar bequeme Werte für den Vektor $\vec{b}$. Mit *bequem* meine ich, dass die Werte die Brüche in den Formeln zu ganzen Zahlen machen. Wenn also:

$$\vec{b}=\begin{pmatrix} 120 \\ -60 \\ 75 \end{pmatrix}$$

dann erhalten wir:

$$x_1 = -\frac{2}{15}\cdot 120 + \frac{1}{15}(-60) + \frac{2}{15}\cdot 75 = -16 - 4 + 10 = -10$$
$$x_2 = \frac{19}{60}\cdot 120 + \frac{13}{60}(-60) - \frac{1}{15}\cdot 75 = 38 - 13 - 5 = 20$$
$$x_3 = -\frac{1}{5}\cdot 120 - \frac{2}{5}(-60) + \frac{1}{5}\cdot 75 = -24 + 24 + 15 = 15$$

Die Matrix-Vektor-Gleichung dazu sieht wie folgt aus:

$$A\vec{x} = \vec{b}$$
$$\begin{pmatrix} -1 & 4 & 2 \\ 3 & 0 & -2 \\ 5 & 4 & 3 \end{pmatrix}\begin{pmatrix} -10 \\ 20 \\ 15 \end{pmatrix} = \begin{pmatrix} 120 \\ -60 \\ 75 \end{pmatrix}$$

Die eigentliche Eleganz der Matrix-Vektor-Gleichung liegt jedoch darin, dass für die Elemente in Vektor $\vec{b}$ beliebige reelle Zahlen eingesetzt werden können. Sie könnten auch so »unpraktische« Zahlen wie $b_1 = 1$, $b_2 = 2$ und $b_3 = -3$ wählen und folgendes erhalten:

$$x_1 = -\frac{2}{15}\cdot 1 + \frac{1}{15}\cdot 2 + \frac{2}{15}(-3) = -\frac{2}{15} + \frac{2}{15} - \frac{6}{15} = -\frac{6}{15} = -\frac{2}{5}$$
$$x_2 = \frac{19}{60}\cdot 1 + \frac{13}{60}\cdot 2 - \frac{1}{15}(-3) = \frac{19}{60} + \frac{26}{60} + \frac{3}{15} = \frac{57}{60} = \frac{19}{20}$$
$$x_3 = -\frac{1}{5}\cdot 1 - \frac{2}{5}\cdot 2 + \frac{1}{5}(-3) = -\frac{1}{5} - \frac{4}{5} - \frac{3}{5} = -\frac{8}{5}$$

Damit erhalten Sie die Gleichung:

$$A\vec{x} = \vec{b}$$
$$\begin{pmatrix} -1 & 4 & 2 \\ 3 & 0 & -2 \\ 5 & 4 & 3 \end{pmatrix}\begin{pmatrix} -\frac{2}{5} \\ \frac{19}{20} \\ -\frac{8}{5} \end{pmatrix} = \begin{pmatrix} 1 \\ 2 \\ -3 \end{pmatrix}$$

Na gut, ich nenne dies »unbequem«, weil die Lösungen keine handlichen ganzen Zahlen sind. Sie dürfen gerne anderer Meinung sein.

Mit ein paar Lösungen selektiver werden

Nachdem Sie nun willens und in der Lage sind, flexiblere Einträge in den Vektor $\vec{b}$ vorzunehmen, können Sie eine bestimmte Lösung für die Matrix-Vektor-Gleichung $A\vec{x} = \vec{b}$ erzeugen.

Angenommen, Matrix A und Vektor $\vec{b}$ haben die folgenden Werte:

$$A = \begin{pmatrix} -1 & 2 & 4 \\ 5 & -3 & 3 \\ 3 & 1 & 11 \end{pmatrix} \text{ und } \vec{b} = \begin{pmatrix} b_1 \\ b_2 \\ b_3 \end{pmatrix}$$

Schreiben Sie die erweiterte Matrix und durchlaufen Sie die Zeilenreduktionen:

$$\left(\begin{array}{ccc|c} -1 & 2 & 4 & b_1 \\ 5 & -3 & 3 & b_2 \\ 3 & 1 & 11 & b_{33} \end{array}\right) -1Z_1 \to Z_1 \left(\begin{array}{ccc|c} 1 & -2 & -4 & -b_1 \\ 5 & -3 & 3 & b_2 \\ 3 & 1 & 11 & b_3 \end{array}\right)$$

$$\begin{array}{r} \\ -5Z_1 + Z_2 \to Z_2 \\ -3Z_1 + Z_3 \to Z_3 \end{array} \left(\begin{array}{ccc|c} 1 & -2 & -4 & -b_1 \\ 0 & 7 & 23 & 5b_1 + b_2 \\ 0 & 7 & 23 & 3b_1 + b_3 \end{array}\right)$$

$$\begin{array}{r} \\ \\ -1Z_2 + Z_3 \to Z_3 \end{array} \left(\begin{array}{ccc|c} 1 & -2 & -4 & -b_1 \\ 0 & 7 & 23 & 5b_1 + b_2 \\ 0 & 0 & 0 & -2b_1 - b_2 + b_3 \end{array}\right)$$

Die entsprechende Gleichung für die letzte Zeile der Matrix lautet $0x_1 + 0x_2 + 0x_3 = -2b_1 - b_2 + b_3$. Die Gleichung ist für viele Werte von b_1, b_2 und b_3 gleich 0. Wenn Sie beispielsweise für den Vektor $\vec{b}$ die Werte $b_1 = 1$, $b_2 = -1$ und $b_3 = 1$ wählen, können Sie diese Werte einsetzen und die erweiterte Matrix weiter bearbeiten. Beachten Sie, dass ich zufällige Zahlen gewählt habe, die den Wert von $-2b_1 - b_2 + b_3$ zu 0 machen. Die drei Einträge in der letzten Spalte werden zu $-b_1 = -1$, $5b_1 + b_2 = 5 \cdot 1 + (-1) = 4$ und $-2b_1 - b_2 + b_3 = -2 \cdot 1 - (-1) + 1 = 0$. Unter Verwendung der Zahlen für die letzte Spalte und die ursprüngliche Matrix A kann ich jetzt Zeilenoperationen für die erweiterte Matrix durchführen.

$$\left(\begin{array}{ccc|c} 1 & -2 & -4 & -1 \\ 0 & 7 & 23 & 4 \\ 0 & 0 & 0 & 0 \end{array}\right) \frac{1}{7}Z_2 \to Z_2 \left(\begin{array}{ccc|c} 1 & -2 & -4 & -1 \\ 0 & 1 & \frac{23}{7} & \frac{4}{7} \\ 0 & 0 & 0 & 0 \end{array}\right)$$

$$2Z_2 + Z_1 \to Z_1 \left(\begin{array}{ccc|c} 1 & 0 & \frac{18}{7} & \frac{1}{7} \\ 0 & 1 & \frac{23}{7} & \frac{4}{7} \\ 0 & 0 & 0 & 0 \end{array}\right)$$

Die Gleichungen zu den beiden obersten Zeilen der Matrix lauten $x_1 + \frac{18}{7}x_3 = \frac{1}{7}$ und $x_2 + \frac{23}{7}x_3 = \frac{4}{7}$. Wenn Sie k als Parameter wählen, der x_3 ersetzt, sieht der Vektor $\vec{x}$ für diese Situation wie folgt aus:

$$\begin{pmatrix} \frac{1}{7} - \frac{18}{7}k \\ \frac{4}{7} - \frac{23}{7}k \\ k \end{pmatrix}$$

Sei $k = 2$ (diese 2 habe ich ausgewählt, weil ich versuche, ganze Zahlen für die Elemente zu erhalten), dann bekommen Sie:

$$\begin{pmatrix} -5 \\ -6 \\ 2 \end{pmatrix}$$

Die Matrix-Vektor-Gleichung sieht wie folgt aus:

$$\begin{pmatrix} -1 & 2 & 4 \\ 5 & -3 & 3 \\ 3 & 1 & 11 \end{pmatrix}\begin{pmatrix} -5 \\ -6 \\ 2 \end{pmatrix} = \begin{pmatrix} 1 \\ -1 \\ 1 \end{pmatrix}$$

Obwohl für diese Matrixgleichung unzählige Lösungen möglich sind, sollten Sie daran denken, dass diese Lösungen sehr sorgfältig konstruiert werden, indem bestimmte Zahlen für die Koordinaten in $\vec{b}$ ausgewählt werden.

Und wenn es keine Lösung gibt...

Manchmal verhält sich auch eine eigentlich harmlos aussehende Gleichung völlig unmöglich. Sie suchen nach einem Lösungsvektor und stellen fest, es gibt keinen. Die Lösung einer Matrix-Vektor-Gleichung scheint zunächst ganz unkompliziert zu sein, denn Sie suchen ja einfach nach bestimmten Einträgen für einen Vektor, der mit einer Matrix multipliziert eine wahre Aussage liefert. Sie sind auch nicht wählerisch mit dem Ergebnis und wären schon mit negativen Zahlen, Brüchen oder beidem zufrieden. Aber man bekommt leider nicht immer, was man sich wünscht.

Der Versuch, funktionierende Zahlen zu finden

Angenommen, Matrix A und Vektor $\vec{b}$ haben die folgenden Werte:

$$A = \begin{pmatrix} 2 & -1 & 1 \\ 1 & 1 & -1 \\ 3 & -1 & 1 \end{pmatrix} \text{ und } \vec{b} = \begin{pmatrix} 1 \\ 2 \\ 0 \end{pmatrix}$$

Anschließend wenden Sie die Methode der erweiterten Matrix mit Zeilenoperationen an:

$$\left(\begin{array}{ccc|c} 2 & -1 & 1 & 1 \\ 1 & 1 & -1 & 2 \\ 3 & -1 & 1 & 0 \end{array}\right) Z_1 \leftrightarrow Z_2 \left(\begin{array}{ccc|c} 1 & 1 & -1 & 2 \\ 2 & -1 & 1 & 1 \\ 3 & -1 & 1 & 0 \end{array}\right)$$

$$\begin{array}{r} \\ -2Z_1 + Z_2 \to Z_2 \\ -3Z_1 + Z_3 \to Z_3 \end{array} \left(\begin{array}{ccc|c} 1 & 1 & -1 & 2 \\ 0 & -3 & 3 & -3 \\ 0 & -4 & 4 & -6 \end{array}\right)$$

$$\begin{array}{r} \\ -\frac{1}{3}Z_2 \to Z_2 \\ -\frac{1}{4}Z_3 \to Z_3 \end{array} \left(\begin{array}{ccc|c} 1 & 1 & -1 & 2 \\ 0 & 1 & -1 & 1 \\ 0 & 1 & -1 & \frac{3}{2} \end{array}\right)$$

$$\begin{array}{r} \\ \\ -1Z_2 + Z_3 \to Z_3 \end{array} \left(\begin{array}{ccc|c} 1 & 1 & -1 & 2 \\ 0 & 1 & -1 & 1 \\ 0 & 0 & 0 & \frac{1}{2} \end{array}\right)$$

Alles hat wunderbar geklappt, bis auf den letzten Schritt bei den Zeilenreduktionen. Die letzte Zeile in der Matrix enthält drei Nullen und dann einen Bruch. Wenn man das in eine Gleichung umwandelt, erhält man $0x_1 + 0x_2 + 0x_3 = \frac{1}{2}$. Das ist unmöglich. Wenn Sie mit 0 multiplizieren, erhalten Sie immer 0, und nicht irgendeine andere Zahl. Die Matrix-Vektor-Gleichung hat also keine Lösung.

Erweiterte Suche in der Hoffnung auf eine Lösung

Angenommen, Matrix C und Vektor $\vec{d}$ haben die folgenden Werte:

$$C = \begin{pmatrix} 1 & a \\ -1 & 3 \\ b & 7 \end{pmatrix} \text{ und } \vec{d} = \begin{pmatrix} 2 \\ 13 \\ 17 \end{pmatrix}$$

Um festzustellen, ob es für die Unbekannten a und b irgendwelche Werte gibt, die die Gleichung $C\vec{x} = \vec{d}$ zu einer wahren Aussage machen, wenden Sie dieselbe Methode wie zuvor an, Sie schreiben eine erweiterte Matrix und führen Zeilenoperationen durch:

$$\left(\begin{array}{cc|c} 1 & a & 2 \\ -1 & 3 & 13 \\ b & 7 & 17 \end{array}\right) \begin{array}{r} \\ Z_1 + Z_2 \to Z_2 \\ -bZ_1 + Z_3 \to Z_3 \end{array} \left(\begin{array}{cc|c} 1 & a & 2 \\ 0 & a+3 & 15 \\ 0 & -ab+7 & -2b+17 \end{array}\right)$$

$$\frac{1}{a+3} Z_2 \to Z_2 \left(\begin{array}{cc|c} 1 & a & 2 \\ 0 & 1 & \frac{15}{a+3} \\ 0 & -ab+7 & -2b+17 \end{array}\right)$$

$$\begin{array}{r} \\ -aZ_2 + Z_1 \to Z_1 \\ (ab-7)Z_2 + Z_3 \to Z_3 \end{array} \left(\begin{array}{cc|c} 1 & 0 & \frac{-13a+6}{a+3} \\ 0 & 1 & \frac{15}{a+3} \\ 0 & 0 & \frac{13ab+17a-6b-54}{a+3} \end{array}\right)$$

Die letzte Zeile enthält nur Nullen und den Bruchausdruck. Der Wert von

$$\frac{13ab+17a-6b-54}{a+3}$$

muss gleich 0 sein. Seien also beispielsweise $a = 2$ und $b = 1$ (womit wir ein Ergebnis von 0 erzielen wollen), dann erhalten wir für die Elemente in der letzten Spalte:

$$\frac{-13a+6}{a+3} = \frac{-13 \cdot 2+6}{2+3} = -4$$

$$\frac{15}{a+3} = \frac{15}{2+3} = 3$$

$$\frac{13ab+17a-6b-54}{a+3} = \frac{13 \cdot 2 \cdot 1 + 17 \cdot 2 - 6 \cdot 1 - 54}{2+3} = 0$$

Die Gleichung $C\vec{x} = \vec{d}$ kann also wie folgt geschrieben werden:

$$C\vec{x} = \vec{d}$$

$$\begin{pmatrix} 1 & 2 \\ -1 & 3 \\ 1 & 7 \end{pmatrix} \begin{pmatrix} -4 \\ 3 \end{pmatrix} = \begin{pmatrix} 2 \\ 13 \\ 17 \end{pmatrix}$$

Solange a und b geeignet gewählt werden, um eine 0 im letzten Element der dritten Zeile zu erzeugen, haben Sie eine Lösung. Die einzige Situation, in der eine Lösung nicht möglich ist, ist $a = -3$. Die Summe im Nenner darf nicht gleich 0 sein, deshalb kann a nicht –3 sein.

Homogene Systeme und lineare Unabhängigkeit

7

In diesem Kapitel...

- Homogene Gleichungssysteme kennen lernen
- Nichttriviale Lösungen homogener Systeme bestimmen
- Lineare Unabhängigkeit untersuchen
- Die Basis kennen lernen
- Die Basis auf Polynome und Matrizen erweitern
- Dimensionen basierend auf der Basis betrachten

Die Lösung von Matrix-Vektor-Gleichungen nimmt in diesem Kapitel eine neue Gestalt an. Sie werden sehen, wie inhomogene Gleichungssysteme gleich 0 gesetzt (und dadurch zu homogenen Gleichungssystemen) werden, und wir anschließend versuchen, Lösungen ungleich Null zu finden – eine interessante Herausforderung.

In diesem Kapitel verknüpfe ich außerdem die lineare Unabhängigkeit mit der linearen Hülle, um ein völlig neues Konzept zu bilden, die so genannte *Basis*. Beim Umgang mit diesen neuen Konzepten und Regeln werden jedoch alte, vertraute Techniken angewendet.

Lösungen homogener Systeme suchen

Ein lineares Gleichungssystem wird als *homogen* bezeichnet, wenn es die folgende Form aufweist:

$$\begin{cases} a_{11}x_1 + a_{12}x_2 + \ldots + a_{1n}x_n = 0 \\ a_{21}x_1 + a_{22}x_2 + \ldots + a_{2n}x_n = 0 \\ \qquad\qquad \vdots \\ a_{m1}x_1 + a_{m2}x_2 + \ldots + a_{mn}x_n = 0 \end{cases}$$

Dabei sind die x_i Variablen, und die a_{ij} sind Koeffizienten aus reellen Zahlen.

Das Besondere an homogenen linearen Gleichungssystemen ist, dass jede einzelne Summe aus den Produkten der Koeffizienten und Variablen gleich 0 gesetzt wird. Wenn Sie eine $m \times n$-Matrix aus den Koeffizienten der Variablen x_i erstellen und sie als A bezeichnen, können Sie das homogene Gleichungssystem als die entsprechende Matrix-Vektor-Gleichung $A\vec{x} = \vec{0}$ schreiben. Das $\vec{x}$ stellt den *Variablenvektor* dar, die $\vec{0}$ den $m \times 1$-Nullvektor. Weitere Informationen über Matrix-Vektor-Gleichungen in der Form $A\vec{x} = \vec{b}$ finden Sie in Kapitel 6.

Anders als ein allgemeines lineares Gleichungssystem hat ein homogenes lineares Gleichungssystem *immer* mindestens eine Lösung – also eine Lösung ist garantiert. Die garantierte Lösung liegt vor, wenn jede Variable gleich 0 gesetzt wird. Die Lösung, bei der alles 0 ist, wird auch als *Triviallösung* bezeichnet. Bei der Triviallösung ist jedes Element im Vektor $\vec{x}$ gleich 0. Es handelt sich also nicht um eine besonders spektakuläre Lösung. Interessanter an einem homogenen Gleichungssystem sind die *nichttrivialen* Lösungen – falls es solche gibt.

Der Unterschied zwischen trivialen und nichttrivialen Lösungen

Ein lineares Gleichungssystem kann im Allgemeinen eine Lösung, viele Lösungen oder überhaupt keine Lösung haben. Damit ein lineares Gleichungssystem genau eine Lösung hat, darf die Anzahl der Variablen die Anzahl der Gleichungen nicht überschreiten. Die Faustregel »weniger Variablen als Gleichungen« alleine garantiert jedoch noch keine Einzellösung (oder überhaupt eine Lösung) – es handelt sich dabei nur um eine der Bedingungen, die erfüllt sein müssen, damit die Einzellösung vorliegen kann.

Ein lineares Gleichungssystem kann mehrere Lösungen haben. Das ist dann der Fall, wenn die Anzahl der Gleichungen kleiner als die Anzahl der Variablen ist. Um diese Lösungen zu finden, legen Sie eine der Variablen als *Parameter* fest (eine reelle Zahl) und bestimmen die Werte der anderen Variablen basierend auf den Formeln, die aus den in den Gleichungen festgelegten Beziehungen abgeleitet wurden.

Bei einem homogenen Gleichungssystem haben Sie immer mindestens eine Lösung. Die garantierte Lösung ist die Triviallösung, bei der jede Variable gleich 0 ist. Wenn ein homogenes System eine nichttriviale Lösung hat, muss es einer bestimmten Bedingung in Hinblick auf die Anzahl der Gleichungen und die Anzahl der Variablen im System gehorchen.

Wenn ein homogenes lineares Gleichungssystem weniger Gleichungen hat als Unbekannte, dann hat es eine nichttriviale Lösung. Darüber hinaus besitzt ein homogenes lineares Gleichungssystem eine nichttriviale Lösung dann und nur dann, wenn das System mindestens eine freie Variable hat. Eine *freie Variable* (auch als Parameter bezeichnet) ist eine Variable, der ein beliebiger numerischer Wert zugeordnet werden kann. Die anderen Variablen werden anschließend über bestimmte algebraische Regeln mit der freien Variablen in Beziehung gesetzt.

Die Situation mit einem trivialen System trivialisieren

Das nachfolgend gezeigte homogene Gleichungssystem hat nur eine triviale Lösung – und keine nichttrivialen Lösungen.

$$\begin{cases} 3x + 4y = 0 \\ 4x - 2y = 0 \end{cases}$$

Wenn Sie die zweite Gleichung mit 2 multiplizieren und sie zur ersten Gleichung addieren, erhalten Sie $11x = 0$, womit sich $x = 0$ ergibt. Wenn Sie jetzt $x = 0$ wieder in eine der Gleichungen einsetzen, erhalten Sie $y = 0$. Da die Variablen gleich 0 sind, wird die Lösung als trivial betrachtet.

Es ist nicht immer ganz so einfach, zu erkennen, ob ein System nur eine triviale Lösung hat. Im Abschnitt »Die Formel für eine Lösung formulieren« später in diesem Kapitel werde ich Ihnen zeigen, in welchen Schritten Sie vorgehen, um festzustellen, ob mehr als nur eine triviale Lösung existiert.

Der trivialen Lösung weitere Lösungen hinzufügen

Das nächste Gleichungssystem hat nichttriviale Lösungen. Obwohl Sie auf den ersten Blick drei Gleichungen mit drei Unbekannten sehen und jede Gleichung gleich 0 gesetzt ist, *erfüllt* das System die Bedingung, dass es weniger Gleichungen als Unbekannte geben muss. Diese Bedingung ist deswegen erfüllt, weil eine der Gleichungen dadurch erzeugt wurde, dass ein Vielfaches einer der anderen Gleichungen zur dritten Gleichung addiert wurde. Im nächsten Abschnitt zeige ich Ihnen, wie Sie feststellen können, ob eine Gleichung eine Linearkombination der beiden anderen ist – so dass man im Endeffekt mit einer Gleichung weniger als im ursprünglichen System dasteht.

Zurück zu einem Gleichungssystem:

$$\begin{cases} x_1 + 3x_2 - 5x_3 = 0 \\ 3x_1 - x_2 + 5x_3 = 0 \\ 3x_1 + 2x_2 - x_3 = 0 \end{cases}$$

Die Variable x_3 ist eine freie Variable. Wenn $x_3 = k$, $x_1 = -k$ und $x_2 = 2k$ gesetzt wird, dann können Sie nach allen Lösungen auflösen. Woher wusste ich das? Vertrauen Sie mir hier einfach – ich will nur zeigen, *wie* die nichttrivialen Lösungen funktionieren. (Wie Sie diese Werte finden, erkläre ich im nächsten Abschnitt.)

Um beispielsweise eine der nichttrivialen Lösungen unter Verwendung der aus den Gleichungen abgeleiteten Parameter und Formeln zu finden, könnten Sie $k = 3$ wählen, dann wäre $x_3 = 3$, $x_1 = -3$ und $x_2 = 6$. Wenn Sie diese Werte in das ursprüngliche Gleichungssystem einsetzen, erhalten Sie

$$\begin{cases} -3 + 3 \cdot 6 - 5 \cdot 3 = -3 + 18 - 15 = 0 \\ 3(-3) - 6 + 5 \cdot 3 = -9 - 6 + 15 = 0 \\ 3(-3) + 2 \cdot 6 - 3 = -9 + 12 - 3 = 0 \end{cases}$$

Tatsächlich haben Sie unendlich viele mögliche Lösungen. Wählen Sie nämlich einfach einen beliebigen neuen Wert für k, dann erhalten Sie eine neue Zahlenmenge. Sie könnten sogar $k = 0$ wählen.

Die Formel für eine Lösung formulieren

In diesem Abschnitt zeige ich Ihnen, wie Sie sich über triviale und nichttriviale Lösungen klar werden. Anders gesagt, Sie lernen zu erkennen, ob ein homogenes Gleichungssystem nur eine triviale Lösung, oder tatsächlich auch nichttriviale Lösungen hat. Dazu können Sie sich das System entweder einfach scharf ansehen (bei sehr kleinen, einfachen Systemen) oder es in eine Stufenform bringen (bei komplizierteren Systemen).

Der Weg ins Triviale

Das folgende lineare Gleichungssystem hat nur eine triviale Lösung. Vielleicht glauben Sie mir das nicht auf Anhieb, weil Sie ebenso viele Gleichungen wie Variablen sehen. Aber die Bedingung, dass es genau so viele Gleichungen wie Variablen geben muss, ist für sich genommen eben nicht ausreichend, um eine definitive Aussage treffen zu können. Sie müssen zeigen, dass keine der Gleichungen eine Linearkombination der anderen ist, denn dann könnte sie eliminiert werden,

Um festzustellen, ob Sie richtig liegen, schreiben Sie die erweiterte Matrix für Ihr Gleichungssystem:

$$\begin{cases} x_1 - 2x_2 + 1x_3 = 0 \\ \quad 5x_2 - 3x_3 = 0 \\ x_1 - 2x_2 - x_3 = 0 \end{cases} \qquad \left(\begin{array}{ccc|c} 1 & -2 & 1 & 0 \\ 0 & 5 & -3 & 0 \\ 1 & -2 & -1 & 0 \end{array}\right)$$

Jetzt führen Sie eine Zeilenoperation durch: Sie multiplizieren Zeile 1 mit –1 und addieren sie zu Zeile 3, um eine neue Zeile 3 zu erzeugen. Sie erhalten eine Matrix, deren letzte Zeile $2x_3 = 0$ als entsprechende Gleichung repräsentiert.

$$\left(\begin{array}{ccc|c} 1 & -2 & 1 & 0 \\ 0 & 5 & -3 & 0 \\ 1 & -2 & -1 & 0 \end{array}\right) -1Z_1 + Z_3 \rightarrow Z_3 \left(\begin{array}{ccc|c} 1 & -2 & 1 & 0 \\ 0 & 5 & -3 & 0 \\ 0 & 0 & -2 & 0 \end{array}\right)$$

Wenn Sie durch –2 dividieren, erhalten Sie $x_3 = 0$. Wenn Sie diese 0 wieder in die zweite Gleichung der ursprünglichen Matrix einsetzen, dann erhalten Sie x_2, das also ebenfalls 0 ist. Und wenn Sie dies in die erste oder dritte ursprüngliche Gleichung einsetzen, erhalten Sie auch für x_1 den Wert 0. Der Hinweis auf die Triviallösung in diesem Fall war die Tatsache, dass die Elemente der letzten Matrix alle bis auf eines 0 waren. Wenn eine Zeile nur Nullen enthält (falls die Eliminierung der Zeile zu weniger Gleichungen als Variablen führt), dann existiert in der Regel eine nichttriviale Lösung.

Und weiter zum Nichttrivialen

Wenn ein homogenes lineares Gleichungssystem nichttriviale Lösungen besitzt, dann haben Sie in der Regel eine unendlich große Auswahl an Zahlen, die das Gleichungssystem erfüllen. Natürlich kann man nicht völlig beliebige Zahlen einsetzen. Die erste Zahl wählen Sie bewusst und die anderen ergeben sich dann durch die Anwendung bestimmer algebraischer Rechenvorschriften.

Betrachten Sie beispielsweise das folgende lineare Gleichungssystem mit vier Unbekannten. Sie erkennen die nichttrivialen Lösungen erst dann, wenn Sie weniger voneinander unabhängige Gleichungen haben als Unbekannte (d. h. keine Gleichung ist eine Linearkombination aus anderen Gleichungen). Sie erstellen also eine erweiterte Matrix, führen Zeilenoperationen durch und bringen die Matrix in Stufenform. Zunächst das Gleichungssystem:

$$\begin{cases} x_1+2x_2+3x_3+2x_4=0 \\ x_1+3x_2+5x_3+5x_4=0 \\ 2x_1+4x_2+7x_3+x_4=0 \\ -x_1-2x_2-6x_3+7x_4=0 \end{cases}$$

Die entsprechende erweiterte Matrix sieht wie folgt aus:

$$\left(\begin{array}{cccc|c} 1 & 2 & 3 & 2 & 0 \\ 1 & 3 & 5 & 5 & 0 \\ 2 & 4 & 7 & 1 & 0 \\ -1 & -2 & -6 & 7 & 0 \end{array}\right)$$

Jetzt führen wir Zeilenoperationen durch, um die Matrix in die reduzierte Zeilenstufenform zu bringen. (Wenn Sie sich nicht mehr an die Notation für Zeilenoperationen erinnern, lesen Sie in Kapitel 3 nach.) Beachten Sie, dass im dritten Schritt in der letzten Zeile lauter Nullen entstehen. Die Anzahl der Gleichungen wird auf drei reduziert, es können also nichttriviale Lösungen gefunden werden.

$$\left(\begin{array}{cccc|c} 1 & 2 & 3 & 2 & 0 \\ 1 & 3 & 5 & 5 & 0 \\ 2 & 4 & 7 & 1 & 0 \\ -1 & -2 & -6 & 7 & 0 \end{array}\right) \begin{array}{l} \\ -1Z_1+Z_2 \rightarrow Z_2 \\ -2Z_1+Z_3 \rightarrow Z_3 \\ 1Z_1+Z_4 \rightarrow Z_4 \end{array} \left(\begin{array}{cccc|c} 1 & 2 & 3 & 2 & 0 \\ 0 & 1 & 2 & 3 & 0 \\ 0 & 0 & 1 & -3 & 0 \\ 0 & 0 & -3 & 9 & 0 \end{array}\right)$$

$$\begin{array}{l} -2Z_2+Z_1 \rightarrow Z_1 \\ \\ \\ \\ \end{array} \left(\begin{array}{cccc|c} 1 & 0 & -1 & -4 & 0 \\ 0 & 1 & 2 & 3 & 0 \\ 0 & 0 & 1 & -3 & 0 \\ 0 & 0 & -3 & 9 & 0 \end{array}\right)$$

$$\begin{array}{l} 1Z_3+Z_1 \rightarrow Z_1 \\ -2Z_3+Z_2 \rightarrow Z_2 \\ \\ 3Z_3+Z_4 \rightarrow Z_4 \end{array} \left(\begin{array}{cccc|c} 1 & 0 & 0 & -7 & 0 \\ 0 & 1 & 0 & 9 & 0 \\ 0 & 0 & 1 & -3 & 0 \\ 0 & 0 & 0 & 0 & 0 \end{array}\right)$$

Wenn Sie die entsprechenden Gleichungen für die reduzierte Treppenform schreiben, entspricht die oberste Zeile $x_1 - 7x_4 = 0$, die zweite Zeile entspricht $x_2 + 9x_4 = 0$ und die dritte Zeile entspricht $x_3 - 3x_4 = 0$. Sei $x_4 = k$ und die anderen Variablen Vielfache von k: $x_1 = 7k$, $x_2 = -9k$ und $x_3 = 3k$. Wenn wir also beispielsweise $k = -2$ setzen, dann ist $x_1 = -14$, $x_2 = 18$, $x_3 = -6$ und $x_4 = -2$. Und so funktioniert diese Lösung im Gleichungssystem:

$$\begin{cases} x_1+2x_2+3x_3+2x_4=-14+2\cdot 18+3(-6)+2(-2)=-14+36-18-4=0 \\ x_1+3x_2+5x_3+5x_4=-14+3\cdot 18+5(-6)+5(-2)=-14+54-30-10=0 \\ 2x_1+4x_2+7x_3+x_4=2(-14)+4\cdot 18+7(-6)-2=-28+72-42-2=0 \\ -x_1-2x_2-3x_3+7x_4=-(-14)-2\cdot 18-6(-6)+7(-2)=14-36+36-14=0 \end{cases}$$

Lineare Unabhängigkeit

Menschen haben vom Begriff der Unabhängigkeit unterschiedliche Auffassungen. Meine Mutter wollte ihr Auto nicht aufgeben und dadurch ihre Unabhängigkeit verlieren. Jedes Jahr feiern die Vereinigten Staaten von Amerika den Unabhängigkeitstag. Aber ein Mathematiker versteht etwas völlig anderes darunter. Das Wort *Unabhängigkeit* hat im Mathe-Jargon häufig mit einer Vektorenmenge und den Beziehungen zwischen den Vektoren innerhalb dieser Menge zu tun.

Eine Vektorenmenge ist entweder *linear unabhängig* oder *linear abhängig*.

Die Vektoren $\{\vec{v}_1, \vec{v}_2, \ldots, \vec{v}_n\}$ sind linear unabhängig, wenn die Gleichung mit den Linearkombinationen $a_1\vec{v}_1 + a_2\vec{v}_2 + \ldots + a_n\vec{v}_n = 0$ nur dann wahr ist, wenn die Skalare (a_i) alle gleich 0 sind. Die Vektoren sind *linear abhängig*, wenn die Gleichung eine Lösung hat, bei der mindestens einer der Skalare ungleich 0 ist.

Bei der Beschreibung der *linearen Unabhängigkeit* geht es letztlich wieder um homogene lineare Gleichungssysteme. Statt die algebraischen Gleichungen und die zugehörige erweiterte Matrix zu betrachten, konzentriert sich die Diskussion jetzt auf Vektoren und Vektorgleichungen. Natürlich verwenden Sie bei Ihren Überprüfungen weiterhin eine erweiterte Matrix, aber diese wird jetzt aus den Vektoren erzeugt. Aus der Perspektive des homogenen Gleichungssystems liegt also dann eine lineare Unabhängigkeit vor, wenn es nur die Triviallösung gibt, und lineare Abhängigkeit, wenn es Skalare gibt, die nicht alle gleich 0 sind, und dennoch das Ergebnis 0 in der Vektorgleichung erzeugen.

Testen auf Abhängigkeit oder Unabhängigkeit

Betrachten Sie beispielsweise die folgende Vektormenge und testen Sie, ob die Vektoren in der Menge linear unabhängig oder linear abhängig sind.

$$\left\{\begin{pmatrix}1\\-2\\0\end{pmatrix},\begin{pmatrix}4\\0\\8\end{pmatrix},\begin{pmatrix}3\\-1\\5\end{pmatrix}\right\}$$

Um zu testen, unter welchen Umständen die Gleichung $a_1\vec{v}_1 + a_2\vec{v}_2 + a_3\vec{v}_3 = 0$ ist, schreiben Sie die Gleichung mit den Vektoren auf.

$$a_1\begin{pmatrix}1\\-2\\0\end{pmatrix}+a_2\begin{pmatrix}4\\0\\8\end{pmatrix}+a_3\begin{pmatrix}3\\-1\\5\end{pmatrix}=\begin{pmatrix}0\\0\\0\end{pmatrix}$$

Anschließend schreiben Sie eine erweiterte Matrix mit den Vektoren als Spalten und führen Zeilenreduktionen durch.

$$\left(\begin{array}{ccc|c} 1 & 4 & 3 & 0 \\ -2 & 0 & -1 & 0 \\ 0 & 8 & 5 & 0 \end{array}\right) 2Z_1 + Z_2 \rightarrow Z_2 \left(\begin{array}{ccc|c} 1 & 4 & 3 & 0 \\ 0 & 8 & 5 & 0 \\ 0 & 8 & 5 & 0 \end{array}\right)$$

$$-1Z_2 + Z_3 \rightarrow Z_3 \left(\begin{array}{ccc|c} 1 & 4 & 3 & 0 \\ 0 & 8 & 5 & 0 \\ 0 & 0 & 0 & 0 \end{array}\right)$$

$$\frac{1}{8}Z_2 \rightarrow Z_2 \left(\begin{array}{ccc|c} 1 & 4 & 3 & 0 \\ 0 & 1 & \frac{5}{8} & 0 \\ 0 & 0 & 0 & 0 \end{array}\right)$$

$$-4Z_2 + Z_1 \rightarrow \left(\begin{array}{ccc|c} 1 & 0 & \frac{1}{2} & 0 \\ 0 & 1 & \frac{5}{8} & 0 \\ 0 & 0 & 0 & 0 \end{array}\right)$$

Die untere Zeile enthält lauter Nullen, Sie wissen also, dass es nichttriviale Lösungen für das Gleichungssystem gibt. (Lesen Sie gegebenenfalls im Abschnitt »Und weiter zum Nichttrivialen« nach, falls Sie hier eine Auffrischung benötigen.) Die Vektormenge ist daher linear abhängig. Allerdings gibt es sehr viele Möglichkeiten Vektoren, die ungleich 0 sind, so linear zu kombinieren, dass der Gesamtausdruck gleich 0 ist.

Ich verdeutliche Ihnen die Tatsache, dass es nicht nur die Triviallösung gibt, indem ich die die Vektorgleichung mit Hilfe der reduzierten Form der Matrix umschreibe.

$$a_1 \begin{pmatrix} 1 \\ 0 \\ 0 \end{pmatrix} + a_2 \begin{pmatrix} 0 \\ 1 \\ 0 \end{pmatrix} + a_3 \begin{pmatrix} \frac{1}{2} \\ \frac{5}{8} \\ 0 \end{pmatrix} = \begin{pmatrix} 0 \\ 0 \\ 0 \end{pmatrix}$$

$a_1 + \frac{1}{2} a_3 = 0$ und $a_2 + \frac{5}{8} a_3 = 0$

Sei $a_3 = k$, dann haben wir $a_2 = -\frac{5}{8} k$ und $a_1 = -\frac{1}{2} k$. Die ursprüngliche Vektorgleichung sieht also wie folgt aus:

$$-\frac{1}{2}k\begin{pmatrix}1\\-2\\0\end{pmatrix}-\frac{5}{8}k\begin{pmatrix}4\\0\\8\end{pmatrix}+k\begin{pmatrix}3\\-1\\5\end{pmatrix}=\begin{pmatrix}0\\0\\0\end{pmatrix}$$

Wenn Sie beispielsweise $k = 8$ annehmen, hätten Sie:

$$-\frac{1}{2}\cdot 8\begin{pmatrix}1\\-2\\0\end{pmatrix}-\frac{5}{8}\cdot 8\begin{pmatrix}4\\0\\8\end{pmatrix}\cdot 8\begin{pmatrix}3\\-1\\5\end{pmatrix}=-4\begin{pmatrix}1\\-2\\0\end{pmatrix}-5\begin{pmatrix}4\\0\\8\end{pmatrix}+8\begin{pmatrix}3\\-1\\5\end{pmatrix}$$

$$=\begin{pmatrix}-4\\8\\0\end{pmatrix}+\begin{pmatrix}-20\\0\\-40\end{pmatrix}+\begin{pmatrix}24\\-8\\40\end{pmatrix}=\begin{pmatrix}-4-20+24\\8+0-8\\0-40+40\end{pmatrix}=\begin{pmatrix}0\\0\\0\end{pmatrix}$$

Eine Bedingung für lineare Abhängigkeit ist es, dass mehr als nur die Triviallösung für das betreffende Gleichungssystem existiert. Solche nichttrivialen Lösungen treten dann auf, wenn Sie weniger Gleichungen als Variablen haben. Im nächsten Beispiel habe ich versucht, eine Situation zu schaffen, in der mehr Gleichungen als Variablen vorliegen. Ausgehend von nur drei Vektoren habe ich hier mehr Gleichungen als Variablen.

Und hier die betrachtete Vektormenge:

$$\left\{\begin{pmatrix}1\\2\\1\\4\end{pmatrix},\begin{pmatrix}0\\1\\1\\1\end{pmatrix},\begin{pmatrix}2\\0\\1\\7\end{pmatrix}\right\}$$

Um auf lineare Unabhängigkeit zu prüfen, schreibe ich die Vektorgleichung und die entsprechende erweiterte Matrix.

$$a_1\begin{pmatrix}1\\2\\1\\4\end{pmatrix}+a_2\begin{pmatrix}0\\1\\1\\1\end{pmatrix}+a_3\begin{pmatrix}2\\0\\1\\7\end{pmatrix}=\begin{pmatrix}0\\0\\0\\0\end{pmatrix} \qquad \left(\begin{array}{ccc|c}1&0&2&0\\2&1&0&0\\1&1&1&0\\4&1&7&0\end{array}\right)$$

Durch Zeilenoperationen zur Reduktion der Matrix auf Stufenform erhalte ich:

$$\left(\begin{array}{ccc|c} 1 & 0 & 2 & 0 \\ 2 & 1 & 0 & 0 \\ 1 & 1 & 1 & 0 \\ 4 & 1 & 7 & 0 \end{array}\right) \begin{array}{l} \\ -2Z_1 + Z_2 \to Z_2 \\ -1Z_1 + Z_3 \to Z_3 \\ -4Z_1 + Z_4 \to Z_4 \end{array} \left(\begin{array}{ccc|c} 1 & 0 & 2 & 0 \\ 0 & 1 & -4 & 0 \\ 0 & 1 & -1 & 0 \\ 0 & 1 & -1 & 0 \end{array}\right)$$

$$\begin{array}{l} \\ \\ -1Z_2 + Z_3 \to Z_3 \\ -1Z_3 + Z_4 \to Z_4 \end{array} \to \left(\begin{array}{ccc|c} 1 & 0 & 2 & 0 \\ 0 & 1 & -4 & 0 \\ 0 & 0 & 3 & 0 \\ 0 & 0 & 0 & 0 \end{array}\right)$$

$$\frac{1}{3}Z_3 \to Z_3 \left(\begin{array}{ccc|c} 1 & 0 & 2 & 0 \\ 0 & 1 & -4 & 0 \\ 0 & 0 & 1 & 0 \\ 0 & 0 & 0 & 0 \end{array}\right)$$

$$\begin{array}{l} -2Z_3 + Z_1 \to Z_1 \\ 4Z_3 + Z_2 \to Z_2 \\ \\ \\ \end{array} \to \left(\begin{array}{ccc|c} 1 & 0 & 0 & 0 \\ 0 & 1 & 0 & 0 \\ 0 & 0 & 1 & 0 \\ 0 & 0 & 0 & 0 \end{array}\right)$$

Die einzige Lösung liegt vor, wenn alle Skalare 0 sind: $a_1 = a_2 = a_3 = 0$, die Vektoren sind also linear unabhängig.

Charakterisierung linear unabhängiger Vektormengen

Es gibt immer die bewährte Methode des Probierens und Bestätigens, die Beziehungen zwischen Vektoren einer Menge mit Hilfe einer erweiterten Matrix genauer zu betrachten. Verwenden Sie also im Zweifelsfall die Matrixform. Wenn Sie sich aber über einige offensichtlichere Eigenschaften der betrachteten Vektormenge im Klaren sind, dann können Sie sich bei der Unterscheidung zwischen unabhängigen und abhängigen Vektormengen viel Zeit und Arbeit sparen. Eine einfache Überprüfung der Vektormenge genügt für die Entscheidung. Bei der Anwendung der folgenden Richtlinien gehen Sie immer davon aus, dass die Vektoren in der Menge alle dieselbe Dimension haben. Mit anderen Worten, Sie haben z. B. keinen 2×1-Vektor und 3×1-Vektor in derselben Menge.

Die Menge hat nur einen einzigen Vektor

In der Mathematik ist eine Menge eine Sammlung von Objekten. Eine Menge kann daher beliebig viele Elemente oder Objekte enthalten, also auch nur ein einziges Element. Und deswegen kann die Klassifikation als abhängig oder unabhängig auch auf eine Menge mit nur einem Element angewendet werden.

Eine Menge, die nur einen Vektor enthält, ist linear unabhängig, wenn dieser eine Vektor *nicht* der Nullvektor ist.

Von den vier nachfolgend gezeigten Mengen ist also nur die Menge D linear abhängig, alle anderen sind linear unabhängig.

$$A=\left\{\begin{pmatrix}1\\0\\1\\4\end{pmatrix}\right\}\quad B=\left\{\begin{pmatrix}9\\-8\end{pmatrix}\right\}\quad C=\left\{\begin{pmatrix}0\\0\\7\end{pmatrix}\right\}\quad D=\left\{\begin{pmatrix}0\\0\\0\\0\end{pmatrix}\right\}$$

Die Menge hat zwei Vektoren

Eine Menge mit zwei Vektoren kann linear unabhängig oder abhängig sein. Wenn Sie Ihr 1x1 gut beherrschen, dann können Sie die lineare Unabhängigkeit von Mengen mit zwei Vektoren sehr schnell erkennen.

Eine Menge, die nur zwei Vektoren enthält, ist linear unabhängig, wenn keiner der Vektoren ein Vielfaches des anderen Vektors ist.

Nachfolgend sehen Sie Mengen mit jeweils zwei Vektoren. Die Menge E ist linear unabhängig. Die Menge F ist linear abhängig, weil jeder Eintrag im zweiten Vektor halb so groß wie der entsprechende Eintrag im ersten Vektor ist.

$$E=\left\{\begin{pmatrix}1\\0\\-4\\8\end{pmatrix},\begin{pmatrix}2\\-2\\1\\3\end{pmatrix}\right\}\quad F=\left\{\begin{pmatrix}8\\-6\\0\end{pmatrix},\begin{pmatrix}4\\-3\\0\end{pmatrix}\right\}$$

Mengen mit drei und vier und mehr Vektoren

Eine Menge mit Vektoren enthält nur Vektoren derselben Dimension. Diese Dimension kommt ins Spiel, wenn Sie über lineare Abhängigkeit oder Unabhängigkeit entscheiden wollen.

Eine Menge mit $n \times 1$-Vektoren hat linear abhängige Vektoren, wenn die Anzahl der Vektoren in der Menge größer n ist.

Wie sehr Sie hoffen, dass die folgende Vektormenge linear unabhängig ist – sie kann es gar nicht sein. Es liegen lauter 4×1-Vektoren vor, und ich habe fünf Vektoren in der Menge.

$$\left\{\begin{pmatrix}1\\2\\3\\5\end{pmatrix},\begin{pmatrix}7\\11\\13\\17\end{pmatrix},\begin{pmatrix}19\\23\\29\\31\end{pmatrix},\begin{pmatrix}37\\41\\43\\47\end{pmatrix},\begin{pmatrix}53\\59\\61\\67\end{pmatrix}\right\}$$

Nach diesem wirklich schrecklichen Beispiel für eine Vektorenmenge (ich habe nur die Zahl 1 und dann alle möglichen Primzahlen als Elemente eingesetzt) habe ich mich gefragt, ob ich Ihnen nicht zeigen könnte, dass die Menge wirklich linear abhängig ist, dass also einer der Vektoren eine Linearkombination der anderen ist. Ich erspare Ihnen die ganzen müßigen Details (natürlich können Sie meine Arbeit jederzeit gerne nachprüfen), und zeige Ihnen gleich die reduzierte Treppenform der von mir verwendeten erweiterten Matrix:

$$\begin{pmatrix} 1 & 0 & 0 & 0 & -\frac{2}{5} \\ 0 & 1 & 0 & 0 & \frac{47}{150} \\ 0 & 0 & 1 & 0 & -\frac{1}{5} \\ 0 & 0 & 0 & 1 & \frac{223}{150} \end{pmatrix} \to \left\{ \begin{pmatrix} 1 \\ 0 \\ 0 \\ 0 \end{pmatrix}, \begin{pmatrix} 0 \\ 1 \\ 0 \\ 0 \end{pmatrix}, \begin{pmatrix} 0 \\ 0 \\ 1 \\ 0 \end{pmatrix}, \begin{pmatrix} 0 \\ 0 \\ 0 \\ 1 \end{pmatrix}, \begin{pmatrix} \frac{2}{5} \\ -\frac{47}{150} \\ \frac{1}{5} \\ -\frac{223}{150} \end{pmatrix} \right\}$$

Der letzte Vektor ist eine Linearkombination der ersten vier Vektoren. Wenn Sie die Werte in der letzten Spalte der Treppenform als Multiplikatoren verwenden, dann erkennen Sie die Linearkombination, die zum letzten Vektor führt.

$$-\frac{2}{5}\begin{pmatrix} 1 \\ 2 \\ 3 \\ 5 \end{pmatrix} + \frac{47}{150}\begin{pmatrix} 7 \\ 11 \\ 13 \\ 17 \end{pmatrix} - \frac{1}{5}\begin{pmatrix} 19 \\ 23 \\ 29 \\ 31 \end{pmatrix} + \frac{223}{150}\begin{pmatrix} 37 \\ 41 \\ 43 \\ 47 \end{pmatrix} = \begin{pmatrix} 53 \\ 59 \\ 61 \\ 67 \end{pmatrix}$$

Das sind keine besonders schönen Zahlen, aber schließlich sollte diese Vektormenge auch kein Anschauungsbeispiel sein. Es ist jedoch gut zu wissen, dass das Konzept gültig ist – schön oder nicht schön.

Lineare Unabhängigkeit durch den Nullvektor ausgeschlossen

Wenn der Nullvektor der einzige Vektor in einer Menge ist, dann ist natürlich klar, dass lineare Abhängigkeit vorliegt, aber was passiert, wenn der Nullvektor in einer ansonsten perfekten Menge von Vektoren ungleich Null vorhanden ist?

Eine Menge, die den Nullvektor enthält, ist immer linear abhängig.

Die beste und schnellste Methode, sich klarzumachen, dass der Nullvektor der Spielverderber ist, besteht darin, zu sagen, dass der Nullvektor ein Vielfaches jedes anderen Vektors in der Menge ist – dieser andere Vektor multipliziert mit dem Skalar 0.

Die Anzahl der Vektoren in einer Menge reduzieren

Angenommen, Sie haben eine linear unabhängige Vektormenge. Was passiert, wenn Sie einen der Vektoren aus der Menge entfernen? Ist die neue, reduzierte Menge ebenfalls linear unabhängig, oder haben Sie das Konzept zerstört?

Wenn Vektoren linear unabhängig sind und ein beliebiger Vektor $\vec{v}_i$ entfernt wird, beeinträchtigt dies die lineare Unabhängigkeit nicht.

Vereinheitlichung der Situation durch Einheitsvektoren

Ein *Einheitsvektor* hat einen Eintrag, der 1 ist, während die restlichen Einträge 0 sind. Die fünf Einheitsvektoren mit der Dimension 5×1 sind also:

$$\begin{pmatrix}1\\0\\0\\0\\0\end{pmatrix},\begin{pmatrix}0\\1\\0\\0\\0\end{pmatrix},\begin{pmatrix}0\\0\\1\\0\\0\end{pmatrix},\begin{pmatrix}0\\0\\0\\1\\0\end{pmatrix},\begin{pmatrix}0\\0\\0\\0\\1\end{pmatrix}$$

Warum sind Einheitsvektoren so besonders, was ihre lineare Unabhängigkeit angeht?

Wenn die Menge der Vektoren $\{\vec{v}_1, \vec{v}_2, \ldots, \vec{v}_n\}$ lauter unterschiedliche Einheitsvektoren enthält, ist diese Menge linear unabhängig.

Die Verbindung mit der Basis

In Kapitel 13 finden Sie Informationen über eine mathematische Struktur, die als *Vektorraum* bezeichnet wird. Was ist ein Vektorraum, fragen Sie sich? Eine flapsige Antwort wäre, ein Vektorraum ist der Ort, wo die Vektoren leben – und diese Antwort ist gar nicht so verkehrt. In diesem Kapitel geht es jedoch nur um die Vektoren, die in einen Vektorraum gehören. In Kapitel 13 finden Sie dann weitere wichtige Prozesse und Eigenschaften, die für die Einrichtung eines Vektorraums erforderlich sind.

Die Basis eines Vektorraums kennen lernen

Im Abschnitt »Mengen mit drei und vier und mehr Vektoren« weiter oben in diesem Kapitel habe ich Ihnen gesagt, dass eine Vektormenge nicht linear unabhängig sein kann, wenn sie mehr Vektoren als Zeilen pro Vektor enthält. Eine Menge linear unabhängiger Vektoren ist damit so etwas wie eine Grundmenge von Vektoren, von denen andere Vektoren mit Hilfe von Linearkombinationen abgeleitet werden können. Wenn Sie sich jedoch eine Vektormenge ansehen, woher wissen Sie dann, welches die Grundmenge ist und welche Vektoren von dieser Grundmenge abgeleitet wurden? Gibt es einen Abzählreim oder eine Begründung? Die Antworten auf diese Fragen haben mit dem Begriff der Basis zu tun.

Eine Menge von Vektoren $\{\vec{v}_1, \vec{v}_2, \ldots, \vec{v}_n\}$ bildet die *Basis* für einen Vektorraum, wenn die beiden folgenden Bedingungen zutreffen:

- ✔ Die Vektoren $\vec{v}_1, \vec{v}_2, \ldots, \vec{v}_n$ spannen den Vektorraum auf.
- ✔ Die Vektoren $\vec{v}_1, \vec{v}_2, \ldots, \vec{v}_n$ sind linear unabhängig.

In früheren Abschnitten dieses Kapitels finden Sie Informationen zur linearen Unabhängigkeit. Eine vollständige Beschreibung der *linearen Hülle* einer Vektormenge finden Sie in Kapitel 5. Hier sei noch einmal kurz der Begriff der *linearen Hülle* erklärt: Ein Vektor $\vec{v}$ liegt in der linearen Hülle einer Vektormenge S, wenn $\vec{v}$ das Ergebnis einer Linearkombination der Vektoren in S ist. Das Konzept der Basis vereinigt also zwei weitere Eigenschaften oder Konzepte: lineare Hülle und lineare Unabhängigkeit.

Erweiterung des Horizonts dank einer natürlichen Basis

Das allgemeinste Beispiel für eine Basis einer Menge stellen die Einheitsvektoren dar. Die 3 × 1-Einheitsvektoren bilden eine Basis für alle möglichen Vektoren in $\mathbb{R}^3$.

$$\begin{pmatrix}1\\0\\0\end{pmatrix}, \begin{pmatrix}0\\1\\0\end{pmatrix}, \begin{pmatrix}0\\0\\1\end{pmatrix}$$

Die Einheitsvektoren sind linear unabhängig, und für jeden beliebigen Vektor in $\mathbb{R}^3$ können Sie eine Linearkombination aus den Einheitsvektoren finden, die diesen erzeugt. Wenn Sie beispielsweise die Linearkombination der Einheitsvektoren zeigen wollen, die den speziellen Vektor erzeugt, der das Datum darstellt, an dem Apollo 11 auf dem Mond gelandet ist, erhalten Sie folgendes:

$$7\begin{pmatrix}1\\0\\0\end{pmatrix}+20\begin{pmatrix}0\\1\\0\end{pmatrix}+1969\begin{pmatrix}0\\0\\1\end{pmatrix}=\begin{pmatrix}7\\20\\1969\end{pmatrix}$$

Die 3 × 1-Einheitsvektoren sind also eine Basis für alle möglichen 3×1-Vektoren. Wenn die Einheitsvektoren als Basis für einen Vektorraum verwendet werden, dann sprechen wir von der *natürlichen Basis* oder *Standardbasis*.

Mit einer alternativen Basis eine andere Perspektive schaffen

Die einfachste, *natürlichste* Basis für alle 3 × 1-Vektoren ist die Menge der drei Einheitsvektoren. Die Einheitsvektoren sind aber nicht die einzige mögliche Vektormenge, mit der alle anderen 3 × 1-Vektoren erzeugt werden können. Die folgende Vektormenge beispielsweise ist ebenfalls eine Basis für alle 3 × 1-Vektoren (auch sie spannen $\mathbb{R}^3$ auf):

$$\begin{pmatrix}1\\1\\1\end{pmatrix}, \begin{pmatrix}0\\1\\0\end{pmatrix}, \begin{pmatrix}1\\2\\3\end{pmatrix}$$

Unter Verwendung der hier gezeigten Menge können Sie jeden möglichen 3 × 1-Vektor als Linearkombination der in dieser Menge enthaltenen Vektoren erzeugen. Ich habe sogar eine Formel, um festzustellen, welche Skalarmultiplikatoren in der Linearkombination einem beliebigen Vektor entsprechen. Wenn Sie den folgenden Vektor haben:

$$\begin{pmatrix}x\\y\\z\end{pmatrix}$$

dann verwenden Sie die Linearkombination

$$a_1\begin{pmatrix}1\\1\\1\end{pmatrix}+a_2\begin{pmatrix}0\\1\\0\end{pmatrix}+a_3\begin{pmatrix}1\\2\\3\end{pmatrix}=\begin{pmatrix}x\\y\\z\end{pmatrix},$$

um den Vektor zu erzeugen, mit

$$a_1=\frac{3x-z}{2},\ a_2=\frac{2y-x-z}{2},\ a_3=\frac{z-x}{2}$$

Um also den Vektor zu erzeugen, der die Mondlandung der Besatzung von Apollo 11 darstellt, verwende ich diese Linearkombination, setze die Zieldaten in die Formeln für die Skalare ein und prüfe das Ganze durch Multiplikation und Addition.

$$\begin{pmatrix}7\\20\\1969\end{pmatrix}=a_1\begin{pmatrix}1\\1\\1\end{pmatrix}+a_2\begin{pmatrix}0\\1\\0\end{pmatrix}+a_3\begin{pmatrix}1\\2\\3\end{pmatrix}$$

$$a_1=\frac{3x-z}{2}=\frac{3\cdot7-1969}{2}=\frac{-1948}{2}=-974$$

$$a_2=\frac{2y-x-z}{2}=\frac{2\cdot20-7-1969}{2}=\frac{-1936}{2}=-968$$

$$a_3=\frac{z-x}{2}=\frac{1969-7}{2}=\frac{1962}{2}=981$$

$$-974\begin{pmatrix}1\\1\\1\end{pmatrix}-968\begin{pmatrix}0\\1\\0\end{pmatrix}+981\begin{pmatrix}1\\2\\3\end{pmatrix}=\begin{pmatrix}-974-0+981\\-974-968+1962\\-974-0+2943\end{pmatrix}=\begin{pmatrix}7\\20\\1969\end{pmatrix}$$

Sie fragen sich vermutlich, woher ich diese wunderbaren Formeln für die Skalare in der Linearkombination erhalten habe. Ich zeige Ihnen diese Technik im Abschnitt »Bei der Suche nach der linearen Hülle die Basis bestimmen«. Hier wollte ich nur demonstrieren, dass ein Vektorraum mehrere unterschiedliche Basen haben kann.

Wie man eine Basis bestimmt

Eine Vektormenge B ist eine *Basis* für eine andere Vektormenge V, wenn die Vektoren in B linear unabhängig sind und die Vektoren aus B die Vektormenge V aufspannen. Wenn Sie also einige Vektoren als Basis in Betracht ziehen, müssen Sie zwei Dinge prüfen: lineare Unabhängigkeit und lineare Hülle. Um die lineare Unabhängigkeit ging es bereits weiter oben in diesem Kapitel, und die lineare Hülle wurde in Kapitel 5 erklärt; deshalb konzentriere ich mich hier nur darauf, in Frage kommende und nicht in Frage kommende Basen zu unterscheiden.

Bei der Suche nach der linearen Hülle die Basis bestimmen

Eine Vektormenge kann klein aber auch immens groß sein. Wenn Sie versuchen, alle Vektoren einer Größe zu erstellen, identifizieren Sie diese Vektoren unter Verwendung der Notation $\mathbb{R}^n$, wobei n die Anzahl der Zeilen in den Vektoren angibt. Ich werde Ihnen zunächst überschaubare Vektormengen zeigen, erweitere diese dann in Richtung unendlich.

Betrachten Sie die folgenden acht Vektoren und meine Methode, eine Basis zu finden.

$$\begin{pmatrix}1\\2\\1\end{pmatrix}, \begin{pmatrix}-1\\-1\\1\end{pmatrix}, \begin{pmatrix}1\\4\\5\end{pmatrix}, \begin{pmatrix}3\\4\\-1\end{pmatrix}, \begin{pmatrix}0\\1\\2\end{pmatrix}, \begin{pmatrix}4\\9\\6\end{pmatrix}, \begin{pmatrix}-2\\-3\\0\end{pmatrix}, \begin{pmatrix}1\\0\\-3\end{pmatrix}$$

Die Vektoren sind offensichtlich nicht linear unabhängig, weil es mehr Vektoren als Zeilen gibt. (Siehe auch Abschnitt »Mengen mit drei und vier und mehr Vektoren«.)

Ich suche eine Basis für die lineare Hülle der acht Vektoren. Die Menge der drei Einheitsvektoren wäre eine natürliche Basis, aber schaffe ich es auch mit weniger als drei Vektoren, die betreffende Basis zu bestimmen? Ich habe ein Verfahren, mit dem die Kandidaten für eine Basis der linearen Hülle ermittelt werden können.

Wenn die Vektoren $\vec{v}_1, \vec{v}_2, \ldots, \vec{v}_n$ gegeben sind, und Sie für die lineare Hülle dieser Vektoren Basisvektoren suchen, dann gehen Sie wie folgt vor:

1. **Bilden Sie die Linearkombination $a_1\vec{v}_1 + a_2\vec{v}_2 + \ldots a_n\vec{v}_n = 0$, wobei jedes a_i eine reelle Zahl ist.**
2. **Erstellen Sie die zugehörige erweiterte Matrix.**
3. **Transformieren Sie die Matrix in die reduzierte Zeilenstufenform.**
4. **Identifizieren Sie die Vektoren der ursprünglichen Matrix, die den Spalten mit den führenden Einsen in der reduzierten Matrix entsprechen (also den Spalten, deren erster von Null verschiedener Eintrag in der Zeile eine 1 ist).**

Unter Verwendung der acht Vektoren aus dem Beispiel schreibe ich die erweiterte Matrix und führe die Zeilenreduktionen durch.

$$\left(\begin{array}{cccccccc|c} 1 & -1 & 1 & 3 & 0 & 4 & -2 & 1 & 0 \\ 2 & -1 & 4 & 4 & 1 & 9 & -3 & 0 & 0 \\ 1 & 1 & 5 & -1 & 2 & 6 & 0 & -3 & 0 \end{array}\right)$$

$$\begin{array}{r} \\ -2Z_1 + Z_2 \rightarrow Z_2 \\ -1Z_1 + Z_3 \rightarrow Z_3 \end{array} \left(\begin{array}{cccccccc|c} 1 & -1 & 1 & 3 & 0 & 4 & -2 & 1 & 0 \\ 0 & 1 & 2 & -2 & 1 & 1 & 1 & -2 & 0 \\ 0 & 2 & 4 & -4 & 2 & 2 & 2 & -4 & 0 \end{array}\right)$$

$$\begin{array}{r} Z_2 + Z_1 \rightarrow Z_1 \\ \\ -2Z_2 + Z_3 \rightarrow Z_3 \end{array} \left(\begin{array}{cccccccc|c} 1 & 0 & 3 & 1 & 1 & 5 & -1 & -1 & 0 \\ 0 & 1 & 2 & -2 & 1 & 1 & 1 & -2 & 0 \\ 0 & 0 & 0 & 0 & 0 & 0 & 0 & 0 & 0 \end{array}\right)$$

Die beiden ersten Spalten in der reduzierten Treppenform haben führende Einsen. Diese beiden Spalten entsprechen den beiden ersten Vektoren in der Vektormenge. Eine Menge mit den beiden ersten Vektoren bildet also eine Basis für die acht Vektoren.

$$\begin{pmatrix}1\\2\\1\end{pmatrix}, \begin{pmatrix}-1\\-1\\1\end{pmatrix}$$

Aber halt! Was wäre, wenn Sie die Vektoren in einer anderen Reihenfolge geschrieben hätten? Was bedeutete das für die Basis? Betrachten Sie dieselben Vektoren in einer anderen Reihenfolge.

$$\begin{pmatrix}3\\4\\-1\end{pmatrix}, \begin{pmatrix}0\\1\\2\end{pmatrix}, \begin{pmatrix}4\\9\\6\end{pmatrix}, \begin{pmatrix}1\\2\\1\end{pmatrix}, \begin{pmatrix}1\\4\\5\end{pmatrix}, \begin{pmatrix}-2\\-3\\0\end{pmatrix}, \begin{pmatrix}-1\\-1\\1\end{pmatrix}, \begin{pmatrix}1\\0\\-3\end{pmatrix}$$

Jetzt schreibe ich die erweiterte Matrix und führe Zeilenoperationen durch.

$$\left(\begin{array}{cccccccc|c} 3 & 0 & 4 & 1 & 1 & -2 & -1 & 1 & 0\\ 4 & 1 & 9 & 2 & 4 & -3 & -1 & 0 & 0\\ -1 & 2 & 6 & 1 & 5 & 0 & 1 & -3 & 0 \end{array}\right)$$

$$-1Z_3 \rightarrow Z_1 \left(\begin{array}{cccccccc|c} 1 & -2 & -6 & -1 & -5 & 0 & -1 & 3 & 0\\ 4 & 1 & 9 & 2 & 4 & -3 & -1 & 0 & 0\\ 3 & 0 & 4 & 1 & 1 & -2 & -1 & 1 & 0 \end{array}\right)$$

$$\begin{array}{r} \\ -4Z_1 + Z_2 \rightarrow Z_2 \\ -3Z_1 + Z_3 \rightarrow Z_3 \end{array} \left(\begin{array}{cccccccc|c} 1 & -2 & -6 & -1 & -5 & 0 & -1 & 3 & 0\\ 0 & 9 & 33 & 6 & 24 & -3 & 3 & -12 & 0\\ 0 & 6 & 22 & 4 & 16 & -2 & 2 & -8 & 0 \end{array}\right)$$

$$\frac{1}{9}Z_2 \rightarrow Z_2 \left(\begin{array}{cccccccc|c} 1 & -2 & -6 & -1 & -5 & 0 & -1 & 3 & 0\\ 0 & 1 & \frac{11}{3} & \frac{2}{3} & \frac{8}{3} & -\frac{1}{3} & \frac{1}{3} & -\frac{4}{3} & 0\\ 0 & 6 & 22 & 4 & 16 & -2 & 2 & -8 & 0 \end{array}\right)$$

$$\begin{array}{r} \\ 2Z_2 + Z_1 \rightarrow Z_1 \\ -6Z_2 + Z_3 \rightarrow Z_3 \end{array} \left(\begin{array}{cccccccc|c} 1 & 0 & \frac{4}{3} & \frac{1}{3} & \frac{1}{3} & -\frac{2}{3} & -\frac{1}{3} & \frac{1}{3} & 0\\ 0 & 1 & \frac{11}{3} & \frac{2}{3} & \frac{8}{3} & -\frac{1}{3} & \frac{1}{3} & -\frac{4}{3} & 0\\ 0 & 0 & 0 & 0 & 0 & 0 & 0 & 0 & 0 \end{array}\right)$$

Auch hier haben die beiden ersten Spalten der reduzierten Matrix führende Einsen. Die beiden ersten Vektoren in der neuen Auflistung können also ebenfalls eine Basis für die lineare Hülle der Vektoren sein.

Mit Hilfe einer Regel eine Basis einer Liste zuordnen

Statt alle Vektoren in einer bestimmten Menge aufzulisten – sofern das überhaupt möglich ist –, beschreibt man die Vektoren in einer Menge auch häufig mit Hilfe einer Regel. Beispielsweise könnten Sie eine Menge von 3×1-Vektoren haben, wobei das erste und das zweite Element beliebig ausgewählt werden, und das dritte Element zweimal das erste Element minus dreimal das zweite Element ist. Diese Regel schreiben Sie wie folgt:

$$\left\{\begin{pmatrix} x_1 \\ x_2 \\ 2x_1 - 3x_2 \end{pmatrix}\right\}$$

Jetzt suchen Sie die Basis für ein paar Vektoren, obwohl Sie keine vollständige Auflistung besitzen. Stattdessen schreiben Sie einen Ausdruck, in dem die im Vektor gezeigte Regel als Summe von zwei Skalarvielfachen ausgedrückt wird.

$$\begin{pmatrix} x_1 \\ x_2 \\ 2x_1 - 3x_2 \end{pmatrix} = x_1\begin{pmatrix} 1 \\ 0 \\ 2 \end{pmatrix} + x_2\begin{pmatrix} 0 \\ 1 \\ -3 \end{pmatrix}$$

Die beiden Vektoren in der Linearkombination sind linear unabhängig, weil keiner ein Vielfaches des anderen ist. Alle Vektoren, die diese Bedingung erfüllen, können als Linearkombination der beiden unteren Vektoren geschrieben werden. Die Basis der Vektoren wird also mit Hilfe der Regel ermittelt als:

$$\begin{pmatrix} 1 \\ 0 \\ 2 \end{pmatrix}, \begin{pmatrix} 0 \\ 1 \\ -3 \end{pmatrix}$$

Erweiterung der Basis auf Matrizen und Polynome

Die Basis einer Menge von $n \times 1$-Vektoren erfüllt die Bedingungen der linearen Unabhängigkeit und der linearen Hülle. Die Basis muss die Menge erzeugen – und Sie müssen in der Lage sein, Linearkombinationen zu bilden, die alle Vektoren darstellen können –, und die Vektoren in der Basis müssen linear unabhängig sein. In diesem Abschnitt erkläre ich, wie sich die Basis auf Matrizen im Allgemeinen und selbst auf Polynome bezieht.

Die Matrizen betreten die Arena

Wenn wir uns mit linearer Hülle und linearer Unabhängigkeit bei $n \times 1$-Vektoren beschäftigen, dann müssen alle betrachteten Vektoren dieselbe Anzahl Zeilen haben. Analog dazu müssen alle Matrizen in einer Basis dieselbe Dimension haben.

Betrachten Sie beispielsweise die Menge S aus folgenden 3×2-Matrizen:

$$S = \left\{ \begin{pmatrix} 1 & 0 \\ 0 & 0 \\ 0 & 1 \end{pmatrix}, \begin{pmatrix} 0 & 1 \\ 0 & 0 \\ 1 & 0 \end{pmatrix}, \begin{pmatrix} 0 & 0 \\ 0 & 1 \\ 0 & 0 \end{pmatrix}, \begin{pmatrix} 0 & 0 \\ 1 & 0 \\ 0 & 0 \end{pmatrix} \right\}$$

Die lineare Hülle der Matrizen besteht aus allen Linearkombinationen der Form:

$$a_1 \begin{pmatrix} 1 & 0 \\ 0 & 0 \\ 0 & 1 \end{pmatrix} + a_2 \begin{pmatrix} 0 & 1 \\ 0 & 0 \\ 1 & 0 \end{pmatrix} + a_3 \begin{pmatrix} 0 & 0 \\ 0 & 1 \\ 0 & 1 \end{pmatrix} + a_4 \begin{pmatrix} 0 & 0 \\ 1 & 0 \\ 0 & 0 \end{pmatrix} = \begin{pmatrix} a_1 & a_2 \\ a_4 & a_3 \\ a_2 & a_1 + a_3 \end{pmatrix}$$

Alle 3×2-Matrizen, die aus der Linearkombination der Skalare und Matrizen entstehen, befinden sich also in der linearen Hülle der Matrizen. Um festzustellen, ob die vier Matrizen auch eine Basis für die Matrizen in der linearen Hülle bilden, müssen Sie sichergehen, dass die Matrizen linear unabhängig sind. Sie müssen also feststellen, ob es mehr als nur die Triviallösung gibt, wenn Sie die Linearkombination der Matrizen gleich der Nullmatrix setzen.

$$a_1 \begin{pmatrix} 1 & 0 \\ 0 & 0 \\ 0 & 1 \end{pmatrix} + a_2 \begin{pmatrix} 0 & 1 \\ 0 & 0 \\ 1 & 0 \end{pmatrix} + a_3 \begin{pmatrix} 0 & 0 \\ 0 & 1 \\ 0 & 1 \end{pmatrix} + a_4 \begin{pmatrix} 0 & 0 \\ 1 & 0 \\ 0 & 0 \end{pmatrix} = \begin{pmatrix} 0 & 0 \\ 0 & 0 \\ 0 & 0 \end{pmatrix}$$

$$\begin{pmatrix} a_1 & a_2 \\ a_4 & a_3 \\ a_2 & a_1 + a_3 \end{pmatrix} = \begin{pmatrix} 0 & 0 \\ 0 & 0 \\ 0 & 0 \end{pmatrix}$$

Die linearen Gleichungen, die aus dieser Matrixgleichung entstehen, sind $a_1 = 0$, $a_2 = 0$, $a_3 = 0$, $a_4 = 0$ und $a_1 + a_3 = 0$. Die einzige Lösung für dieses Gleichungssystem ist die Triviallösung, wobei jedes $a_i = 0$. Die Matrizen sind also linear unabhängig und die Menge S ist die Basis der Menge aller Matrizen, die das vorgegebene Format aufweisen.

Weiter zu den Polynomen

Wenn es um $n \times 1$-Vektoren geht, können Sie durch $\mathbb{R}^2$, $\mathbb{R}^3$, $\mathbb{R}^4$ usw., alle möglichen Vektoren repräsentieren, wenn $n = 2$, $n = 3$ bzw. $n = 4$. Als weiteren Schritt führe ich P^2, P^3, P^4 usw. ein, um Polynome zweiter Ordnung, Polynome dritter Ordnung, Polynome vierter Ordnung usw. darzustellen.

Ein Polynom ist eine Summe aus den Produkten ganzzahliger Potenzen einer Variablen und ihren Koeffizienten. Die allgemeine Form für ein Polynom lautet also $a_n x^n + a_{n-1} x^{n-1} + \ldots + a_2 x^2 + a_1 x^1 + a_0$. Der Grad des Polynoms entspricht dabei der höchsten Potenz, in der die Variable vorliegt.

Die Terme in der Menge $\{x^2, x, 1\}$ bilden die lineare Hülle von P^2, weil alle Polynome zweiten Grades das Ergebnis einer Linearkombination $a_2 x^2 + a_1 x^1 + a_0(1)$ sind. Die Elemente in der Menge sind linear unabhängig, weil $a_2 x^2 + a_1 x^1 + a_0(1) = 0$ nur für die Triviallösung gilt, bei der jeder Koeffizient 0 ist. Die Elemente in der Menge bilden also eine Basis für P^2.

Betrachten Sie jetzt eine bestimmte Basis für P^3. Sei die Menge $Q = \{x^3 + 3, 2x^2 - x, x + 1, 2\}$ und wir wollen bestimmen, ob Q tatsächlich P^3 aufspannt, und ob die Elemente in Q linear unabhängig sind.

Wenn man die Linearkombination $a_1(x^3 + 3) + a_2(2x^2 - x) + a_3(x + 1) + 2a_4$ schreibt, dann kann der Ausdruck vereinfacht werden zu $a_1 x^3 + 2a_2 x^2 + (-a_2 + a_3)x + (3a_1 + a_3 + 2a_4)$. Sei jetzt ein allgemeines Polynom dritten Grades dargestellt als $ax^3 + bx^2 + cx + d$. Dann richte ich ein Gleichungssystem ein, bei dem die Skalarmultiplikatoren den Koeffizienten entsprechen, so dass ich nach jedem a_i unter Verwendung der Koeffizienten im Polynom auflösen kann.

$$\begin{cases} a_1 = a \\ 2a_2 = b \\ -a_2 + a_3 = c \\ 3a_1 + a_2 + 2a_4 = d \end{cases}$$

Wenn wir jetzt nach den Werten von a_i auflösen, erhalten wir:

$$a_1 = a, a_2 = \frac{b}{2}, a_3 = \frac{b+2c}{2}, a_4 = \frac{-6a - b - 2c + 2d}{4}$$

Die Menge Q spannt ein Polynom dritten Grades auf, wenn die Multiplikatoren die Werte annehmen, die durch die Koeffizienten und Konstanten in den Polynomen bestimmt sind.

Um beispielsweise die Multiplikatoren der Terme in Q zu bestimmen, die benötigt werden, um das Polynom $x^3 + 4x^2 - 5x + 3$ zu schreiben, seien $a = 1$, $b = 4$, $c = -5$ und $d = 3$. Die Linearkombination wird zu

$$1\left(x^3 + 3\right) + \frac{4}{2}(2x^2 - x) + \frac{4 + 2(-5)}{2}(x+1) + \frac{-6 \cdot 1 - 4 - 2(-5) + 2 \cdot 3}{4}(2)$$
$$= 1(x^3 + 3) + 2(2x^2 - x) + (-3)(x+1) + \frac{3}{2} \cdot 2$$
$$= x^3 + 3 + 4x^2 - 2x - 3x - 3 + 3$$
$$= x^3 + 4x^2 - 5x + 3$$

Legendre

Adrien-Marie Legendre war ein französischer Mathematiker, der Ende des 18. Jahrhunderts bis Anfang des 19. Jahrhunderts lebte. Er leistete wesentliche Beiträge zu mehreren Bereichen der Mathematik, Statistik und Physik. Nachdem er sich zunächst mit den Flugbahnen von Kanonenkugeln beschäftigt hatte, stellte er sich verschiedenen Herausforderungen der Mathematik. Wenn Sie den Mond ansehen, sehen Sie vielleicht irgendwann auch den Legendre-Krater, benannt nach diesem Mathematiker.

Legendre legte wichtige Grundsteine und schuf Mathematik, die später vervollständigt oder von anderen bewiesen wurde. Ihm persönlich wird die Entwicklung der Methode der kleinste Quadrate zugeschrieben; sie wird verwendet, um Linien und Kurven an Datenpunkte anzupassen. Seine Arbeit beschäftigte sich mit Polynomen und umfasste Entdeckungen zu ihren Nullstellen bis hin zur Einführung von Strukturen, die als *Legendre-Polynome* bezeichnet werden und in verschiedenen Anwendungen in Mathematik, Physik sowie im Ingenieurswesen eine Rolle spielen.

Vom Sturm auf die Bastille im Jahr 1789 und durch die gesamte Französische Revolution wurde Legendre schwer getroffen – er verlor sein ganzes Geld. Er arbeitete jedoch weiter als Mathematiker, enthielt sich aller politischen Aktivitäten während der Revolution und entwickelte wichtige Beiträge.

Um schließlich auf lineare Unabhängigkeit zu prüfen, stellen Sie fest, ob Sie mehr als nur die Triviallösung haben. Lösen Sie das Gleichungssystem mit den Multiplikatoren auf, in dem die Linearkombination gleich 0 gesetzt ist.

$$\begin{cases} a_1 = 0 \\ 2a_2 = 0 \\ -a_2 + a_3 = 0 \\ 3a_1 + a_2 + 2a_4 = 0 \end{cases}$$

Die Multiplikatoren a_1 und a_2 sind gleich 0 gesetzt. Wenn man für a_2 0 einsetzt, erhält man in der dritten Gleichung ebenfalls $a_3 = 0$. Und wenn man 0 für a_1 und a_3 in der vierten Gleichung einsetzt, erhält man $a_4 = 0$. Es gibt nur die Triviallösung; die Elemente sind also linear unabhängig, und Q ist eine Basis für P^3.

Die Dimension basierend auf der Basis bestimmen

Die Dimension einer Matrix oder eines Vektors ist mit der Anzahl der Zeilen und Spalten in dieser Matrix bzw. in diesem Vektor verknüpft. Die Dimension eines Vektorraums (siehe Kapitel 13) ist die Anzahl der Vektoren in der Basis des Vektorraums. Ich werde hier auf den Dimensionsbegriff eingehen, um ihn mit dem allgemeinen Konzept der Basis aus diesem Kapitel in Verbindung zu bringen.

Im Abschnitt »Bei der Suche nach der linearen Hülle die Basis bestimmen« weiter oben in diesem Kapitel habe ich Ihnen gezeigt, dass Sie mehr als eine Basis für eine bestimmte lineare Hülle haben können – es gibt mehrere Möglichkeiten, aus einer kleineren Menge eine

Vektormenge zu erzeugen. Aber unabhängig davon, wie viele Basen eine lineare Hülle hat, enthält eine Basis immer dieselbe Anzahl an Vektoren. Betrachten Sie die folgenden beiden Vektormengen F und T:

$$F = \left\{ \begin{pmatrix} 1 \\ 0 \\ 0 \\ 0 \end{pmatrix}, \begin{pmatrix} 1 \\ 1 \\ 1 \\ 1 \end{pmatrix}, \begin{pmatrix} 0 \\ 1 \\ 0 \\ 1 \end{pmatrix}, \begin{pmatrix} 0 \\ 1 \\ 1 \\ 0 \end{pmatrix} \right\} \qquad T = \left\{ \begin{pmatrix} 1 \\ 4 \end{pmatrix}, \begin{pmatrix} 2 \\ -3 \end{pmatrix} \right\}$$

Wenn also F eine Basis für $\mathbb{R}^4$ ist und T eine Basis für $\mathbb{R}^2$, dann hat die lineare Hülle von F die Dimension 4, weil sie vier Vektoren enthält, und T hat die Dimension 2, weil diese Basis zwei Vektoren enthält.

Betrachten Sie die nächste Situation, wo Sie eine Vektormenge V haben, die eine weitere Vektormenge A erzeugt. Sie wollen eine Basis für V finden, um mehr über die Menge A zu erfahren.

$$V = \left\{ \begin{pmatrix} 1 \\ -2 \\ 5 \end{pmatrix}, \begin{pmatrix} -2 \\ 4 \\ -10 \end{pmatrix}, \begin{pmatrix} 3 \\ 1 \\ 1 \end{pmatrix}, \begin{pmatrix} 1 \\ 5 \\ -9 \end{pmatrix}, \begin{pmatrix} 5 \\ -3 \\ 11 \end{pmatrix} \right\}$$

Um die Basis zu finden, schreiben Sie die Vektoren aus V als erweiterte Matrix und durchlaufen die Zeilenreduktionen.

$$V = \begin{pmatrix} 1 & -2 & 3 & 1 & 5 \\ -2 & 4 & 1 & 5 & -3 \\ 5 & -10 & 1 & -9 & 11 \end{pmatrix} \rightarrow \begin{pmatrix} 1 & -2 & 3 & 1 & 5 \\ 0 & 0 & 7 & 7 & 7 \\ 0 & 0 & -14 & -14 & -14 \end{pmatrix}$$

$$\rightarrow \begin{pmatrix} 1 & -2 & 3 & 1 & 5 \\ 0 & 0 & 1 & 1 & 1 \\ 0 & 0 & 0 & 0 & 0 \end{pmatrix} \rightarrow \begin{pmatrix} 1 & -2 & 0 & -2 & 2 \\ 0 & 0 & 1 & 1 & 1 \\ 0 & 0 & 0 & 0 & 0 \end{pmatrix}$$

In reduzierter Stufenform hat die Matrix führende Einsen in der ersten und in der dritten Spalte, welche dem ersten und dritten Vektor in V entsprechen. Die Basis ist also

$$\left\{ \begin{pmatrix} 1 \\ -2 \\ 5 \end{pmatrix}, \begin{pmatrix} 3 \\ 1 \\ 1 \end{pmatrix} \right\}$$

Die Dimension ist 2.

Die Menge V enthält fünf Vektoren, aber was kann über die Vektormenge – alle Vektoren – gesagt werden, die in der linearen Hülle der Basis enthalten sind? Vielleicht wollen Sie Ihre Vektormenge auf mehr als fünf Vektoren vergrößern. Schreiben Sie die Linearkombinationen aus den Vektoren der Basis und die entsprechenden Gleichungen.

$$a_1\begin{pmatrix}1\\-2\\5\end{pmatrix}+a_2\begin{pmatrix}3\\1\\1\end{pmatrix}=\begin{pmatrix}x\\y\\z\end{pmatrix}$$

$$\begin{cases}a_1+3a_2=x\\-2a_1+a_2=y\\5a_1+a_2=z\end{cases}$$

Wenn Sie nach a_1 und a_2 auflösen, erhalten Sie:

$$a_1=\frac{x-3y}{7},\ a_2=\frac{3x+y}{7}\text{ oder }a_3=\frac{-5x+z}{-14}$$

Weil es für die Auswahlmöglichkeiten für x, y und z keine Einschränkungen gibt, können Sie einen beliebigen 3×1-Vektor erzeugen. Sie haben damit eine Basis für $\mathbb{R}^3$.

Dinge ändern sich: Lineartransformationen (lineare Abbildungen)

8

In diesem Kapitel...

- Lineartransformationen beschreiben und untersuchen
- Die Eigenschaften von Lineartransformationen ergründen
- Lineartransformationen als Drehungen, Spiegelungen und Translationen interpretieren
- Kern und Bild einer Lineartransformation bestimmen

Vielleicht sind Sie alt genug (oder jung genug im Herzen geblieben), sich an die Transformer-Figuren zu erinnern – und die Faszination, die davon ausging. Wahrscheinlich wussten Sie damals (wenn Sie ein Transformer-Fan waren) gar nicht, dass Sie damit auf ein relativ ernstes Thema aus der Mathematik vorbereitet werden. Einige Transformationen in der Geometrie werden durchgeführt, indem Objekte systematisch bewegt werden, ohne dass ihre Form oder Größe sich dabei ändern. Andere Transformationen wiederum führen zu größeren geometrischen Verwandlungen. Selbst Lineartransformationen beinhalten einige geometrische Transformationsprozesse. Die Lineartransformationen in diesem Kapitel jedoch weisen einige Einschränkungen auf und eröffnen gleichzeitig viel mehr mathematische Möglichkeiten.

In diesem Kapitel beschreibe ich, worum es sich bei Lineartransformationen handelt. Anschließend zeige ich Ihnen ein paar Beispiele für Lineartransformationen. Ich stelle Ihnen viele der funktionalen Eigenschaften von Lineartransformationen vor. Und schließlich beschreibe ich Kern und Bild einer Lineartransformation – zwei sehr unterschiedliche Konzepte, die über den Transformationsoperator verknüpft sind.

Lineartransformationen formulieren

Lineartransformationen sind sehr spezielle Prozesse in der Mathematik. Häufig beinhalten sie mathematische Strukturen wie Vektoren und Matrizen und verwenden mathematische Operationen. Zu den von Lineartransformationen verwendeten Operationen gehören auch die ganz normale Addition und Multiplikation. Andere sind spezifisch für die jeweilige mathematische Struktur, auf die die Operation angewendet wird.

In diesem Abschnitt lege ich das Fundament für das, was Lineartransformationen ausmacht. In späteren Abschnitten zeige ich Ihnen Beispiele für verschiedene Arten von Lineartransformationen – und wenn es sein muss, zeichne ich Ihnen dafür sogar Bilder.

Die richtige Sprache für Lineartransformationen

In der Mathematik ist eine *Transformation* eine Operation, Funktion oder Abbildung, bei der eine Elementmenge in eine andere Elementmenge umgewandelt wird. Beispielsweise nimmt die Funktion $f(x) = 2x$ eine beliebige Zahl aus der Menge der ganzen Zahlen und wandelt sie in eine gerade Zahl um (was sie auch vorher bereits gewesen sein kann). Die Absolutwertfunktion, $f(x) = |x|$, nimmt eine beliebige Zahl und wandelt sie in eine nicht negative Zahl um, die auch vorher nicht negativ gewesen sein muss. Und erst recht faszinierend sind die trigonometrischen Funktionen. Die trigonometrische Funktion sin (x) nimmt ein Winkelmaß (in Grad oder im Bogenmaß) und wandelt es in eine reelle Zahl um.

Eine *Lineartransformation* ist eine spezielle Transformation, bei der eine Vektormenge in eine andere Vektormenge umgewandelt wird. Dazu wird ein *linearer Operator* (eine lineare Abbildung) angewendet. Ebenfalls zur Definition einer Lineartransformation gehört, dass die Mengen und der Operator durch die beiden folgenden Eigenschaften beschränkt sind:

- ✔ Die Transformation der Summe von zwei Vektoren aus der Menge führt zum selben Ergebnis wie die Transformation der einzelnen Vektoren und anschließende Addition dieser Ergebnisvektoren.
- ✔ Die Transformation eines skalaren Vielfachen eines Vektors führt zum selben Ergebnis wie die Transformation des Vektors und die anschließende Multiplikation dieses Ergebnisses mit dem Skalar.

Die Umwandlung bei einer Transformation

Man kann zwar in Worten beschreiben, wie eine Lineartransformation eine Vektormenge verändert, aber häufig ist es besser, die Lineartransformation anhand von Beispielen zu erklären.

Betrachten Sie die folgende Lineartransformation, die ich mit dem Großbuchstaben T bezeichne. Die Beschreibung von T lautet:

$$\mathrm{T}: \mathrm{R}^3 \rightarrow \mathrm{R}^2, \text{ mit}$$

$$\mathrm{T}\left(\begin{pmatrix} x \\ y \\ z \end{pmatrix}\right) = \begin{pmatrix} x+y \\ y-z \end{pmatrix}$$

Man sagt: »Die Transformation T nimmt einen 3×1-Vektor und wandelt ihn in einen 2×1-Vektor um. Die Einträge im 2×1-Vektor sind eine Summe und eine Differenz von Einträgen aus dem 3×1-Vektor.«

Nachdem Sie definiert haben, was eine bestimmte Transformation leisten soll, geben Sie mit $\mathrm{T}(\vec{v})$ an, dass Sie diese Transformation auf einen Vektor $\vec{v}$ anwenden wollen.

Wenn Sie also $T(\vec{v})$ für den folgenden Vektor **v** ausführen wollen, erhalten Sie:

$$\vec{v} = \begin{pmatrix} 4 \\ 2 \\ -3 \end{pmatrix} \quad T(\vec{v}) = T\left(\begin{pmatrix} 4 \\ 2 \\ -3 \end{pmatrix}\right) = \begin{pmatrix} 4+2 \\ 2-(-3) \end{pmatrix} = \begin{pmatrix} 6 \\ 5 \end{pmatrix}$$

Der lineare Operator (die Vorschrift, die die Transformation beschreibt) einer Lineartransformation könnte z. B. auch die Multiplikation einer Matrix mit dem betrachteten Vektor sein. Wenn Sie beispielsweise eine Matrix A gegeben haben, dann bedeutet die Notation $T(\vec{x}) = A\vec{x}$ folgendes. »Die Transformation T für den Vektor $\vec{x}$ erfolgt, indem die Matrix A mit dem Vektor $\vec{x}$ multipliziert wird.« Wenn eine Lineartransformation unter Verwendung der Matrixmultiplikation definiert ist, dann müssen die Eingabevektoren alle eine bestimmte Dimension haben, so dass sie mit der Matrix multipliziert werden können. (Warum die richtige Dimension erforderlich ist, wird in Kapitel 3 genauer beschrieben.)

Betrachten Sie beispielsweise die Transformation mit der nachfolgend gezeigten Matrix A. Die Transformation ist $T(\vec{x}) = A\vec{x}$ (auch als $A * \vec{x}$ geschrieben). Die Matrix A kann jeden beliebigen 3×1-Vektor multiplizieren; das Ergebnis ist dann ebenfalls ein 3×1-Vektor.

$$A = \begin{pmatrix} 2 & 0 & 1 \\ 3 & 1 & -1 \\ 4 & 3 & 9 \end{pmatrix}$$

Die Lineartransformation T für den Vektor $\vec{v}$ sieht wie nachfolgend gezeigt aus:

$$\vec{x} = \begin{pmatrix} 5 \\ 1 \\ -2 \end{pmatrix} \quad T(\vec{x}) = A * \vec{x} = \begin{pmatrix} 2 & 0 & 1 \\ 3 & 1 & -1 \\ 4 & 3 & 0 \end{pmatrix} * \begin{pmatrix} 5 \\ 1 \\ -2 \end{pmatrix} = \begin{pmatrix} 10+0-2 \\ 15+1+2 \\ 20+3+0 \end{pmatrix} = \begin{pmatrix} 8 \\ 18 \\ 23 \end{pmatrix}$$

Beim folgenden Beispiel, wo der Transformationsoperator auch aus einer Matrix besteht, haben Matrix, die abzubildenden Vektoren und die Abbildungen der Vektoren alle unterschiedliche Dimensionen. Betrachten Sie etwa die Lineartransformation W, mit $W(\vec{v}) = B\vec{v}$. Beachten Sie, dass die Matrix B die Dimension 2×3 hat, der Vektor $\vec{v}$ die Dimension 3×1 und die Abbildungen der Vektoren die Dimension 2×1.

$$B = \begin{pmatrix} 2 & 3 & 0 \\ -1 & -2 & 3 \end{pmatrix} \quad \vec{v} = \begin{pmatrix} 5 \\ 1 \\ -2 \end{pmatrix}$$

$$W(\vec{v}) = B * \vec{v} = \begin{pmatrix} 2 & 3 & 0 \\ -1 & -2 & 3 \end{pmatrix} * \begin{pmatrix} 5 \\ 1 \\ -2 \end{pmatrix} = \begin{pmatrix} 10+3+0 \\ -5-2-6 \end{pmatrix} = \begin{pmatrix} 13 \\ -13 \end{pmatrix}$$

Warum und wie diese Dimensionsänderung nach der Matrixmultiplikation stattfindet, erfahren Sie ebenfalls in Kapitel 3.

Die Anforderungen an die Lineartransformation

Die beiden Eigenschaften, durch die eine Transformation zu einer *Lineartransformation* wird, betreffen die Vektoraddition und die Skalarmultiplikation. Beide Eigenschaften bedingen, dass Sie dasselbe Ergebnis erhalten, egal ob Sie die Transformation auf eine Summe oder ein Produkt *nach* der Operation anwenden, oder ob Sie zuerst die Transformation anwenden und *dann* die Operation.

Wenn T eine Lineartransformation ist und $\vec{u}$ und $\vec{v}$ Vektoren und *c* ein Skalar sind, dann gilt:

- ✔ $T(\vec{u} + \vec{v}) = T(\vec{u}) + T(\vec{v})$
- ✔ $T(c\vec{v}) = cT(\vec{v})$

Betrachten Sie beispielsweise die Lineartransformation T, die 2 × 1-Vektoren in 3 × 1-Vektoren umwandelt:

$$T\left(\begin{pmatrix} x \\ y \end{pmatrix}\right) = \begin{pmatrix} x - y \\ x + y \\ 3x \end{pmatrix}$$

Ich zeige hier die erste der beiden Bedingungen – die für die Addition –, die gelten müssen, damit die Transformation T eine Lineartransformation ist. Dazu verwende ich beliebige Vektoren $\vec{u}$ und $\vec{v}$. Zunächst werden die beiden Vektoren addiert und die Transformation wird auf das Ergebnis angewendet. Anschließend zeige ich, wie die Transformation für die beiden ursprünglichen Vektoren ausgeführt und dann die Transformationsergebnisse addiert werden.

$$\vec{u} = \begin{pmatrix} 6 \\ -5 \end{pmatrix},\ \vec{v} = \begin{pmatrix} -4 \\ -1 \end{pmatrix},\ T\left(\begin{pmatrix} x \\ y \end{pmatrix}\right) \to \begin{pmatrix} x - y \\ x + y \\ 3x \end{pmatrix}$$

$$T(\vec{u}+\vec{v}) = T\left(\begin{pmatrix} 6 \\ -5 \end{pmatrix} + \begin{pmatrix} -4 \\ -1 \end{pmatrix}\right) = T\left(\begin{pmatrix} 2 \\ -6 \end{pmatrix}\right) = \begin{pmatrix} 2-(-6) \\ 2+(-6) \\ 3\cdot 2 \end{pmatrix} = \begin{pmatrix} 8 \\ -4 \\ 6 \end{pmatrix}$$

$$T(\vec{u}) + T(\vec{v}) = T\left(\begin{pmatrix} 6 \\ -5 \end{pmatrix}\right) + T\left(\begin{pmatrix} -4 \\ -1 \end{pmatrix}\right)$$

$$= \begin{pmatrix} 6-(-5) \\ 6+(-5) \\ 3\cdot 6 \end{pmatrix} + \begin{pmatrix} -4-(-1) \\ -4+(-1) \\ 3\cdot -4 \end{pmatrix} = \begin{pmatrix} 11 \\ 1 \\ 18 \end{pmatrix} + \begin{pmatrix} -3 \\ -5 \\ -12 \end{pmatrix} = \begin{pmatrix} 8 \\ -4 \\ 6 \end{pmatrix}$$

Die Endergebnisse sind dieselben – genau so, wie es sein sollte.

Jetzt zeige ich unter Verwendung des Vektors $\vec{u}$ und des Skalars $c = 5$ die Bedingung mit der Skalarmultiplikation.

$$T(c\vec{u}) = T\left(5\begin{pmatrix}6\\-5\end{pmatrix}\right) = T\left(\begin{pmatrix}30\\-25\end{pmatrix}\right) = \begin{pmatrix}30-(-25)\\30+(-25)\\3\cdot 30\end{pmatrix} = \begin{pmatrix}55\\5\\90\end{pmatrix}$$

$$cT(\vec{u}) = 5T\begin{pmatrix}6\\-5\end{pmatrix} = 5\begin{pmatrix}6-(-5)\\6+(-5)\\3\cdot 6\end{pmatrix} = 5\begin{pmatrix}11\\1\\18\end{pmatrix} = \begin{pmatrix}55\\5\\90\end{pmatrix}$$

Auch hier sind die Ergebnisse gleich.

Erkennen, wann eine Transformation eine Lineartransformation ist

Im Abschnitt »Die Anforderungen für Lineartransformationen« habe ich Ihnen gezeigt, wie die Vorschriften für eine Lineartransformation funktionieren. Da ich von vornherein eine Lineartransformation zugrunde gelegt habe, funktionieren die Regeln natürlich. Aber woran erkennt man eigentlich, dass eine Transformation tatsächlich eine Lineartransformation ist? Wenn Sie einen Kandidaten haben und feststellen wollen, ob es sich um eine Lineartransformation handelt, könnten Sie beliebige Vektoren auswählen und versuchen, die Bedingungen zu überprüfen. Aber vielleicht haben Sie ja einfach nur Glück und wählen zufällig die einzigen Vektoren aus, die funktionieren – und übersehen genauso zufällig diejenigen, für die die Additions- und die Multiplikationsbedingung nicht gelten. Statt also zu versuchen, alle möglichen Vektoren auszuprobieren (was in der Regel sehr unpraktisch, wenn nicht gar unmöglich ist), wenden Sie die Transformationsvorschrift auf irgendeinen allgemeinen Vektor an und stellen fest, ob die Bedingungen erfüllt sind.

Ein Verfahren entwickeln, mit dem Sie feststellen können, ob eine Lineartransformation vorliegt

Ich verwende hier dieselbe Transformation T, wie im vorigen Abschnitt beschrieben, sowie zwei allgemeine Vektoren $\vec{u}$ und $\vec{v}$. Zuerst beweise ich, dass die Transformation einer Vektorsumme dasselbe ist wie die Summe der Transformationen der Vektoren.

T und die Vektoren $\vec{u}$ und $\vec{v}$:

$$T\left(\begin{pmatrix}x\\y\end{pmatrix}\right) = \begin{pmatrix}x-y\\x+y\\3x\end{pmatrix}, \quad \vec{u} = \begin{pmatrix}u_1\\u_2\end{pmatrix}, \quad \vec{v} = \begin{pmatrix}v_1\\v_2\end{pmatrix}$$

Jetzt überprüfe ich, ob die Bedingung bezüglich Addition und Transformation für alle Kandidatenvektoren erfüllt ist.

$$\mathrm{T}(\vec{\mathrm{u}}+\vec{\mathrm{v}}) = \mathrm{T}\left(\begin{pmatrix} u_1 \\ u_2 \end{pmatrix} + \begin{pmatrix} v_1 \\ v_2 \end{pmatrix}\right) = \mathrm{T}\left(\begin{pmatrix} u_1 + v_1 \\ u_2 + v_2 \end{pmatrix}\right)$$

$$= \begin{pmatrix} u_1 + v_1 - (u_2 + v_2) \\ u_1 + v_1 + (u_2 + v_2) \\ 3(u_1 + v_1) \end{pmatrix} = \begin{pmatrix} u_1 + v_1 - u_2 - v_2 \\ u_1 + v_1 + u_2 + v_2 \\ 3u_1 + 3v_1 \end{pmatrix}$$

$$\mathrm{T}(\vec{\mathrm{u}}) + \mathrm{T}(\vec{\mathrm{v}}) = \mathrm{T}\left(\begin{pmatrix} u_1 \\ u_2 \end{pmatrix}\right) + \mathrm{T}\left(\begin{pmatrix} v_1 \\ v_2 \end{pmatrix}\right)$$

$$= \begin{pmatrix} u_1 - u_2 \\ u_1 + u_2 \\ 3u_1 \end{pmatrix} + \begin{pmatrix} v_1 - v_2 \\ v_1 + v_2 \\ 3v_1 \end{pmatrix} = \begin{pmatrix} u_1 + v_1 - u_2 - v_2 \\ u_1 + v_1 + u_2 + v_2 \\ 3u_1 + 3v_1 \end{pmatrix}$$

Die Summen (und Differenzen) in den beiden Endergebnissen sind gleich.

Jetzt muss ich noch zeigen, dass die Transformation des skalaren Vielfachen gleich dem Skalar multipliziert mit der Transformation ist:

$$\mathrm{T}(c\vec{\mathrm{u}}) = \mathrm{T}\left(c\begin{pmatrix} u_1 \\ u_2 \end{pmatrix}\right) = \mathrm{T}\left(\begin{pmatrix} cu_1 \\ cu_2 \end{pmatrix}\right) = \begin{pmatrix} cu_1 - cu_2 \\ cu_1 + cu_2 \\ 3cu_1 \end{pmatrix}$$

$$c\mathrm{T}(\vec{\mathrm{u}}) = c\mathrm{T}\left(\begin{pmatrix} u_1 \\ u_2 \end{pmatrix}\right) = c\begin{pmatrix} u_1 - u_2 \\ u_1 + u_2 \\ 3u_1 \end{pmatrix} = \begin{pmatrix} c(u_1 - u_2) \\ c(u_1 + u_2) \\ c(3u_1) \end{pmatrix} = \begin{pmatrix} cu_1 - cu_2 \\ cu_1 + cu_2 \\ 3cu_1 \end{pmatrix}$$

Fertig! Das ist die Bestätigung!

Nichtlineare Transformationen aussortieren

Eine Transformation wird nur dann als Lineartransformation bezeichnet, wenn die beiden operationalen Bedingungen erfüllt sind. Die nachfolgend gezeigte Transformation W beispielsweise erfüllt die Additionsbedingung nicht.

$$\mathrm{W}\left(\begin{pmatrix} x \\ y \end{pmatrix}\right) \rightarrow \begin{pmatrix} x + y \\ y + 1 \end{pmatrix}, \quad \vec{\mathrm{u}} = \begin{pmatrix} u_1 \\ u_2 \end{pmatrix}, \quad \vec{\mathrm{v}} = \begin{pmatrix} v_1 \\ v_2 \end{pmatrix}$$

$$\mathrm{W}(\vec{\mathrm{u}}+\vec{\mathrm{v}}) = \mathrm{W}\left(\begin{pmatrix} u_1 \\ u_2 \end{pmatrix} + \begin{pmatrix} v_1 \\ v_2 \end{pmatrix}\right) = \mathrm{W}\left(\begin{pmatrix} u_1 + v_1 \\ u_2 + u_2 \end{pmatrix}\right) = \begin{pmatrix} u_1 + v_1 + u_2 + v_2 \\ u_2 + v_2 + 1 \end{pmatrix}$$

$$\mathrm{W}(\vec{\mathrm{u}}) + \mathrm{W}(\vec{\mathrm{v}}) = \mathrm{W}\left(\begin{pmatrix} u_1 \\ u_2 \end{pmatrix}\right) + \mathrm{W}\left(\begin{pmatrix} v_1 \\ v_2 \end{pmatrix}\right)$$

$$= \begin{pmatrix} u_1 + u_2 \\ u_2 + 1 \end{pmatrix} + \begin{pmatrix} v_1 + v_2 \\ v_2 + 1 \end{pmatrix} = \begin{pmatrix} u_1 + v_1 + u_2 + v_2 \\ u_2 + v_2 + 2 \end{pmatrix}$$

Die Ergebnisvektoren stimmen nicht überein.

Die nächste Transformation, S, erfüllt die Eigenschaft der Skalarmultiplikation nicht.

$$\mathrm{S}\left(\begin{pmatrix} x \\ y \\ z \end{pmatrix}\right) \rightarrow \begin{pmatrix} 1 \\ z \\ x \end{pmatrix}, \quad \vec{\mathrm{u}} = \begin{pmatrix} u_1 \\ u_2 \\ u_3 \end{pmatrix}$$

$$\mathrm{S}(c\vec{\mathrm{u}}) = \mathrm{S}\left(c\begin{pmatrix} u_1 \\ u_2 \\ u_3 \end{pmatrix}\right) = \mathrm{S}\left(\begin{pmatrix} cu_1 \\ cu_2 \\ cu_3 \end{pmatrix}\right) = \begin{pmatrix} 1 \\ cu_3 \\ cu_1 \end{pmatrix}$$

$$c\mathrm{S}(\vec{\mathrm{u}}) = c\mathrm{S}\left(\begin{pmatrix} u_1 \\ u_2 \\ u_3 \end{pmatrix}\right) = c\begin{pmatrix} 1 \\ u_3 \\ u_1 \end{pmatrix} = \begin{pmatrix} c \\ cu_3 \\ cu_1 \end{pmatrix}$$

Die jeweils obersten Einträge der beiden Endergebnisse stimmen nicht überein. Die Vektoren sind unterschiedlich.

Eigenschaften von Lineartransformationen

Die Definition einer Lineartransformation beinhaltet zwei Operationen und deren Eigenschaften. Aber auch viele andere Eigenschaften der Algebra gelten für lineare Operationen, wenn ein oder mehrere Vektoren oder Transformationen beteiligt sind. Einige solche algebraische Eigenschaften, die für Lineartransformationen gelten, sind Kommutativität, Assoziativität, Distributivität und der Umgang mit der 0.

Summeneigenschaften im Überblick

In der Algebra besagt die *Assoziativeigenschaft der Addition*, dass Sie beim Addieren von drei Termen x, y und z dasselbe Ergebnis erhalten, egal ob Sie die Summe von x und y zu z addieren, oder ob Sie x zur Summe von y und z addieren. In algebraischer Notation lautet die Assoziativeigenschaft der Addition $(x + y) + z = x + (y + z)$.

Die Assoziativeigenschaft der Addition gilt für Lineartransformationen, wenn Sie mehrere Transformationen für einen Vektor durchführen.

Für den Vektor $\vec{\mathrm{v}}$ und die Lineartransformationen T_1, T_2 und T_3 gilt:

$$[\mathrm{T}_1(\vec{\mathrm{v}}) + \mathrm{T}_2(\vec{\mathrm{v}})] + \mathrm{T}_3(\vec{\mathrm{v}}) = \mathrm{T}_1(\vec{\mathrm{v}}) + [\mathrm{T}_2(\vec{\mathrm{v}}) + \mathrm{T}_3(\vec{\mathrm{v}})]$$

oder einfacher ausgedrückt:

$$[\mathrm{T}_1 + \mathrm{T}_2] + \mathrm{T}_3 = \mathrm{T}_1 + [\mathrm{T}_2 + \mathrm{T}_3]$$

Seien beispielsweise T_1, T_2 und T_3 Lineartransformationen, die wie folgt definiert sind:

$$T_1\left(\begin{pmatrix} x \\ y \end{pmatrix}\right)=\begin{pmatrix} x \\ 2x \\ -y \end{pmatrix},\quad T_2\left(\begin{pmatrix} x \\ y \end{pmatrix}\right)=\begin{pmatrix} y \\ 2y \\ x+y \end{pmatrix},\quad T_3\left(\begin{pmatrix} x \\ y \end{pmatrix}\right)=\begin{pmatrix} 2x \\ x \\ 3y \end{pmatrix}$$

Vergleicht man die beiden unterschiedlichen Gruppierungen, die durch die Assoziativeigenschaft definiert sind, und wendet man die Transformationen an, erhält man schließlich dasselbe Ergebnis.

$$\left[T_1\left(\begin{pmatrix} v_1 \\ v_2 \end{pmatrix}\right)+T_2\left(\begin{pmatrix} v_1 \\ v_2 \end{pmatrix}\right)\right]+T_3\left(\begin{pmatrix} v_1 \\ v_2 \end{pmatrix}\right)=$$

$$\left[\begin{pmatrix} v_1 \\ 2v_1 \\ -v_2 \end{pmatrix}+\begin{pmatrix} v_2 \\ 2v_2 \\ v_1+v_2 \end{pmatrix}\right]+\begin{pmatrix} 2v_1 \\ v_1 \\ 3v_2 \end{pmatrix}=\begin{pmatrix} v_1+v_2 \\ 2v_1+2v_2 \\ v_1 \end{pmatrix}+\begin{pmatrix} 2v_1 \\ v_1 \\ 3v_2 \end{pmatrix}=\begin{pmatrix} 3v_1+v_2 \\ 3v_1+2v_2 \\ v_1+3v_2 \end{pmatrix}$$

$$T_1\left(\begin{pmatrix} v_1 \\ v_2 \end{pmatrix}\right)+\left[T_2\left(\begin{pmatrix} v_1 \\ v_2 \end{pmatrix}\right)+T_3\left(\begin{pmatrix} v_1 \\ v_2 \end{pmatrix}\right)\right]=$$

$$\begin{pmatrix} v_1 \\ 2v_1 \\ -v_2 \end{pmatrix}+\left[\begin{pmatrix} v_2 \\ 2v_2 \\ v_1+v_2 \end{pmatrix}+\begin{pmatrix} 2v_1 \\ v_1 \\ 3v_2 \end{pmatrix}\right]=\begin{pmatrix} v_1 \\ 2v_1 \\ -v_2 \end{pmatrix}+\begin{pmatrix} 2v_1+v_2 \\ v_1+2v_2 \\ v_1+4v_2 \end{pmatrix}=\begin{pmatrix} 3v_1+v_2 \\ 3v_1+2v_2 \\ v_1+3v_2 \end{pmatrix}$$

Die Kommutativeigenschaft ist in der Algebra sowie in anderen Bereichen der Mathematik wichtig, weil Sie über mehr Flexibilität verfügen, wenn die Reihenfolge keine Rolle spielt. Die Addition reeller Zahlen ist kommutativ, weil Sie zwei Zahlen in jeder beliebigen Reihenfolge addieren können und dabei immer dieselbe Lösung erhalten: $x + y = y + x$. Die Subtraktion ist nicht kommutativ, weil Sie eine andere Lösung erhalten, je nachdem, ob Sie 10 – 7 rechnen oder ob Sie 7 – 10 rechnen.

Die Kommutativeigenschaft der Addition gilt für Lineartransformationen, wenn Sie mehr als eine Transformation für einen Vektor durchführen.

Gegeben seien der Vektor $\vec{v}$ und die Lineartransformationen T_1 und T_2:

$T_1(\vec{v}) + T_2(\vec{v}) = T_2(\vec{v}) + T_1(\vec{v})$

oder einfacher ausgedrückt:

$T_1 + T_2 = T_2 + T_1$

Bei Betrachtung der nachfolgenden Lineartransformationen T1 und T2 erkennen Sie, dass die Reihenfolge nichts am Endergebnis ändert.

$$T_1\left(\begin{pmatrix} x \\ y \end{pmatrix}\right) = \begin{pmatrix} x \\ 2x \\ x+3y \end{pmatrix}, \quad T_2\left(\begin{pmatrix} x \\ y \end{pmatrix}\right) = \begin{pmatrix} y \\ -2y \\ x+y \end{pmatrix}$$

$$T_1\left(\begin{pmatrix} v_1 \\ v_1 \end{pmatrix}\right) + T_2\left(\begin{pmatrix} v_1 \\ v_2 \end{pmatrix}\right) = \begin{pmatrix} v_1 \\ 2v_1 \\ v_1+3v_2 \end{pmatrix} + \begin{pmatrix} v_2 \\ -2v_2 \\ v_1+v_2 \end{pmatrix} = \begin{pmatrix} v_1+v_2 \\ 2v_1-2v_2 \\ 2v_1+4v_2 \end{pmatrix}$$

$$T_2\left(\begin{pmatrix} v_1 \\ v_1 \end{pmatrix}\right) + T_1\left(\begin{pmatrix} v_1 \\ v_2 \end{pmatrix}\right) = \begin{pmatrix} v_2 \\ -2v_2 \\ v_1+v_2 \end{pmatrix} + \begin{pmatrix} v_1 \\ 2v_1 \\ v_1+3v_2 \end{pmatrix} = \begin{pmatrix} v_1+v_2 \\ 2v_1-2v_2 \\ 2v_1+4v_2 \end{pmatrix}$$

Weil die Addition von Vektoren und Matrizen den Regeln zur korrekten Dimension entsprechen muss, gilt diese Kommutativeigenschaft nur dann, wenn sie sinnvoll ist. Weitere Informationen über die Dimension und die Addition von Matrizen finden Sie in Kapitel 3.

Die Verkettung (Komposition) von Transformationen und einige Eigenschaften

Die Verkettung von Transformationen ist eigentlich eine *eingebettete* Operation. Obwohl man die Zusammensetzung so schreibt, als würde Transformation T_1 gefolgt von der Transformation T_2, ist es tatsächlich umgekehrt: Sie führen zuerst die Transformation T_2 für den Vektor $\vec{v}$ und dann die Transformation T_1 für das Ergebnis aus.

Die Verkettung von Transformationen ist definiert als $(T_1T_2)(\vec{v}) = T_1(T_2(\vec{v}))$.

Die Verkettung von Transformationen ist davon abhängig, dass die Vektoren und Matrizen die richtige Dimension haben. Wenn die Transformation T_1 eine Vorschrift hat, die für 3×1-Vektoren ausgeführt wird, dann muss die Transformation T_2 auch 3×1-Vektoren als Ergebnis erzeugen.

Betrachten Sie beispielsweise die beiden folgenden Transformationen T_1 und T_2 und die Verkettung der Transformationen für den ausgewählten Vektor:

$$T_1\left(\begin{pmatrix} x \\ y \\ z \end{pmatrix}\right) = \begin{pmatrix} x-y \\ 2z \\ x-3y \end{pmatrix}, \quad T_2\left(\begin{pmatrix} x \\ y \end{pmatrix}\right) = \begin{pmatrix} y \\ -2y \\ x+3y \end{pmatrix}$$

$$T_1\left(T_2\begin{pmatrix} 4 \\ -3 \end{pmatrix}\right) = T_1\left(\begin{pmatrix} -3 \\ 6 \\ -5 \end{pmatrix}\right) = \begin{pmatrix} -9 \\ -10 \\ -21 \end{pmatrix}$$

Die Durchführung von T_2 zuerst für den 2×1-Vektor führt zu einem 3×1-Vektor. Anschließend wird T_1 auf dieses Ergebnis angewendet.

In allgemeiner Form lautet die Verkettung dieser beiden Transformationen:

$$T_1\left(T_2\begin{pmatrix} v_1 \\ v_2 \end{pmatrix}\right) = T_1\left(\begin{pmatrix} v_2 \\ -2v_2 \\ v_1 + 3v_2 \end{pmatrix}\right) = \begin{pmatrix} v_2 + 2v_2 \\ 2(v_1 + 3v_2) \\ v_2 - 3(-2v_2) \end{pmatrix} = \begin{pmatrix} 3v_2 \\ 2v_1 + 6v_2 \\ 7v_2 \end{pmatrix}$$

Vektoren und die Assoziativeigenschaft der Verkettung

Die Assoziativeigenschaft hat mit der Gruppierung der Transformationen zu tun, nicht mit der Reihenfolge. Im Allgemeinen kann man die Reihenfolge bei der Durchführung von Transformationen nämlich nicht ändern, ohne ein anderes Ergebnis zu erzeugen. Bei sorgfältiger Anordnung von Transformationen und Dimensionen sehen Sie jedoch auch bei der Zusammensetzung von Transformationen die Assoziativeigenschaft im Einsatz. Die Assoziativeigenschaft besagt, dass wenn Sie eine Zusammensetzung von Transformationen der ersten beiden (von insgesamt drei) Transformationen bilden und dann das Ergebnis auf die dritte anwenden, Sie dasselbe Ergebnis erhalten, als wenn Sie eine Zusammensetzung der letzten beiden Transformationen bilden und dann auf diese Zusammensetzung die erste Transformation anwenden. Nicht schlecht! Leichter verständlich wird das Ganze, wenn man es sich in Form von Symbolen anschaut:

Für den Vektor $\vec{v}$ und die Lineartransformationen T_1, T_2 und T_3 gilt:

$$([T_1T_2]T_3)(\vec{v}) = (T_1[T_2T_3])(\vec{v})$$

Seien beispielsweise T_1, T_2 und T_3 Lineartransformationen, die wie folgt definiert sind:

$$T_1(\vec{x}) = A_1\vec{x}, \text{ mit } A_1 = \begin{pmatrix} 1 & 0 \\ 0 & 2 \end{pmatrix}$$

$$T_2(\vec{x}) = A_2\vec{x}, \text{ mit } A_2 = \begin{pmatrix} 1 & 1 \\ 0 & 1 \end{pmatrix}$$

$$T_3(\vec{x}) = A_3\vec{x}, \text{ mit } A_3 = \begin{pmatrix} 1 & -1 \\ 3 & 1 \end{pmatrix}$$

Die Ergebnisse der Transformationen sind nachfolgend gezeigt:

$$\begin{aligned}
([T_1T_2]T_3)(\vec{x}) = \\
&\left(\left[T_1\left(\begin{pmatrix} 1 & 1 \\ 0 & 1 \end{pmatrix}\right)\right]T_3\right)(\vec{x}) \\
&= \left(\begin{pmatrix} 1 & 1 \\ 0 & 2 \end{pmatrix}T_3\right)(\vec{x}) \\
&= \begin{pmatrix} 4 & 0 \\ 6 & 2 \end{pmatrix}(\vec{x})
\end{aligned}$$

$$(T_1[T_2T_3])(\vec{x}) =$$

$$\left(T_1\left[T_2\left(\begin{pmatrix}1 & -1\\3 & 1\end{pmatrix}\right)\right]\right)(\vec{x})$$

$$=\left(T_1\left(\begin{pmatrix}4 & 0\\3 & 1\end{pmatrix}\right)\right)(\vec{x})$$

$$=\begin{pmatrix}4 & 0\\6 & 2\end{pmatrix}(\vec{x})$$

Weil bei der Multiplikation von Vektoren und Matrizen die Regeln für die richtige Dimension einzuhalten sind, gilt diese Assoziativeigenschaft nur dann, wenn sie sinnvoll ist.

Genauere Betrachtung der Skalarmultiplikation

Bei der Skalarmultiplikation für Matrizen oder Vektoren werden alle Elemente in der Matrix oder in dem Vektor mit einer konstanten Zahl multipliziert. Die Skalarmultiplikation ist detailliert in Kapitel 3 beschrieben, falls Sie weitere Informationen benötigen. Weil Transformationen für Vektoren wiederum Vektoren erzeugen, gelten die Eigenschaften der Skalarmultiplikation auch bei der Multiplikation in Transformationen. Der Skalar kann an einer von drei Stellen in die Multiplikation eingefügt werden.

Für einen Vektor $\vec{v}$ und die Lineartransformationen T_1 und T_2 gilt:

$$c([T_1T_2](\vec{v}) = ([cT_1]T_2)(\vec{v}) = (T_1[cT_2])(\vec{v})$$

oder

$$c[T_1T_2] = [cT_1]T_2 = T_1[cT_2]$$

Sie erhalten immer dasselbe Ergebnis, unabhängig davon, wo Sie den Skalarfaktor einfügen.

Mit Identitätstransformationen die Identität prüfen

Die Addition und Multiplikation reeller Zahlen umfasst unterschiedliche *neutrale Elemente* für die jeweilige Operation. Das neutrale Element für die Addition ist 0, das neutrale Element für die Multiplikation ist 1. Wenn Sie eine beliebige Zahl zu 0 addieren (oder 0 zu der Zahl), ändert sich der Wert der Zahl dadurch nicht, eine solche Operation heißt Identitätsoperation. Dasselbe gilt entsprechend für die Multiplikation. Und weil sich dieses Kapitel mit Lineartransformationen beschäftigt, werde ich hier *Identitätstransformationen* vorstellen.

Die additive Identitätstransformation

Die additive Identitätstransformation eines Vektors entspricht der Addition eines Nullvektors derselben Dimension zu diesem Vektor und wird mit T_0 bezeichnet.

Die Lineartransformation $T_0(\vec{v}) = 0 + \vec{v} = \vec{v} + 0 = \vec{v}$

Wenn Sie also einen 2 × 1-Vektor haben, wandelt ihn die additive Identitätstransformation in den 2 × 1-Nullvektor um. Und so verhält sich die additive Identitätstransformation in der Praxis:

$$T_0\left(\begin{pmatrix}2\\3\end{pmatrix}\right)=\begin{pmatrix}0\\0\end{pmatrix}+\begin{pmatrix}2\\3\end{pmatrix}=\begin{pmatrix}2\\3\end{pmatrix},\ T_0\left(\begin{pmatrix}-5\\0\\4\end{pmatrix}\right)=\begin{pmatrix}0\\0\\0\end{pmatrix}+\begin{pmatrix}-5\\0\\4\end{pmatrix}=\begin{pmatrix}-5\\0\\4\end{pmatrix},\ T_0\left(\begin{pmatrix}x\\y\\z\\w\end{pmatrix}\right)=\begin{pmatrix}0\\0\\0\\0\end{pmatrix}+\begin{pmatrix}x\\y\\z\\w\end{pmatrix}=\begin{pmatrix}x\\y\\z\\w\end{pmatrix}$$

Und jetzt zeige ich Ihnen, wie sich die additive Identitätstransformation verhält, wenn sie mit anderen Transformationen kombiniert wird.

Bei der Kombination der additiven Identitätstransformation T_0 mit einer anderen Lineartransformation T erhalten Sie (gleiche Dimensionen von $T(\vec{w})$ und $T(\vec{v})$ vorausgesetzt):

$$T_0(\vec{v}) + T(\vec{w}) = 0 + \vec{v} + T(\vec{w}) = \vec{v} + 0 + T(\vec{w}) = \vec{v} + T(\vec{w}) + 0 = T(\vec{w}) + \vec{v} + 0 = T(\vec{w}) + \vec{v}$$

denn es gilt ja die Kommutativität und außerdem

$$T_0 + T = T + T_0 = T$$

Betrachten Sie beispielsweise die folgende Transformation T und den Vektor $\vec{v}$:

$$T\begin{pmatrix}x\\y\\z\end{pmatrix}\rightarrow\begin{pmatrix}2x\\z\\-3y\end{pmatrix},\quad \vec{v}=\begin{pmatrix}4\\5\\6\end{pmatrix}$$

$$T_0\left(\begin{pmatrix}4\\5\\6\end{pmatrix}\right)+T\left(\begin{pmatrix}4\\5\\6\end{pmatrix}\right)=T\left(\begin{pmatrix}4\\5\\6\end{pmatrix}\right)+T_0\left(\begin{pmatrix}4\\5\\6\end{pmatrix}\right)$$

$$\begin{pmatrix}0\\0\\0\end{pmatrix}+\begin{pmatrix}4\\5\\6\end{pmatrix}+\begin{pmatrix}8\\6\\-15\end{pmatrix}=\begin{pmatrix}8\\6\\-15\end{pmatrix}+\begin{pmatrix}0\\0\\0\end{pmatrix}+\begin{pmatrix}4\\5\\6\end{pmatrix}=\begin{pmatrix}12\\11\\-9\end{pmatrix}$$

Die multiplikative Identitätstransformation

Im Allgemeinen gilt die Kommutativeigenschaft der Multiplikation nicht für Lineartransformationen, wenn Sie mehr als eine Transformation für einen Vektor durchführen. Eine Ausnahme liegt dann vor, wenn Sie es mit der multiplikativen linearen Identitätstransformation zu tun haben.

Die Lineartransformation I ist die multiplikative lineare Identitätstransformation, wenn für den Vektor $\vec{v}$ gilt

$$I(\vec{v}) = \vec{v}$$

Es kann ganz leicht gezeigt werden, wie die Identitätstransformation funktioniert. Sie führen die Transformation für einen Vektor durch, und ändern den Vektor damit überhaupt nicht:

$$I\left(\begin{pmatrix} x \\ y \\ z \end{pmatrix}\right) = \begin{pmatrix} x \\ y \\ z \end{pmatrix}, \quad I\left(\begin{pmatrix} 3 \\ 4 \end{pmatrix}\right) = \begin{pmatrix} 3 \\ 4 \end{pmatrix}, \quad I\left(\begin{pmatrix} 1 \\ 0 \\ -1 \\ 1 \end{pmatrix}\right) = \begin{pmatrix} 1 \\ 0 \\ -1 \\ 1 \end{pmatrix}$$

Hier habe ich Ihnen drei verschiedene Identitätstransformationen gezeigt. Sie sind alle unterschiedlich, haben aber alle dieselbe Eigenschaft, nämlich dass sie den Vektor unverändert lassen.

Bei der multiplikativen Identitätstransformation I und einer anderen Lineartransformation T liegt darüber hinaus Kommutativität vor:

$$(I * T)(\vec{v}) = (T * I)(\vec{v}) = T(\vec{v})$$

oder

$$IT = TI = T$$

Auch hier müssen die Dimensionen der Vektoren so gewählt sein, dass die Multiplikation sinnvoll ist.

Die Distributiveigenschaft

Bei der Distributiveigenschaft in der Algebra geht es darum, einen gemeinsamen Faktor von zwei oder mehr Termen auszuklammern oder mit den Termen zu multiplizieren. Beispielsweise könnte die Zahl 2 über drei variable Terme verteilt werden: $2(x + 2y + 3z) = 2x + 4y + 6z$. Und auch Lineartransformationen haben Distributivgesetze.

Für den Vektor $\vec{v}$ und die Lineartransformationen T_1, T_2 und T_3 gilt:

$$(T_1 * [T_2 + T_3])(\vec{v}) = (T_1 * T_2)(\vec{v}) + (T_1 * T_3)(\vec{v})$$

und

$$([T_1 + T_2] * T_3)(\vec{v}) = (T_1 * T_3)(\vec{v}) + (T_2 * T_3)(\vec{v})$$

oder einfacher ausgedrückt:

$$T_1[T_2 + T_3] = T_1T_2 + T_1T_3$$

und

$$[T_1 + T_2]T_3 = T_1T_3 + T_2T_3$$

Und schließlich kann man Distributivität, skalare Multiplikation und eine der Haupteigenschaften von Lineartransformationen miteinander verknüpfen:

$$T(c_1\vec{v}_1 + c_2\vec{v}_2 + c_3\vec{v}_3 + \ldots + c_k\vec{v}_k) = c_1T\vec{v}_1 + c_2T\vec{v}_2 + c_3T\vec{v}_3 + \ldots + c_kT\vec{v}_k$$

Die Matrix einer Lineartransformation darstellen

Eine Möglichkeit, eine Lineartransformation zu beschreiben, ist die Angabe von Vorschriften, bzw. die Einträge des Eingabe- und des Ausgabevektors. Die vorigen Abschnitte dieses Kapitels verwenden verschiedene Vorschriften, um darzulegen, was eine Lineartransformation bewirkt. Man kann eine Lineartransformation aber auch mit einem Matrixmultiplikator statt mit einer Vorschrift beschreiben, wodurch die Berechnungen schneller und einfacher werden.

Betrachten Sie beispielsweise die folgende Lineartransformation T und ihre Vorschrift:

$$T\left(\begin{pmatrix} x \\ y \end{pmatrix}\right) = \begin{pmatrix} -x \\ y \end{pmatrix}$$

Die Vorschrift ist ganz einfach. Die Transformation nimmt einen 2×1-Vektor und ändert dessen Vorzeichen im ersten Eintrag. Der restliche Vektor bleibt unverändert.

Die entsprechende Matrixmultiplikation für diese spezielle Regel sieht wie folgt aus, wobei A eine 2×2-Matrix ist:

$$A = \begin{pmatrix} -1 & 0 \\ 0 & 1 \end{pmatrix}$$

$$T(\vec{v}) = A * \begin{pmatrix} x \\ y \end{pmatrix} = \begin{pmatrix} -1 & 0 \\ 0 & 1 \end{pmatrix} * \begin{pmatrix} x \\ y \end{pmatrix} = \begin{pmatrix} -x+0 \\ 0+y \end{pmatrix} = \begin{pmatrix} -x \\ y \end{pmatrix}$$

In diesem Fall ist also $T(\vec{v}) = A*\vec{v}$.

Eine Matrix erstellen, die eine Vorschrift ersetzt

Im obigen Abschnitt hatte es den Anschein, als hätte ich einfach eine Matrix A aus dem Hut gezaubert, die für eine Lineartransformation genutzt werden kann. Aber ich habe mir diese Matrix natürlich nicht einfach so ausgedacht. Ich habe unter Verwendung der skalaren Vielfachen von zwei Vektoren nach dieser Matrix aufgelöst: Zunächst betrachtete ich die Vorschrift für die Transformation T. Ich habe dann zwei Summen aus den beiden Einträgen im ursprünglichen Vektor gebildet. Hierbei habe ich alle Einträge mit den für die jeweilige Zeile passenden Koeffizienten aus dem Ergebnisvektor multipliziert.

$$\begin{pmatrix} -x \\ y \end{pmatrix} = \begin{pmatrix} -1x+0y \\ 0x+y \end{pmatrix} = x\begin{pmatrix} -1 \\ 0 \end{pmatrix} + y\begin{pmatrix} 0 \\ 1 \end{pmatrix}$$

Anschließend habe ich die beiden Koeffizientenvektoren genommen und eine Matrix erstellt, deren Spalten diese Vektoren bilden:

$$\begin{pmatrix}-1\\0\end{pmatrix} \text{ und } \begin{pmatrix}0\\1\end{pmatrix} \rightarrow \begin{pmatrix}-1 & 0\\0 & 1\end{pmatrix}$$

Dieses Beispiel war ganz einfach, weil ich von der Lösung her vorgegangen bin. Jetzt zeige ich Ihnen, wie Sie ganz von vorne anfangen. Betrachten Sie die nachfolgende Regel für die Transformation S:

$$S\left(\begin{pmatrix}x\\y\\z\end{pmatrix}\right) = \begin{pmatrix}y-2z\\-2x+y-3z\\x+3y\end{pmatrix}$$

Jetzt schreiben Sie die Vorschrift als die Summe der drei Elemente multipliziert mit drei Koeffizienten:

$$\begin{pmatrix}y-2z\\-2x+y-3z\\x+3y\end{pmatrix} = \begin{pmatrix}0+1y-2z\\-2x+1y-3x\\1x+3y+0z\end{pmatrix} \rightarrow x\begin{pmatrix}0\\-2\\1\end{pmatrix} + y\begin{pmatrix}1\\1\\3\end{pmatrix} + z\begin{pmatrix}-2\\-3\\0\end{pmatrix}$$

Anschließend erstellen Sie die Transformationsmatrix A unter Verwendung der Vektoren als Spalten:

$$A = \begin{pmatrix}0 & 1 & -2\\-2 & 1 & -3\\1 & 3 & 0\end{pmatrix}$$

Die Transformation S ist gleich dem Produkt aus der Matrix A und einem 3 × 1-Vektor. Jetzt zeige ich Ihnen die Anwendung der Matrix anhand eines Beispiels.

$$S\left(\begin{pmatrix}2\\4\\5\end{pmatrix}\right) = A * \begin{pmatrix}2\\4\\5\end{pmatrix} = \begin{pmatrix}0 & 1 & -2\\-2 & 1 & -3\\1 & 3 & 0\end{pmatrix} * \begin{pmatrix}2\\4\\5\end{pmatrix} = \begin{pmatrix}0+4-10\\-4+4-15\\2+12+0\end{pmatrix} = \begin{pmatrix}-6\\-15\\14\end{pmatrix}$$

Transformationen unter Verwendung von Drehungen und Spiegelungen verdeutlicht

Die Wirkung einer Lineartransformation kann man sehr schön anhand eines Bildes verdeutlichen. Am besten dafür geeignet sind unter anderem 2D-Bilder, die Drehungen um den Ursprung, Spiegelungen an einer Geraden, Translationen (Verschiebungen) entlang einer Geraden und Größenänderungen darstellen. In diesem Abschnitt zeige ich Ihnen, wie Drehungen und Spiegelungen als Vorschriften und Matrixmultiplikationen geschrieben werden.

Drehung um den Ursprung

Drehungen um den Ursprung erfolgen in der Regel gegen den Uhrzeigersinn. In Abbildung 8.1 beispielsweise zeige ich, wie der Punkt (6, 4) um 90 Grad nach links gedreht wird – also gegen den Uhrzeigersinn. Die Distanz vom ursprünglichen Punkt (6, 4) zum Ursprung bleibt dieselbe, und der Winkel vom Anfangspunkt zum Endpunkt (mit dem Ursprung als Ecke) misst 90 Grad.

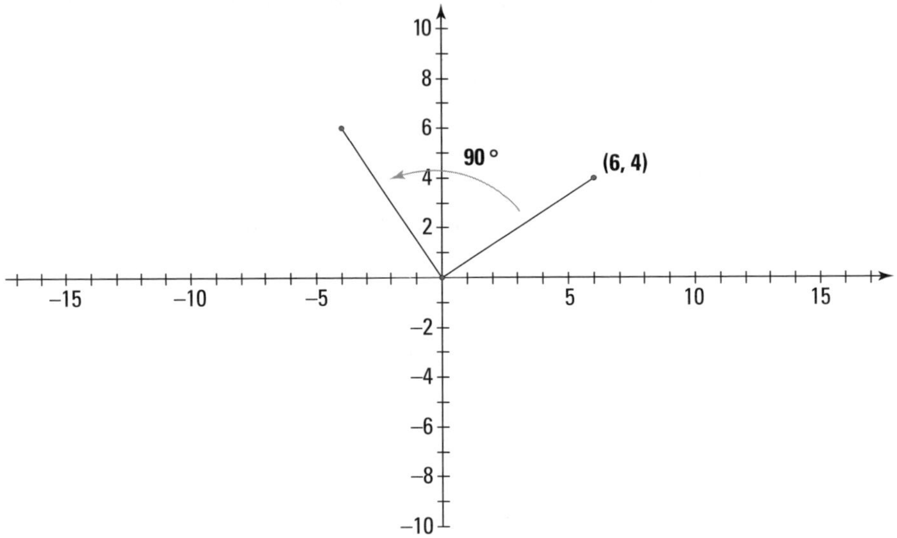

Abbildung 8.1: Der Punkt wird nach links gedreht

»Schön und gut«, werden Sie sagen. »Aber welche Koordinaten hat der aus der Drehung entstehende Punkt?« Um die Koordinaten zu bestimmen, zeige ich Ihnen zunächst die allgemeine Form für eine Matrix, die bei allen Drehungen gegen den Uhrzeigersinn um den Ursprung verwendet wird.

Bei der Drehung des Punkts (x, y) um θ Grad um den Ursprung gegen den Uhrzeigersinn soll die Matrix A den Vektor $\vec{v}$ so mit den Koordinaten des Punkts multiplizieren, dass schließlich die Koordinaten des Endpunkts herauskommen.

$$A = \begin{bmatrix} \cos(\theta) & -\sin(\theta) \\ \sin(\theta) & \cos(\theta) \end{bmatrix}$$

$$A * \vec{v} \begin{bmatrix} \cos(\theta) & -\sin(\theta) \\ \sin(\theta) & \cos(\theta) \end{bmatrix} * \begin{bmatrix} x \\ y \end{bmatrix} = \begin{bmatrix} x\cos(\theta) - y\sin(\theta) \\ x\sin(\theta) + y\cos(\theta) \end{bmatrix}$$

Die Werte für Sinus und Kosinus der wichtigsten Winkel finden Sie auf der Schummelseite in diesem Buch.

Wenn Sie den Punkt (6, 4) um 90 Grad an einen Punkt im zweiten Quadranten drehen, multiplizieren Sie die Matrix A mit dem Vektor, der aus den Koordinaten erstellt wurde. Der Sinus von 90 Grad ist 1, der Kosinus von 90 Grad ist 0.

$$A * \vec{v} = \begin{pmatrix} \cos(90°) & -\sin(90°) \\ \sin(90°) & \cos(90°) \end{pmatrix} * \begin{pmatrix} 6 \\ 4 \end{pmatrix}$$

$$= \begin{pmatrix} 0 & -1 \\ 1 & 0 \end{pmatrix} * \begin{pmatrix} 6 \\ 4 \end{pmatrix} = \begin{pmatrix} 0 \cdot 6 - 1 \cdot 4 \\ 1 \cdot 6 + 0 \cdot 4 \end{pmatrix} = \begin{pmatrix} -4 \\ 6 \end{pmatrix}$$

Die Koordinaten des Punkts nach der Drehung sind (–4, 6). Wenn Sie die Transformation als Vorschrift statt als Matrixmultiplikation schreiben wollen, erhalten Sie

$$T\left(\begin{pmatrix} x \\ y \end{pmatrix}\right) = \begin{pmatrix} -y \\ x \end{pmatrix}$$

Die Matrix A ist außerdem gleich der Summe der beiden Vektoren:

$$\begin{pmatrix} -y \\ x \end{pmatrix} = x\begin{pmatrix} 0 \\ 1 \end{pmatrix} + y\begin{pmatrix} -1 \\ 0 \end{pmatrix} = \begin{pmatrix} 0 & -1 \\ 1 & 0 \end{pmatrix} * \begin{pmatrix} x \\ y \end{pmatrix} = A * \begin{pmatrix} x \\ y \end{pmatrix}$$

Und jetzt kommt ein nicht ganz so übersichtliches Beispiel. Ich drehe den Punkt (–2, 4) um den Ursprung mit einem Winkel von 30 Grad. Dieses Beispiel ist nicht ganz so handlich, weil der Wert des Sinus von 30 Grad der Bruch $\frac{1}{2}$ ist, und der Kosinus von 30 Grad eine Wurzel enthält. Brüche und Wurzeln sind nicht ganz so leicht zu verarbeiten wie 1, 0 und –1.

$$\begin{pmatrix} \cos(30°) & -\sin(30°) \\ \sin(30°) & \cos(30°) \end{pmatrix} * \begin{pmatrix} -2 \\ 4 \end{pmatrix} = \begin{pmatrix} \frac{\sqrt{3}}{2} & -\frac{1}{2} \\ \frac{1}{2} & \frac{\sqrt{3}}{2} \end{pmatrix} * \begin{pmatrix} -2 \\ 4 \end{pmatrix}$$

$$= \begin{pmatrix} -\sqrt{3} - 2 \\ -1 + 2\sqrt{3} \end{pmatrix} \approx \begin{pmatrix} -3{,}73 \\ 2{,}46 \end{pmatrix}$$

Wenn man auf Hundertstel genau rundet, erhält man als Koordinaten des Punkts, der aus der Drehung entsteht, die Werte (–3,73, 2,46).

An einer Achse oder Geraden spiegeln

Wenn ein Punkt an einer Geraden gespiegelt wird, hat der abgebildete Punkt denselben Abstand von der Geraden wie der ursprüngliche Punkt, und die Gerade, die zwischen dem ursprünglichen Punkt und seinem Abbild gezeichnet wird, verläuft senkrecht zur Spiegelachse. In Abbildung 8.2 zeige ich Ihnen vier verschiedene Spiegelungen. Die linke Seite zeigt, wie der Punkt (–2, 4) an der x-Achse und der y-Achse gespiegelt wird. Die rechte Seite zeigt, wie derselbe Punkt (–2, 4) an der Geraden $y = x$ und der Geraden $y = -x$ gespiegelt wird.

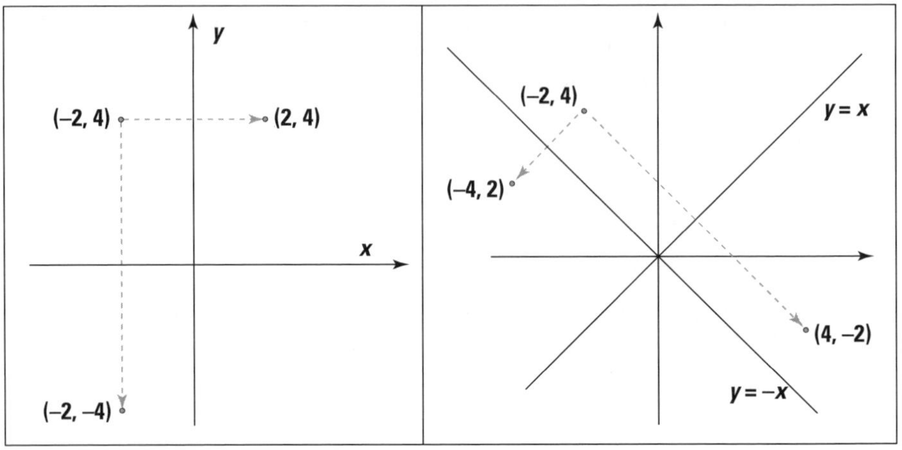

Abbildung 8.2: Ein Punkt wird über vier verschiedene Geraden gespiegelt

Die Lineartransformationen, die zu Spiegelungen eines Punkts an einer Achse oder einer der in der Abbildung gezeigten Geraden führen, werden als Matrixmultiplikationen geschrieben, und die Vorschriften sind nachfolgend angegeben:

- Spiegelung über die x-Achse:

$$A * \begin{pmatrix} x \\ y \end{pmatrix} = \begin{pmatrix} 1 & 0 \\ 0 & -1 \end{pmatrix}\begin{pmatrix} x \\ y \end{pmatrix} = \begin{pmatrix} x \\ -y \end{pmatrix}$$

- Spiegelung über die y-Achse:

$$A * \begin{pmatrix} x \\ y \end{pmatrix} = \begin{pmatrix} -1 & 0 \\ 0 & 1 \end{pmatrix}\begin{pmatrix} x \\ y \end{pmatrix} = \begin{pmatrix} -x \\ y \end{pmatrix}$$

- Spiegelung über die Gerade $y = x$:

$$A * \begin{pmatrix} x \\ y \end{pmatrix} = \begin{pmatrix} 0 & 1 \\ 1 & 0 \end{pmatrix}\begin{pmatrix} x \\ y \end{pmatrix} = \begin{pmatrix} y \\ x \end{pmatrix}$$

- Spiegelung über die Gerade $y = -x$:

$$A * \begin{pmatrix} x \\ y \end{pmatrix} = \begin{pmatrix} 0 & -1 \\ -1 & 0 \end{pmatrix}\begin{pmatrix} x \\ y \end{pmatrix} = \begin{pmatrix} -y \\ -x \end{pmatrix}$$

Setzen Sie einfach Ihre Lieblingskoordinaten für x und y ein und spiegeln Sie los!

Translationen, Streckungen und Kontraktionen

Mathematisch betrachtet, ist eine Translation eine Verschiebung. Im zweidimensionalen Raum tritt eine Translation dann auf, wenn ein Punkt von einer Position entlang einer geraden Linie an eine andere Position verschoben wird.

Wenn der Punkt (x, y) um die Distanz x_0 parallel zur x-Achse und die Distanz y_0 parallel zur y-Achse verschoben wird, führen die Lineartransformation T und die Matrixmultiplikation A zu dem Bildpunkt:

$$\mathrm{T}\left(\begin{pmatrix} x \\ y \end{pmatrix}\right) = \begin{pmatrix} x + x_0 \\ y + y_0 \end{pmatrix}$$

$$\mathrm{A} * \begin{pmatrix} x \\ y \\ 1 \end{pmatrix} = \begin{pmatrix} 1 & 0 & x_0 \\ 0 & 1 & y_0 \end{pmatrix} \begin{pmatrix} x \\ y \\ 1 \end{pmatrix} = \begin{pmatrix} x + x_0 \\ y + y_0 \end{pmatrix}$$

Wenn Sie beispielsweise den Punkt (–2, 4) um einen Abstand von 5 Einheiten nach rechts und 3 Einheiten nach unten verschieben wollen, sind $x_0 = 5$ und $y_0 = -3$. Dazu wird die folgende Transformation durchgeführt:

$$\mathrm{A} * \begin{pmatrix} -2 \\ 4 \\ 1 \end{pmatrix} = \begin{pmatrix} 1 & 0 & 5 \\ 0 & 1 & -3 \end{pmatrix} \begin{pmatrix} -2 \\ 4 \\ 1 \end{pmatrix} = \begin{pmatrix} -2+5 \\ 4+(-3) \end{pmatrix} = \begin{pmatrix} -2+5 \\ 4+(-3) \end{pmatrix}$$

Abbildung 8.3 zeigt die Translation des Punkts (–2, 4) um 5 Einheiten nach rechts und 3 Einheiten nach unten.

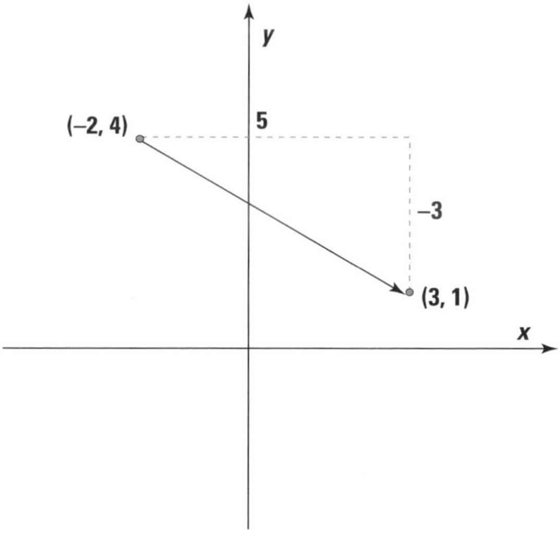

Abbildung 8.3: Die Abstände werden parallel zu den Achsen gemessen

Eine Streckung vergrößert den Betrag eines Vektors, eine Kontraktion verringert ihn. In Kapitel 2 habe ich den Betrag eines Vektors beschrieben – im 2- und 3-dimensionalen Raum entspricht der Betrag der Vektorlänge. Die nachfolgend gezeigte Lineartransformation D verdoppelt den Betrag des Vektors. Ich zeige Ihnen, wie die Transformation D den Vektor $\vec{v}$ verändert.

$$D = \begin{pmatrix} 2 & 0 \\ 0 & 2 \end{pmatrix}, \quad \vec{v} = \begin{pmatrix} 4 \\ -3 \end{pmatrix}$$

$$D * \vec{v} = \begin{pmatrix} 2 & 0 \\ 0 & 2 \end{pmatrix} * \begin{pmatrix} 2 & 0 \\ 0 & 2 \end{pmatrix} = \begin{pmatrix} 8 \\ -6 \end{pmatrix}$$

Vergleich der Beträge des anfänglichen und des resultierenden Vektors:

$$\vec{v} = \begin{pmatrix} 4 \\ -3 \end{pmatrix}, \| \vec{v} \| = \sqrt{4^2 + (3)^2} = \sqrt{16 + 9} = \sqrt{25} = 5$$

$$\vec{v} = \begin{pmatrix} 8 \\ -6 \end{pmatrix}, \| \vec{v} \| = \sqrt{8^2 + (-6)^2} = \sqrt{64 + 36} = \sqrt{100} = 10$$

Wie Sie erkennen, hat sich der Betrag durch die Transformation verdoppelt. Eine Kontraktion verhält sich ganz ähnlich, außer dass bei einer Kontraktion die von Null verschiedenen Einträge in der Transformationsmatrix immer zwischen 0 und 1 liegen (und damit zu einem kleineren Betrag führen).

Wenn Sie eine Streckung oder Kontraktion auf einen Vektor anwenden, erscheint also im Allgemeinen immer derselbe Multiplikator entlang der Hauptdiagonalen und 0 an allen anderen Positionen der Matrix. Wenn dieser Multiplikator größer 1 ist, haben Sie eine Streckung, liegt er zwischen 0 und 1, haben Sie eine Kontraktion. Ein Multiplikator von 1 hat keine Wirkung: Sie multiplizieren mit der multiplikativen Identitätsmatrix.

Kern und Bild einer Lineartransformation bestimmen

Lineartransformationen für Vektoren erzeugen wiederum Vektoren. Manchmal haben die resultierenden Vektoren dieselbe Dimension wie die ursprünglichen Vektoren, aber nicht immer. Ein besonderes Ergebnis einer Lineartransformation liegt vor, wenn jeder Eintrag im resultierenden Vektor 0 ist. Dieser sogenannte Kern einer Lineartransformation wird auch als *Nullraum* bezeichnet. Der Kern und das Bild einer Lineartransformation sind sich insofern ähnlich, als beide Ergebnisse der Durchführung der Lineartransformation sind. Der Kern ist ein spezieller Teil der abzubildenden Vektoren, das Bild sind alle Vektoren, die aus der Transformation hervorgehen.

Zuerst der Kern

Wenn die Lineartransformation T auf eine bestimmte Vektorenmenge angewendet wird um eine andere Vektorenmenge zu erzeugen und dabei einen oder mehrere Nullvektoren erzeugt, dann werden die ursprünglichen Vektoren $\vec{v}_1$, $\vec{v}_2$, $\vec{v}_3$, ..., für die $T(\vec{v}) = 0$ ist, als *Kern* oder *Nullraum* der Vektormenge bezeichnet.

Betrachten Sie beispielsweise die nachfolgende Transformation T und ihre Wirkung auf den Vektor $\vec{v}$.

$$T\left(\begin{pmatrix} x \\ y \\ z \end{pmatrix}\right) = \begin{pmatrix} x-z \\ x+y \\ y+z \end{pmatrix}, \vec{v} = \begin{pmatrix} 1 \\ -1 \\ 1 \end{pmatrix}$$

$$T\left(\begin{pmatrix} 1 \\ -1 \\ 1 \end{pmatrix}\right) = \begin{pmatrix} 1-1 \\ 1+(-1) \\ -1+1 \end{pmatrix} = \begin{pmatrix} 0 \\ 0 \\ 0 \end{pmatrix}$$

Der Vektor, der aus der Anwendung von T auf $\vec{v}$ entsteht, ist ein Nullvektor, der Vektor $\vec{v}$ muss also im Nullraum der Vektormenge liegen. Die nächste Frage lautet: »Gibt es noch weitere Vektoren im Nullraum?«

Um festzustellen, welche Vektoren in einem Nullraum liegen, stellen Sie fest, wie die Elemente der Nullraumvektoren aussehen müssen, um die Aussage $T(\vec{v}) = \vec{0}$ zu erfüllen, wobei $\vec{0}$ ein Nullvektor ist. Unter Verwendung der Transformation T aus dem vorigen Abschnitt müssen alle Elemente in dem resultierenden Vektor gleich 0 sein.

$$T\left(\begin{pmatrix} x \\ y \\ z \end{pmatrix}\right) = \begin{pmatrix} x-z \\ x+y \\ y+z \end{pmatrix} = \begin{pmatrix} 0 \\ 0 \\ 0 \end{pmatrix}$$

Um festzustellen, wie die gewünschten Elemente (also die im Kern) aussehen müssen, lösen Sie das homogene Gleichungssystem. Weitere Informationen über homogene Gleichungssysteme und ihre Lösung finden Sie in Kapitel 7. Das zu lösende Gleichungssystem sieht wie folgt aus:

$$\begin{cases} x-z=0 \\ x+y=0 \\ y+z=0 \end{cases}$$

Durch Lösung des Systems erhalten Sie $x = z$ und $y = -z$, jeder Vektor der Form

$$\begin{pmatrix} a \\ -a \\ a \end{pmatrix}$$

(wobei das erste und das letzte Element gleich sind und das mittlere das umgekehrte Vorzeichen der beiden anderen trägt) liegt im Kern der Vektormenge.

Das Bild einer Lineartransformation

Das *Bild* einer Lineartransformation T ist die Menge aller Vektoren, die aus der Anwendung von $T(\vec{v})$ resultieren, wobei $\vec{v}$ innerhalb einer bestimmten Vektormenge liegt.

Das Bild einer Lineartransformation kann relativ beschränkt sein, es kann aber auch unendlich groß sein. Das Bild ist von der Vektormenge abhängig, auf die die Transformation angewendet wird, und davon, wie die Transformation definiert ist.

Angenommen, eine Transformation T wandelt einen 4 × 1-Vektor wie folgt in einen 2 × 1-Vektor um:

$$T\left(\begin{pmatrix} x \\ y \\ z \\ w \end{pmatrix}\right) = \begin{pmatrix} x - z \\ y + w \end{pmatrix}$$

So wie T definiert ist, liegt jede 2 × 1-Matrix im Bild der Transformation.

Das Bild einer Lineartransformation kann durch eine bestimmte Form oder eine Vorschrift beschränkt sein. Beispielsweise kann die Transformation S durch eine Matrixmultiplikation definiert sein. Betrachten Sie die folgende Transformation:

$$S(\vec{v}) = A * \vec{v} = \begin{pmatrix} 1 & -2 \\ -1 & 3 \\ 2 & -2 \end{pmatrix} * \begin{pmatrix} x \\ y \end{pmatrix}$$

Das Bild von S ist der Vektor, der aus der folgenden Multiplikation entsteht:

$$\begin{pmatrix} 1 & -2 \\ -1 & 3 \\ 2 & -2 \end{pmatrix} * \begin{pmatrix} x \\ y \end{pmatrix} = \begin{pmatrix} x - 2y \\ -x + 3y \\ 2x - 2y \end{pmatrix}$$

Erstellen Sie eine erweiterte Matrix, in der die Koordinaten des resultierenden Vektors durch v_1, v_2 und v_3 dargestellt sind. Anschließend reduzieren Sie die Matrix, um nach den Einträgen des resultierenden Vektors aufzulösen (Einträge in der Transformationsmatrix). Weitere Informationen über erweiterte Matrizen und die Lösung von Systemen unter Verwendung der reduzierten Zeilenstufenform finden Sie in Kapitel 4.

$$\begin{pmatrix} x - 2y \\ -x + 3y \\ 2x - 2y \end{pmatrix} = \begin{pmatrix} v_1 \\ v_2 \\ v_3 \end{pmatrix}$$

$$\left(\begin{array}{cc|c} 1 & -2 & v_1 \\ -1 & 3 & v_2 \\ 2 & -2 & v_3 \end{array}\right) \begin{array}{c} \\ Z_1 + Z_2 \to Z_2 \\ -2Z_1 + Z_3 \to Z_3 \end{array} \left(\begin{array}{cc|c} 1 & -2 & v_1 \\ 0 & 1 & v_1 + v_2 \\ 0 & 2 & v_3 - 2v_1 \end{array}\right)$$

$$\begin{array}{c} 2Z_2 + Z_1 \to Z_1 \\ \\ -2Z_2 + Z_3 \to Z_3 \end{array} \left(\begin{array}{cc|c} 1 & 0 & 3v_1 + 2v_2 \\ 0 & 1 & v_1 + v_2 \\ 0 & 0 & -4v_1 - 2v_2 + v_3 \end{array}\right)$$

Die letzte Zeile in der reduzierten Stufenform teilt Ihnen mit, dass $v_3 = 4v_1 + 2v_2$. Der erste Eintrag teilt Ihnen mit, dass $x = 3v_1 + 2v_2$, und der zweite Eintrag enthält $y = v_1 + v_2$. (Setzen Sie diese Werte in die Matrix links oben ein, dann können Sie das Ergebnis für v_3 ganz einfach bestätigen). Jeder Vektor im Bild muss also die folgende Form haben:

$$\begin{pmatrix} v_1 \\ v_2 \\ 4v_1 + 2v_2 \end{pmatrix}$$

Teil III
Determinanten

»Erst hat er nur ein paar lineare Gleichungen hingeschrieben und irgendwelche Sätze darauf angewendet, aber ehe ich wusste, wie mir geschieht, hatte ich diesen Hohlraumrostschutz gekauft!«

In diesem Teil...

In diesem Teil wird es um Determinanten, Matrizen und Vektoren gehen. Sie lernen die Regeln zur Berechnung von Determinanten kennen und umgehen Fallen bei der Bearbeitung der zu den Determinanten gehörigen Matrizen. Es kann losgehen!

Mit Permutationen den Überblick behalten

9

In diesem Kapitel…

- Die Anzahl möglicher Anordnungen zählen
- Listen der verschiedenen Permutationen erstellen
- Inversionen in Permutationen aufnehmen

Auf wie viele verschiedene Arten können Sie die Mitglieder Ihrer Familie für das jährliche Familienfoto aufstellen? Sie können Sonja nicht neben Joachim stellen? Wenn Joachim Sonja nicht dauernd an den Haaren ziehen würde, hätten Sie sehr viel mehr mögliche Anordnungen.

Keine Sorge – in diesem Kapitel geht es nicht um die Probleme eines Familienfotografen. Ich will Ihnen nur eine Situation vorstellen, in der *Permutation* angewendet werden. Eine Permutation ist eine Anordnung von Elementen einer Menge. Eine Permutation der Buchstabenfolge CAT ist ACT. Die Buchstaben im Wort CAT können auf sechs verschiedene Arten angeordnet werden: CAT, CTA, ACT, ATC, TAC und TCA. Nicht alle Anordnungen erzeugen sinnvolle Wörter – nichtsdestotrotz handelt es sich hierbei um alle möglichen Reihenfolgen.

Der erste Schritt bei der Auflistung dieser Permutationen besteht darin, herauszufinden, wie viele Permutationen überhaupt möglich sind. Wenn Sie wissen, wie viele Anordnungen möglich sind, wissen Sie auch, wann Sie nach keiner weiteren mehr zu suchen brauchen.

In diesem Kapitel stelle ich Ihnen auch *Inversionen* vor (bestimmte Umstände, die in bestimmten Permutationen auftreten). All diese Konzepte sind nämlich wichtig, sobald Sie es mit Determinanten zu tun bekommen (siehe Kapitel 10).

Permutationen berechnen und untersuchen

Eine Permutation ist eine Anordnung der Elemente in einer Menge. In der Einleitung zu diesem Kapitel habe ich Ihnen die sechs verschiedenen Möglichkeiten beschrieben, die Buchstaben im Wort *cat* anzuordnen. Jetzt betrachten wir die Menge der ersten vier Buchstaben des Alphabets, und die Arten, wie diese Buchstaben angeordnet werden können. Für die vier Buchstaben in der Menge {a, b, c, d} gibt es 24 Permutationen: abcd, abdc, acbd, acdb, adbc, adcb, bacd, badc, bcad, bcda, bdac, bdca, cabd, cadb, cbad, cbda, cdab, cdba, dabc, dacb, dbac, dbca, dcab und dcba. Die Anzahl der möglichen Permutationen ist von der Anzahl der Elemente in der Menge abhängig.

Zählen lernen

Die erste Aufgabe bei der Bestimmung und Auflistung aller Permutationen einer Menge von Elementen ist zu bestimmen, wie viele Permutationen oder Anordnungen möglich sind. Das *wie viele* ist der einfachere Teil. Schwieriger ist es, eine systematische Methode zu finden, alle Permutationen aufzulisten – falls Sie jemals eine solche Liste brauchen.

Bevor ich Ihnen die Formel zeige, die angibt, wie viele Permutationen für eine bestimmte Menge möglich sind, will ich Ihnen eine mathematische Operation vorstellen, die so genannte *Fakultät*. Die Fakultät-Operation wird durch ein Ausrufezeichen (!) dargestellt. Sie bewirkt, dass die Zahl vor dem Fakultätssymbol mit allen positiven ganzen Zahlen multipliziert wird, die kleiner als diese Zahl sind:

$$n! = n \cdot (n-1) \cdot (n-2) \cdot \ldots \cdot 4 \cdot 3 \cdot 2 \cdot 1$$

Sie beginnen mit der Zahl n, verringern n um 1 und multiplizieren diese neue Zahl mit der ersten Zahl, verringern wieder um 1 und multiplizieren die neue Zahl mit den beiden ersten Zahlen usw., bis Sie zur Zahl 1 gelangt sind – das ist immer die kleinste Zahl in dem Produkt. $4! = 4 \cdot 3 \cdot 2 \cdot 1 = 24$, und $7! = 7 \cdot 6 \cdot 5 \cdot 4 \cdot 3 \cdot 2 \cdot 1 = 5040$. Per Definition oder Konvention ist der Wert von $0! = 1$. Wenn man 0! den Wert 1 zuordnet, dann funktionieren nämlich einige andere mathematischen Formeln ebenfalls einwandfrei.

Gerüstet mit dem Konzept der Fakultät folgt hier die Anleitung, wie Sie die Anzahl der Permutationen finden, die möglich sind, nachdem eine Anzahl an zu permutierenden Elementen ausgewählt wurde:

- ✔ Wenn Sie die Anzahl der Permutationen aller n Elemente einer Liste benötigen, ist die Anzahl der Permutationen gleich $n!$.
- ✔ Wenn Sie die Anzahl der Permutationen von nur r der Elemente aus der gesamten Liste von n Elementen benötigen, wenden Sie die folgende Formel an:

$$_nP_r = \frac{n!}{(n-r)!}$$

Wenn Sie also zehn Familienmitglieder haben und sie für ein Bild nebeneinander aufstellen wollen, haben Sie $10! = 10 \cdot 9 \cdot 8 \cdot 7 \cdot 6 \cdot 5 \cdot 4 \cdot 3 \cdot 2 \cdot 1 = 3628800$ verschiedene Möglichkeiten, sie zu arrangieren. Wenn natürlich Sonja und Joachim nicht nebeneinander stehen können, müssen Sie ein paar dieser Möglichkeiten ausschließen (aber wie viele, wollen wir hier nicht berechnen).

Manchmal hat man eine Menge von Elementen, aus denen man auswählen kann, ohne jedes Element nutzen zu wollen. Wenn Sie beispielsweise sieben verschiedene CDs haben und drei davon in den CD-Wechsler in Ihrem Auto einlegen wollen, wie viele verschiedene Anordnungen (Permutationen) gibt es dann? In diesem Fall ist n gleich 7 und r gleich 3 für Ihre Formel:

$$_7P_3 = \frac{7!}{(7-3)!} = \frac{7!}{4!} = \frac{7 \cdot 6 \cdot 5 \cdot \cancel{4} \cdot \cancel{3} \cdot \cancel{2} \cdot \cancel{1}}{\cancel{4} \cdot \cancel{3} \cdot \cancel{2} \cdot \cancel{1}} = 7 \cdot 6 \cdot 5 = 210$$

Man kann das Ergebnis auch so interpretieren, dass man sieben Auswahlmöglichkeiten für die erste zu ladende CD hat, dann sechs für die zweite und dann fünf für die dritte. Es gibt 210 verschiedene Möglichkeiten, drei CDs auszuwählen und sie in beliebiger Reihenfolge anzuordnen.

Eine Liste erstellen und nachprüfen

Nachdem Sie festgestellt haben, wie viele verschiedene Permutationen oder Anordnungen Sie aus einer Liste von Elementen erstellen können, müssen Sie anfangen, diese Anordnungen aufzulisten. Der Schlüssel für die lange (oder auch nicht so lange) Liste besteht darin, ein System zu finden. Zwei sehr effektive Methoden, alle unterschiedlichen Permutationen zu erfassen, sind die Erstellung einer systematischen Auflistung, wie etwa einer Tabelle und das Anlegen eines Baums.

Tabellarisches Auflisten von Permutationen

Wie Sie eine Liste aller Permutationen einer Menge anlegen, erkläre ich am besten, indem ich einfach zeige, wie es gemacht wird. Angenommen, ich will alle Anordnungen der Ziffern 1, 2, 3 und 4 erstellen, wobei ich nur drei jeweils gleichzeitig auswähle. Dann muss ich im ersten Schritt bestimmen, wie viele Anordnungen es überhaupt gibt.

Seien $n = 4$ und $r = 3$ in der oben vorgestellten Formel:

$$_4P_3 = \frac{4!}{(4-3)!} = \frac{4!}{1!} = \frac{4 \cdot 3 \cdot 2 \cdot 1}{1} = 24$$

Ich brauche also eine Liste mit 24 verschiedenen Anordnungen.

Von den 24 Anordnungen müssen 6 mit 1 beginnen, 6 mit 2, 6 mit 3 und 6 mit 4. (Das sind die vier Ziffern, aus denen ich auswählen kann.) Ich schreibe die sechs Einsen in eine Zeile und lasse jeweils Platz dahinter für die weiteren Ziffern.

1	1	1	1	1	1

Nach den beiden ersten Einsen schreibe ich Zweien, nach den nächsten beiden Einsen schreibe ich Dreien, nach den letzten beiden schreibe ich Vieren.

12	12	13	13	14	14

Nach der Auflistung von »12« an den beiden ersten Positionen kann ich die Anordnung nur noch mit einer 3 oder einer 4 abschließen. Nach der Auflistung von »13« kann ich mit einer 2 oder einer 4 abschließen. Und nach der Auflistung von »14« kann ich nur mit einer 2 oder 3 abschließen.

123	124	132	134	142	143

Damit erhalte ich die ersten sechs Anordnungen – alle mit der Ziffer 1 beginnend. Dasselbe mache ich nun mit den Zweien, Dreien und Vieren. Schreiben Sie die erste Ziffer für jede Gruppierung (sechs davon beginnen mit 2, sechs mit 3, sechs mit 4).

2	2	2	2	2	2
3	3	3	3	3	3
4	4	4	4	4	4

Die nächste Ziffer nach einer 2 kann eine 1, eine 3 oder eine 4 sein usw.

21	21	23	23	24	24
31	31	32	32	34	34
41	41	42	42	43	43

Und jetzt folgt die letzte Auswahlmöglichkeit für alle:

213	214	231	234	241	243
312	314	321	324	341	342
412	413	421	423	431	432

Diese letzten 18 Anordnungen plus der ersten 6 Anordnungen ergeben 24 mögliche Anordnungen von drei aus den vier ersten Ziffern.

Verzweigungen in einem Baum

Eine sehr effektive und augenfreundliche Möglichkeit, alle möglichen Anordnungen von Zahlen aufzulisten, besteht darin, einen horizontal wachsenden Baum zu zeichnen. Der einzige Nachteil bei der Baummethode ist, dass der Baum sehr unhandlich werden kann, wenn die Objektmenge sehr groß ist.

In Abbildung 9.1 zeige ich Ihnen die obere Hälfte eines Baums, mit dem die 24 Permutationen für drei der vier ersten Ziffern ermittelt wurden. Beachten Sie, dass sich der Baum von links nach rechts verzweigt.

Auf der linken Seite sind die ersten Anfangsziffern (man kann sie sich als die Stämme vorstellen, aus denen die Zweige wachsen) die Einsen, dann die Zweien. In der unteren Hälfte des Baumes können Sie gedanklich die Dreien und die Vieren ergänzen. Nach jeder Anfangsziffer gibt es drei Auswahlmöglichkeiten für die zweite Ziffer, die am Ende der ersten Verzweigung gezeigt sind. Jede dieser drei zweiten Ziffern ist gefolgt von zwei weiteren Auswahlmöglichkeiten, weil die Ziffern nicht wiederholt werden. Sie lesen am Ende die Reihenfolge von links nach rechts ab.

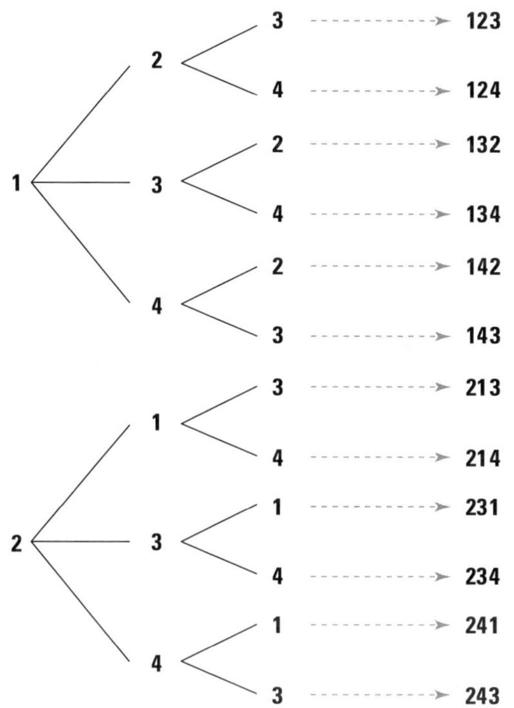

Abbildung 9.1: Mit Hilfe eines Baums können Permutationen aufgelistet werden

Permutationen in Matrizen darstellen (und umgekehrt)

Die Neuanordnung von Elementen in einer Zahlenliste führt zu einer Permutation der Zahlen – einer Sortierung. Bei der Arbeit mit Eigenwerten und Eigenvektoren in Kapitel 16 ist es manchmal wichtig, in der Lage zu sein, eine *Permutationsmatrix* zu erkennen.

Eine Permutationsmatrix wird gebildet, indem die Spalten einer Einheitsmatrix neu angeordnet werden.

Beispielsweise hat die 3×3-Einheitsmatrix sechs verschiedene Permutationsmatrizen (einschließlich der ursprünglichen Einheitsmatrix):

$$\begin{bmatrix} 1 & 0 & 0 \\ 0 & 1 & 0 \\ 0 & 0 & 1 \end{bmatrix}, \begin{bmatrix} 1 & 0 & 0 \\ 0 & 0 & 1 \\ 0 & 1 & 0 \end{bmatrix}, \begin{bmatrix} 0 & 1 & 0 \\ 1 & 0 & 0 \\ 0 & 0 & 1 \end{bmatrix}$$

$$\begin{bmatrix} 0 & 0 & 1 \\ 1 & 0 & 0 \\ 0 & 1 & 0 \end{bmatrix}, \begin{bmatrix} 0 & 1 & 0 \\ 0 & 0 & 1 \\ 1 & 0 & 0 \end{bmatrix}, \begin{bmatrix} 0 & 0 & 1 \\ 0 & 1 & 0 \\ 1 & 0 & 0 \end{bmatrix}$$

Die verschiedenen Permutationsmatrizen können mit Hilfe von Ziffern wie 312 oder 213 benannt werden, was sich danach richtet, wo die Ziffer 1 in einer bestimmten Zeile platziert ist. Beispielsweise wird die Permutation 312 durch die vierte Matrix dargestellt, weil Zeile 1 seine 1 in der dritten Spalte und Zeile 2 seine 1 in der ersten Spalte und Zeile 3 seine 1 in der zweiten Spalte hat.

Die hier gezeigte 3×3-Einheitsmatrix hat $3! = 6$ Permutationsmatrizen. Sie berechnen die Anzahl der Permutationsmatrizen für jede Einheitsmatrix, indem Sie die Permutationsformel $n!$ anwenden. Wenn n die Anzahl der Zeilen und Spalten der Einheitsmatrix ist, dann ist $n!$ die Anzahl der möglichen Permutationsmatrizen.

Beim Zählen Inversionen berücksichtigen

Man sagt, die Permutation einer Menge von Zahlen hat eine *Inversion* (Fehlstand), wenn eine größere Ziffer einer kleineren vorangeht. Betrachten Sie beispielsweise die Permutation 5423. Die 5 steht vor der 4, vor der 2, vor der 3, die 4 steht vor der 2 und vor der 3. Sie zählen in dieser Zahl fünf Inversionen. ***Merken***: Ich habe gesagt, Sie zählen, wenn eine größere Ziffer vor einer kleineren steht – wenn sie nicht in der natürlichen Reihenfolge erscheinen.

Inversionen im Überblick

Eine Permutation einer Zahlenmenge hat eine zählbare Anzahl an Inversionen – selbst wenn diese Zahl Null ist. Die Permutation 5423 hat fünf Inversionen. Man kann eine Inversion auch so betrachten, dass sie angibt, wie oft aufeinander folgende Elemente mindestens vertauscht werden müssen, um die Zahlen in der natürlichen Reihenfolge darzustellen. Dieser Sortierprozess ist Grundlage für viele Programmieraufgaben beim Computer.

Sehen Sie sich beispielsweise an, wie ich die Permutation 5423 durch Austauschen von zwei aufeinander folgenden (benachbarten) Elementen neu anordnen kann. Meine Vorgehensweise ist nicht die einzig mögliche. Sie könnten viele verschiedene Wege einschlagen, aber bei jedem davon muss ein fünfmaliges Austauschen erfolgen:

- ✔ Austauschen von 4 und 2: 5243
- ✔ Austauschen von 5 und 2: 2543
- ✔ Austauschen von 4 und 3: 2534
- ✔ Austauschen von 5 und 3: 2354
- ✔ Austauschen von 5 und 4: 2345

Sie glauben, Sie können die Permutation in weniger Schritten in die richtige Reihenfolge bringen? Probieren Sie es! Ich werde Ihnen jetzt die *Inverse* einer Permutation vorstellen.

Eine inverse Permutation ist eine Permutation, bei der jede Zahl und die Nummer der von ihr belegten Stelle vertauscht werden.

Betrachten Sie beispielsweise die Permutation der fünf ersten positiven ganzen Zahlen: 25413. Die inverse Permutation, die dieser speziellen Anordnung zugeordnet ist, ist 41532. Die Inverse funktioniert so:

- ✔ Die 1 war in der ursprünglichen Permutation an der vierten Stelle, deshalb kommt die 4 an die erste Stelle.
- ✔ Die 2 war in der ursprünglichen Permutation an der ersten Stelle, deshalb wird die 1 an die zweite Stelle geschrieben.
- ✔ Die 3 war in der ursprünglichen Permutation an der fünften Stelle, deshalb wird die 5 an die dritte Stelle geschrieben.
- ✔ Die 4 war in der ursprünglichen Permutation an der dritten Stelle, deshalb wird die 3 an die vierte Stelle geschrieben.
- ✔ Die 5 war in der ursprünglichen Permutation an der zweiten Stelle, deshalb wird die 2 an die fünfte Stelle geschrieben.

Man kann sich für die inverse Permutation auch die beteiligten Matrixpermutationen ansehen. Die Permutation 25413 wird dargestellt durch die 5 × 5-Matrix A. Und die Permutation 41532 wird dargestellt durch die Matrix B. Ich behaupte, dass die Matrizen A und B Inverse voneinander sind und zeige dies, indem ich die beiden Matrizen multipliziere – womit ich die 5 × 5-Identitätsmatrix erhalte.

$$A = \begin{pmatrix} 0 & 1 & 0 & 0 & 0 \\ 0 & 0 & 0 & 0 & 1 \\ 0 & 0 & 0 & 1 & 0 \\ 1 & 0 & 0 & 0 & 0 \\ 0 & 0 & 1 & 0 & 0 \end{pmatrix}, \; B = \begin{pmatrix} 0 & 0 & 0 & 1 & 0 \\ 1 & 0 & 0 & 0 & 0 \\ 0 & 0 & 0 & 0 & 1 \\ 0 & 0 & 1 & 0 & 0 \\ 0 & 1 & 0 & 0 & 0 \end{pmatrix}$$

$$A * B = \begin{pmatrix} 0 & 1 & 0 & 0 & 0 \\ 0 & 0 & 0 & 0 & 1 \\ 0 & 0 & 0 & 1 & 0 \\ 1 & 0 & 0 & 0 & 0 \\ 0 & 0 & 1 & 0 & 0 \end{pmatrix} * \begin{pmatrix} 0 & 0 & 0 & 1 & 0 \\ 1 & 0 & 0 & 0 & 0 \\ 0 & 0 & 0 & 0 & 1 \\ 0 & 0 & 1 & 0 & 0 \\ 0 & 1 & 0 & 0 & 0 \end{pmatrix}$$

$$= \begin{pmatrix} 1 & 0 & 0 & 0 & 0 \\ 0 & 1 & 0 & 0 & 0 \\ 0 & 0 & 1 & 0 & 0 \\ 0 & 0 & 0 & 1 & 0 \\ 0 & 0 & 0 & 0 & 1 \end{pmatrix} = I$$

Und jetzt teile ich Ihnen etwas Interessantes über Permutationen und ihre Inversen mit.

Die Anzahl der Inversionen in einer Permutation ist gleich der Anzahl der Inversionen in ihrer Inversen.

Betrachten wir beispielsweise die Permutation 25413 und ihre Inverse 41532. Ich zähle die Anzahl der darin enthaltenen Inversionen. Die Permutation 25413 hat sechs Inversionen: 21, 54, 51, 53, 41 und 43. Die Permutation 41532 hat ebenfalls sechs Inversionen: 41, 43, 42, 53, 52 und 32. Die jeweiligen Inversionen unterscheiden sich zwar, aber ihre Anzahl ist dieselbe.

Gerade und ungerade Inversionen

Eine Permutation (oder Anordnung) wird als gerade bezeichnet, wenn sie eine *gerade* Anzahl Inversionen besitzt, und als *ungerade,* wenn sie eine ungerade Anzahl Inversionen besitzt. Sehr viel einfacher geht es kaum. Und durch die Einordnung der Permutationsinversionen in gerade oder ungerade können Sie einige interessante Eigenschaften der Inversionen ableiten.

Wenn eine Menge n Elemente hat und $n \geq 2$ ist, dann gibt es $n! \div 2$ gerade und $n! \div 2$ ungerade Permutationen der Menge. Beispielsweise hat die Menge $\{1, 2, 3\}$ drei Elemente, Sie finden also $3! \div 2 = [3 \cdot (3 - 2) \cdot (3 - 1)] \div 2 = 3$ gerade Permutationen und 3 ungerade Permutationen. Die drei geraden Permutationen (diejenigen mit einer geraden Anzahl an Inversionen) sind 123 (mit null Inversionen), 312 (mit zwei Inversionen) und 231 (mit zwei Inversionen). Die drei ungeraden Permutationen sind 132 (mit einer Inversion), 213 (mit einer Inversion) und 321 (mit drei Inversionen).

Eine weitere interessante Eigenschaft von Inversionen hat mit Änderungen an einer speziellen Permutation zu tun.

Wenn Sie eine neue Permutation aus einer gegebenen Permutation einer Zahlenmenge bilden, indem Sie zwei Elemente vertauschen, dann ist die Differenz zwischen der Anzahl der Inversionen innerhalb der beiden Permutationen immer eine ungerade Zahl.

Betrachten Sie beispielsweise die Permutation 543672, die acht Inversionen hat: 54, 53, 52, 43, 42, 32, 62, 72. Ich tausche die 5 und die 2 aus und erhalte 243675. Hier gibt es nur drei Inversionen: 43, 65, 75. Die Differenz zwischen der Anzahl der Inversionen ist $8 - 3 = 5$. Probieren Sie es ruhig selbst aus!

Determinanten bestimmen

10

In diesem Kapitel...

- Die Berechnung von Determinanten kennen lernen
- Permutationen und Determinanten in Verbindung bringen
- Mit der Kofaktor-Entwicklung große Determinanten bestimmen
- Fläche und Volumen von Formen im zwei- und dreidimensionalen Raum ermitteln

Determinanten sind quadratischen Matrizen zugeordnet. Man berechnet die Determinanten einer Matrix unter Verwendung der Einträge der jeweiligen Matrix. Determinanten werden in vielen Anwendungen genutzt, die Sie in diesem Teil kennen lernen. In diesem Kapitel geht es nämlich darum, wie Sie mit Hilfe von Determinanten Fläche und Volumen berechnen.

Die Werte von Determinanten können nach verschiedenen Methoden berechnet werden. Bei der Bestimmung von Determinanten kann Ihnen ein graphischer Taschenrechner oder ein Computerprogramm hilfreich sein. Die Möglichkeit, einen Taschenrechner oder einen Computer für die Berechnung von Determinanten einzusetzen, ist besonders dann sehr angenehm, wenn die Determinanten größer werden – wenn etwa die Matrix mehr als drei Zeilen und Spalten enthält. Die Methode der Kofaktor-Entwicklung passt auf quadratische Matrizen aller Größen und eignet sich bestens für ein praktisches Computerprogramm.

Determinanten von 2×2-Matrizen berechnen

Eine *Determinante* ist eine Zahl, die einer quadratischen Matrix zugeordnet ist. Die Determinante ist eine einzelne Zahl, also ein *Wert*. Die Zahl, die Sie als Determinante erhalten, entsteht durch Summen und Differenzen von Produkten der Einträge in der Matrix. Die Produkte beziehen sich auf Permutationen der Matrix-Einträge, und die Vorzeichen (die eine Summe oder eine Differenz kennzeichnen) der Produkte sind von der Anzahl der in den Permutationen auftretenden Inversionen abhängig. Falls Sie weitere Informationen über Permutationen oder Inversionen benötigen, finden Sie alles, was Sie brauchen, in Kapitel 9.

Permutationen zur Bestimmung der Determinante verwenden

Eine 2×2-Matrix hat eine Determinante mit $2! = 2$ Produkten aus Einträgen dieser Matrix. Eine 3×2-Matrix hat eine Determinante mit $3! = 6$ Produkten aus Einträgen der Matrix. Eine 4×4-Matrix hat eine Determinante mit $4! = 24$ Produkten aus Einträgen der Matrix. Dieses Muster gilt immer, egal, wie groß die Matrix wird. Ich fange ganz einfach an und bestimme die Determinante einer 2×2-Matrix.

Zuerst die Determinante der 2 × 2-Matrix

Sehen Sie sich die folgende 2 × 2-Matrix an.

$$\begin{pmatrix} a_{11} & a_{12} \\ a_{21} & a_{22} \end{pmatrix}$$

Die Produkte zur Berechnung der Determinante einer 2 × 2-Matrix bestehen aus der Multiplikation der Elemente in der allgemeinen Form:

$$a_{1j_1}a_{2j_2}$$

Die 1 und die 2 in den Indizes geben die Zeilen in der Matrix an, die Indizes j_1 und j_2 geben die Nummer der permutierten Spalten an – in diesem Fall nur zwei.

Beim Verweis auf ein Element in einer Matrix verwendet man Indizes (Tieferstellungen), um die Zeile und die Spalte darzustellen, in denen sich das Element befindet. Das Element a_{13} verweist also auf das Element in der ersten Zeile und dritten Spalte. Weitere Informationen über Matrizen und ihre Elemente finden Sie in Kapitel 3.

In einer 2 × 2-Matrix gibt es zwei Spalten und Sie brauchen die beiden Permutationen der Ziffern 1 und 2. Die beiden Permutationen sind 12 und 21. Wenn man jetzt die j in

$$a_{1j_1}a_{2j_2}$$

ersetzt durch 12 und 21, erhält man die beiden Produkte $a_{11}a_{22}$ und $a_{12}\,a_{21}$.

Die Produkte $a_{11}a_{22}$ und $a_{12}a_{21}$ werden anhand der Zeilen- und Spaltenstruktur der Indizes erzeugt und können aber auch durch Diagonalmultiplikation berechnet werden – wobei das Element links oben mit dem Element rechts unten und das Element rechts oben mit dem Element links unten multipliziert wird. Das Produkt $a_{11}a_{22}$ hat keine Inversionen (gerade Anzahl), das Produkt $a_{12}a_{21}$ hat eine Inversion (ungerade Anzahl). Die Eigenschaften gerade und ungerade bestimmen, ob die Produkte mit 1 oder –1 multipliziert werden müssen.

Bei der Bestimmung des Vorzeichens jedes Produkts, das zur Berechnung der Determinante herangezogen wird, multipliziert man das Produkt mit einer –1, wenn die Indizes des Elements im Produkt eine ungerade Anzahl an Permutationen aufweisen. Hat das Produkt eine gerade Anzahl Inversionen der Indizes, wird das Produkt mit 1 multipliziert (bleibt also gleich).

Nach der allgemeinen Einleitung definiere ich jetzt die notwendigen Berechnungen für die Determinante. Die Determinante der Matrix A wird durch vertikale Striche um den Namen der Matrix dargestellt: |A|.

Für eine 2 × 2-Matrix ist die Determinante:

$$\begin{vmatrix} a_{11} & a_{12} \\ a_{21} & a_{22} \end{vmatrix} = a_{11}a_{22} - a_{12}a_{21}$$

Das Produkt $a_{11}a_{22}$ hat eine gerade Anzahl an Inversionen, deshalb wird es mit 1 multipliziert. Das Produkt $a_{12}a_{21}$ hat eine ungerade Anzahl Inversionen, deshalb wird es mit –1 multipliziert.

Hier folgt ein Beispiel für den numerischen Wert einer 2 × 2-Matrix:

$$\begin{vmatrix} 4 & -2 \\ 5 & -3 \end{vmatrix} = 4(-3) - (-2) \cdot 5 = -12 - (-10) = -2$$

Man kann den Wert der Determinanten einer 2 × 2-Matrix auch als die Differenz zwischen den Produkten der Diagonaleinträge bezeichnen.

Weiter zu einer 3 × 3-Determinante

Das Produkt für die Berechnung der Determinante einer 3 × 3-Matrix besteht aus den folgenden allgemeinen Elementen:

$$a_{1j_1}a_{2j_2}a_{3j_3}$$

Jedes Produkt enthält drei Einträge der Matrix, eines aus jeder Zeile. Das j im Index gibt die Spalten an – je eine andere Spalte in jedem Produkt. Insgesamt hat man 3! = 6 verschiedene Produkte, die alle durch die Permutationen der Ziffern 1, 2 und 3 für die Zeilen und Spalten entstehen. Die sechs Produkte sind $a_{11}a_{22}a_{33}$, $a_{11}a_{23}a_{32}$, $a_{12}a_{21}a_{33}$, $a_{12}a_{23}a_{31}$, $a_{13}a_{21}a_{32}$ und $a_{13}a_{22}a_{31}$. Beachten Sie, dass jedes Produkt je ein Element aus jeder Zeile und jeder Spalte enthält.

Das Produkt $a_{11}a_{22}a_{33}$ hat keine Inversionen (gerade) und ist positiv; das Produkt $a_{11}a_{23}a_{32}$ hat eine Inversion (ungerade) und ist negativ; das Produkt $a_{12}a_{21}a_{33}$ hat eine Inversion und ist negativ; das Produkt $a_{12}a_{23}a_{31}$ hat zwei Inversionen (gerade) und ist positiv; das Produkt $a_{13}a_{21}a_{32}$ hat zwei Inversionen (gerade) und ist positiv; und das Produkt $a_{13}a_{22}a_{31}$ hat drei Inversionen (ungerade) und ist negativ.

Für eine 3 × 3-Matrix ist die Determinante:

$$\begin{vmatrix} a_{11} & a_{12} & a_{13} \\ a_{21} & a_{22} & a_{23} \\ a_{31} & a_{32} & a_{33} \end{vmatrix} = a_{11}a_{22}a_{33} - a_{11}a_{23}a_{32} - a_{12}a_{21}a_{33} + a_{12}a_{23}a_{31} + a_{13}a_{21}a_{32} - a_{13}a_{22}a_{31}$$

Vermutlich werden Sie laut aufschreien. Lassen Sie sich aber nicht erschrecken! Was ich Ihnen hier gezeigt habe ist die mathematisch korrekte Definition einer 3 × 3-Determinante und die Erklärung dafür, warum unterschiedliche Vorzeichen für die verschiedenen Produkte verwendet werden. Aber nun werde ich Ihnen eine sehr schnelle und praktische Methode zur Berechnung der Determinante einer 3 × 3-Matrix vorstellen, ohne dabei Inversionen zu zählen und mit Vorzeichen zu jonglieren.

Bei dieser schnellen und einfachen Methode werden die erste und die zweite Spalte der Determinante nach außen kopiert, d. h. rechts neben die Determinante geschrieben:

$$\begin{vmatrix} a_{11} & a_{12} & a_{13} \\ a_{21} & a_{22} & a_{23} \\ a_{31} & a_{32} & a_{33} \end{vmatrix} \begin{matrix} a_{11} & a_{12} \\ a_{21} & a_{22} \\ a_{31} & a_{32} \end{matrix}$$

Jetzt liegen die positiven (geraden) Produkte entlang diagonaler Linien, die jeweils ganz oben in den drei Spalten innerhalb der Determinante beginnen und nach rechts unten verlaufen. Die negativen (ungeraden) Produkte beginnen oben in der letzten Spalte der Determinante bzw. oben bei den beiden Spalten außerhalb der Determinante und verlaufen nach links unten:

$a_{11}a_{22}a_{33}$ $\quad$ $a_{12}a_{21}a_{33}$

$a_{12}a_{23}a_{31}$ $\quad$ $a_{11}a_{23}a_{32}$

$a_{13}a_{21}a_{32}$ $\quad$ $a_{13}a_{22}a_{31}$

Sie addieren nun die Produkte auf den Schräglinien von links nach rechts und subtrahieren (multiplizieren mit –1) die Produkte auf den Schräglinien von rechts nach links:

$$\left|\begin{matrix} a_{11} & a_{12} & a_{13} \\ a_{21} & a_{22} & a_{23} \\ a_{31} & a_{32} & a_{33} \end{matrix}\right|\begin{matrix} a_{11} & a_{12} \\ a_{21} & a_{22} \\ a_{31} & a_{32} \end{matrix}$$

$$=(a_{11}a_{22}a_{33} + a_{12}a_{23}a_{31} + a_{13}a_{21}a_{32}) - (a_{13}a_{22}a_{31} + a_{11}a_{23}a_{32} + a_{12}a_{21}a_{33})$$

Und hier ein Beispiel mit echten Zahlen:

$$\left|\begin{matrix} 3 & 0 & -1 \\ 2 & 4 & 1 \\ 7 & 2 & 3 \end{matrix}\right| \rightarrow \left|\begin{matrix} 3 & 0 & -1 \\ 2 & 4 & 1 \\ 7 & 2 & 3 \end{matrix}\right|\begin{matrix} 3 & 0 \\ 2 & 4 \\ 7 & 2 \end{matrix}$$

$$= 3 \cdot 4 \cdot 3 + 0 \cdot 1 \cdot 7 + (-1) \cdot 2 \cdot 2 - [(-1) \cdot 4 \cdot 7 + 3 \cdot 1 \cdot 2 + 0 \cdot 2 \cdot 3]$$

$$= 36 + 0 - 4 - [-28 + 6 + 0] = 32 - [-22] = 54$$

Die Kofaktor-Entwicklung

Sie können die Determinanten beliebig großer quadratischer Matrizen berechnen, aber wie Sie schon anhand der einfachen 3 × 3-Matrix erkennen, wird die Anzahl der zu berücksichtigenden Produkte sehr schnell sehr groß - man könnte auch sagen *permutierend* (obwohl das natürlich kein Mensch sagen würde).

Für die Determinante einer 4 × 4-Matrix jedenfalls sind 4! = 24 Produkte erforderlich, die zur Hälfte gerade Permutationen der Indizes und zur Hälfte ungerade Permutationen aufweisen. Die Determinante einer 5 × 5-Matrix verwendet dann 5! = 120 Produkte usw. Am besten behelfen Sie sich bei den größeren Determinanten, indem Sie die großen Rechnungen zu mehreren kleineren, handlicheren Rechnungen vereinfachen. Das Ganze nennt sich *Kofaktor-Entwicklung (Laplace-Entwicklung)*. Die Berechnung von Determinanten unter Verwendung der Kofaktor-Entwicklung erfolgt durch Auswahl einer Zeile oder Spalte der gegebenen Matrix und Multiplikation einer positiven oder negativen Version jedes Eintrags aus der gewählten Zeile oder Spalte mit dem Minor einer Untermatrix, die durch Eliminierung der Zeile und Spalte dieses Eintrages berechnet wird. Verstanden? Ich werde gleich anhand eines Beispiels demonstrieren, was ich mit den Einträgen und ihren jeweiligen Minoren meine.

Der *Minor* einer Determinante ist eine Unterdeterminante, die ermittelt wird, indem aus der ursprünglichen Matrix eine bestimmte Zeile und Spalte entfernt wurde und für die so entstandene Streichungs- oder Untermatrix die Determinante berechnet wird.

Eine Untermatrix der 4 × 4-Matrix A wird gebildet, indem Sie beispielsweise die zweite Zeile und dritte Spalte von A entfernen, um eine 3 × 3-Matrix C zu bilden:

$$A = \begin{bmatrix} 1 & 4 & -5 & 6 \\ 3 & 5 & 2 & 0 \\ 1 & 1 & 8 & 6 \\ 4 & 5 & 6 & 1 \end{bmatrix}$$

$$\text{Die eingerahmten Zahlen entfernen } \square \rightarrow \begin{bmatrix} 1 & 4 & \boxed{-5} & 6 \\ \boxed{3} & \boxed{5} & \boxed{2} & \boxed{0} \\ 1 & 1 & \boxed{8} & 6 \\ 4 & 5 & \boxed{6} & 7 \end{bmatrix}$$

$$C_{23} = \begin{bmatrix} 1 & 4 & 6 \\ 1 & 1 & 6 \\ 4 & 5 & 7 \end{bmatrix}$$

Weil die Untermatrix durch Entfernen der zweiten Zeile und dritten Spalte entstanden ist, bezeichnen Sie die Untermatrix als C_{23} und deren Determinante, den Minor durch $|C_{23}|$. Bei der Kofaktor-Entwicklung zur Berechnung einer Determinante erstellen Sie mehrere Minoren aus Untermatrizen und multiplizieren sie mit positiven oder negativen Versionen der zugehörigen Einträge in der jeweiligen Zeile oder Spalte. Hier eine formalisierte Darstellung dieser Methode:

Der Wert der Determinante der Matrix A ist:

$$|A| = \sum (-1)^{i+j} a_{ij} \left|C_{ij}\right|$$

Diese Formel wird gelesen als: *Die Determinante der Matrix A ist die Summe der Produkte, die jeweils aus folgenden Faktoren gebildet werden: (1) die Zahl –1 erhoben in die i+j-te Potenz, (2) der Eintrag an der Stelle* a_{ij} *und (3)* $|C_{ij}|$*, die Determinante der Untermatrix (der Minor) für das Element* a_{ij}. Die Elemente a_{ij} sind die Einträge einer ausgewählten Zeile und Spalte der ursprünglichen Matrix A.

Die Zahl, die durch $(-1)^{i+j}\det C_{ij} = (-1)^{i+j}|C_{ij}|$ ermittelt wird, wird als *ij*-Kofaktor der Matrix A bezeichnet.

Betrachten Sie beispielsweise die folgende 4×4-Matrix:

$$A = \begin{pmatrix} 1 & 2 & -5 & 6 \\ 3 & 5 & 2 & 0 \\ 1 & 1 & 8 & 6 \\ 4 & 5 & 6 & 0 \end{pmatrix}$$

Ich habe mich entschieden, die Kofaktor-Entwicklung für die erste Zeile der Matrix durchzuführen. Die Aufsummierung der Produkte entlang dieser Zeile wird also zu:

$$|A| = (-1)^{1+1} a_{11}|C_{11}| + (-1)^{1+2} a_{12}|C_{12}| + (-1)^{1+3} a_{13}|C_{13}| + (-1)^{1+4} a_{14}|C_{14}|$$

Sie sehen, wie der Faktor (–1) jeweils mit der Summe der Zahlen im Index des jeweiligen Eintrags potenziert wird. C_{ij} ist dabei die Untermatrix, die dem jeweiligen Eintrag zugeordnet ist.

$$|A| = (-1)^2 \cdot 1 \begin{vmatrix} 5 & 2 & 0 \\ 1 & 8 & 6 \\ 5 & 6 & 0 \end{vmatrix} + (-1)^3 \cdot 2 \begin{vmatrix} 3 & 2 & 0 \\ 1 & 8 & 6 \\ 4 & 6 & 0 \end{vmatrix}$$

$$+(-1)^4(-5) \begin{vmatrix} 3 & 5 & 0 \\ 1 & 1 & 6 \\ 4 & 5 & 0 \end{vmatrix} + (-1)^5 \cdot 6 \begin{vmatrix} 3 & 5 & 2 \\ 1 & 1 & 8 \\ 4 & 5 & 6 \end{vmatrix}$$

Anschließend werden die Potenzen von –1 und die Faktoren aus den Einträgen kombiniert, um die Darstellung zu vereinfachen:

$$= 1 \begin{vmatrix} 5 & 2 & 0 \\ 1 & 8 & 6 \\ 5 & 6 & 0 \end{vmatrix} - 2 \begin{vmatrix} 3 & 2 & 0 \\ 1 & 8 & 6 \\ 4 & 6 & 0 \end{vmatrix} - 5 \begin{vmatrix} 3 & 5 & 0 \\ 1 & 1 & 6 \\ 4 & 5 & 0 \end{vmatrix} - 6 \begin{vmatrix} 3 & 5 & 2 \\ 1 & 1 & 8 \\ 4 & 5 & 6 \end{vmatrix}$$

Anschließend werden die 3×3-Determinanten berechnet und alle Produkte gebildet. Die Ergebnisse werden zusammengefasst und die Antwort vereinfacht.

$$= 1[0 + 60 + 0 - (0 + 180 + 0] - 2[0 + 48 + 0 - (0 + 108 + 0)]$$

$$-5[0 + 120 + 0 - (0 + 90 + 0)] - 6[18 + 160 + 10 - (8 + 120 + 30)]$$

$$= 1[60 - 180] - 2[48 - 108] - 5[120 - 90] - 6[188 - 158]$$

$$= -120 + 120 - 150 - 180 = -330$$

Für die Kofaktor-Entwicklung zur Berechnung einer Determinante können Sie eine beliebige Spalte oder Zeile verwenden. Es ist jedoch am sinnvollsten, eine Spalte oder Zeile mit sehr vielen Nullen auszuwählen, falls das möglich ist. Hätte ich im vorigen Beispiel Spalte 4 statt Reihe 1 verwendet, dann hätten zwei der vier Produkte 0 ergeben, da der Faktor aus den Einträgen 0 ist. Und so sieht die Berechnung aus, wenn über die vierte Spalte entwickelt wird:

$$
\begin{aligned}
|A| &= (-1)^{1+4} a_{14} |C_{14}| + (-1)^{2+4} a_{24} |C_{24}| \\
&\quad + (-1)^{3+4} a_{34} |C_{34}| + (-1)^{4+4} a_{44} |C_{44}| \\
&= (-1)^5 \cdot 6 \begin{vmatrix} 3 & 5 & 2 \\ 1 & 1 & 8 \\ 4 & 5 & 6 \end{vmatrix} + 0 + (-1)^7 \cdot 6 \begin{vmatrix} 1 & 2 & -5 \\ 3 & 5 & 2 \\ 4 & 5 & 6 \end{vmatrix} + 0 \\
&= -6 \begin{vmatrix} 3 & 5 & 2 \\ 1 & 1 & 8 \\ 4 & 5 & 6 \end{vmatrix} - 6 \begin{vmatrix} 1 & 2 & -5 \\ 3 & 5 & 2 \\ 4 & 5 & 6 \end{vmatrix} \\
&= -6[18 + 160 + 10 - (8 + 120 + 30)] - 6[30 + 16 - 75 - (-100 + 10 + 36)] \\
&= -6[188 - 158] - 6[-29 - (-54)] = -180 - 150 = -330
\end{aligned}
$$

Es ist einfach praktisch, wenn man weniger Berechnungen ausführen muss.

Mit Determinanten Fläche und Volumen berechnen

Eine Determinante ist eine einer quadratischen Matrix zugeordnete Zahl. Die Determinante wird durch ihren Verwendungszweck nützlich und wichtig. Zwei sehr praktische Anwendungen des Werts einer Determinante haben mit der Fläche und dem Volumen zu tun. Durch die Berechnung einer Determinante bestimmen Sie die Fläche eines Dreiecks, dessen Kanten im Koordinatensystem beschrieben sind. Und was noch besser ist: Der Wert einer Determinanten ist mit dem Volumen eines Parallelflachs verknüpft.

Ein Parallelflach (Spat) können Sie sich wie eine Holzkiste vorstellen, auf die sich ein Sumo-Ringer gesetzt hat. Ich werde später im Abschnitt »Das Volumen eines Parallelflachs bestimmen« noch eine bessere Beschreibung nachliefern.

Die Flächen von Dreiecken bestimmen

Die traditionelle zur Bestimmung der Fläche eines Dreiecks basiert darauf, die Höhe von einer der Kanten senkrecht zur gegenüberliegenden Seite zu messen. Eine weitere Methode ist die Formel von Heron, die Sie anwenden, wenn Sie die Länge aller Dreiecksseiten kennen. Hier zeige ich Ihnen eine Methode, die Fläche eines Dreiecks zu bestimmen, wenn Sie die Koordinaten der Ecken des Dreiecks im zweidimensionalen Raum (im Koordinatensystem) kennen.

Die Fläche eines Dreiecks wird bestimmt, indem die Hälfte des Absolutwerts der Determinante einer Matrix berechnet wird, die wiederum aus den Koordinaten des Dreiecks und einer Spalte mit Einsen gebildet wird.

Die Formel von Heron

Wenn Sie die Fläche einer dreieckigen Figur berechnen wollen, können Sie dazu die Längen der Seiten verwenden. Die Formel von Heron für die Fläche eines Dreiecks mit den Seiten a, b und c lautet:

$$\text{Fläche} = \sqrt{s(s-a)(s-b)(s-c)}$$

Dabei ist s der halbe Umfang des Dreiecks.

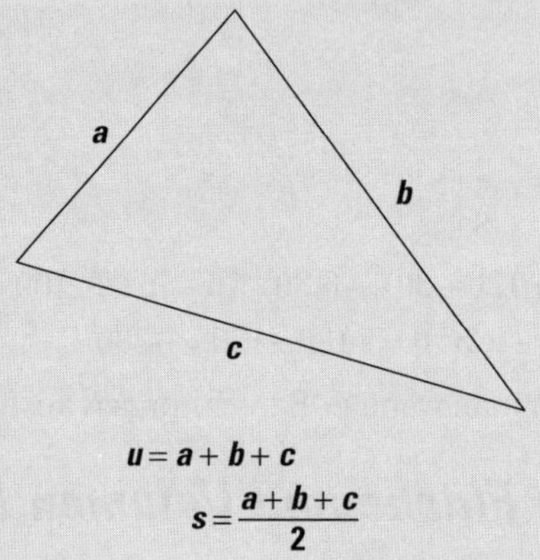

$$\text{Umfang} = u = a + b + c$$

$$\text{Halber Umfang} = s = \frac{a+b+c}{2}$$

Wenn beispielsweise die Seiten einer Dreiecksfläche 5, 7 und 8 Zentimeter lang sind, dann ist der Umfang 20 Zentimeter, der halbe Umfang ist die Hälfte des Umfangs, also 10 Zentimeter, und die Fläche ist:

$$\text{Fläche} = \sqrt{10(10-5)(10-7)(10-8)}$$
$$= \sqrt{10 \cdot 5 \cdot 3 \cdot 2} = \sqrt{300} \approx 17{,}32 \text{ Quadratzentimeter}$$

Die Fläche eines Dreiecks mit den Eckkoordinaten (x_1, y_1), (x_2, y_2) und (x_3, y_3) beträgt:

$$\text{Fläche} = \frac{1}{2}\left\|\begin{matrix} x_1 & y_1 & 1 \\ x_2 & y_2 & 1 \\ x_3 & y_3 & 1 \end{matrix}\right\|$$

Der Absolutwert einer Zahl n wird in vertikalen Strichen angegeben, $|n|$, und auch die Determinante einer Matrix wird durch vertikale Striche gekennzeichnet. Sie sehen also *verschachtelte* Striche, die Absolutwert und Determinante gleichzeitig darstellen. Diese Art Notation kann verwirrend sein, deshalb verwende ich als Alternative manchmal die Buchstabenfolge *det* vor den Klammern der Matrix, um die Determinante der Matrix zu kennzeichnen. Sie sehen dann also:

$$\text{Fläche} = \frac{1}{2}\left|\det\begin{pmatrix} x_1 & y_1 & 1 \\ x_2 & y_2 & 1 \\ x_3 & y_3 & 1 \end{pmatrix}\right|$$

Ein Beispiel für die Verwendung der Determinanten zur Bestimmung der Fläche eines Dreiecks ist das in Abbildung 10.1 gezeigte Dreieck mit den Ecken (2, 4), (9, 6) und (7, –3). Sie können die Fläche unter Verwendung der Formel von Heron bestimmen, nachdem Sie die Distanzformel angewendet haben, um die Längen der drei Seiten zu ermitteln. Die Determinantenmethode ist viel schneller und einfacher.

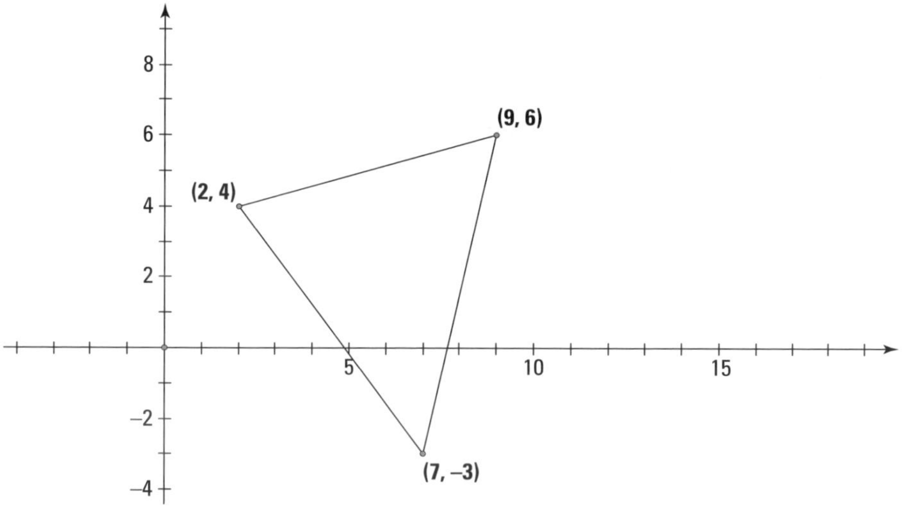

Abbildung 10.1: Die Koordinaten des spitzwinkligen Dreiecks

Es spielt keine Rolle, welche der Punkte Sie für (x_1, y_1), (x_2, y_2) und (x_3, y_3) einsetzen. Und die Absolutwertfunktion der Formel macht es überflüssig, zwischen einer im Uhrzeigersinn oder gegen den Uhrzeigersinn erfolgenden Bewegung um das Dreieck herum zu wählen, um die Ecken zu bestimmen. Sie können also die Koordinaten als Elemente in die Determinante schreiben:

$$\text{Fläche} = \frac{1}{2}\left|\det\begin{pmatrix} 2 & 4 & 1 \\ 9 & 6 & 1 \\ 7 & -3 & 1 \end{pmatrix}\right|$$

$$= \frac{1}{2}\left|12 + 28 - 27 - (42 - 6 + 36)\right| = \frac{1}{2}\left|-59\right| = 29{,}5$$

Die Fläche des Dreiecks beträgt 29,5 Quadrateinheiten.

Parallelogrammflächen bestimmen

Ein Parallelogramm ist ein Viereck, dessen gegenüberliegende Seitenpaare jeweils parallel zueinander sind und dieselbe Länge haben. Nach der herkömmlichen Methode zur Flächenbestimmung für ein Parallelogramm multipliziert man die Länge einer der Seiten mit der senkrechten Distanz zwischen dieser Seite und der ihr gegenüberliegenden Seite. Der größte Stolperstein bei der Ermittlung der Fläche eines Parallelogramms ist das Messen der benötigten Längen, insbesondere der senkrechten Distanz. Die Zeichnung eines Parallelogramms in die Koordinatenebene macht die Flächenberechnung sehr viel einfacher.

Ein in die Koordinatenebene gezeichnetes Parallelogramm hat eine Fläche, die unter Verwendung einer Determinante berechnet werden kann. Bei solchen zweidimensionalen Parallelogrammen kann eine von zwei Situationen vorliegen: (1) Eine der Ecken des Parallelogramms befindet sich am Ursprung, oder (2) keine der Ecken befindet sich am Ursprung. Wenn eine Ecke im Ursprung liegt, wird die Arbeit dadurch sehr viel einfacher, aber auch alle anderen Parallelogramme sind nicht sehr viel komplizierter zu berechnen.

Parallelogramme mit Ecke im Ursprung

Um die Fläche eines Parallelogramms zu berechnen, dessen eine Ecke im Ursprung liegt, brauchen Sie die Koordinaten der Ecken, die über Seiten des Parallelogramms direkt mit dem Ursprung verbunden sind. In Abbildung 10.2 sehen Sie ein Parallelogramm im ersten Quadranten. Die beiden durch je eine der Seiten des Parallelogramms mit dem Ursprung verbundenen Ecken sind die Punkte (1, 2) und (6, 5).

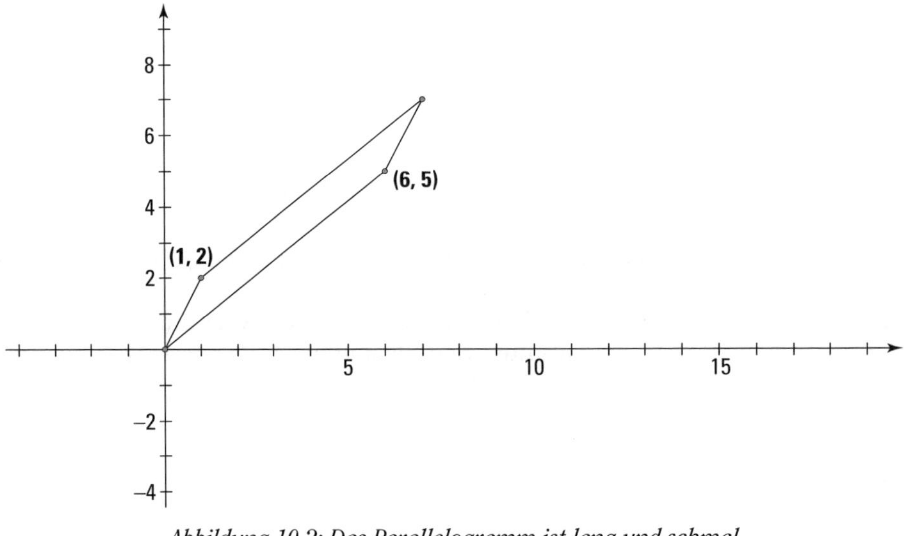

Abbildung 10.2: Das Parallelogramm ist lang und schmal

Die beiden Ecken sind mit dem Ursprung verbunden und bestimmen die beiden unterschiedlichen Seitenlängen des Parallelogramms. Die Fläche des Parallelogramms wird mit Hilfe einer Determinante aus den Koordinaten bestimmt.

Die Fläche eines Parallelogramms mit einer Ecke im Ursprung und Koordinaten der Punkte (x_1, y_1) und (x_2, y_2), die über je eine Seite des Parallelogramms mit dem Ursprung verbunden sind, hat eine Fläche gleich dem Absolutwert der Determinante. Diese wird wie folgt gebildet:

$$\begin{vmatrix} x_1 & y_1 \\ x_2 & y_2 \end{vmatrix}$$

Das Parallelogramm aus Abbildung 10.2 hat also die folgende Fläche:

$$\text{Fläche} = \left|\det\begin{pmatrix} 1 & 2 \\ 6 & 5 \end{pmatrix}\right| = |5-12| = |-7| = 7$$

Die Fläche des Parallelogramms beträgt 7 Quadrateinheiten.

Zufällig angeordnete Parallelogramme im zweidimensionalen Raum

Wenn ein Parallelogramm keine Ecke im Ursprung hat, passen Sie es an bzw. verschieben es (wobei Sie Größe und Form beibehalten), bis eine der Ecken im Ursprung liegt. In Abbildung 10.3 sehen Sie ein Parallelogramm, dessen Ecken alle im ersten Quadranten liegen.

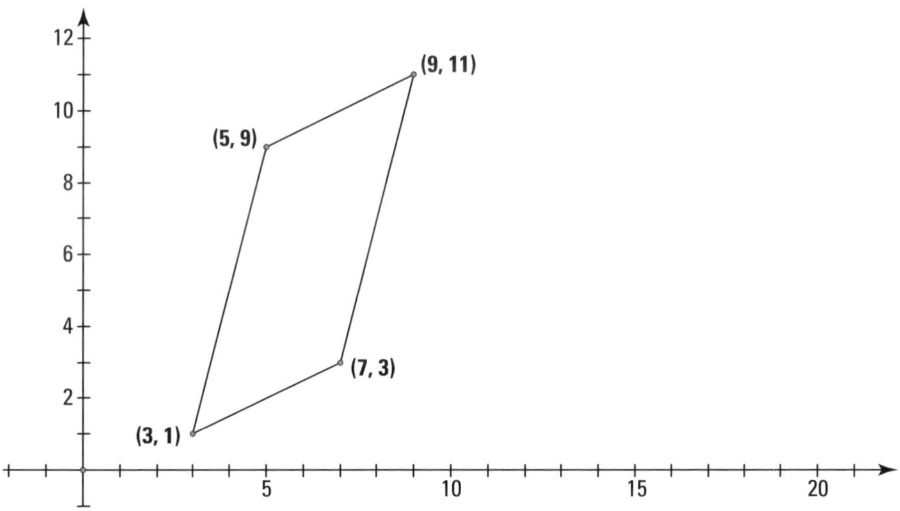

Abbildung 10.3: Alle Punkte haben positive Koordinaten

Sie können das Parallelogramm beliebig verschieben und irgendeine der Ecken in den Ursprung bringen. Die Verschiebung, die hier am sinnvollsten ist und den einfachsten Rechenweg bietet, erzielen Sie, wenn Sie das Parallelogramm so verschieben, dass die Ecke von Punkt (3, 1) in den Ursprung gelangt.

Ich habe die Bewegung des Parallelogramms hier als *Verschiebung* bezeichnet. Der korrekte Begriff für die Transformationsgeometrie ist *Translation*. Sie führen eine Translation für einen Punkt oder ein Segment oder eine Figur von einer Position zu einer anderen durch, ohne die Größe oder die Form der Figur zu verändern. Bei einer Translation ändern sich die Koordinaten aller Punkte auf dieselbe Weise.

Wenn für eine Figur im zweidimensionalen Raum eine Translation durchgeführt wird, heißt das, dass jeder Punkt (x, y) in seinen Bildpunkt überführt wird, indem die Formeln $x' = x + h$ und $y' = y + k$ angewendet werden, wobei h die horizontale Änderung (und Richtung) der Translation und k die vertikale Änderung (und Richtung) der Translation angeben.

Wenn für das Parallelogramm in Abbildung 10.3 eine Translation um drei Einheiten nach links und eine Einheit nach unten erfolgt, liegt die Ecke (3, 1) im Ursprung. Mit den vier Ecken passiert bei der Translation also folgendes: $x' = x - 3$, $y' = y - 1$: $(3, 1) \rightarrow (0, 0)$, $(7, 3) \rightarrow (4, 2)$, $(9, 11) \rightarrow (6, 10)$ und $(5, 9) \rightarrow (2, 8)$. Abbildung 10.4 zeigt das neue Parallelogramm.

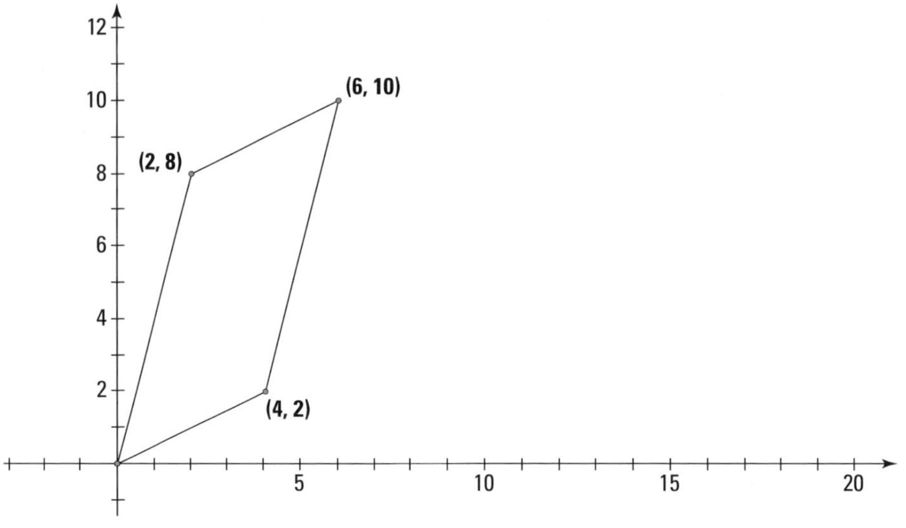

Abbildung 10.4: Die Größe und die Form bleiben bei der Translation unverändert

Jetzt können Sie die Fläche des Parallelogramms unter Verwendung der Determinante und der Ecken an den Punkten (4, 2) und (2, 8) bestimmen:

$$\text{Fläche} = \left|\det\begin{pmatrix} 4 & 2 \\ 2 & 8 \end{pmatrix}\right| = |32 - 4| = 28$$

Die Beispiele haben Parallelogramme gezeigt – wobei die Ecken keine rechten Winkel haben. Weil Rechtecke, Quadrate und Rauten Sonderfälle von Parallelogrammen sind, können Sie diese Determinantenmethode auch anwenden, um die Fläche dieser speziellen Vierecke zu bestimmen.

Das Volumen eines Parallelflachs bestimmen

Ein *Parallelflach* ist ein komischer Name für einen gequetschten Quader. Das ist eine flapsige Ausdrucksweise für eine sehr präzise mathematische Struktur. Malen Sie einfach eine sechsseitige Figur, wie etwa eine Pappkartonschachtel, deren gegenüberliegende Seiten parallel zueinander sind und dieselben Maße haben. Bei einem Parallelflach müssen Seiten nicht senkrecht aufeinander stehen und die Ecken müssen keine 90°-Winkel aufweisen. Jede Seite ist ein Parallelogramm. Auch ein gequetschter Quader mit rechtwinkligen Seiten gehört als Sonderfall in diese Kategorie. In Abbildung 10.5 zeige ich Ihnen ein Parallelflach in einem der acht Oktanten des dreidimensionalen Raums. Die Punkte von drei der Ecken tragen Beschriftungen in Form von (x, y, z)-Koordinaten.

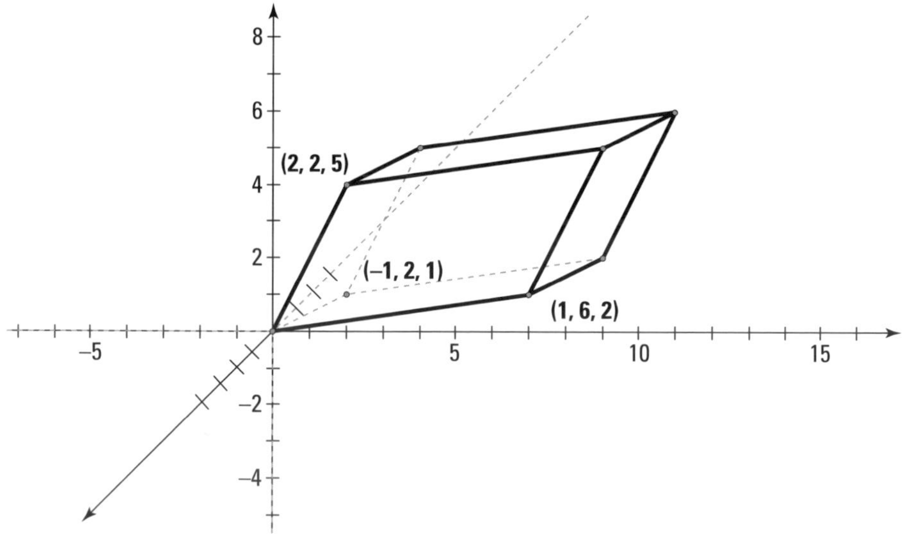

Abbildung 10.5: Ein Parallelflach hat drei Paare kongruenter Seiten

Wenn ein Parallelflach eine seiner Ecken im Ursprung hat, wird sein Volumen mit Hilfe der Determinante einer 3 × 3-Matrix bestimmt. Deren Einträge sind die Eckkoordinaten des Parallelflachs an denjenigen Kanten, die sich im Ursprung treffen.

Das Volumen eines Parallelflachs mit einer Ecke im Ursprung und den Koordinaten der durch eine Kante mit dem Ursprung verbundenen Punkte (x_1, y_1, z_1), (x_2, y_2, z_2) und (x_3, y_3, z_3), ist gleich dem Absolutwert der wie folgt gebildeten Determinante:

$$\text{Volumen} = \left|\det\begin{pmatrix} x_1 & y_1 & z_1 \\ x_2 & y_2 & z_2 \\ x_3 & y_3 & z_3 \end{pmatrix}\right|$$

Das Parallelflach in Abbildung 10.5 hat also ein Volumen von 38 Kubikeinheiten:

$$V = \left|\det\begin{pmatrix} 1 & 6 & 2 \\ -1 & 2 & 1 \\ 2 & 2 & 5 \end{pmatrix}\right| = |38| = 38$$

Wenn keine der Ecken im Ursprung liegt, können Sie eine Translation vergleichbar mit derjenigen für den zweidimensionalen Raum durchführen, um eine der Ecken in die richtige Position (in den Ursprung) zu bringen.

Die Eigenschaften von Determinanten

11

In diesem Kapitel...

- Operationen und Manipulationen mit Determinanten durchführen
- Feststellen, wie sich die Werte von Determinanten ändern
- Manipulationen und Berechnungen zusammenführen, um sich das Leben einfacher zu machen
- Obere und untere Dreiecksmatrizen geschickt nutzen

Determinanten sind Funktionen, die auf quadratische Matrizen angewendet werden. Wenn die Einträge der quadratischen Matrix lauter Zahlen sind, ergibt sich die Determinante als einzelner numerischer Wert. In Kapitel 10 zeige ich Ihnen, wie Sie überschaubare Determinanten berechnen und wie Sie sich mit der Kofaktor-Entwicklung das Leben leichter machen.

In diesem Kapitel geht es um die vielen verschiedenen Eigenschaften von Determinanten – welche Aktionen den Wert der Determinante unverändert lassen, und wie sich der Wert der Determinante bei andere Operationen oder Aktionen ändert. Viele der in diesem Kapitel behandelten Eigenschaften und Verfahren, denen Sie im Umgang mit Determinanten begegnen, haben mit Matrixoperationen und Matrizen zu tun. Deshalb ist es nicht verkehrt, sich noch einmal in Kapitel 3 umzusehen, um das Wissen über diese Prozesse aufzufrischen.

Die in diesem Kapitel gezeigten Eigenschaften zahlen sich bei der Arbeit mit Determinanten aus. So interessant die Eigenschaften als solche auch sein mögen, wirklich wichtig werden sie erst, wenn man Matrizen so umformen will, dass die Berechnung ihrer Determinanten einfacher wird. In diesem Kapitel stelle ich Ihnen diese Eigenschaften vor und zeige Ihnen, wie praktisch sie sein können.

Matrizen transponieren und invertieren und deren Determinante

Bei der Transposition wird jede Zeile der Matrix in eine Spalte verwandelt, und jede Spalte der Matrix in eine Zeile. Weitere Informationen über die Matrizentransposition finden Sie in Kapitel 3. In diesem Kapitel geht es nur um quadratische Matrizen und ihre Transponierten. Die Inverse einer Matrix ist ebenfalls eine Matrix, die eng mit der ursprünglichen Matrix verknüpft ist. In Kapitel 3 ist auch beschrieben, dass das Produkt einer Matrix mit ihrer Inversen die Einheitsmatrix ist.

Ich weise auf diese Konzepte der Transposition von Matrizen und der Bestimmung der Inversen von Matrizen hin, weil diese Prozesse eng mit der Bestimmung der Determinanten der transponierten Matrix bzw. der Berechnung der Inversen von Determinanten verwandt sind.

Die Determinante einer Transposition bestimmen

Die Determinante einer quadratischen Matrix kann mit verschiedenen Methoden bestimmt werden (siehe Kapitel 10), oder auch mit Hilfe eines Taschenrechners oder eines Computers. Und nachdem Sie die Determinante einer Matrix bestimmt haben, ist es auch nicht mehr schwer, die Determinante der Transponierten einer Matrix zu finden – hauptsächlich deshalb, weil die Determinanten exakt gleich sind.

Die Determinante der Matrix A ist gleich der Determinante der Transponierten der Matrix A: $\det(A) = \det(A^T)$.

Betrachten Sie beispielsweise die folgende Matrix A und ihre Transponierte:

$$A = \begin{pmatrix} 1 & 2 & 3 \\ 4 & 5 & 0 \\ 3 & 1 & 2 \end{pmatrix}, \quad A^T = \begin{pmatrix} 1 & 4 & 3 \\ 2 & 5 & 1 \\ 3 & 0 & 2 \end{pmatrix}$$

Die schnellste und einfachste Methode, die beiden Determinanten zu bestimmen, besteht darin, die ersten drei Spalten rechts neben die Determinante zu schreiben und entlang der Diagonalen zu multiplizieren (mehr über diese Vorgehensweise in Kapitel 10).

$$\det(A) = \left|\begin{array}{ccc|cc} 1 & 2 & 3 & 1 & 2 \\ 4 & 5 & 0 & 4 & 5 \\ 3 & 1 & 2 & 3 & 1 \end{array}\right.$$

$$= 10 + 0 + 12 - (45 + 0 + 16) = 22 - 61 = -39$$

$$\det(A^T) = \left|\begin{array}{ccc|cc} 1 & 4 & 3 & 1 & 4 \\ 2 & 5 & 1 & 2 & 5 \\ 3 & 0 & 2 & 3 & 0 \end{array}\right.$$

$$= 10 + 12 + 0 - (45 + 0 + 16) = 22 - 61 = -39$$

Die Werte der Determinanten sind gleich. Wenn Sie die verschiedenen Produkte betrachten, die in den Determinanten einer Matrix und ihrer Transposition erzeugt werden, stellen Sie fest, dass in beiden dieselben Kombinationen der Einträge entstehen, was schließlich zur selben Lösung führt.

Die Determinante der Inversen untersuchen

Wenn Sie eine Matrix mit ihrer Inversen multiplizieren, erhalten Sie eine Einheitsmatrix. Die Einheitsmatrix ist eine quadratische Matrix mit einer Diagonalen aus Einsen; die restlichen Elemente sind 0. Ein vergleichbares Produkt entsteht, wenn Sie die Determinante einer Matrix mit der Determinanten der Inversen der Matrix multiplizieren. Sie erhalten die Zahl 1, das neutrale Element der Multiplikation.

Die Determinante einer Matrix A ist gleich dem Kehrwert (multiplikativen Inversen) der Determinante der Inversen der Matrix A:

$$\det(A) = \left[\det\left(A^{-1}\right)\right]^{-1} = \frac{1}{\det\left(A^{-1}\right)}$$

Seien Sie vorsichtig mit der Hochstellung von –1. Die Inverse der Matrix B wird als B^{-1} dargestellt. Dies kennzeichnet die inverse Matrix, keinen Kehrwert. Die Determinante der Matrix B, |B|, kann jedoch einen Kehrwert haben (falls sie ungleich 0 ist). Dies schreiben Sie als $|B|^{-1}$.

Die Inverse einer Matrix existiert nur dann, wenn die Determinante ungleich 0 ist.

Die Matrix muss invertierbar sein – sie muss eine Inverse haben. Beispielsweise hat die nachfolgend gezeigte Matrix B eine inverse Matrix B^{-1}:

$$B = \begin{pmatrix} 1 & 3 & 3 \\ 1 & 6 & 3 \\ 1 & 3 & 4 \end{pmatrix}, \quad B^{-1} = \begin{pmatrix} 5 & -1 & -3 \\ -\frac{1}{3} & \frac{1}{3} & 0 \\ -1 & 0 & 1 \end{pmatrix}$$

Das Produkt aus B und B^{-1} ist die Einheitsmatrix.

$$BB^{-1} = \begin{pmatrix} 1 & 3 & 3 \\ 1 & 6 & 3 \\ 1 & 3 & 4 \end{pmatrix} \begin{pmatrix} 5 & -1 & -3 \\ -\frac{1}{3} & \frac{1}{3} & 0 \\ -1 & 0 & 1 \end{pmatrix}$$

$$= \begin{pmatrix} 1\cdot 5 + 3\left(-\frac{1}{3}\right) + 3(-1) & 1(-1) + 3\cdot\frac{1}{3} + 3\cdot 0 & 1(-3) + 3\cdot 0 + 3\cdot 1 \\ 1\cdot 5 + 6\left(-\frac{1}{3}\right) + 3(-1) & 1(-1) + 6\cdot\frac{1}{3} + 3\cdot 0 & 1(-3) + 6\cdot 0 + 3\cdot 1 \\ 1\cdot 5 + 3\left(-\frac{1}{3}\right) + 4(-1) & 1(-1) + 3\cdot\frac{1}{3} + 4\cdot 0 & 1(-3) + 3\cdot 0 + 4\cdot 1 \end{pmatrix}$$

$$= \begin{pmatrix} 1 & 0 & 0 \\ 0 & 1 & 0 \\ 0 & 0 & 1 \end{pmatrix}$$

Jetzt betrachten Sie die Werte der Determinanten von B und B^{-1}:

$$\det(B) = \begin{vmatrix} 1 & 3 & 3 \\ 1 & 6 & 3 \\ 1 & 3 & 4 \end{vmatrix} = 24 + 9 + 9 - (18 + 9 + 12) = 42 - 39 = 3$$

$$\det(B^{-1}) = \begin{vmatrix} 5 & -1 & -3 \\ -\frac{1}{3} & \frac{1}{3} & 0 \\ -1 & 0 & 1 \end{vmatrix} = \frac{5}{3} + 0 + 0 - \left(1 + 0 + \frac{1}{3}\right) = \frac{5}{3} - \frac{4}{3} = \frac{1}{3}$$

Die Determinante von B ist der Kehrwert der Determinante von B^{-1}. Das Produkt aus 3 und $\frac{1}{3}$ ist 1.

Die Determinante einer Einheitsmatrix ergibt sich als 1.

Zeilen oder Spalten vertauschen

Wenn Sie mit Hilfe von Matrizen Gleichungssysteme lösen, vertauschen Sie manchmal Zeilen, um den Lösungsprozess einfacher zu gestalten. In Kapitel 4 geht es detailliert um die Lösung von Gleichungssystemen. Das Vertauschen von Zeilen einer Matrix wirkt sich in keiner Weise auf die Lösung des Gleichungssystems aus – die Lösung bleibt unverändert. Aber das Vertauschen von Zeilen hat sehr wohl eine Auswirkung auf die Determinante, ebenso wie das Vertauschen von Spalten.

Um eine Zeile oder eine Spalte in einer Determinantenmatrix zu vertauschen, vertauschen Sie einfach die entsprechenden Einträge. Nachfolgend zeige ich Ihnen die Determinantenmatrix A, wie diese aussieht, wenn Sie die erste und die dritte Zeile vertauschen, und wie sie aussieht, wenn Sie die zweite und die dritte Spalte vertauschen.

$$\det(A) = \begin{vmatrix} 1 & 2 & 3 & 4 \\ 5 & 6 & 7 & 8 \\ 8 & 7 & 6 & 5 \\ 4 & 3 & 2 & 1 \end{vmatrix}$$

$$\det(Z_1 \leftrightarrow Z_3) = \begin{vmatrix} 8 & 7 & 6 & 5 \\ 5 & 6 & 7 & 8 \\ 1 & 2 & 3 & 4 \\ 4 & 3 & 2 & 1 \end{vmatrix} \qquad \det(S_2 \leftrightarrow S_3) \begin{vmatrix} 1 & 3 & 2 & 4 \\ 5 & 7 & 6 & 8 \\ 8 & 6 & 7 & 5 \\ 4 & 2 & 3 & 1 \end{vmatrix}$$

Das Vertauschen von zwei Zeilen (oder Spalten) einer Matrix führt zu einer Determinante mit dem entgegengesetzten Vorzeichen. Betrachten Sie beispielsweise Matrix D und ihre Determinante. Ich werde die Spalten 2 und 3 vertauschen und die neue Matrix als D′ bezeichnen. Anschließend berechne ich die Determinante von D′.

$$D = \begin{pmatrix} 1 & 3 & 5 \\ 1 & 6 & 0 \\ -2 & 3 & 4 \end{pmatrix}$$

$$\det(D) = 24 + 0 + 15 - (-60 + 0 + 12) = 39 + 48 = 87$$

$$D(S_2 \leftrightarrow S_3) = D' = \begin{pmatrix} 1 & 5 & 3 \\ 1 & 0 & 6 \\ -2 & 4 & 3 \end{pmatrix}$$

$$\det(D') = 0 - 60 + 12 - (15 + 0 + 24) = -48 - 39 = -87$$

Sie fragen sich jetzt sehr wahrscheinlich, was passiert, wenn Sie sowohl zwei Zeilen als auch zwei Spalten derselben Matrix vertauschen: Ihr Instinkt sagt Ihnen vielleicht schon, dass sich diese beiden Maßnahmen aufheben. Und Ihr Instinkt hat Recht!

Betrachten Sie Matrix E, wo ich die erste und die dritte Zeile vertausche und in der neuen Matrix dann die erste und die zweite Spalte vertausche. Ich vergleiche den Wert der Determinante von E mit der Determinante der neuen, umgestalteten Matrix E″, für die zwei Vertauschungen durchgeführt wurden.

$$E = \begin{pmatrix} 1 & -2 & 6 \\ 1 & 0 & 2 \\ -5 & 3 & 1 \end{pmatrix}$$

$$E(Z_1 \leftrightarrow Z_3) = E' = \begin{pmatrix} -5 & 3 & 1 \\ 1 & 0 & 2 \\ 1 & -2 & 6 \end{pmatrix}$$

$$E(S_1 \leftrightarrow S_2) = E'' = \begin{pmatrix} 3 & -5 & 1 \\ 0 & 1 & 2 \\ -2 & 1 & 6 \end{pmatrix}$$

$$\det(E) = 0 + 20 + 18 - (0 + 6 - 2) = 38 - 4 = 34$$

$$\det(E'') = 18 + 20 + 0 - (-2 + 6 + 0) = 38 - 4 = 34$$

Nulldeterminanten

Bei der Berechnung des Werts einer Determinante addieren und subtrahieren Sie die Produkte von Zahlen. Wenn Sie dabei dieselben Beträge einmal addieren und einmal subtrahieren, dann ist der Wert der Determinante gleich 0. Häufig ist es sehr hilfreich, schon vorab zu erkennen, dass der Wert einer Determinante 0 ist – Sie sparen sich viel Zeit, die Sie für die Berechnungen aufwenden müssten.

Eine Zeile oder eine Spalte mit Nullen finden

Wenn eine Matrix eine Zeile oder eine Spalte mit lauter Nullen enthält, dann ist der Wert der Determinante gleich 0. Überlegen Sie einfach, was Sie erhalten, wenn Sie eine solche Matrix mit einer Null-Zeile oder -Spalte unter Verwendung der Kofaktor-Entwicklung berechnen (siehe Kapitel 10). Wenn Sie die Zeile oder Spalte mit den Nullen für die Entwicklung auswählen, beinhaltet jedes Produkt eine 0, Sie müssen also überhaupt nichts berechnen.

Wenn eine Matrix eine Zeile oder eine Spalte mit lauter Nullen enthält, ist die Determinante für diese Matrix gleich 0.

Gleiche Zeilen oder Spalten ausnullen

Eine weitere praktische Eigenschaft von Determinanten – deren Wert von Ihnen dann eine dicke, fette 0 verdient – betrifft die Einträge in zwei Zeilen oder zwei Spalten. Wenn die einander entsprechenden Einträge gleich sind, ist der Wert der Determinante gleich 0.

Wenn die einander entsprechenden Einträge in zwei Zeilen (oder Spalten) einer Matrix gleich sind, ist der Wert dieser Determinante gleich 0.

Diese Eigenschaft für Zeilen und Spalten bedarf möglicherweise einer genaueren Erklärung, deshalb beginne ich mit einem Beispiel. Betrachten Sie die Matrix F, die in den Spalten 2 und 4 gleiche Elemente enthält. Ich berechne den Wert der Determinante unter Verwendung der Kofaktor-Entwicklung für die dritte Zeile, weil diese Zeile eine 0 enthält.

$$F = \begin{pmatrix} 2 & 5 & 6 & 5 \\ 3 & -2 & 5 & -2 \\ 0 & 6 & 1 & 6 \\ -3 & 1 & 4 & 1 \end{pmatrix}$$

$$\begin{aligned}
\det(F) &= 0 * \begin{vmatrix} 5 & 6 & 5 \\ -2 & 5 & -2 \\ 1 & 4 & 1 \end{vmatrix} + (-1)6 * \begin{vmatrix} 2 & 6 & 5 \\ 3 & 5 & -2 \\ -3 & 4 & 1 \end{vmatrix} \\
&\quad + 1 * \begin{vmatrix} 2 & 5 & 5 \\ 3 & -2 & -2 \\ -3 & 1 & 1 \end{vmatrix} + (-1)6 * \begin{vmatrix} 2 & 5 & 6 \\ 3 & -2 & 5 \\ -3 & 1 & 4 \end{vmatrix} \\
&= 0 - 6(10 + 36 + 60 - (-75 - 16 + 18)) \\
&\quad + 1(-4 + 30 + 15 - (30 - 4 + 15)) - 6(-16 - 75 + 18 - (36 + 10 + 60)) \\
&= 0 - 6(106 + 73) + 1(41 - 41) - 6(-73 - 106) \\
&= 0 - 1074 + 0 + 1074 = 0
\end{aligned}$$

Vielleicht denken Sie jetzt, ich hätte eine *bequeme* Matrix ausgewählt – eine, die mir gerade in den Kram passt. Deshalb sollte ich Ihnen besser demonstrieren, warum diese Eigenschaft gilt. Ich verwende wieder zwei Spalten und führe eine Kofaktor-Entwicklung über eine beliebige Zeile durch. Aber jetzt verwende ich allgemeine Terme für die Einträge in der Matrix. Gleiche Einträge sind mit a, b, c und d bezeichnet, so dass sie besser zu erkennen sind. Betrachten Sie also zuerst meine neue Matrix G, wobei Spalte 2 und 4 gleiche Einträge aufweisen.

$$\mathrm{G} = \begin{pmatrix} g_{11} & a & g_{13} & a \\ g_{21} & b & g_{23} & b \\ g_{31} & c & g_{33} & c \\ g_{41} & d & g_{43} & d \end{pmatrix}$$

Ich berechne die Determinante von G unter Verwendung der Kofaktor-Entwicklung über die erste Zeile.

$$\det(\mathrm{G}) = \begin{vmatrix} g_{11} & a & g_{13} & a \\ g_{21} & b & g_{23} & b \\ g_{31} & c & g_{33} & c \\ g_{41} & d & g_{43} & d \end{vmatrix}$$

$$\det(\mathrm{G}) = g_{11} * \begin{vmatrix} b & g_{23} & b \\ c & g_{33} & c \\ d & g_{43} & d \end{vmatrix} + (-1)a * \begin{vmatrix} g_{21} & g_{23} & b \\ g_{31} & g_{33} & c \\ g_{41} & g_{43} & d \end{vmatrix}$$

$$+ g_{13} * \begin{vmatrix} g_{21} & b & b \\ g_{31} & c & c \\ g_{41} & d & d \end{vmatrix} + (-1)a * \begin{vmatrix} g_{21} & b & g_{23} \\ g_{31} & c & g_{33} \\ g_{41} & d & g_{43} \end{vmatrix}$$

$$\begin{aligned} &= g_{11}(bg_{33}d + g_{23}cd + bcg_{43} - (bg_{33}d + cg_{43}b + dg_{23}c)) \\ &-a(g_{21}g_{33}d + g_{23}cg_{41} + bg_{31}g_{43} - (bg_{33}g_{41} + cg_{43}g_{21} + dg_{23}g_{31})) \\ &+g_{13}(g_{21}cd + bcg_{41} + bg_{31}d - (bcg_{41} + cdg_{21} + dbg_{31})) \\ &-a(g_{21}cg_{43} + bg_{33}g_{41} + g_{23}g_{31}d - (g_{23}cg_{41} + g_{33}dg_{21} + g_{43}bg_{31})) \end{aligned}$$

Sehen Sie sich alle diese Buchstaben mit all diesen Termen an – und das Ergebnis soll 0 sein? Keine Sorge. Sie werden in Kürze ein paar Muster erkennen. Betrachten Sie zuerst die beiden Zeilen, die mit g_{11} und g_{13} anfangen. Ich ordne die Faktoren in jedem Term um, so dass die Buchstaben b, c und d vorne stehen, in alphabetischer Reihenfolge, gefolgt von einigen g_{ij}, und Sie erkennen, dass jeder Term sowohl addiert als auch subtrahiert wird – wir haben dieselben Zahlen in jedem Teil der Berechnung, die Summe ist also gleich 0.

$$\begin{aligned} &g_{11}(bdg_{33} + cdg_{23} + bcg_{43} - (bdg_{33} + bcg_{43} + cdg_{23})) = g_{11} \cdot 0 \\ &g_{13}(cdg_{21} + bcg_{41} + bdg_{31} - (bcg_{41} + cdg_{21} + bdg_{31})) = g_{13} \cdot 0 \end{aligned}$$

Jetzt betrachten Sie die Zeilen in der Determinantenberechnung, die mit einem Multiplikator für a anfangen. Ich habe die Faktoren in jedem Term umgestellt, so dass die einzelnen Buchstaben vorne stehen, und die Einträge aus der Matrix in der richtigen Reihenfolge. Sie erkennen, dass jedes Element, das in einer Zeile addiert wird, in der zweiten Zeile subtrahiert wird. Nach der Verteilung aller a erhalten Sie schließlich jeden Term und sein Negatives, also 0. Letztlich ist 0 + 0 = 0.

$$-a(g_{21}g_{33}d + cg_{23}g_{41} + bg_{31}g_{43} - (bg_{33}g_{41} + cg_{21}g_{43} + dg_{23}g_{31}))$$
$$-a(cg_{21}g_{43} + bg_{33}g_{41} + dg_{23}g_{31} - (cg_{23}g_{41} + dg_{21}g_{33} + bg_{31}g_{43}))$$

Ich weiß, dass ich nur ein allgemeines Beispiel gezeigt habe – die Determinante einer 4×4-Matrix mit Kofaktor-Entwicklung über eine bestimmte Zeile. Ich hoffe jedoch, dass dies ausreichend ist, um Sie von der Eigenschaft zu überzeugen, dass bei Gleichheit zweier Zeilen oder Spalten einer Matrix, der Wert der Determinante für diese Matrix gleich 0 ist.

Matrizenmanipulation durch Multiplikation und Kombination

Die meisten Matrizen und ihre zugehörigen Determinanten sind in ihrer ursprünglichen Form schon ganz in Ordnung, aber einige Matrizen muss man anpassen, um sie besser bearbeiten zu können. Für diese Anpassung sind natürlich ein paar Grundregeln erforderlich. Die Argumentation hinter den einzelnen Manipulationen wird im späteren Abschnitt »Determinanten von Dreiecksmatrizen« genauer beschrieben. Vorerst sollten Sie einfach versuchen, mir zu folgen und sich an den Eigenschaften erfreuen, die sich zeigen.

Eine Zeile oder Spalte mit einem Skalar multiplizieren

Sie haben eine perfekte Matrix mit einer perfekten Determinante und beschließen dann, dass diese Matrix noch nicht perfekt genug ist. Die zweite Zeile enthält zwei Brüche, und Sie mögen einfach keine Brüche. Sie entscheiden also, jeden Term in der zweiten Zeile mit 6 zu multiplizieren, um die Brüche loszuwerden. Was bedeutet das für die Matrix? Es verändert die Matrix natürlich. Aber die Änderung der Determinante für diese Matrix ist vorhersehbar. Dieselbe Eigenschaft gilt auch für die Multiplikation einer ganzen *Spalte* mit irgendeiner Zahl.

Wenn jedes Element einer Zeile (oder Spalte) einer Matrix mit einem bestimmten Skalar k multipliziert wird, dann ist die Determinante dieser Matrix gleich k-mal die Determinante der ursprünglichen Matrix. Betrachten Sie beispielsweise die Matrix G, die Brüche in der zweiten Zeile enthält. Sie bestimmen die Determinante von G und kämpfen sich dabei durch die Bruchmultiplikationen:

$$\mathrm{G} = \begin{pmatrix} 2 & 3 & 5 \\ \frac{1}{2} & 6 & \frac{5}{6} \\ -2 & 3 & 1 \end{pmatrix}$$

$$\det(\mathrm{G}) = 12 - 5 + \frac{15}{2} - \left(-60 + 5 + \frac{3}{2}\right)$$
$$= \frac{29}{2} - \left(-\frac{107}{2}\right) = \frac{136}{2} = 68$$

Um ehrlich zu sein, die Multiplikation ist gar nicht so schlimm, aber ich wollte Sie nicht mit einem wirklich schrecklichen Beispiel überfordern. Andererseits sollte es aber schon überzeugend genug sein, die Eigenschaft anhand von dieser Matrix zu demonstrieren. Jetzt multiplizieren wir jeden Eintrag in der zweiten Zeile der Matrix mit 6. Die Zahl 6 ist nämlich das kleinste gemeinsame Vielfache der Nenner der beiden Brüche.

$$6Z_2 \rightarrow Z_2 \begin{pmatrix} 2 & 3 & 5 \\ 6\cdot\frac{1}{2} & 6\cdot 6 & 6\cdot\frac{5}{6} \\ -2 & 3 & 1 \end{pmatrix} = \begin{pmatrix} 2 & 3 & 5 \\ 3 & 36 & 5 \\ -2 & 3 & 1 \end{pmatrix}$$

Jetzt berechnen Sie die Determinante der neuen Matrix und stellen fest, dass die Regel gilt, nach der der Wert der Determinante das Sechsfache der Determinante der ursprünglichen Matrix ist: $6 \cdot 68 = 408$.

$$\begin{vmatrix} 2 & 3 & 5 \\ 3 & 36 & 5 \\ -2 & 3 & 1 \end{vmatrix} = 72 - 30 + 45 - (-360 + 30 + 9)$$

$$= 87 - (-321) = 408$$

Eine häufige Situation bei Matrizen, die in praktischen Anwendungen genutzt werden, ist, dass ein oder mehrere Einträge Dezimalzahlen sind. Und solche Dezimalzahlen haben häufig mehrere Stellen hinter dem Komma. Man findet sogar Matrizen in denen Zahlen in wissenschaftlicher Notation dargestellt sind. In der Matrix H besteht die gesamte dritte Spalte aus Zahlen mit mindestens drei Ziffern hinter dem Dezimalkomma, und die erste Zeile zeigt alle vier Zahlen in wissenschaftlicher Notation.

$$H = \begin{pmatrix} 2\times10^{-4} & 5\times10^{-5} & 6\times10^{-6} & 5\times10^{-4} \\ 3 & -2 & 0{,}00005 & -2 \\ 0 & 6 & 0{,}0001 & 6 \\ -3 & 1 & 0{,}004 & 1 \end{pmatrix}$$

Eine Zahl in wissenschaftlicher Notation besteht aus dem Produkt (a) einer Zahl zwischen 0 und 10 und (b) einer Potenz von 10. Für Zahlen größer 10 werden positive Exponenten für die 10 verwendet. Die „normalen“ Zahlen werden dann gebildet, indem das Dezimalkomma nach rechts verschoben wird. Negative Exponenten stellen Zahlen kleiner 1 dar. Man erhält die übliche Schreibung, indem man das Dezimalkomma nach links schiebt. Beispielsweise ist $5{,}0 \times 10^5$ eine andere Darstellung von 500000, und $5{,}0 \times 10^{-5}$ ist eine andere Darstellung von 0,00005.

In der Matrix H multiplizieren Sie jedes Element in der ersten Zeile mit 10^6 oder 1.000.000, um alle negativen Exponenten und Dezimalzahlen zu eliminieren.

$$10^6 * Z_1 \to Z_1 \begin{pmatrix} 200 & 50 & 6 & 500 \\ 3 & -2 & 0{,}00005 & -2 \\ 0 & 6 & 0{,}0001 & 6 \\ -3 & 1 & 0{,}004 & 1 \end{pmatrix}$$

Jetzt multiplizieren Sie jedes Element in der dritten Spalte mit 100.000, um alle Dezimalzahlen zu eliminieren.

$$100000 * S_3 \to S_3 \begin{pmatrix} 200 & 50 & 600000 & 500 \\ 3 & -2 & 5 & -2 \\ 0 & 6 & 10 & 6 \\ -3 & 1 & 400 & 1 \end{pmatrix}$$

Alle Dezimalzahlen und wissenschaftlichen Darstellungen sind damit verschwunden, aber die Matrix enthält sehr viele große Zahlen. Die Determinante der neuen Matrix ist 1.000.000-mal 100.000 oder 100.000.000.000-mal größer als die Determinante der ursprünglichen Matrix. Hier müssen nicht alle müßigen Details gezeigt werden. Sehen Sie sich einfach die Matrizen (Anfang und Ende) und ihre zugehörigen Determinanten an:

$$\begin{vmatrix} 2\times10^{-4} & 5\times10^{-5} & 6\times10^{-6} & 5\times10^{-4} \\ 3 & -2 & 0{,}00005 & -2 \\ 0 & 6 & 0{,}0001 & 6 \\ -3 & 1 & 400 & 1 \end{vmatrix} = -3{,}294\times10^{-5}$$

$$\begin{vmatrix} 200 & 50 & 600000 & 500 \\ 3 & -2 & 5 & -2 \\ 0 & 6 & 10 & 6 \\ -3 & 1 & 400 & 1 \end{vmatrix} = -3294000$$

Die Determinante der ursprünglichen Matrix ist –0,00003294, und die Determinante der überarbeiteten Matrix ist –3.294.000. Wenn Sie –0,00003294 mit einhundert Milliarden multiplizieren, 100.000.000.000(-0,00003294) = –3.294.000, hat sich das Dezimalkomma um 11 Stellen nach rechts bewegt. Die große Frage lautet also: Was gefällt Ihnen besser, Dezimalzahlen und die wissenschaftliche Notation, oder große Zahlen?

Das Vielfache einer Zeile oder Spalte zu einer anderen Zeile oder Spalte addieren

Beim Lösen von Gleichungssystemen unter Verwendung der eigentlichen Gleichungen oder von Matrizen wird häufig die Technik angewendet, ein Vielfaches einer Zeile zu einer anderen Zeile zu addieren. Der Prozess führt in der Regel dazu, dass die Anzahl der Variablen reduziert wird, mit denen Sie in der Aufgabenstellung arbeiten müssen. (Verwirrt? Blättern Sie zurück zu Kapitel 4, wo das Ganze erklärt wird.) Der Prozess, ein Vielfaches einer Zeile in einer Matrix zu einer anderen zu addieren (oder eine Spalte zu einer anderen), bringt ein überraschendes Ergebnis: Die Determinante der Matrix ändert sich nicht.

Ich gehe davon aus, dass Sie durch diese Wende der Ereignisse überrascht sind. Schließlich bewirkt das Multiplizieren einer Zeile oder Spalte mit einem Skalar k, dass die Determinante der neuen Matrix k-mal so groß wie die der ursprünglichen Matrix. Durch das Hinzuaddieren solch einer Zeile (oder Spalte) zu einer anderen dagegen scheint die Wirkung der Multiplikation aufgehoben zu werden.

Wir beginnen mit einem Beispiel. In der Matrix J ändere ich die dritte Zeile ab, indem ich jeden Eintrag aus der zweiten Zeile mit 2 multipliziere und zum entsprechenden Eintrag in der dritten Zeile addiere:

$$J = \begin{pmatrix} 2 & 3 & 5 \\ -3 & 6 & 5 \\ -2 & 3 & 1 \end{pmatrix}$$

$$2Z_2 + Z_3 \rightarrow Z_3 \begin{pmatrix} 2 & 3 & 5 \\ -3 & 6 & 5 \\ -8 & 15 & 11 \end{pmatrix}$$

Die Determinanten sind gleich. Diese Eigenschaft erweist sich als sehr praktisch, wenn Sie Anpassungen an Matrizen vornehmen – Sie müssen sich keine Gedanken über die neu eingeführten Vielfachen machen.

$$\begin{vmatrix} 2 & 3 & 5 \\ -3 & 6 & 5 \\ -2 & 3 & 1 \end{vmatrix} = 12 - 30 - 45 - (-60 + 30 - 9)$$

$$= -63 - (-39) = -24$$

$$\begin{vmatrix} 2 & 3 & 5 \\ -3 & 6 & 5 \\ -8 & 15 & 11 \end{vmatrix} = 132 - 120 - 225 - (-240 + 150 - 99)$$

$$= -213 - (-189) = -24$$

Obere und untere Dreiecksmatrizen

Eine obere oder untere Dreiecksmatrix sind quadratische Matrizen, bei denen alle Elemente unterhalb bzw. oberhalb der Hauptdiagonalen (die von oben links nach unten rechts führt) gleich 0 sind. In Kapitel 3 habe ich das Konzept der Dreiecksmatrizen eingeführt, und gezeigt, wie die Eigenschaften von Dreiecksmatrizen einige Berechnungen vereinfachen. In diesem Abschnitt erfahren Sie, wie Sie Dreiecksmatrizen erstellen, die nicht wie die bereits gezeigten trivialen Matrizen aussehen. Anschließend werden Sie feststellen, wie wunderbar es ist, eine untere oder obere Dreiecksmatrix zu haben.

Determinanten von Dreiecksmatrizen

Dreiecksmatrizen sind voller Nullen. Alle Einträge entweder oberhalb oder unterhalb der Hauptdiagonalen einer Dreiecksmatrix sind 0. Andere Einträge in der Matrix können ebenfalls 0 sein, aber Sie interessieren sich vorerst nur für die Einträge relativ zur Hauptdiagonalen und können dann entscheiden, ob Sie eine Dreiecksmatrix haben oder nicht.

Warum finde ich diese Dreiecksmatrizen so genial? Warum verbringen wir *überhaupt* so viel Zeit damit, sie zu besprechen? Die Antwort ist einfach: Die Determinante einer Dreiecksmatrix wird berechnet, indem nur die Einträge auf der Hauptdiagonalen betrachtet werden.

Die Hauptdiagonale einer quadratischen Matrix verläuft vom Element ganz links oben zum Element ganz rechts unten. Die Hauptdiagonale ist entscheidend bei der Berechnung der Determinanten von unteren und oberen Dreiecksmatrizen.

Wenn die Matrix A eine obere (oder untere) Dreiecksmatrix ist, dann ist die Determinante von A gleich dem Produkt der Einträge auf der Hauptdiagonalen. Betrachten Sie beispielsweise Matrix N:

$$N = \begin{pmatrix} 2 & 1 & 4 & 3 \\ 0 & -2 & 1 & -6 \\ 0 & 0 & 7 & 2 \\ 0 & 0 & 0 & 3 \end{pmatrix}$$

Gemäß der Regel ist die Determinante $|N| = 2(-2) \cdot 7 \cdot 3 = -84$. Scheint fast zu einfach zu sein. Aber es stimmt tatsächlich. Jetzt wissen Sie, warum ich mir im folgenden Abschnitt, »Eine Dreiecksmatrix von Grund auf erstellen«, die Mühe mache, eine Matrix zu einer Dreiecksmatrix umzuformen.

Um Ihnen ein Vergleichsbeispiel zu zeigen, berechne ich die Determinante einer Matrix P. Zuerst verwende ich die erprobte Methode der Multiplikation auf den Diagonalen. Anschließend vergleiche ich diese erste Lösung mit derjenigen, die ich erhalte, wenn ich nur entlang der Hauptdiagonalen multipliziere.

$$P = \begin{pmatrix} 2 & 0 & 0 \\ 7 & 1 & 0 \\ 5 & -3 & 1 \end{pmatrix}$$

$\det(P) = 2 + 0 + 0 - (0 + 0 + 0) = 2$

$\det(P) = 2$ unter Verwendung des Produkts der Einträge auf der Hauptdiagonalen

Das beweist noch gar nichts für beliebige Größen quadratischer Matrizen, aber Sie erkennen, wie alle Nullen in die Produkte einfließen, um wiederum Null-Terme zu erzeugen.

Es gibt eine sehr spezielle Matrix, bei der es sich sowohl um eine obere als auch um eine untere Dreiecksmatrix handelt. Ich spreche von der Einheitsmatrix.

Die Determinante einer Einheitsmatrix ist gleich 1.

Weil Sie oberhalb und unterhalb der Hauptdiagonalen einer Einheitsmatrix nur Nullen haben, erhalten Sie den Wert der Determinante, indem Sie entlang der Hauptdiagonalen multiplizieren. Das einzige Produkt, das Sie auf diese Weise erhalten, ist unabhängig von der Größe der Einheitsmatrix immer 1.

Eine Dreiecksmatrix von Grund auf erstellen

Eine obere oder untere Dreiecksmatrix hat lauter Nullen unterhalb oder oberhalb der Hauptdiagonalen.

Hier Beispiele für beide Typen:

$$\begin{pmatrix} 2 & 3 & 6 & 5 \\ 0 & -2 & 4 & -2 \\ 0 & 0 & 1 & 6 \\ 0 & 0 & 0 & 1 \end{pmatrix}\begin{pmatrix} 2 & 0 & 0 & 0 \\ 3 & -2 & 0 & 0 \\ 0 & 6 & 1 & 0 \\ -3 & 1 & 4 & 1 \end{pmatrix}$$

Falls Sie eine Matrix vorliegen haben, die weder obere noch untere Dreiecksmatrix ist, können Sie Zeilenoperationen bzw. Spaltenoperationen darauf anwenden, um Ihre ursprüngliche Matrix in eine Dreiecksmatrix umzuwandeln. Bei den Zeilen- bzw. Spaltenoperationen handelt es sich genau um diejenigen, die bereits früher in diesem Kapitel beschrieben wurden: Vertauschen von Zeilen und Spalten, Multiplikation einer Zeile oder Spalte mit einem Skalar und Addieren eines Vielfachen einer Zeile oder Spalte zu einer anderen Zeile oder Spalte. Die Herausforderung dabei ist, zu erkennen, was zu tun ist, um die gewünschte Matrix zu erhalten.

Ein Vielfaches einer Spalte zu einer andere Spalte addieren

In der nachfolgend gezeigten Matrix K erkennen Sie, dass es sich fast schon um eine untere Dreiecksmatrix handelt. Wenn die 3 in der zweiten Zeile und dritten Spalte eine 0 wäre, hätten Sie schon Ihre Dreiecksmatrix.

$$K = \begin{pmatrix} 2 & 0 & 0 \\ -5 & 1 & 3 \\ -2 & 3 & 1 \end{pmatrix}$$

Die Operation, die die aktuelle Matrix zu einer unteren Dreiecksmatrix macht, ist eine Addition eines Skalarvielfachen (–3) der zweiten Spalte zur dritten Spalte.

$$-3S_2 + S_3 \rightarrow S_3 \begin{pmatrix} 2 & 0 & 0 \\ -5 & 1 & 0 \\ -2 & 3 & -8 \end{pmatrix}$$

Diese Maßnahme hat auch das letzte Element in der dritten Zeile verändert. Die Bedeutung (oder das Fehlen) der Änderung ist im Abschnitt »Determinanten von Dreiecksmatrizen« weiter oben in diesem Kapitel genauer beschrieben.

Mehrere Manipulationen durchführen

Für die Matrix K aus dem vorigen Abschnitt war nur eine Operation erforderlich, um eine Dreiecksmatrix zu erzeugen. Aber auch wenn es mehr Arbeit bedeutet, werden Sie bei der Berechnung von Determinanten feststellen, dass sich der Zusatzaufwand, eine Dreiecksmatrix zu erstellen, in jedem Fall lohnt.

Betrachten Sie die 4 × 4-Matrix L. Sie sehen drei Nullen unten links. Wenn die 3, die –3 und die 1 unten links auch noch Nullen wären, hätten Sie eine obere Dreiecksmatrix.

$$L = \begin{pmatrix} 2 & 1 & 4 & 3 \\ 3 & -2 & 1 & -6 \\ 0 & 0 & 1 & 2 \\ -3 & 1 & 0 & 1 \end{pmatrix}$$

Die Operationen, mit denen aus der Matrix L eine obere Dreiecksmatrix erzeugt wird, sind eine Multiplikation einer Zeile mit einem Skalar und die Addition des Ergebnisses zu einer anderen Zeile.

$$\begin{pmatrix} 2 & 1 & 4 & 3 \\ 3 & -2 & 1 & -6 \\ 0 & 0 & 1 & 2 \\ -3 & 1 & 0 & 1 \end{pmatrix} \quad Z_4 + Z_2 \to Z_2 \begin{pmatrix} 2 & 1 & 4 & 3 \\ 0 & -1 & 1 & -5 \\ 0 & 0 & 1 & 2 \\ -3 & 1 & 0 & 1 \end{pmatrix}$$

$$\frac{3}{2} Z_1 + Z_4 \to Z_4 \begin{pmatrix} 2 & 1 & 4 & 3 \\ 0 & -1 & 1 & -5 \\ 0 & 0 & 1 & 2 \\ 0 & \frac{5}{2} & 6 & \frac{11}{2} \end{pmatrix}$$

Bei der Bearbeitung der Matrix L habe ich entschieden, Nullen unterhalb der 2 in der ersten Zeile, ersten Spalte zu erzeugen. Diese Entscheidung führte zu meinen beiden ersten Schritten. Ich habe jetzt Nullen unter der 2, aber leider habe ich eine der ursprünglichen Nullen verloren. Aber keine Angst, die Zeilenoperationen helfen auch hier weiter. Als nächstes konzentriere ich mich drauf, Nullen unter der –1 auf der Hauptdiagonalen zu erzeugen.

$$\begin{pmatrix} 2 & 1 & 4 & 3 \\ 0 & -1 & 1 & -5 \\ 0 & 0 & 1 & 2 \\ 0 & \frac{5}{2} & 6 & \frac{11}{2} \end{pmatrix} \quad \frac{5}{2} Z_2 + Z_4 \to Z_4 \begin{pmatrix} 2 & 1 & 4 & 3 \\ 0 & -1 & 1 & -5 \\ 0 & 0 & 1 & 2 \\ 0 & 0 & \frac{17}{2} & -7 \end{pmatrix}$$

Jetzt ist $\frac{17}{2}$ das einzige Element, das uns von einer oberen Dreiecksmatrix trennt. Nur noch eine Operation, die sich darum kümmern wird:

$$\begin{pmatrix} 2 & 1 & 4 & 3 \\ 0 & -1 & 1 & -5 \\ 0 & 0 & 1 & 2 \\ 0 & 0 & \frac{17}{2} & -7 \end{pmatrix} \quad -\frac{17}{2} Z_3 + Z_4 \to Z_4 \begin{pmatrix} 2 & 1 & 4 & 3 \\ 0 & -1 & 1 & -5 \\ 0 & 0 & 1 & 2 \\ 0 & 0 & 0 & -24 \end{pmatrix}$$

Die letzte Matrix ist eine obere Dreiecksmatrix. Bereit für mehr? Mehr? Das erkläre ich im nächsten Abschnitt.

Vandermonde

Alexandre-Théophile Vandermonde wurde 1735 in Paris geboren und ist dort 1796 gestorben. Weil der Vater von Vandermonde darauf bestand, dass Alexandre Musiker wurde, leistete er nur wenige Beiträge zur Mathematik. Die geringe Menge wurde jedoch durch die Bedeutung wettgemacht. Vandermonde ist berühmt für seine Arbeit mit Determinanten (obwohl einige behaupten, dass die Determinanten nicht ihm zugeordnet werden sollten, weil man sie in seinen Arbeiten vergebens sucht – jemand hat die Notationen falsch interpretiert). Die Vandermonde-Matrix besteht aus Zeilen, in denen Potenzen feststehender Zahlen erscheinen. Man verwendet sie in Anwendungen wie etwa Fehlerkorrekturcodes und Signalverarbeitung. Und auch wenn Vandermonde quasi ein Spätzünder war und neben Carnot, Monge und anderen ein weiterer Mathematiker war, der sich in der französischen Revolution politisch engagierte, leistete er wichtige Beiträge zur Determinantentheorie.

Eine obere oder untere Dreiecksmatrix erstellen

Es ist ganz cool, die Determinante einer Dreiecksmatrix durch Multiplikation entlang der Hauptdiagonalen zu erhalten, aber was passiert, wenn Ihre Matrix keine Dreiecksmatrix ist, oder wenn sie nur *fast* eine Dreiecksmatrix ist? Als erstes stellen Sie fest, ob sich die Berechnungen und Operationen lohnen, die aus Ihrer Matrix eine Dreiecksmatrix machen würden – ob sie weniger aufwändig sind, als einfach die Determinante der ursprünglichen Matrix zu berechnen. In diesem Abschnitt zeige ich Ihnen Situationen, wo es sinnvoll zu sein scheint, die erforderlichen Manipulationen durchzuführen. Die Entscheidung liegt bei Ihnen.

Die Wirkung einer Spiegelung

Eine obere oder untere Dreiecksmatrix hat Nullen in der Ecke links unten bzw. rechts oben Bedeutet die Position der Nullen irgendeinen Unterschied? Was ist, wenn Sie eine Matrix mit Nullen in der oberen *linken* oder unteren *rechten* Ecke haben? Die nachfolgend gezeigte Matrix P hat Nullen in der unteren rechten Ecke und eine Diagonale von oben rechts nach unten links.

$$P = \begin{pmatrix} 2 & 1 & 4 & 3 \\ 6 & -2 & 1 & 0 \\ -1 & 2 & 0 & 0 \\ 4 & 0 & 0 & 0 \end{pmatrix}$$

Wenn Sie die Positionen der Spalten vertauschen würden, also die erste und die vierte Spalte und die zweite und die dritte Spalte, dann hätten Sie eine untere Dreiecksmatrix.

$$\begin{matrix} \\ S_1 \leftrightarrow S_4 \\ S_2 \leftrightarrow S_3 \\ \\ \end{matrix} \begin{pmatrix} 3 & 4 & 1 & 2 \\ 0 & 1 & -2 & 6 \\ 0 & 0 & 2 & -1 \\ 0 & 0 & 0 & 4 \end{pmatrix}$$

Wie bereits im Abschnitt »Zeilen oder Spalten vertauschen« beschrieben, führt jedes Austauschen zu einer Änderung der Vorzeichen für die Determinante. Weil ich zweimal vertauscht habe, hat sich das Vorzeichen einmal geändert und dann wieder zurück geändert. Der Wert der Determinante von P ist also derselbe wie der Wert der Determinante der veränderten Matrix. Die Determinante ist gleich dem Produkt entlang der Hauptdiagonalen der neuen Matrix: $3 \cdot 1 \cdot 2 \cdot 4 = 24$. In diesem Fall erhalten Sie den Wert der Determinante, wenn Sie entlang der entgegengesetzten Diagonalen multiplizieren.

Wahrscheinlich fragen Sie sich, ob diese Multiplikation entlang einer *beliebigen* Diagonalen für alle quadratischen Matrizen funktioniert. Die Antwort: Nein. Für eine 6×6-Matrix beispielsweise wären drei Vertauschungen erforderlich, um die entgegengesetzte Diagonale zu einer Hauptdiagonalen zu machen – was eine ungerade Anzahl an Vertauschungen bedeutet und Sie dreimal den Faktor (–1) hätten. Der Wert der Determinante einer 6×6-Matrix ist das Negative des Produkts entlang der entgegengesetzten Diagonalen.

Wenn eine quadratische Matrix Nullen oberhalb oder unterhalb der entgegengesetzten Diagonalen enthält, ist der Wert der Determinanten der Matrix entweder das Produkt der Elemente entlang dieser Diagonalen oder (–1)-mal das Produkt der Elemente dieser Diagonalen. Wenn die Anzahl der Zeilen und Spalten, n, ein Vielfaches von 4 oder eins größer als ein Vielfaches von 4 ist (dargestellt als $4k$ oder $4k + 1$), wird das Produkt entlang der entgegengesetzten Diagonalen verwendet. In allen anderen Fällen muss das Produkt entlang der entgegengesetzten Diagonalen mit (–1) multipliziert werden.

Betrachten Sie beispielsweise die Matrizen Q und R, wobei Q die Dimension 5×5 und R die Dimension 6×6 hat. Weil 5 eins größer als ein Vielfaches von 4 ist, ist die Determinante von Q das Produkt entlang der entgegengesetzten Diagonalen. Bei der Matrix R ist die Determinante gleich (–1)-mal dem Produkt entlang der entgegengesetzten Diagonalen weil die Zahl 6 kein Vielfaches von 4 oder 1 größer als ein Vielfaches von 4 ist.

$$Q = \begin{pmatrix} 1 & 2 & 6 & 4 & 3 \\ -3 & 0 & -2 & 4 & 0 \\ 1 & 4 & 5 & 0 & 0 \\ 3 & 2 & 0 & 0 & 0 \\ -1 & 0 & 0 & 0 & 0 \end{pmatrix} \qquad R = \begin{pmatrix} 0 & 0 & 0 & 0 & 0 & 7 \\ 0 & 0 & 0 & 0 & 1 & -1 \\ 0 & 0 & 0 & -1 & 2 & 3 \\ 0 & 0 & 2 & 3 & 4 & 2 \\ 0 & 1 & 4 & -6 & 3 & 5 \\ -2 & 5 & 4 & 3 & -4 & 6 \end{pmatrix}$$

$$|Q| = 3 \cdot 4 \cdot 5 \cdot 2(-1) = -120 \qquad |R| = -1[7 \cdot 1(-1) \cdot 2 \cdot 1(-2)] = -28$$

Eine oder mehrere Manipulationen ausführen, um die gewünschte Matrix zu erhalten

Es gibt mehrere Möglichkeiten, eine Matrix nach Ihrem Geschmack anzupassen. Sie müssen sich nur darüber bewusst sein, wie diese *Möglichkeiten* sich auf den Wert der Determinante auswirken – wenn überhaupt. Die Transposition von Matrizen wirkt sich nicht auf die jeweiligen Determinanten aus. Die Multiplikation einer Zeile oder Spalte *kann* sich auswirken, ebenso wie das Vertauschen von Zeilen oder Spalten. Weitere Informationen über die Auswirkungen auf Determinanten finden Sie in früheren Abschnitten dieses Kapitels. Hier zeige ich Ihnen ein paar Beispiele für Matrizenänderungen vor Berechnung ihrer Determinanten.

Im ersten Beispiel zeige ich Ihnen eine 3×3-Matrix T. Um die Determinante von T zu bestimmen, wende ich entweder die schnelle Regel für eine 3×3-Matrix an, oder ich ändere die Matrix so ab, dass eine obere Dreiecksmatrix entsteht, und multipliziere entlang der Hauptdiagonalen. Selbst wenn ich eine 0 in der zweiten Zeile, dritten Spalte sehe, bevorzuge ich es, den Vorteil der 1 in der ersten Zeile, ersten Spalte zu genießen. Beim Addieren von Vielfachen einer Zeile zu einer anderen Zeile ist die 1 sehr praktisch.

Das Addieren eines Vielfachen einer Zeile zu einer anderen Zeile ändert den Wert der Determinante nicht (siehe Abschnitt »Das Vielfache einer Zeile oder Spalte zu einer andere Zeile oder Spalte addieren« weiter oben in diesem Kapitel), deshalb zeige ich zwei solcher Manipulationen – ich addiere –4 mal die erste Zeile zur zweiten Zeile und –3 mal die erste Zeile zur dritten Zeile.

$$\det(T) = \begin{vmatrix} 1 & 2 & 3 \\ 4 & 5 & 0 \\ 3 & 1 & 2 \end{vmatrix}, \quad \begin{matrix} \\ -4Z_1 + Z_2 \to Z_2 \\ -3Z_1 + Z_3 \to Z_3 \end{matrix} \begin{vmatrix} 1 & 2 & 3 \\ 0 & -3 & -12 \\ 0 & -5 & -7 \end{vmatrix} = \det(T)$$

Jetzt brauche ich für eine obere Dreiecksmatrix nur noch eine 0 für den Eintrag in der dritten Zeile, zweiten Spalte. Das Ganze wird einfacher, wenn ich jeden Eintrag in der zweiten Zeile durch –3 dividiere. Auf diese Weise wird der Eintrag in der zweiten Zeile, zweite Spalte zu 1. Division durch –3 ist dasselbe wie Multiplikation mit $-\frac{1}{3}$. Und im Abschnitt »Multiplikation einer Zeile oder Spalte mit einem Skalar« erfahren Sie, dass sich der Wert der Determinante um den Betrag dieses Vielfachen ändert. Weil ich den Wert der ursprünglichen Determinante beibehalten will, muss ich Anpassungen vornehmen, die die Skalarmultiplikation kompensieren.

Wenn die Einträge einer Zeile oder Spalte einer Determinante mit dem Skalar *k* multipliziert werden (wenn *k* nicht 0 ist), dann ist der Wert der ursprünglichen Determinante gleich 1/*k*-mal dem Wert der neuen Determinante.

Ich multipliziere also die Elemente in der zweiten Zeile mit –1/3 und kompensiere diese Operation, indem ich die Determinante mit dem Kehrwert von –1/3 multipliziere, nämlich –3.

$$-\frac{1}{3}Z_2 \to Z_2 \begin{vmatrix} 1 & 2 & 3 \\ 0 & 1 & 4 \\ 0 & -5 & -7 \end{vmatrix}$$

$$\det(T) = -3 \begin{vmatrix} 1 & 2 & 3 \\ 0 & 1 & 4 \\ 0 & -5 & -7 \end{vmatrix}$$

Jetzt führe ich eine Operation aus, die den Wert der Determinante nicht verändert – ich addiere fünfmal die zweite Zeile zur dritten Zeile:

$$5Z_2 + Z_3 \rightarrow Z_3 \begin{vmatrix} 1 & 2 & 3 \\ 0 & 1 & 4 \\ 0 & 0 & 13 \end{vmatrix}$$

$$\det(T) = -3\begin{vmatrix} 1 & 2 & 3 \\ 0 & 1 & 4 \\ 0 & 0 & 13 \end{vmatrix}$$

Unter Verwendung des Produkts der Hauptdiagonalen ergibt sich der Wert der Determinante der Matrix T gleich $-3 \cdot 1 \cdot 1 \cdot 13 = -39$.

Manchmal braucht man nicht sehr viel mehr zu tun als ein paar Vertauschungen vorzunehmen und eine kleine Addition eines Skalarvielfachen durchzuführen, um eine Matrix in die richtige Form zu bringen (natürlich in die Form einer Dreiecksmatrix). Die nachfolgend gezeigte Matrix W hat fünf Nullen. Durch Vertauschen von ein paar Spalten erhalte ich fast schon eine untere Dreiecksmatrix.

$$\det(W) = \begin{vmatrix} 0 & 3 & 3 & 0 \\ 0 & 3 & 1 & 0 \\ 0 & -6 & 5 & -1 \\ 4 & 3 & 7 & 5 \end{vmatrix}$$

$$\begin{matrix} S_1 \leftrightarrow S_3 \\ S_3 \leftrightarrow S_4 \end{matrix} \begin{vmatrix} 3 & 3 & 0 & 0 \\ 1 & 3 & 0 & 0 \\ 5 & -6 & -1 & 0 \\ 7 & 3 & 5 & 4 \end{vmatrix}, \quad \det(W) = \begin{vmatrix} 3 & 3 & 0 & 0 \\ 1 & 3 & 0 & 0 \\ 5 & -6 & -1 & 0 \\ 7 & 3 & 5 & 4 \end{vmatrix}$$

Durch Vertauschen der ersten und der dritten Spalte und anschließendes Vertauschen der neuen dritten Spalte und der vierten Spalte erhalte ich fast schon eine untere Dreiecksmatrix. Die beiden Vertauschungen haben jeweils den Multiplikator –1 eingeführt, der sich auf die Determinante auswirkt, aber $(-1)(-1) = 1$, deshalb ändert sich die Determinante überhaupt nicht. Durch Multiplikation von Zeile 2 mit –1 und Addieren der Einträge zu Zeile 1 schließe ich die Manipulationen ab:

$$-1Z_2 + Z_1 \rightarrow Z_1 \begin{vmatrix} 2 & 0 & 0 & 0 \\ 1 & 3 & 0 & 0 \\ 5 & -6 & -1 & 0 \\ 7 & 3 & 5 & 4 \end{vmatrix}$$

Der Wert der Determinante von W ist also gleich dem Produkt der Elemente entlang der Hauptdiagonalen: $2 \cdot 3(-1) \cdot 4 = -24$.

Determinanten von Matrixprodukten

Es gibt sehr spezielle Regeln zur Multiplikation von Matrizen – also darüber, welche Matrizen mit anderen Matrizen multipliziert werden können –, die von den Dimensionen der beteiligten Matrizen abhängig sind. In Kapitel 3 erfahren Sie alles, was Sie über die Matrizenmultiplikation wissen müssen. In diesem Kapitel geht es nur um Matrizen, die Determinanten haben: quadratische Matrizen. Bei Anwendung der Regeln der Matrizenmultiplikation erkennen Sie, dass Sie nur quadratische Matrizen derselben Dimension multiplizieren können.

Wenn Sie zwei $n \times n$-Matrizen multiplizieren, erhalten Sie wieder eine $n \times n$-Matrix. Und das Produkt der Determinanten der beiden Matrizen ist gleich der Determinante der Produktmatrix.

Wenn A und B zwei $n \times n$-Matrizen sind, dann ist $\det(AB) = [\det(A)][\det(B)]$.

Betrachten Sie beispielsweise die Matrizen A und B und das Produkt aus A und B:

$$A = \begin{pmatrix} 1 & 2 & 3 \\ 4 & 5 & 0 \\ 3 & 1 & 2 \end{pmatrix}, \quad B = \begin{pmatrix} 2 & 0 & -1 \\ 4 & 5 & 3 \\ 1 & 1 & 7 \end{pmatrix}$$

$$AB = \begin{pmatrix} 13 & 13 & 26 \\ 28 & 25 & 11 \\ 12 & 7 & 14 \end{pmatrix}$$

Die zugehörigen Determinanten sind $|A| = -39$, $|B| = 65$ und $|AB| = -2535 = (-39) \cdot 65$. Rechnen Sie nach!

Es gibt noch ein schöneres Beispiel, an dem ich zeige, wie vorteilhaft es ist, die Determinante des Produkts zu bestimmen, statt die Determinanten der beiden ursprünglichen Matrizen zu ermitteln und diese dann zu multiplizieren. Betrachten Sie meine Matrizen C und D:

$$C = \begin{pmatrix} 10 & -2 & 10 \\ -4 & 1 & -4 \\ 12 & -3 & 15 \end{pmatrix}, \quad D = \begin{pmatrix} 1 & 0 & -1 \\ 4 & 5 & 0 \\ 0 & 1 & 1 \end{pmatrix}$$

Das Produkt aus C und D ist eine Matrix mit Elementen ungleich Null entlang der Hauptdiagonalen und 0 an allen anderen Stellen.

$$CD = \begin{pmatrix} 2 & 0 & 0 \\ 0 & 1 & 0 \\ 0 & 0 & 3 \end{pmatrix}$$

Die Determinante des Produkts aus C und D ist 6. Das ist sehr viel einfacher zu berechnen, als zuerst die Determinanten von C und D zu bestimmen, und diese dann zu multiplizieren. Sie können sogar das Produkt und den Wert einer der Determinanten von C oder D verwenden, um schnell den Wert der Determinanten der jeweils anderen Matrix zu bestimmen.

Die Cramersche Regel nutzen

12

In diesem Kapitel...

- Mit einer Matrix-Adjunkten Kräfte vereinen
- Mit Hilfe von Determinanten Matrixinverse finden
- Gleichungssysteme mit der Cramerschen Regel lösen
- Neue Möglichkeiten von Taschenrechnern und Computern in Betracht ziehen

Für Determinanten gibt es unterschiedliche Anwendungsmöglichkeiten. Ich werde Ihnen in diesem Kapitel eine davon zeigen. Es geht zum Beispiel darum, Determinanten zu nutzen, um die Inversen von quadratischen Matrizen zu finden. Und darüber hinaus werde ich Ihnen die Matrix-Adjunkte vorstellen – noch etwas, das man braucht, um Matrixinverse mit Hilfe von Determinanten zu bestimmen.

In diesem Kapitel werde ich die schönen aber auch die weniger schönen Seiten der Arbeit mit Determinanten anhand von ähnlichen Aufgaben aufzeigen, die unter Verwendung der guten alten Algebra- oder mit Hilfe von Matrixoperationen gelöst werden. Wenn Sie nämlich alle Möglichkeiten kennen, dann können Sie bessere Entscheidungen treffen. Ich biete Ihnen also verschiedene Möglichkeiten, Matrixinverse zu bestimmen, und hoffe, Sie entscheiden sich immer für die richtige!

Inverse und Determinanten

Viele quadratische Matrizen haben Inverse. Für Matrixinverse gilt: Wenn die Matrix M eine Inverse M^{-1} hat, dann ist das Produkt aus M und M^{-1} eine Einheitsmatrix. (Für den Fall, dass Sie eine Auffrischung brauchen: um Matrixinverse und wie sie zu finden sind, ging es in Kapitel 3.)

Nicht alle quadratischen Matrizen haben Inverse. Wenn eine Matrix keine Inverse hat, wird sie als *singulär* bezeichnet. In diesem Abschnitt beschäftige ich mich hauptsächlich mit Matrizen, die Inverse haben, und zeige eine alternative Methode, diese Inverse zu finden – eine, die nur funktioniert, wenn Sie wissen, wie man die Determinante einer Matrix bestimmt.

Die Suche nach Inversen vorbereiten

In Kapitel 3 habe ich Ihnen gezeigt, wie Sie die Inverse einer 2×2-Matrix finden, und dabei eine schnelle, rustikale Methode mit Vertauschen und Teilen angewendet. Anschließend habe ich Ihnen gezeigt, wie Sie die Inversen beliebig großer quadratischer Matrizen unter Verwendung von Zeilenoperationen für die Matrizen finden. Nach der hier vorgestellten Methode wird die Inverse der Matrix A bestimmt, indem Zeilenoperationen angewendet werden, um A zu einer Einheitsmatrix zu machen, während dieselben Zeilenoperationen auf das angewendet werden, was zuvor bereits eine Einheitsmatrix war. Betrachten Sie als Beispiel die nachfolgende Matrix A, die erweiterte Matrix für die Bestimmung der Inversen und ein paar Zeilenoperationen:

$$A = \begin{pmatrix} 1 & 2 & 3 & 4 \\ 0 & 1 & 2 & 1 \\ 0 & 0 & -1 & -5 \\ 1 & 0 & 0 & 6 \end{pmatrix}$$

$$\left(\begin{array}{cccc|cccc} 1 & 2 & 3 & 4 & 1 & 0 & 0 & 0 \\ 0 & 1 & 2 & 1 & 0 & 1 & 0 & 0 \\ 0 & 0 & -1 & -5 & 0 & 0 & 1 & 0 \\ 1 & 0 & 0 & 6 & 0 & 0 & 0 & 1 \end{array}\right)$$

$$\begin{array}{r} \\ \\ \\ -1Z_1 + Z_4 \to Z_4 \end{array} \left(\begin{array}{cccc|cccc} 1 & 2 & 3 & 4 & 1 & 0 & 0 & 0 \\ 0 & 1 & 2 & 1 & 0 & 1 & 0 & 0 \\ 0 & 0 & -1 & -5 & 0 & 0 & 1 & 0 \\ 0 & -2 & -3 & 2 & -1 & 0 & 0 & 1 \end{array}\right)$$

$$\begin{array}{r} -2Z_2 + Z_1 \to Z_1 \\ \\ \\ 2Z_2 + Z_4 \to Z_4 \end{array} \left(\begin{array}{cccc|cccc} 1 & 0 & -1 & 2 & 1 & -2 & 0 & 0 \\ 0 & 1 & 2 & 1 & 0 & 1 & 0 & 0 \\ 0 & 0 & -1 & -5 & 0 & 0 & 1 & 0 \\ 0 & 0 & 1 & 4 & -1 & 2 & 0 & 1 \end{array}\right)$$

Die Zeilenoperationen sollen den linken Teil der Matrix zu einer Einheitsmatrix machen. Die Operationen werden nacheinander ausgeführt.

$$\begin{array}{r} -1Z_3 + Z_1 \to Z_1 \\ 2Z_3 + Z_2 \to Z_2 \\ \\ Z_3 + Z_4 \to Z_4 \end{array} \left(\begin{array}{cccc|cccc} 1 & 0 & 0 & 7 & 1 & -2 & -1 & 0 \\ 0 & 1 & 0 & -9 & 0 & 1 & 2 & 0 \\ 0 & 0 & -1 & -5 & 0 & 0 & 1 & 0 \\ 0 & 0 & 0 & -1 & -1 & 2 & 1 & 1 \end{array}\right)$$

$$\begin{array}{r} \\ \\ -1Z_3 \to Z_3 \\ -1Z_4 \to Z_4 \end{array} \left(\begin{array}{cccc|cccc} 1 & 0 & 0 & 7 & 1 & -2 & -1 & 0 \\ 0 & 1 & 0 & -9 & 0 & 1 & 2 & 0 \\ 0 & 0 & 1 & 5 & 0 & 0 & -1 & 0 \\ 0 & 0 & 0 & 1 & 1 & -2 & -1 & -1 \end{array}\right)$$

$$\begin{array}{r} -7Z_4 + Z_1 \to Z_1 \\ 9Z_4 + Z_2 \to Z_2 \\ -5Z_4 + Z_3 \to Z_3 \\ \\ \end{array} \left(\begin{array}{cccc|cccc} 1 & 0 & 0 & 0 & -6 & 12 & 6 & 7 \\ 0 & 1 & 0 & 0 & 9 & -17 & -7 & -9 \\ 0 & 0 & 1 & 0 & -5 & 10 & 4 & 5 \\ 0 & 0 & 0 & 1 & 1 & -2 & -1 & -1 \end{array}\right)$$

Auf der linken Seite habe ich jetzt die Einheitsmatrix, auf der rechten Seite habe ich die Inverse der ursprünglichen Matrix. Das Produkt aus A und ihrer Inversen A^{-1} ist eine Einheitsmatrix.

$$A * A^{-1} = \begin{pmatrix} 1 & 2 & 3 & 4 \\ 0 & 1 & 2 & 1 \\ 0 & 0 & -1 & -5 \\ 1 & 0 & 0 & 6 \end{pmatrix} * \begin{pmatrix} -6 & 12 & 6 & 7 \\ 9 & -17 & -7 & -9 \\ -5 & 10 & 4 & 5 \\ 1 & -2 & -1 & -1 \end{pmatrix} = \begin{pmatrix} 1 & 0 & 0 & 0 \\ 0 & 1 & 0 & 0 \\ 0 & 0 & 1 & 0 \\ 0 & 0 & 0 & 1 \end{pmatrix}$$

Weitere Informationen über inverse Matrizen finden Sie in Kapitel 3. Ich zeige anhand dieses Beispiels die Alternative zur Bestimmung von Inversen. Eine weitere Methode zur Bestimmung der Inversen einer Matrix ist die Verwendung von Determinanten.

Die Adjunkte einer Matrix

In den Kapiteln 3 und 4 finden Sie zahlreiche Informationen über die Inverse einer Matrix, die Transponierte einer Matrix, die Determinante einer Matrix usw. Hier werde ich Ihnen einen völlig neuen Protagonisten für unser Spiel vorstellen: die *Adjunkte* einer Matrix. Die Adjunkte wird auch als *Adjungierte* bezeichnet. Die Adjunkte der Matrix A, dargestellt als adj(A), wird zur Berechnung der Inversen einer Matrix verwendet. Sie erhalten die Inverse einer Matrix, indem Sie die Adjunkte durch die Determinante dividieren.

$$A^{-1} = \frac{\text{adj}(A)}{\det(A)}$$

Die Inverse existiert nur dann, wenn det(A) *ungleich* 0 ist.

Nun haben Sie die Formel für die Berechnung einer Inversen unter Verwendung der Determinanten und der Adjunkten einer Matrix, aber vermutlich fragen Sie sich: »Wo um alles in der Welt finde ich diese Adjunkte?«

Die Adjunkte einer Matrix A ist die Matrix der Kofaktoren von A, die transponiert wurde. Wenn also C die Matrix der Kofaktoren von A ist, dann ist $\text{adj}(A) = C^T$. (Weitere Informationen über die Transposition von Matrizen finden Sie in Kapitel 3.)

In einer 4 × 4-Matrix sieht die Adjunkte wie folgt aus. (Beachten Sie, dass die Spalten und Zeilen vertauscht sind – so wie bei der Transponierten der ursprünglichen Matrix):

$$\text{adj}(A) = \begin{pmatrix} C_{11} & C_{21} & C_{31} & C_{41} \\ C_{12} & C_{22} & C_{32} & C_{42} \\ C_{13} & C_{23} & C_{33} & C_{43} \\ C_{14} & C_{24} & C_{34} & C_{44} \end{pmatrix}$$

Um beispielsweise die Adjunkte der Matrix A zu finden, denken Sie zuerst daran, dass der Kofaktor C_{ij} gebildet wird, indem die Determinante der Untermatrix (Minor) mit dem Faktor $(-1)^{i+j}$ multipliziert wird – mit der Potenz von (–1) abhängig vom Index des Elements. (Weitere Informationen über Determinanten finden Sie in den Kapiteln 10 und 11.) Nachfolgend sehen Sie die Matrix und ihre Kofaktoren. Ein Kofaktor wird als C_{ij} bezeichnet, wobei *i* und *j* die zugehörige Zeile bzw. Spalte angeben.

$$A = \begin{pmatrix} 3 & -3 & -1 & 7 \\ 7 & -6 & -3 & 14 \\ 5 & -4 & -2 & 9 \\ -5 & 5 & 2 & -11 \end{pmatrix}$$

$$C_{11} = (-1)^2 \begin{vmatrix} -6 & -3 & 14 \\ -4 & -2 & 9 \\ 5 & 2 & -11 \end{vmatrix} = 1 \cdot 1 = 1$$

$$C_{12} = (-1)^3 \begin{vmatrix} 7 & -3 & 14 \\ 5 & -2 & 9 \\ -5 & 2 & -11 \end{vmatrix} = -1(-2) = 2$$

$$C_{13} = (-1)^4 \begin{vmatrix} 7 & -6 & 14 \\ 5 & -4 & 9 \\ -5 & 5 & -11 \end{vmatrix} = 1 \cdot 3 = 3$$

$$C_{14} = (-1)^5 \begin{vmatrix} 7 & -6 & -3 \\ 5 & -4 & -2 \\ -5 & 5 & 2 \end{vmatrix} = -1(-1) = 1$$

$$C_{21} = (-1)^3 \begin{vmatrix} -3 & -1 & 7 \\ -4 & -2 & 9 \\ 5 & 2 & -11 \end{vmatrix} = -1 \cdot 1 = -1$$

Sie haben das Prinzip wahrscheinlich verstanden, und ich erspare Ihnen die restlichen Schritte für alle anderen Kofaktoren.

$$C_{22} = 1 \cdot 2 = 2$$
$$C_{23} = -1 \cdot 2 = -2$$
$$C_{24} = 1 \cdot 1 = 1$$
$$C_{31} = 1 \cdot 2 = 2$$
$$C_{32} = -1 \cdot 1 = -1$$
$$C_{33} = 1 \cdot 2 = 2$$
$$C_{34} = -1 \cdot 1 = -1$$
$$C_{41} = -1(-1) = 1$$
$$C_{42} = 1 \cdot 3 = 3$$
$$C_{43} = -1(-1) = 1$$
$$C_{44} = 1 \cdot 1 = 1$$

Jetzt erzeuge ich mit Hilfe der Kofaktoren die Adjunkte der Matrix A, adj(A).

$$\text{adj}(A) = \begin{pmatrix} C_{11} & C_{21} & C_{31} & C_{41} \\ C_{12} & C_{22} & C_{32} & C_{42} \\ C_{13} & C_{23} & C_{33} & C_{43} \\ C_{14} & C_{24} & C_{34} & C_{44} \end{pmatrix} = \begin{pmatrix} 1 & -1 & 2 & 1 \\ 2 & 2 & -1 & 3 \\ 3 & -2 & 2 & 1 \\ 1 & 1 & -1 & 1 \end{pmatrix}$$

Die Schritte bis zur Inversen

Um die Inverse einer Matrix A zu finden, brauche ich neben der Adjunkten auch die Determinante von A. Ich bestimme die Determinante einer 4×4-Matrix unter Verwendung der Kofaktor-Entwicklung über eine Zeile oder Spalte. Weil ich alle Kofaktoren bereits berechnet habe, wähle ich hier die erste Zeile aus. (Keines der Elemente ist 0, deshalb entsteht durch die Auswahl einer bestimmten Zeile kein Vorteil. Zeile 1 funktioniert genau wie jede andere.)

$$\det(A) = 3 \cdot 1 + (-3) \cdot 2 + (-1) \cdot 3 + 7 \cdot 1 = 3 - 6 - 3 + 7 = 1$$

Falls Sie nicht mehr wissen, wie man Determinanten unter Verwendung der Kofaktor-Entwicklung über eine Zeile oder Spalte bestimmt, lesen Sie in Kapitel 10 nach.

Jetzt kann ich die Inverse der Matrix A unter Verwendung ihrer Adjunkten und der Determinante bestimmen. Jeder Term in der Adjunkten wird durch den Wert der Determinante dividiert. Die Determinante hat hier den Wert 1, deshalb ändert sich durch die Division eigentlich nichts, aber ich zeige Ihnen trotzdem die Formel, damit Sie auch auf weniger pflegeleichte Determinanten vorbereitet sind.

$$A^{-1} = \frac{\text{adj}(A)}{\det(A)} = \frac{\begin{pmatrix} 1 & -1 & 2 & 1 \\ 2 & 2 & -1 & 3 \\ 3 & -2 & 2 & 1 \\ 1 & 1 & -1 & 1 \end{pmatrix}}{1} = \begin{pmatrix} 1 & -1 & 2 & 1 \\ 2 & 2 & -1 & 3 \\ 3 & -2 & 2 & 1 \\ 1 & 1 & -1 & 1 \end{pmatrix}$$

Wahrscheinlich sind Sie nicht wirklich beeindruckt von dieser speziellen Methode zur Berechnung einer Matrix-Inversen. Eigentlich eignet sie sich auch am besten für ein Computerprogramm. Den größten Nutzen ziehen Sie daraus, wenn Ihre Matrix eine oder mehrere Variablen als Einträge hat.

Berechnungen mit variablen Einträgen

Es ist relativ einfach, die Inverse einer 3×3-Matrix zu bestimmen, indem Sie entweder die Zeilenreduktion oder die Division der Matrix-Adjunkten durch ihre Determinante anwenden. Die Methode mit der Adjunkten ist dann überlegen, wenn ein oder mehrere Einträge Variablen sind.

Die Matrix B enthält die Variablen a und b. Durch die Berechnung der Determinante von B erhalten Sie Informationen über die Einschränkungen für a und b bei dieser speziellen Matrix:

$$B = \begin{pmatrix} a & b & -b \\ 1 & 1 & 1 \\ 1 & a & a \end{pmatrix}$$

$$\det(B) = \begin{vmatrix} a & b & -b \\ 1 & 1 & 1 \\ 1 & a & a \end{vmatrix} = a^2 + b - ab - (-b + a^2 + ab)$$

$$= a^2 + b - ab + b - a^2 - ab = 2b - 2ab = 2b(1-a)$$

Anhand der Determinante $2b(1 - a)$ erkennen Sie, dass a nicht 1 sein darf, und b nicht 0, weil sonst die Determinante gleich 0 wäre, und diese Werte die Matrix singulär machen würde – d. h. sie hätte keine Inverse.

Und jetzt zu den Kofaktoren:

$$C_{11} = 1(a-a) = 0$$
$$C_{12} = -1(a-1) = 1-a$$
$$C_{13} = 1(a-1) = -(1-a)$$
$$C_{21} = -1(ab+ab) = -2ab$$
$$C_{22} = 1(a^2+b) = a^2+b$$
$$C_{23} = -1(a^2-b) = b-a^2$$
$$C_{31} = 1(b+b) = 2b$$
$$C_{32} = -1(a+b) = -(a+b)$$
$$C_{33} = 1(a-b) = a-b$$

Die Inverse der Matrix B ist gleich der Adjunkten von B dividiert durch die Determinante von B:

$$B^{-1} = \frac{\operatorname{adj}(B)}{\det(B)} = \frac{\begin{pmatrix} 0 & -2ab & 2b \\ 1-a & a^2+b & -(a+b) \\ -(1-a) & b-a^2 & a-b \end{pmatrix}}{2b(1-a)}$$

$$= \begin{pmatrix} \frac{0}{2b(1-a)} & \frac{-2ab}{2b(1-a)} & \frac{2b}{2b(1-a)} \\ \frac{1-a}{2b(1-a)} & \frac{a^2+b}{2b(1-a)} & \frac{-(a+b)}{2b(1-a)} \\ \frac{-(1-a)}{2b(1-a)} & \frac{b-a^2}{2b(1-a)} & \frac{a-b}{2b(1-a)} \end{pmatrix}$$

$$= \begin{pmatrix} 0 & -\frac{a}{1-a} & \frac{1}{1-a} \\ \frac{1}{2b} & \frac{a^2+b}{2b(1-a)} & -\frac{a+b}{2b(1-a)} \\ -\frac{1}{2b} & \frac{b-a^2}{2b(1-a)} & \frac{a-b}{2b(1-a)} \end{pmatrix}$$

Indem in einer Anwendung bestimmte Werte für a und b ausgewählt werden, führt man in der Formel für die Inverse der jeweiligen Matrix Ersetzungen durch. Wenn Sie beispielsweise eine Situation mit $a = -1$ und $b = 2$ haben, setzen Sie diese Werte für die Variablen in die Matrizen ein, um die Matrix und ihre Inverse zu erhalten.

$$\mathrm{B} = \begin{pmatrix} a & b & -b \\ 1 & 1 & 1 \\ 1 & a & a \end{pmatrix} = \begin{pmatrix} -1 & 2 & -2 \\ 1 & 1 & 1 \\ 1 & -1 & -1 \end{pmatrix}$$

$$\mathrm{B}^{-1} = \begin{pmatrix} 0 & -\frac{a}{1-a} & \frac{1}{1-a} \\ \frac{1}{2b} & \frac{a^2+b}{2b(1-a)} & -\frac{a+b}{2b(1-a)} \\ -\frac{1}{2b} & \frac{b-a^2}{2b(1-a)} & \frac{a-b}{2b(1-a)} \end{pmatrix} = \begin{pmatrix} 0 & \frac{1}{2} & \frac{1}{2} \\ \frac{1}{4} & \frac{3}{8} & -\frac{1}{8} \\ -\frac{1}{4} & \frac{1}{8} & -\frac{3}{8} \end{pmatrix}$$

Mit der Cramerschen Regel Systeme lösen

Lineare Gleichungssysteme werden auf die unterschiedlichsten Arten gelöst. Sie können das hier gezeigte Gleichungssystem auf verschiedene Weisen lösen:

- ✔ Sie können das System algebraisch lösen und dazu Eliminierung oder Substitution anwenden.
- ✔ Sie können erweiterte Matrizen verwenden.
- ✔ Sie können die Geraden für die Gleichungen in einem Graphen darstellen.
- ✔ Sie können einfach Zahlen raten, sie in die Gleichungen einsetzen und aufhören, wenn Sie ein Paar funktionierender Zahlen gefunden haben.

$$\begin{cases} x + 2y = 5 \\ 2x + 3y = 6 \end{cases}$$

Egal, wie Sie das System lösen, Sie erhalten immer $x = -3$ und $y = 4$. In Kapitel 4 beschreibe ich die algebraische Methode, die Matrix-Methode und die graphische Methode. Das Raten überlasse ich den geneigten Lesern.

In diesem Abschnitt zeige ich Ihnen noch eine Methode, Gleichungssysteme zu lösen. Die hier gezeigte Methode verwendet die Determinanten der dem System zugeordneten Matrizen.

Vorbereitung auf die Cramersche Regel

Um die Cramersche Regel zu benutzen, schreiben Sie das lineare Gleichungssystem als Produkt aus Matrix und Vektor. Anschließend ändern Sie die Matrix ab, indem Sie Vektoren einfügen, um ganze Spalten der ursprünglichen Matrizen zu ändern. Ich zeige Ihnen die Regel anhand eines Beispiels.

Betrachten Sie das folgende lineare Gleichungssystem. Unter Verwendung der Methoden aus Kapitel 4 erhalten Sie die Lösung $x = 3$, $y = -2$ und $z = -1$:

$$\begin{cases} 2x - 3y + z = 11 \\ x + 4y - 2z = -3 \\ 4x - 5y + 3z = 19 \end{cases}$$

Das System kann dargestellt werden als Koeffizientenmatrix multipliziert mit einer Variablenmatrix/einem Variablenvektor gleich dem Konstantenvektor: A * **x** = **b**. (In Kapitel 6 bezeichne ich diese Gleichung als die *Matrixgleichung*.)

$$A = \begin{pmatrix} 2 & -3 & 1 \\ 1 & 4 & -2 \\ 4 & -5 & 3 \end{pmatrix}, \quad \vec{x} = \begin{pmatrix} x \\ y \\ z \end{pmatrix}, \quad \vec{b} = \begin{pmatrix} 11 \\ -3 \\ 19 \end{pmatrix}$$

$$\begin{pmatrix} 2 & -3 & 1 \\ 1 & 4 & -2 \\ 4 & -5 & 3 \end{pmatrix} \cdot \begin{pmatrix} x \\ y \\ z \end{pmatrix} = \begin{pmatrix} 11 \\ -3 \\ 19 \end{pmatrix}$$

Jetzt beschreibe ich, wie ich ein paar modifizierte Matrizen erstelle, wobei jeweils eine ganze Spalte der Koeffizientenmatrix durch die Einträge aus dem Lösungsvektor ersetzt wird. Wenn ich $A_x(\vec{b})$ schreibe, heißt das, ich ersetze die x-Spalte (die erste Spalte) der Koeffizientenmatrix durch die Einträge in Vektor $\vec{b}$, um die neue, modifizierte Matrix zu erhalten. Analog dazu bedeuten $A_y(\vec{b})$ und $A_z(\vec{b})$, dass die y-Spalte und die z-Spalte der Matrix durch die Einträge im Lösungsvektor ersetzt werden sollen. Bei unserem hier gezeigten System ist $A_x(\vec{b}) = A_x$, $A_y(\vec{b}) = A_y$ und $A_z(\vec{b}) = A_z$:

$$A_x = \begin{pmatrix} 11 & -3 & 1 \\ -3 & 4 & -2 \\ 19 & -5 & 3 \end{pmatrix}, \quad A_y = \begin{pmatrix} 2 & 11 & 1 \\ 1 & -3 & -2 \\ 4 & 19 & 3 \end{pmatrix},$$

$$A_z = \begin{pmatrix} 2 & -3 & 11 \\ 1 & 4 & -3 \\ 4 & -5 & 19 \end{pmatrix}$$

Nachdem ich die modifizierten Matrizen habe, kann ich ihre Determinanten benutzen, um das Gleichungssystem zu lösen.

Anwendung der Cramerschen Regel

Die Cramersche Regel für die Lösung linearer Gleichungssysteme besagt, dass Sie zur Bestimmung des Werts jeder einzelnen Variablen die Determinante der entsprechenden modifizierten Matrix durch die Determinante der Koeffizientenmatrix dividieren.

$$x = \frac{\det(A_x)}{\det(A)}, \quad y = \frac{\det(A_y)}{\det(A)}, \quad z = \frac{\det(A_z)}{\det(A)}, \ldots$$

Ich bestimme also die Determinante der Koeffizientenmatrix von A und die Determinanten der drei modifizierten Matrizen.

$$\det(A) = \begin{vmatrix} 2 & -3 & 1 \\ 1 & 4 & -2 \\ 4 & -5 & 3 \end{vmatrix} = 24 + 24 - 5 - (16 + 20 - 9) = 43 - 27 = 16$$

$$\det(A_x) = \begin{vmatrix} 11 & -3 & 1 \\ -3 & 4 & -2 \\ 19 & -5 & 3 \end{vmatrix} = 132 + 114 + 15 - (76 + 110 + 27) = 261 - 213 = 48$$

$$\det(A_y) = \begin{vmatrix} 2 & 11 & 1 \\ 1 & -3 & -2 \\ 4 & 19 & 3 \end{vmatrix} = -18 - 88 + 19 - (-12 - 76 + 33) = -87 + 55 = -32$$

$$\det(A_z) = \begin{vmatrix} 2 & -3 & 11 \\ 1 & 4 & -3 \\ 4 & -5 & 19 \end{vmatrix} = 152 + 36 - 55 - (176 + 30 - 57) = 133 - 149 = -16$$

Durch Anwendung der Cramerschen Regel und Division erhalten wir:

$$x = \frac{\det(A_x)}{\det(A)} = \frac{48}{16} = 3$$

$$y = \frac{\det(A_y)}{\det(A)} = \frac{-32}{16} = -2$$

$$z = \frac{\det(A_z)}{\det(A)} = \frac{-16}{16} = -1$$

Die Lösung des Systems lautet also $x = 3$, $y = -2$, $z = -1$.

Gabriel Cramer

Gabriel Cramer, berühmt für die Cramersche Regel, war ein Schweizer Mathematiker, der von 1704 bis 1752 lebte. Seine Intelligenz und sein mathematisches Genie wurden bereits früh erkannt. Er erhielt im Alter von 18 Jahren einen Doktortitel für seine Doktorarbeit zur Klangtheorie. Mit 20 Jahren war er stellvertretender Direktor des Lehrstuhls für Mathematik an der Académie de Clavin in Genf. Während er seine Aufgaben als Professor und in der Verwaltung wahrnahm, führte er eine große Neuerung ein: Er hielt seine Vorlesungen nicht mehr auf Lateinisch, sondern auf Französisch.

Cramer veröffentlichte zahlreiche Artikel über unterschiedliche Themen. Neben seinen mathematischen Beiträgen schrieb er auch über Philosophie, das Datum von Ostern, das Nordlicht und Rechtswissenschaften. Außerdem schlug er eine Lösung für das St. Petersburg-Paradoxon vor – eine klassische Situation in der Spieltheorie und Wahrscheinlichkeitsrechnung, bei dem das erwartete Ergebnis eine unendlich große Summe ist. (Manchmal steht die wirkliche Mathematik im Widerspruch zum gesunden Menschenverstand.)

Die Cramersche Regel als Alternative ergänzt Ihre Werkzeugkiste für die Lösung von Gleichungssystemen. Das Erstellen und Berechnen aller für diese Methode benötigten Determinanten ist zeitaufwändig und extrem unübersichtlich, wenn sehr viele Variablen vorliegen. Genau aus diesem Grund gibt es Computer und ihre Programme – sie erledigen die wiederholt auszuführenden Operationen.

Eine Nicht-Lösung erkennen und einordnen

Nicht alle linearen Gleichungssysteme haben Lösungen, und einige Gleichungssysteme haben unendlich viele Lösungen. Bei der algebraischen Lösung von Gleichungssystemen oder bei Zeilenoperationen in Matrizen gibt es Hinweise, die Sie erkennen lassen, ob es sich um eine Situation mit unendlich vielen Lösungen oder mit keiner Lösung handelt.

Hinweise aus algebraischen Lösungen und Lösungen mit erweiterten Matrizen

Wenn Sie algebraisch arbeiten, dann erhalten Sie für unlösbare Gleichungssysteme *unmögliche Aussagen*, also Aussagen, die *nie* zutreffen. Bei einer Matrix erhalten Sie in diesem Falle Nullen, die einer Zahl ungleich Null entsprechen sollen. Betrachten Sie beispielsweise die Lösung des folgenden linearen Gleichungssystems:

$$\begin{cases} x+y-z=2 \\ 2x-y+z=1 \\ 3x-y+z=1 \end{cases}$$

Wenn Sie algebraisch arbeiten und die erste und die zweite Gleichung addieren, erhalten Sie $3x = 3$, woraus sich eine Lösung von $x = 1$ ergibt. Wenn Sie die erste und die dritte Gleichung addieren, erhalten Sie $4x = 3$, woran Sie erkennen, dass $x = \frac{3}{4}$ ist. Hier besteht ein

Widerspruch. Die beiden Gleichungen können unmöglich Lösungen für dasselbe System darstellen. Wenn beispielsweise die Gleichungen besagen, dass beide Variablenprodukte gleich 3 sind, können Sie nicht $3x = 4x$ setzen. Denn die einzige Lösung für diese Gleichung ist $x = 0$, und das erfüllt nicht die Bedingung $3x = 3$. Dies ist ein Beispiel für eine *Unmöglichkeitsaussage*. (Weitere Informationen über die Lösung von Gleichungen finden Sie in Kapitel 4.).

Vielleicht bevorzugen Sie es, lineare Gleichungssysteme mit Hilfe von Matrizen und Zeilenoperationen zu lösen. Wir beginnen für dasselbe Gleichungssystem mit der erweiterten Matrix, die ich Ihnen nachfolgend zeige. Nach ein paar Operationen erhält man schließlich die letzte Matrix:

$$\left(\begin{array}{ccc|c} 1 & 1 & -1 & 2 \\ 2 & -1 & 1 & 1 \\ 3 & -1 & 1 & 1 \end{array}\right) \rightarrow \cdots \rightarrow \left(\begin{array}{ccc|c} 1 & 1 & -1 & 2 \\ 0 & 1 & -1 & 1 \\ 0 & 0 & 0 & 1 \end{array}\right)$$

Die letzte Zeile in der Matrix bedeutet $0 = 1$. Diese Aussage ist als Lösung des Systems unmöglich.

Wenn ein Gleichungssystem dagegen eine unendliche Anzahl an Lösungen besitzt, erhalten Sie Gleichungen und Aussagen, die *immer* zutreffen. Beispielsweise hat das hier gezeigte System eine unendliche Anzahl an Lösungen:

$$\begin{cases} x + y - 2z = 1 \\ 2x - y + z = 3 \\ 4x + y - 3z = 5 \end{cases}$$

Wenn Sie algebraisch lösen und die erste und die zweite Gleichung addieren, erhalten Sie $3x - z = 4$. Sie erhalten dieselbe Gleichung, wenn Sie die erste Gleichung multipliziert mit -1 zur dritten Gleichung addieren: $3x - z = 4$. Darüber hinaus ergibt die Algebra $0 = 0$. Die Aussage $0 = 0$ trifft immer zu. Das Gleichungssystem hat also unendlich viele Lösungen, die sich alle in der Form eines geordneten Tripels befinden: $(k, 5k - 7, 3k - 4)$. Bei Verwendung einer erweiterten Matrix erhalten Sie schließlich in der letzten Zeile lauter Nullen – das ist vergleichbar mit $0 = 0$. Beides sind Anzeichen für die Tatsache, dass es viele, viele Lösungen für das Gleichungssystem gibt.

Nachdem ich erklärt habe, worauf bei der Lösung von Gleichungssystemen unter Verwendung algebraischer Techniken oder erweiterter Matrizen zu achten ist, will ich Ihnen mitteilen, wie die Anzeichen aussehen, wenn Sie die Cramersche Regel anwenden.

Mit Cramer nach Nicht-Lösungen suchen

Die Cramersche Regel für die Lösung von Gleichungssystemen verwendet die Division durch eine Determinante. Die Determinante zeigt Ihnen am besten, wenn die Situation *unendlich viele oder keine* vorliegt. Wenn Sie zuerst die Determinante berechnen, bevor Sie alle anderen Teile der Aufgabenstellung erledigen, sparen Sie sich eine Menge Zeit, da Sie so die Situation vorab einschätzen können.

In beiden Fällen – wenn Sie keine Lösung oder unendlich viele Lösungen haben – ist die Determinante der Koeffizientenmatrix gleich Null. Bei Anwendung der Cramerschen Regel müssen Sie durch die Determinante der Koeffizientenmatrix dividieren, eine Null verhindert also diesen Schritt. Wenn Sie feststellen, dass die Determinante der Koeffizientenmatrix gleich Null ist, können Sie weiter überprüfen, welche Situation vorliegt: keine Lösung oder unendlich viele Lösungen.

Ein guter Ansatz für die Beantwortung Ihrer Frage ist es, die erweiterte Matrix für das Gleichungssystem zu erstellen und Zeilenoperationen durchzuführen, um festzustellen, ob Sie ein System ohne Lösungen haben (wenn Sie eine Zeile mit Nullen erhalten, die in einer Zahl ungleich Null endet), oder ein System mit unendlich vielen Lösungen (wenn Sie in einer Zeile nur Nullen haben).

Programme für Taschenrechner und Computer

Wenn Matrizen und ihre Determinanten und Adjunkte eine handliche Größe haben (wobei es Stimmen gibt, die behaupten, alles was größer als 2×2 ist, sei nicht handlich), dann sind die erforderlichen Berechnungen und Manipulationen für verschiedene Aufgaben relativ einfach. Aber schon wenn man es mit einer 4×4-Matrix zu tun bekommt, muss man plötzlich auf die Kofaktor-Entwicklung ausweichen. Und jetzt stellen Sie sich vor, wie viel Spaß Sie mit einem 6×6-System und größer haben! Im wirklichen Leben, also bei lebensnahen Anwendungen, neigen die benötigten Matrizen dazu, immer größer zu werden, um auch alle möglichen Aspekte eines Problems wiedergeben zu können.

In diesem Abschnitt erfahren Sie nicht nur, wie Sie mit den kleineren Matrizen umgehen können, sondern Sie erhalten auch das Grundwissen für die Bearbeitung Matrizen beliebiger Größe – wenn Sie die Kraft und die Ausdauer dazu haben.

Rechnen mit dem Taschenrechner

Die heutigen graphischen Taschenrechner bieten sehr viel mehr Rechenleistung als die ersten riesigen Computer – die mehrere Räume belegten und mit Lochkarten gefüttert werden mussten. Kein Wunder, dass Sie mit Hilfe von Taschenrechnern schnell und effizient mit Matrizen arbeiten können.

Das größte Problem bei Matrizen und Taschenrechnern ist, dass Sie alle Elemente der Matrix von Hand eingeben müssen, und dass Sie im Auge behalten müssen, welche Matrix Sie wohin geschrieben haben, und (häufig) die resultierenden Dezimalzahlen interpretieren müssen – selbst wenn Sie die Brüche (nicht die Dezimalzahlen) sorgfältig eingegeben haben. Die größeren Matrizen können nicht komplett auf dem Display dargestellt werden, deshalb müssen Sie nach links und rechts und nach oben und unten blättern, um Teile der Matrix anzuzeigen. Wenn Sie aber mit diesen kleinen Unzulänglichkeiten zurechtkommen, ist ein graphischer Taschenrechner genau das Richtige für Sie.

Die meisten graphischen Taschenrechner haben Tasten, die speziell auf die Eingabe von Matrizen und ihren Einträgen ausgelegt sind. Eine Matrix wird in der Regel mit eckigen Klammern um den Namen dargestellt, etwa [A]. Die Notation mit den eckigen Klammern entspricht der Darstellung der Einträge einer Matrix von Hand innerhalb desselben Gruppierungssymbols.

Graphische Taschenrechner unterscheiden sich je nach Hersteller, aber sie unterstützen alle vergleichbare Funktionen, was Matrizen betrifft. Nachfolgend sind einige gebräuchliche Funktionen sowie eine repräsentative Notation dafür aufgelistet:

[A] 3×4	Benennung oder Bearbeitung einer Matrix und Eingabe der Dimension
det([A])	Berechnung der Determinante einer bestimmten Matrix
$[A]^T$	Durchführung einer Matrix-Transposition
dim([A])	Angabe der Dimension der Matrix
identity(k)	Erstellen einer Identitätsmatrix der Dimension $k \times k$
rowSwap	Vertauschen von zwei Zeilen
row+	Addieren einer Zeile zu einer anderen Zeile
* row	Multiplikation einer Zeile mit einem Skalar
* row+	Multiplikation einer Zeile mit einem Skalar und Addition zu einer anderen Zeile

Die von Taschenrechnern unterstützten Zeilenoperationen sind wunderbar, aber sie sind sehr speziell dargestellt. Sie müssen Matrixnamen, Zeilen und Skalarmultiplikationen sehr exakt eingeben und zwar in der Regel mit Kommas, die Teile der Operation voneinander trennen, und ohne unterstützende Eingabeaufforderungen. Wenn ich mit meinem Taschenrechner diese Operationen ausführe, klebe ich in der Regel eine Liste der Befehle in die Deckelinnenseite, weil ich sie mir so schlecht merken kann (und ja, das gestatte ich auch meinen Studenten).

Manchmal gibt man perfekte ganze Zahlen und Brüche ein und erhält schließlich lange, nicht einzuordnende Dezimalzahlen. Dieses Problem können Sie lösen, indem Sie den Modus Ihres Taschenrechners auf eine bestimmte Anzahl an Dezimalstellen einstellen – der Taschenrechner kann auf zwei oder drei Dezimalstellen runden.

Sie können auch versuchen, die Dezimalzahlen wieder in Brüche umzuwandeln. Sie sehen zwar keine Brüche auf dem Display des Taschenrechners – dort werden sie weiterhin als Dezimalzahlen dargestellt –, aber Sie können sich die Brüche aufschreiben. Die Taschenrechner haben in der Regel eine Funktion, die periodische Brüche in Dezimalzahlen umwandelt, aber diese Funktion funktioniert nicht, wenn der periodische Teil zu lang ist, oder wenn zu wenige Ziffern eingegeben wurden. Probieren Sie einfach ein bisschen herum, und sehen Sie sich die Ergebnisse an.

Mit einem Computer rechnen

Eine sehr angenehme Eigenschaft von Matrizen, Determinanten und der Cramerschen Regel ist, dass die verwendeten Prozesse wiederholt werden und programmierbar sind. Betrachten Sie einfach einmal die Darstellung der Elemente einer Matrix:

$$A = \begin{pmatrix} a_{11} & a_{12} & \cdots & a_{1n} \\ a_{21} & a_{22} & \cdots & a_{2n} \\ \vdots & \vdots & \ddots & \vdots \\ a_{m1} & a_{m2} & \cdots & a_{mn} \end{pmatrix}$$

Jedes Element in der Matrix A wird als a_{ij} bezeichnet, wobei *i* für die Zeile und *j* für die Spalte stehen. Durch die Angabe von Befehlen unter Verwendung von *i* und *j*, die bei einer bestimmten Zahl beginnen, und die stetige Inkrementierung um 1, können Sie Operationen für beliebig große Matrizen durchführen – und dem Computer alle Berechnungen überlassen. Und Computer sind bekanntermaßen genauer und zuverlässiger als Menschen. Wenn Sie natürlich Müll eingeben, erhalten Sie auch Müll als Ergebnis: Wenn Sie den Computer nicht korrekt programmieren, erhalten Sie auch keine Lösungen.

Es gibt zahlreiche Programme, die bereits Matrixoperationen eingebaut haben. Sehr bekannt sind beispielsweise Derive und Mathematica, die auch im Lehrbetrieb eingesetzt werden. Allerdings geht damit auch ein bisschen der Spaß an den Matrizen verloren - Sie geben die Matrixwerte ein und erhalten die Lösung! (Ich fürchte, Sie können mir jetzt nicht folgen?) Selbst die Tabellenkalkulation in Excel bietet Operationen, die mit Matrizen zurechtkommen. Einer der größten Vorteile von Computerprogrammen und Tabellenkalkulationen ist, dass Sie sich Ihre Arbeit auch ausdrucken lassen können.

Teil IV
Vektorräume

In diesem Teil...

lernen Sie Vektorräume und alle ihre Vorzüge kennen. Der Teil endet mit Eigenwerten und Eigenvektoren, und zum Schluss sind Sie der eigentliche Gewinner!

Die Eigenschaften von Vektorräumen

13

In diesem Kapitel...

- Einen Vektorraum in Hinblick auf Elemente und Operationen definieren
- Die Abgeschlossenheit von Operationen überprüfen
- Die Assoziativ- und Kommutativeigenschaften bei Vektoroperationen untersuchen
- Nullen und Inverse in Vektorräumen betrachten

In der Mathematik gibt es häufig Situationen, wo eine Sammlung von Objekten identifiziert oder beschrieben wird, und wobei die Objekte in der Sammlung an bestimmte Regeln gebunden sind, die sie zu einem Teil dieser Sammlung machen. Das einfachste Beispiel ist eine Menge reeller Zahlen und die Operation der Addition. Die Menge $A = \{1, 2, 3, ...\}$ enthält alle natürlichen Zahlen. Die Regel für die Zugehörigkeit zu dieser Menge ist, dass das kleinste mögliche Element eine 1 ist, und alle anderen Zahlen erzeugt werden, indem 1 hinzuaddiert wird, und dann wieder 1 hinzuaddiert wird, und dann wieder... Wenn Sie außerdem zwei beliebige natürliche Zahlen addieren, erhalten Sie wieder eine natürliche Zahl. Die Addition ist also eine Operation, die auf Elemente in der Menge angewendet wird.

In diesem Kapitel stelle ich Ihnen eine Sammlung namens *Vektorraum* vor. Die Qualifikation als Mitglied eines Vektorraums und die einzuhaltenden Regeln werden hier ebenfalls erklärt. Und um Ihr Interesse weiter zu wecken, zeige ich Ihnen auch, dass ein Vektorraum nicht einmal Vektoren enthalten muss – wie Sie sie kennen.

Vektorräume erkunden

Ein *Vektorraum* ist eine Sammlung von Objekten, die als Vektoren bezeichnet werden, daher nennt man alle Elemente eines Vektorraums Vektoren, unabhängig davon, ob es sich dabei um Zahlen, Matrizen oder andere Objekte handelt, die die Vektorraumkriterien erfüllen. Der Name *Vektorraum* kommt von den Eigenschaften von Vektoren, und von der Art und Weise, wie sie sich bei zwei bestimmten Operationen verhalten. Hier stellen wir uns Vektoren in einem Vektorraum so vor, wie sie in Kapitel 2 beschrieben, und wie sie in allen vorherigen Kapiteln verstanden wurden. (Weitere Objekttypen lernen Sie später in diesem Kapitel kennen.)

Sie können sich einen Vektorraum als Raum vorstellen, der Vektoren enthält – hier treffen sie sich alle (der Himmel weiß, was sie da machen). Diejenigen, die im Vektorraum enthalten sind, müssen bestimmte Regeln einhalten und sich bei Beteiligung an den Operationen kooperativ verhalten.

Damit Sie sich das Konzept des Vektorraums besser vorstellen können, zeige ich Ihnen die beiden einfachsten Versionen von Vektoren und Vektoroperationen. Ich verwende 2×1-Vektoren mit der Vektoraddition, $\oplus$, als traditionellen Additionsprozess, wie in Kapitel 2 beschrieben. Außerdem definiere ich die Vektormultiplikation, $\odot$, als die Skalarmultiplikation, die Sie ebenfalls in Kapitel 2 kennen gelernt haben. Die Vektoren A und B werden addiert und ergeben den Vektor C. Anschließend multipliziere ich den Vektor C mit dem Skalar 6.

$$A = \begin{pmatrix} 3 \\ -2 \end{pmatrix}, B = \begin{pmatrix} 4 \\ 8 \end{pmatrix}$$

$$A \oplus B = \begin{pmatrix} 3 \\ -2 \end{pmatrix} \oplus \begin{pmatrix} 4 \\ 8 \end{pmatrix} = \begin{pmatrix} 3+4 \\ -2+8 \end{pmatrix} = \begin{pmatrix} 7 \\ 6 \end{pmatrix} = C$$

$$6 \odot C = 6 \odot \begin{pmatrix} 7 \\ 6 \end{pmatrix} = \begin{pmatrix} 7 \cdot 6 \\ 6 \cdot 6 \end{pmatrix} = \begin{pmatrix} 42 \\ 36 \end{pmatrix}$$

Hier folgt eine formale Definition eines Vektorraums. Gegeben sei eine Menge von Elementen V mit den Vektoren $\vec{u}$ und $\vec{v}$ und $\vec{w}$, die in V enthalten sind, und die reellen Zahlen k und l, für die die Operationen $\oplus$ und $\odot$ folgende Eigenschaften haben:

- $\vec{u} \oplus \vec{v}$ befindet sich ebenfalls in V. (Die Menge V ist abgeschlossen bezüglich Operation $\oplus$.)
- $\vec{u} \oplus \vec{v} = \vec{v} \oplus \vec{u}$. (Für die Operation $\oplus$ besteht Kommutativität.)
- $\vec{u} \oplus (\vec{v} \oplus \vec{w}) = (\vec{u} \oplus \vec{v}) \oplus \vec{w}$. (Für die Operation $\oplus$ besteht Assoziativität.)
- Es existiert ein Element $\vec{0}$ in V, so dass gilt $\vec{u} \oplus \vec{0} = \vec{0} \oplus \vec{u} = \vec{u}$ für alle Elemente $\vec{u}$. (Für die Operation $\oplus$ gibt es ein neutrales Element.)
- Für jedes Element $\vec{u}$ in V gibt es ein Element $-\vec{u}$, für das gilt $\vec{u} \oplus -\vec{u} = -\vec{u} \oplus \vec{u} = \vec{0}$. (Für die Operation $\oplus$ gibt es Inverse.)
- $k \odot \vec{u}$ befindet sich ebenfalls in V. (Die Menge V ist abgeschlossen bezüglich der Operation $\odot$.) Der Einfachheit halber wird der Ausdruck $k \odot \vec{u}$ häufig als $k\vec{u}$ dargestellt und die Operation wird implizit angenommen.
- $k \odot (\vec{u} \oplus \vec{v}) = k \odot \vec{u} \oplus k \odot \vec{v}$, auch dargestellt als $k(\vec{u} \oplus \vec{v}) = k\vec{u} \oplus k\vec{v}$. (Der Skalar k kann über die Operation $\oplus$ verteilt werden.)
- $(k + l) \odot \vec{u} = k \odot \vec{u} \oplus l \odot \vec{u}$ (auch als $[k + l]\vec{u} = k\vec{u} \oplus l\vec{u}$ dargestellt.)
- $k \odot (l \odot \vec{u}) = (kl) \odot \vec{u}$.
- $1 \odot \vec{u} = \vec{u}$.

Sie fragen sich vielleicht, was diese komischen Symbole $\oplus$ und $\odot$ bedeuten sollen, und ob ich nicht einfach + und · hätte verwenden können. Die Antwort ist ein einfaches »Nein.« Die Operationen $\oplus$ und $\odot$ verhalten sich manchmal ähnlich wie unsere übliche Addition und Multiplikation, aber manchmal auch ganz anders. Die Regeln in Vektorräumen sind sehr streng und etwas anders. Eine gute Nachricht ist aber, dass Mengen, die alle Matrizen einer bestimmten Dimension enthalten, $m \times n$, einen Vektorraum bilden. In den nächsten Abschnitten dieses Kapitels beschreibe ich die Operationen und Regeln für den Vektorraum detaillierter.

Die beiden Operationen

Die beiden Operationen für einen Vektorraum sind die *Vektoraddition* (dargestellt als $\oplus$) und die *Skalarmultiplikation* (dargestellt mit dem Symbol $\odot$). Die beiden Operationen können sich genau so verhalten, wie Sie es angesichts Ihrer umfassenden Erfahrung in den Bereichen Addition und Multiplikation erwarten. Allerdings könnten sie auch ab und zu auf Abwege geraten und völlig unvorgesehene Verknüpfungseigenschaften zu Tage treten lassen.

Der Vektorraum wird größer – durch die Vektoraddition

Ein Vektorraum ist mit der Operation der Vektoraddition verknüpft. Die eigentliche Operation kann sich abhängig von den enthaltenen Objekten unterscheiden, aber in allen Fällen wird die Vektoraddition immer für zwei Vektoren durchgeführt (anders als die Skalarmultiplikation). Betrachten Sie beispielsweise den Vektorraum V, der aus allen geordneten Paaren (x, y) besteht, die einen 2×1-Vektor in Standardposition darstellen. (Weitere Informationen über Vektoren in allen Größen finden Sie in Kapitel 2.) Bei diesen geordneten Paaren (x, y) ist die Vektoraddition definiert als $(x_1, y_2) \oplus (x_2, y_2) = (x_1 + x_2, y_1 + y_2)$. Sie addieren die einander entsprechenden Koordinaten, um eine neue Koordinatenmenge zu erhalten. Die Vektoraddition beinhaltet also eine Addition, aber die Form ist etwas anders als die der Addition von $2 + 3$.

Ein weiteres Beispiel für einen Vektorraum, der eine vertraute Methode der Vektoraddition verwendet, ist die Menge aller 2×2-Matrizen, die eine *Spur* gleich 0 besitzen.

Die *Spur* einer quadratischen Matrix ist die Summe der Einträge entlang der Hauptdiagonalen. Die nachfolgend gezeigten Matrizen haben als Spur 0:

$$\mathrm{C} = \begin{pmatrix} 7 & 3 \\ -5 & -7 \end{pmatrix}, \quad \mathrm{B} = \begin{pmatrix} 0 & 7 \\ -1 & 0 \end{pmatrix}, \quad \mathrm{A} = \begin{pmatrix} a_{11} & a_{12} \\ a_{21} & a_{22} \end{pmatrix}$$

Die Spur ist $a_{11} + a_{22} = 0$.

Die Vektoraddition, die Elemente aus der Menge aller 2×2-Matrizen verwendet, deren Spur gleich 0 ist, ist also definiert als:

$$\begin{pmatrix} a_{11} & a_{12} \\ a_{21} & a_{22} \end{pmatrix} \oplus \begin{pmatrix} b_{11} & b_{12} \\ b_{21} & b_{22} \end{pmatrix} = \begin{pmatrix} a_{11}+b_{11} & a_{12}+b_{12} \\ a_{21}+b_{21} & a_{22}+b_{22} \end{pmatrix}$$

und $(a_{11} + b_{11}) + (a_{22} + b_{22}) = 0$.

Jede quadratische Matrix kann eine Spur von 0 haben. Beispielsweise ist auch bei den nachfolgend gezeigten Matrizen D und E die jeweilige Summe entlang der Hauptdiagonalen gleich 0:

$$D = \begin{pmatrix} 2 & 8 & 0 \\ -6 & -1 & 5 \\ 4 & 2 & -1 \end{pmatrix}, \quad E = \begin{pmatrix} -5 & 6 & 0 & 4 \\ 1 & -3 & 1 & -5 \\ 0 & 7 & 0 & -7 \\ 2 & 2 & 3 & 8 \end{pmatrix}$$

Jetzt will ich mich von Vektoren oder Matrizen in meinem Vektorraum trennen und Z beschreiben, einen Vektorraum, dessen Elemente positive reelle Zahlen sind. Ich definiere die Vektoraddition in diesem Vektorraum wie folgt:

> Seien x und y positive reelle Zahlen. Dann gilt $x \oplus y = xy$.

Wenn ich in diesem Vektorraum beispielsweise die Vektoraddition für die Zahlen 2 und 5 verwende, erhalte ich $2 \oplus 5 = 10$. Das ist ohne weiteres möglich. Ich kann meine Vektoraddition so definieren, wie sie für meine spezielle Anwendung am sinnvollsten ist. Natürlich müssen auch andere Eigenschaften erfüllt sein, damit sich meine Vektoraddition für den Vektorraum qualifiziert. Weitere Voraussetzungen werde ich in den nächsten Abschnitten dieses Kapitels beschreiben.

Sinnvolle Skalarmultiplikation

Die Multiplikation eines Vektors mit einem Skalar wird Skalarmultiplikation, nicht Vektormultiplikation, genannt, weil an der Operation nicht zwei Vektoren, sondern eben ein Vektor und eine reelle Zahl beteiligt sind. Beispielsweise beschreibe ich die Skalarmultiplikation für die Menge der 2×2-Matrizen, deren Spur gleich 0 ist. Sei A eine Matrix in der Menge und k eine reelle Zahl, dann gilt:

$$k \otimes A = k \otimes \begin{pmatrix} a_{11} & a_{12} \\ a_{21} & a_{22} \end{pmatrix} = \begin{pmatrix} ka_{11} & ka_{12} \\ ka_{21} & ka_{22} \end{pmatrix}$$

Für einen anderen, nicht dem üblichen Standard entsprechenden Vektorraum (in dem keine Vektoren und Matrizen als Elemente verwendet werden) könnte ich die Operation der Skalarmultiplikation für die Menge der positiven reellen Zahlen auch wie folgt definieren:

> Wenn x eine positive reelle Zahl ist und k eine beliebige reelle Zahl, dann gilt $k \odot x = x^k$.
>
> Wenn Sie also die Skalarmultiplikation für die Zahl 2 ausführen und k gleich 5 ist, erhalten Sie $5 \odot 2 = 2^5 = 32$.

Mit den Vektoroperationen Abgeschlossenheit erzielen

Eine Anforderung an einen Vektorraum und seine Vektoroperationen ist, dass der Raum unter beiden Operationen *abgeschlossen* sein muss. Der Begriff *abgeschlossen* wird verwendet, wenn alle Ergebnisse, die durch Anwendung einer bestimmten Operation auf die Elemente in einer Menge entstehen, ebenfalls immer Elemente der ursprünglichen Menge sind.

Beispielsweise sind die natürlichen Zahlen 1, 2, 3 usw. bezüglich der Addition abgeschlossen, weil Sie bei der Addition von zwei natürlichen Zahlen immer wieder eine natürliche Zahl erhalten. Die natürlichen Zahlen sind *nicht* abgeschlossen bezüglich der Subtraktion, weil man bei der Subtraktion manchmal auch negative Zahlen erhält (keine natürlichen Zahlen).

Betrachten Sie den Vektorraum mit den 2×2-Matrizen mit einer Spur von 0. Damit die Menge der Matrizen bezüglich der Vektoraddition *abgeschlossen* ist, müssen Sie bei jeder Additionsoperation für zwei Matrizen wieder eine Matrix aus der Menge erhalten. Betrachten Sie beispielsweise die Matrizen A und B, die ich Ihnen nachfolgend zeige, und die resultierende Matrix unter der Vektoraddition. Die resultierenden Matrizen haben alle eine Spur von 0.

$$A = \begin{pmatrix} 3 & -2 \\ 9 & -3 \end{pmatrix}, \quad B = \begin{pmatrix} -6 & 11 \\ 8 & 6 \end{pmatrix}$$

$$A \oplus B = \begin{pmatrix} 3 & -2 \\ 9 & -3 \end{pmatrix} \oplus \begin{pmatrix} -6 & 11 \\ 8 & 6 \end{pmatrix} = \begin{pmatrix} 3-6 & -2+11 \\ 9+8 & -3+6 \end{pmatrix} = \begin{pmatrix} -3 & 9 \\ 17 & 3 \end{pmatrix}$$

Habe ich hier einfach Matrizen ausgewählt, die unter diesen Umständen funktionieren? Können Sie sicher sein, dass die resultierende Spur immer gleich 0 ist, unabhängig davon, mit welcher Matrix ich beginne? Nachfolgend zeige ich Ihnen, dass die Menge der Matrizen bezüglich der Vektoraddition abgeschlossen ist, indem ich einfach allgemeine Vektoren verwende:

$$A = \begin{pmatrix} a_{11} & a_{12} \\ a_{21} & a_{22} \end{pmatrix}, \quad B = \begin{pmatrix} b_{11} & b_{12} \\ b_{21} & b_{22} \end{pmatrix}$$

Spuren: $a_{11} + a_{22} = 0$ und $b_{11} + b_{22} = 0$.

$$A \oplus B = \begin{pmatrix} a_{11} + b_{11} & a_{12} + b_{12} \\ a_{21} + b_{21} & a_{22} + b_{22} \end{pmatrix}$$

Spur: $a_{11} + b_{11} + a_{22} + b_{22} = (a_{11} + a_{22}) + (b_{11} + b_{22}) = 0 + 0 = 0$

Alle Matrizen, die aus dieser Vektoraddition entstehen, haben die Spur 0.

Weil die Vektoraddition im vorigen Beispiel so eng mit der Matrixaddition verknüpft war, wollen Sie vielleicht noch ein anderes Beispiel sehen, um sich von dieser Sache mit der Abgeschlossenheit überzeugen zu lassen. Betrachten Sie den Vektorraum, der aus den reellen Zahlen besteht, mit der Vektoraddition definiert als $x \oplus y = xy$ (wobei x und y zwei dieser reellen Zahlen sind): Ersetzen Sie beispielsweise das x und das y durch die Zahlen 2 und 5. Wenn Sie jetzt eine Vektoraddition durchführen, erhalten Sie das Ergebnis 10, wobei es sich ebenfalls um eine positive reelle Zahl handelt. Wenn Sie zwei positive reelle Zahlen multiplizieren, erhalten sie immer eine positive reelle Zahl (vielleicht fragen Sie sich aber, warum ich diese Operation als *Addition* bezeichne).

Jetzt fahre ich mit den positiven reellen Zahlen und meiner Definition der Skalarmultiplikation aus dem Abschnitt »Sinnvolle Vektormultiplikation« fort. Wenn Sie die Skalarmultiplikation als $k \odot x = x^k$ definieren, ist das Ergebnis der Potenzierung einer positiven reellen Zahl immer wieder eine positive reelle Zahl. Ein Beispiel: $3 \odot 4 = 4^3 = 64$, und $-3 \odot 4 = 4^{-3} = \frac{1}{64}$. Das Ergebnis ist immer eine positive reelle Zahl (auch wenn es sich um einen Bruch handelt).

Fehlende Abgeschlossenheit

Ich zeige Ihnen weitere Beispiele für Vektorräume und ihre Operationen, für die ebenfalls Abgeschlossenheit vorzuliegen scheint. Statt Sie glauben zu machen, dass Sie unabhängig von den Elementen oder von den Operationen immer Abgeschlossenheit erhalten, sollte ich Sie besser sofort aufklären.

Betrachten Sie beispielsweise die Menge der 2 × 2-Matrizen der folgenden Form:

$$\begin{pmatrix} a & -b \\ b & 1 \end{pmatrix}$$

a und b sind reelle Zahlen. Die Einträge b und $-b$ sind die Gegenzahlen voneinander, und die Zahl 1 steht immer an der Position a_{22}. Die Vektoraddition soll eine normale Addition von Matrizen darstellen – wobei man die Einträge der einander entsprechenden Positionen addiert. Ich zeige Ihnen, wo die Abgeschlossenheit verfehlt wird, anhand eines einfachen Beispiels mit der Vektoraddition für zwei Matrizen:

$$\mathrm{A} = \begin{pmatrix} 3 & -2 \\ 2 & 1 \end{pmatrix}, \quad \mathrm{B} = \begin{pmatrix} -6 & 11 \\ -11 & 1 \end{pmatrix}$$

$$\mathrm{A} \oplus \mathrm{B} = \begin{pmatrix} 3 & -2 \\ 2 & 1 \end{pmatrix} \oplus \begin{pmatrix} -6 & 11 \\ -11 & 1 \end{pmatrix} = \begin{pmatrix} 3-6 & -2+11 \\ 2-11 & 1+1 \end{pmatrix} = \begin{pmatrix} -3 & 9 \\ -9 & 2 \end{pmatrix}$$

William Hamilton

Sir William Rowan Hamilton war ein irischer Mathematiker, Physiker und Astronom. Er wurde 1805 in Dublin, Irland, geboren und starb dort 1865. William war ein Wunderkind und konnte bereits im Alter von 5 Jahren Griechisch, Hebräisch und Latein lesen. Mit 10 beherrschte er ein halbes Dutzend asiatischer Sprachen. Im Alter von 13 wurde er in die formale Mathematik eingeführt – in Französisch, was er ab sofort fließend sprach.

Hamilton war als junger Mann sehr an Poesie interessiert, aber seine poetischen Werke waren nicht besonders erfolgreich. Vielleicht war seine Neigung, Briefe mit 50 bis 100 Seiten zu schreiben (in denen er auch das kleinste Detail jedes Themas beschrieben hat), ein Grund für seinen mangelnden Erfolg in der Poesie.

Hamilton wurde zum königlichen Astronom Irlands ernannt, als er 22 war, und für seine Beiträge zur Mathematik und anderen Wissenschaften im Alter von 30 Jahren zum Ritter geschlagen. Hamilton war berühmt für seine Entdeckung der *Quaternionen,* einer Erweiterung der komplexen Zahlen. Diese Entdeckung führte zu einer Freiheit, die die Mathematiker ab diesem Zeitpunkt genießen konnten – sie konnten neue Algebren beschreiben, die nicht an die formalen Regeln gebunden waren. Die neuen Algebren konnten Sammlungen bestimmter Objekte sein, für die abhängig von der benötigten Anwendung bestimmte Operationen und Regeln festgelegt wurden. Quaternionen werden heute in der Computergrafik, in der Signalverarbeitung und in der Steuertheorie eingesetzt.

In der letzten Matrix sehen alle Elemente so aus, wie sie aussehen sollen, bis auf das Element in der zweiten Zeile, zweiten Spalte. Alle Elemente sind reelle Zahlen, wobei die Gegenzahlen immer noch an den Positionen a_{12} und a_{21} stehen, aber es befindet sich eine 2 dort, wo eine 1 stehen sollte. Die resultierende Matrix liegt nicht in der ursprünglichen Menge. Die Menge ist bezüglich $\oplus$ nicht abgeschlossen.

Ein Beispiel für eine fehlende Abgeschlossenheit bei der Skalarmultiplikation liegt vor, wenn die Menge der Elemente aus den Vektoren der Form $(x, y, 2)$ besteht. Alle Vektoren in dieser Form haben reelle Zahlen, x und y, für die beiden ersten Koordinaten, und die Zahl 2 für die dritte Koordinate. Sei die Skalarmultiplikation definiert als $k \odot (x, y, 2) = (kx, ky, 2k)$, dann liegen die resultierenden Vektoren nicht in der ursprünglichen Menge, weil die letzte Koordinate nicht 2 ist, es sei denn, der Multiplikator k ist gleich 1.

Die besonderen Eigenschaften von Vektorräumen

Die verschiedenen Eigenschaften und Anforderungen für die Elemente und Operationen in einem Vektorraum sind unter anderem Abgeschlossenheit, Kommutativität, Assoziativität, sowie die Existenz inverser und neutraler Elemente. Die Abgeschlossenheit habe ich im vorigen Abschnitt »Mit den Vektoroperationen Abgeschlossenheit erzielen« beschrieben. In diesem Abschnitt geht es um die übrigen Eigenschaften, die ich nun genauer beschreibe, wobei ich Beispiele dafür gebe, wie sie erfüllt werden, und wie nicht.

Mit der Kommutativität der Vektoraddition die Reihenfolge ändern

Die Vektoraddition, $\oplus$, wird für zwei Vektoren ausgeführt – und erzeugt wiederum einen Vektor im Vektorraum. Eine Eigenschaft der Vektoraddition, die sehr praktisch und sehr nützlich ist, ist die *Kommutativität*. Wenn eine Vektoroperation Kommutativität unterstützt, müssen Sie sich nicht darum kümmern, in welcher Reihenfolge die Vektoren vorliegen, wenn Sie die Operation auf zwei von ihnen anwenden. Sie erhalten dasselbe Ergebnis, egal ob Sie $\vec{u} \oplus \vec{v}$ oder $\vec{v} \oplus \vec{u}$ rechnen. Betrachten Sie beispielsweise den Vektorraum mit 2×2-Matrizen der folgenden Form:

$$\begin{pmatrix} a & b \\ -b & 0 \end{pmatrix}$$

a und b sind reelle Zahlen.

Bei der Vektoraddition spielt die Reihenfolge keine Rolle:

$$\begin{pmatrix} 4 & 9 \\ -9 & 0 \end{pmatrix} \oplus \begin{pmatrix} -5 & -6 \\ 6 & 0 \end{pmatrix} = \begin{pmatrix} -5 & -6 \\ 6 & 0 \end{pmatrix} \oplus \begin{pmatrix} 4 & 9 \\ -9 & 0 \end{pmatrix}$$

$$\begin{pmatrix} 4+(-5) & 9-6 \\ -9+6 & 0+0 \end{pmatrix} = \begin{pmatrix} -5+4 & -6+9 \\ 6+(-9) & 0+0 \end{pmatrix}$$

$$\begin{pmatrix} -1 & 3 \\ -3 & 0 \end{pmatrix} = \begin{pmatrix} -1 & 3 \\ -3 & 0 \end{pmatrix}$$

Für dieses Beispiel gilt die Kommutativität, weil die Definition der Vektoraddition auf unserer Addition reeller Zahlen basiert, die ebenfalls kommutativ ist.

Jetzt zeige ich Ihnen ein Beispiel dafür, was Sie vielleicht für eine Demonstration der Kommutativität der Addition halten, das aber letztlich nicht gut ausgeht. Die Menge X soll aus den sechs 2×2-Matrizen bestehen, die Spiegelungen und Drehungen von Punkten in der Koordinatenebene darstellen. Diese Menge ist abgeschlossen bezüglich $\oplus$, wobei die Addition bedeutet, dass zuerst eine Transformation vorgenommen wird, und dann die zweite Transformation auf das Ergebnis der ersten Transformation angewendet wird. Die Matrizen und ihre Transformationen sehen wie folgt aus:

$$X = \left\{ \begin{pmatrix} -1 & 0 \\ 0 & 1 \end{pmatrix}, \begin{pmatrix} 1 & 0 \\ 0 & -1 \end{pmatrix}, \begin{pmatrix} 1 & 0 \\ 0 & 1 \end{pmatrix}, \begin{pmatrix} 0 & -1 \\ 1 & 0 \end{pmatrix}, \begin{pmatrix} -1 & 0 \\ 0 & -1 \end{pmatrix}, \begin{pmatrix} 0 & 1 \\ -1 & 0 \end{pmatrix} \right\}$$

$\begin{pmatrix} -1 & 0 \\ 0 & 1 \end{pmatrix}$: Spiegelung an der y-Achse

$\begin{pmatrix} 1 & 0 \\ 0 & -1 \end{pmatrix}$: Spiegelung an der x-Achse

$\begin{pmatrix} 1 & 0 \\ 0 & 1 \end{pmatrix}$: Drehung um 360°

$\begin{pmatrix} 0 & -1 \\ 1 & 0 \end{pmatrix}$: Drehung um 90°

$\begin{pmatrix} -1 & 0 \\ 0 & -1 \end{pmatrix}$: Drehung um 180°

$\begin{pmatrix} 0 & 1 \\ -1 & 0 \end{pmatrix}$: Drehung um 270°

Weitere Informationen über Matrizen, die Spiegelungen und Drehungen darstellen, finden Sie in Kapitel 8.

Wenn Sie für diese Matrizen eine Vektoraddition durchführen, stellen Sie fest, dass die Vektoraddition über die Menge X *nicht* kommutativ ist. Wenn Sie beispielsweise den Punkt (2, 3) zuerst an der y-Achse spiegeln und dann um 90 Grad drehen, erhalten Sie nicht dasselbe Ergebnis, als wenn Sie ihn um 90 Grad drehen und dann an der y-Achse spiegeln. Als erstes schreibe ich die Vektoraddition als $T_1(\vec{v}) \oplus T_2(\vec{v})$, in diesem Fall $T_y(\vec{v}) \oplus T_{90}(\vec{v})$ für die erste Situation, und $T_{90}(\vec{v}) \oplus T_y(\vec{v})$ für die zweite Situation. Der anfängliche Eingabevektor hat die Koordinaten x und y. Das Ergebnis dieser ersten Transformation erzeugt den Vektor $\vec{v}'$ mit den Koordinaten x' und y', die dann in die zweite Transformation eingegeben werden.

Unter Verwendung der zuvor beschriebenen Matrixtransformationen ergibt sich:

$$T_y(\vec{v}) = \begin{pmatrix} -1 & 0 \\ 0 & 1 \end{pmatrix}\begin{pmatrix} x \\ y \end{pmatrix}, \quad T_{90}(\vec{v}) = \begin{pmatrix} 0 & -1 \\ 1 & 0 \end{pmatrix}\begin{pmatrix} x \\ y \end{pmatrix}$$

und für die Operationen in beiden Reihenfolgen:

$$\begin{aligned} T_y(\vec{v}) \oplus T_{90}(\vec{v}) &= T_{90}\left(T_y(\vec{v})\right) \\ &= T_{90}\left(\begin{pmatrix} -1 & 0 \\ 0 & 1 \end{pmatrix} \cdot \begin{pmatrix} 2 \\ 3 \end{pmatrix}\right) \\ &= T_{90}\left(\begin{pmatrix} -2 \\ 3 \end{pmatrix}\right) \\ &= \begin{pmatrix} 0 & -1 \\ 1 & 0 \end{pmatrix} \cdot \begin{pmatrix} -2 \\ 3 \end{pmatrix} = \begin{pmatrix} -3 \\ -2 \end{pmatrix} \end{aligned}$$

$$\begin{aligned} T_{90}(\vec{v}) \oplus T_y(\vec{v}) &= T_y\left(T_{90}(\vec{v})\right) \\ &= T_y\left(\begin{pmatrix} 0 & -1 \\ 1 & 0 \end{pmatrix} \cdot \begin{pmatrix} 2 \\ 3 \end{pmatrix}\right) \\ &= T_y\left(\begin{pmatrix} -3 \\ 2 \end{pmatrix}\right) \\ &= \begin{pmatrix} -1 & 0 \\ 0 & 1 \end{pmatrix} \cdot \begin{pmatrix} -3 \\ 2 \end{pmatrix} = \begin{pmatrix} 3 \\ 2 \end{pmatrix} \end{aligned}$$

Die Ergebnisse für die unterschiedlichen Reihenfolgen der Operationen unterscheiden sich komplett. Die erste Reihenfolge ergibt Punkt (–3, –2), die zweite Reihenfolge Punkt (3, 2). In diesem Fall gilt keine Kommutativität für $\oplus$.

Neugruppierung mit Addition und Skalarmultiplikation

Die Assoziativeigenschaft bezieht sich nicht auf die Reihenfolge, sondern auf die Gruppierung. Wenn Sie drei Zahlen addieren, beispielsweise 47 + 8 + 2, erhalten Sie dasselbe Ergebnis für (47 + 8) + 2 wie für 47 + (8 + 2). Die zweite Version ist einfacher, weil Sie hier 47 und 10 addieren und nicht mit irgendwelchen Überträgen in der Addition arbeiten müssen. Ein Vektorraum ist assoziativ unter der Addition, und Sie können auch Assoziativität feststellen, wenn Sie mit mehreren Skalaren multiplizieren.

Als erstes zeige ich Ihnen, wie der Vektorraum der 2×2-Vektoren der folgenden Form die Eigenschaft der Assoziativität bei der Vektoraddition demonstriert:

$$\vec{v} = \begin{pmatrix} a & b \\ -b & c \end{pmatrix}$$

Ich addiere drei allgemeine Vektoren derselben Form und beobachte, dass die Ergebnisse gleich sind, unabhängig davon, ob Sie die Vektoraddition für die beiden ersten gefolgt vom dritten durchführen, oder ob Sie den ersten zum Ergebnis der Vektoraddition der beiden letzten addieren. Die Vektoraddition, ⊕, ist einfach eine normale Matrixaddition.

$$\left(\begin{pmatrix} a & b \\ -b & c \end{pmatrix} \oplus \begin{pmatrix} d & e \\ -e & f \end{pmatrix}\right) \oplus \begin{pmatrix} g & h \\ -h & i \end{pmatrix} = \begin{pmatrix} a & b \\ -b & c \end{pmatrix} \oplus \left(\begin{pmatrix} d & e \\ -e & f \end{pmatrix} \oplus \begin{pmatrix} g & h \\ -h & i \end{pmatrix}\right)$$

$$\left(\begin{pmatrix} a+d & b+e \\ -(b+e) & c+f \end{pmatrix}\right) \oplus \begin{pmatrix} g & h \\ -h & i \end{pmatrix} = \begin{pmatrix} a & b \\ -b & c \end{pmatrix} \oplus \left(\begin{pmatrix} d+g & e+h \\ -(e+h) & f+i \end{pmatrix}\right)$$

$$\begin{pmatrix} a+d+g & b+e+h \\ -(b+e+h) & c+f+i \end{pmatrix} = \begin{pmatrix} a+d+g & b+e+h \\ -(b+e+h) & c+f+i \end{pmatrix}$$

Jetzt betrachten wir, was passiert, wenn wir die Assoziativeigenschaft für zwei Skalarmultiplikationen mit einem Vektor nutzen. Ich muss beim Multiplizieren zweier Skalare ein bisschen freier vorgehen – ich verwende die übliche Multiplikation –, aber Sie sollten die Struktur erkennen:

$$k \odot (l \odot \vec{u}) = (kl) \odot \vec{u}$$

Sie sehen, dass die Anwendung der Vektormultiplikation des Skalars k auf das Ergebnis der Multiplikation von l mit dem Vektor $\vec{u}$ dasselbe ist, als wenn ich zuerst die beiden Skalare multipliziere und dann das Ergebnis auf den Vektor anwende.

Als Beispiel zeige ich anhand eines 2 × 2-Vektors und einer normalen Skalarmultiplikation einer Matrix die Ergebnisse der beiden unterschiedlichen Methoden. Ich habe hier ein paar spezielle Zahlen ausgewählt, aber es funktionieren auch beliebige andere Zahlen:

$$2 \odot \left(-5 \odot \begin{pmatrix} 3 & 7 \\ -7 & 4 \end{pmatrix}\right) = 2 \odot \begin{pmatrix} -15 & -35 \\ 35 & -20 \end{pmatrix} = \begin{pmatrix} -30 & -70 \\ 70 & -40 \end{pmatrix}$$

$$(2(-5)) \odot \begin{pmatrix} 3 & 7 \\ -7 & 4 \end{pmatrix} = -10 \odot \begin{pmatrix} 3 & 7 \\ -7 & 4 \end{pmatrix} = \begin{pmatrix} -30 & -70 \\ 70 & -40 \end{pmatrix}$$

Die Ergebnisse sind gleich. Wählen Sie also einfach die Methode aus, die gerade am bequemsten für Sie ist – für die die Berechnung am einfachsten ist.

Skalare über Vektoren verteilen

Die Distributiveigenschaft der Algebra bedeutet $a(b + c) = ab + ac$. Die Eigenschaft besagt, dass Sie dasselbe Ergebnis erhalten, egal ob Sie eine Zahl mit der Summe von zwei Werten multiplizieren, oder ob Sie die Zahl mit jedem der beiden Werte multiplizieren und die Produkte addieren. Sie werden jetzt zwei Eigenschaften der Vektorräume kennen lernen, die der Distributiveigenschaft stark ähneln.

Als erstes betrachten wir $k \odot (\vec{u} \oplus \vec{v}) = k \odot \vec{u} \oplus k \odot \vec{v}$. Diese Aussage bedeutet, dass der Skalar k über die Vektoroperation ⊕ verteilt bzw. ausmultipliziert wird. Sie können entweder die beiden Vektoren addieren und dann eine Skalarmultiplikation auf das Ergebnis anwenden, oder zuerst die Skalarmultiplikationen ausführen. Ich zeige Ihnen ein Beispiel dafür, wo die Addition von zwei Vektoren vor der Multiplikation sinnvoll ist. Hier haben wir zwei 1×3-Vektoren aus einem Vektorraum und die Anwendung der Eigenschaft.

$$\begin{aligned} &13 \odot \left(\begin{pmatrix} 14 & 87 & -23 \end{pmatrix} \oplus \begin{pmatrix} -14 & -86 & 22 \end{pmatrix} \right) \\ &\quad = 13 \odot \left(\begin{pmatrix} 0 & 1 & -1 \end{pmatrix} \right) = \begin{pmatrix} 0 & 13 & -13 \end{pmatrix} \end{aligned}$$

Vergleichen Sie diese Berechnungen mit denen, die notwendig sind, wenn Sie die Addition nicht vorab ausführen:

$$\begin{aligned} &13 \odot \left(\begin{pmatrix} 14 & 87 & -23 \end{pmatrix} \oplus \begin{pmatrix} -14 & -86 & 22 \end{pmatrix} \right) \\ &\quad = \left(13 \odot \begin{pmatrix} 14 & 87 & -23 \end{pmatrix} \right) \oplus \left(13 \odot \begin{pmatrix} -14 & -86 & 22 \end{pmatrix} \right) \\ &\quad = \begin{pmatrix} 182 & 1131 & -299 \end{pmatrix} \oplus \begin{pmatrix} -182 & -1118 & 286 \end{pmatrix} \\ &\quad = \begin{pmatrix} 0 & 13 & -13 \end{pmatrix} \end{aligned}$$

Natürlich wollen Sie immer die bequemere Berechnung nutzen. Weil die Vektoren und Operationen Teil eines Vektorraums sind, können Sie jeweils diejenige Methode anwenden, die eine einfachere Vorgehensweise erlaubt.

Jetzt betrachten wir die andere Form der Distributiveigenschaft. Bei dieser Eigenschaft erkennen Sie, dass die Multiplikation eines Vektors mit der Summe von zwei Skalaren gleich der Distribution jedes der Skalare über den Vektor durch Multiplikation und anschließende Addition der Produkte ist: $(k + l) \otimes \vec{u} = k \otimes \vec{u} \oplus l \otimes \vec{u}$. Vergleichen Sie die beiden gleichen Ergebnisse mit den erforderlichen Berechnungen

$$\begin{aligned} (-8+9) \otimes \begin{pmatrix} 14 & 87 & -23 \end{pmatrix} &= -8 \begin{pmatrix} 14 & 87 & -23 \end{pmatrix} \oplus 9 \begin{pmatrix} 14 & 87 & -23 \end{pmatrix} \\ 1 \otimes \begin{pmatrix} 14 & 87 & -23 \end{pmatrix} &= \begin{pmatrix} -112 & -696 & 184 \end{pmatrix} \oplus \begin{pmatrix} 126 & 783 & -207 \end{pmatrix} \\ \begin{pmatrix} 14 & 87 & -23 \end{pmatrix} &= \begin{pmatrix} 14 & 87 & -23 \end{pmatrix} \end{aligned}$$

Das Konzept des Nullvektors

Ein Vektorraum muss ein neutrales Element haben, eine Null. Das additive neutrale Element der reellen Zahlen ist 0. Eine 0 verhält sich so, dass sie den Wert nicht ändert, zu dem sie addiert wird, oder der zu ihr addiert wird. Eine Entsprechung der Null gibt es auch in Vektorräumen und für die Vektoraddition. In einem Vektorraum hat man einen speziellen Vektor, $\vec{0}$, für den gilt $\vec{0} \oplus \vec{v} = \vec{v}$ und $\vec{v} \oplus \vec{0} = \vec{v}$.

Beispielsweise hat der Vektorraum mit 2×2-Matrizen der folgenden Form einen Nullvektor, dessen Elemente alle Nullen sind.

$$\vec{v} = \begin{pmatrix} a & b \\ -b & 0 \end{pmatrix}$$

$$\begin{pmatrix} a & b \\ -b & 0 \end{pmatrix} \oplus \begin{pmatrix} 0 & 0 \\ 0 & 0 \end{pmatrix} = \begin{pmatrix} 0 & 0 \\ 0 & 0 \end{pmatrix} \oplus \begin{pmatrix} a & b \\ -b & 0 \end{pmatrix} = \begin{pmatrix} a & b \\ -b & 0 \end{pmatrix}$$

Der Nullvektor spielt auch eine Rolle bei den Inversen eines Vektors, wie Sie im nächsten Abschnitt erfahren werden.

Die Inverse der Addition

In einem Vektorraum hat jedes Element ein additives Inverses. Das bedeutet, dass es für jeden Vektor $\vec{u}$ auch das Inverse von $\vec{u}$ gibt, das ich als $-\vec{u}$ darstelle. Durch Kombination von $\vec{u}$ und seinem Inversen unter der Vektoraddition erhalten Sie den Nullvektor. Es gilt also $\vec{u} \oplus -\vec{u} = -\vec{u} \oplus \vec{u} = \vec{0}$.

Beispielsweise soll eine Menge der 2 × 1-Vektoren, deren zweites Element –3-mal das erste Element ist, einen Vektorraum bilden, wobei die üblichen Definitionen für Matrixaddition und Skalarmultiplikation gelten. Der allgemeine Vektor und sein Inverses sind damit:

$$\vec{u} = \begin{pmatrix} a \\ -3a \end{pmatrix}, \quad -\vec{u} = \begin{pmatrix} -a \\ 3a \end{pmatrix}$$

Durch Addition der beiden Vektoren erhalten Sie den Nullvektor. Was ist das Inverse des Nullvektors? Der Nullvektor ist sein eigenes Inverses! Ist das nicht wunderbar?

Noch ein paar letzte aufmunternde Details

Vektorräume haben spezielle Kriterien und Eigenschaften. Hier folgen drei weitere Aussagen über Eigenschaften, die aus den ursprünglichen Eigenschaften entstehen – oder einfach eine Klärung dessen liefern, was passiert:

- $\vec{0} \odot \vec{u} = 0$: Wenn Sie einen Vektor aus einem Vektorraum mit dem Skalar 0 multiplizieren, erhalten Sie den Nullvektor dieses Vektorraums.
- $k \odot \vec{0} = \vec{0}$: Egal, welchen Skalar Sie mit dem Nullvektor multiplizieren, erhalten Sie immer wieder den Nullvektor – der Skalar kann nichts daran ändern!
- $-\vec{u} = (-1) \odot \vec{u}$: Das Negative eines Vektors $\vec{u}$ wird als $-\vec{u}$ dargestellt, was der Multiplikation des ursprünglichen Vektors mit dem Skalar –1 entspricht.

Unterräume eines Vektorraums bestimmen

14

In diesem Kapitel...

- Feststellen, ob eine Untermenge (Teilmenge) ein Untervektorraum eines Vektorraums ist
- Den Horizont mit Erzeugendensystemen aufspannen
- Spaltenräume und Nullräume kennen lernen

Die Beziehung zwischen einem *Untervektorraum* und seinem Vektorraum ist vergleichbar mit der Beziehung zwischen einer Untermenge und der Menge, die für sie eine *Obermenge* darstellt. Damit eine Menge eine Untermenge einer anderen Menge (der Obermenge) ist, darf die Untermenge nur aus Elementen bestehen, die in dieser Obermenge enthalten sind. Beispielsweise ist die Menge $M = \{1, 2, 3, a, b, c\}$ eine Untermenge von $N = \{1, 2, 3, 4, a, b, c, d, e, \$, \#\}$, weil alle Elemente aus M auch in N enthalten sind. Die Menge N hat noch viele andere mögliche Untermengen, die aus 0 bis 11 Elementen bestehen können. Und damit gehen wir über zu Vektorräumen und Untervektorräumen.

Damit eine bestimmte Menge aus Objekten ein Untervektorraum eines Vektorraums ist, muss diese Menge aus Objekten einige strenge Kriterien oder Standards erfüllen. Die Kriterien haben damit zu tun, dass es sich um eine spezielle Art Untermenge handeln muss, und dass spezielle Operationen angewendet werden müssen. Ich werde Ihnen die Details der Kriterien in einem Unterabschnitt dieses Kapitels genauer erklären.

Eigenschaften von Untervektorräumen

Damit eine Menge W ein Untervektorraum des Vektorraums V ist, muss es sich bei W um eine nicht leere Untermenge von V handeln. Die Tatsache, dass nur nicht leere Mengen zugelassen sind, ist der erste Unterschied zwischen der Beziehung Menge-Untermenge und der Beziehung Vektorraum-Untervektorraum. Das andere Kriterium ist, dass die Untermenge W selbst ein Vektorraum für dieselben Operationen wie in V sein muss.

Die Menge W ist ein Untervektorraum des Vektorraums V, wenn alle folgenden Dinge zutreffen:

- ✔ W ist eine nicht leere Untermenge von V.
- ✔ W ist ein Vektorraum.
- ✔ Die in W definierten Operationen der Vektoraddition und Skalarmultiplikation sind dieselben Operationen wie die in V.

Bei der Prüfung, ob W ein Untervektorraum von V ist, ist es eigentlich ausreichend zu zeigen, dass W eine Untermenge von V ist, und dass W abgeschlossen für dieselben beiden Operationen $\oplus$ und $\odot$ ist, die für V gelten. Mit anderen Worten, die Summe $\vec{v}_1 \oplus \vec{v}_2$ gehört zu dem Vektorraum V, wenn sowohl $\vec{v}_1$ als auch $\vec{v}_2$ in V liegen, und auch $c \odot \vec{v}_1$ in V liegt. Falls Sie eine Auffrischung zu den Operationen in einem Vektorraum benötigen, lesen Sie in Kapitel 13 nach, wo Sie alle Informationen finden, die Sie zu Operationen brauchen.

Im Allgemeinen enthalten Vektorräume unendlich viele Vektoren. Der einzige reale Vektorraum mit einer endlichen (zählbaren) Anzahl an Vektoren ist der Vektorraum, der nur den Nullvektor enthält.

Feststellen, ob man eine Untermenge hat

Wenn eine Menge W als Untervektorraum eines Vektorraums V betrachtet werden soll, müssen Sie zuerst feststellen, ob sich W überhaupt als Untervektorraum von V qualifiziert. Nachfolgend sehen Sie eine Menge A aus 2 × 1-Vektoren, wobei die Paare x und y alle Punkte in der Koordinatenebene darstellen, und x und y reelle Zahlen sind.

$$A = \left\{ \begin{pmatrix} x \\ y \end{pmatrix} \right\}, \quad B = \left\{ \begin{pmatrix} x \\ 0 \end{pmatrix} \right\}$$

Die Menge B ist eine Untermenge von A, weil B alle Punkte in der Koordinatenebene enthält, die die y-Koordinate 0 haben. Man kann die durch B dargestellten Punkte auch beschreiben, indem man sagt, es handelt sich um alle Punkte, die auf der x-Achse liegen.

Eine Untermenge als Regel formulieren

Man erkennt anhand der Mengen A und B sehr einfach, dass B eine Untermenge von A ist. Wenn man nur einen Vektor und ein Format überprüfen muss, versteht man die Beziehung zwischen allen Vektoren in den beiden Mengen sehr leicht.

Stellen Sie sich jetzt eine neue Menge vor, die Menge C. Ich zeige nicht alle Elemente in C, sondern sage nur, dass C durch die Vektoren in der Menge D *aufgespannt* wird, die nachfolgend gezeigt ist:

$$D = \left\{ \begin{pmatrix} 1 \\ 0 \\ 0 \end{pmatrix}, \begin{pmatrix} 1 \\ 0 \\ 1 \end{pmatrix} \right\}$$

Für eine Vektormenge $\{\vec{v}_1, \vec{v}_2, \ldots, \vec{v}_k\}$ wird die Menge aller Linearkombinationen dieser Menge als seine lineare Hülle (Span) bezeichnet. (Weitere Informationen über die lineare Hülle einer Menge finden Sie in Kapitel 5.)

Wie sehen die Vektoren in der Menge C aus? Es handelt sich ebenfalls um 3 × 1-Vektoren, und sie sind alle Linearkombinationen der Vektoren der Menge D. Nachfolgend sind zwei Beispiele für Vektoren aus der Menge C gezeigt, die Vektoren $\vec{c}_1$ und $\vec{c}_2$ (mit Linearkombinationen, die diese Vektoren erzeugen):

$$\vec{c}_1 = \begin{pmatrix} 1 \\ 0 \\ -2 \end{pmatrix} = 3\begin{pmatrix} 1 \\ 0 \\ 0 \end{pmatrix} - 2\begin{pmatrix} 1 \\ 0 \\ 1 \end{pmatrix} \qquad \vec{c}_2 = \begin{pmatrix} 10 \\ 0 \\ 4 \end{pmatrix} = 6\begin{pmatrix} 1 \\ 0 \\ 0 \end{pmatrix} + 4\begin{pmatrix} 1 \\ 0 \\ 1 \end{pmatrix}$$

Wenn ich die beiden Vektoren $\vec{c}_1$ und $\vec{c}_2$ in einer Menge E ablege, erzeuge ich eine Untermenge der Menge C. E enthält zwei der Vektoren, die in der Menge C enthalten sind.

$$E = \left\{ \begin{pmatrix} 1 \\ 0 \\ -2 \end{pmatrix}, \begin{pmatrix} 10 \\ 0 \\ 4 \end{pmatrix} \right\}$$

Allgemein gilt, wenn C die Menge der Vektoren ist, die in der linearen Hülle der Menge D liegen, dann kann man jeden beliebigen Vektor in C durch Angabe einer Linearkombination (unter Verwendung der Faktoren a_1 und a_2) erzeugen. Die Koordinaten des resultierenden Vektors in C sind c_1, c_2 und c_3.

$$a_1\begin{pmatrix} 1 \\ 0 \\ 0 \end{pmatrix} + a_2\begin{pmatrix} 1 \\ 0 \\ 1 \end{pmatrix} = \begin{pmatrix} c_1 \\ c_2 \\ c_3 \end{pmatrix} = \begin{pmatrix} a_1 + a_2 \\ 0 \\ a_2 \end{pmatrix}$$

Die Vektoren in C weisen eine bestimmte Form auf. Das zweite Element, c_2, ist immer gleich 0. Und weil $a_1 + a_2 = c_1$ und $a_2 = c_3$ sind, haben Sie immer eine Beziehung zwischen dem ersten und dem dritten Eintrag und dem ersten Faktor:

Wie sich zeigt, ist die Menge E kein Untervektorraum von C, selbst wenn E eine Untermenge der Menge C ist. Ich werde Ihnen das im Abschnitt »Wann eine Untermenge ein Vektorraum ist« später in diesem Kapitel noch genauer erklären.

Feststellen, ob eine Menge eine Untermenge ist

Im vorigen Beispiel habe ich eine Methode zur Erzeugung einer Untermenge vorgestellt, – also Vektoren konstruiert, die in die Untermenge gehören. Aber was passiert, wenn Sie eine Menge mit Vektoren haben und feststellen müssen, ob sie alle zu einer bestimmten Untermenge gehören?

Nachfolgend sehen Sie zwei Mengen. Die Vektoren in der Menge A spannen einen Vektorraum auf, und die Menge B soll untersucht werden: Ist die Menge B eine Untermenge der linearen Hülle der Menge A?

$$A = \left\{ \begin{pmatrix} 1 \\ -1 \\ -2 \end{pmatrix}, \begin{pmatrix} 2 \\ -1 \\ 3 \end{pmatrix} \right\}, B = \left\{ \begin{pmatrix} 2 \\ -3 \\ -11 \end{pmatrix}, \begin{pmatrix} 1 \\ 0 \\ -2 \end{pmatrix} \right\}$$

Als erstes schreibe ich einen Ausdruck für die Linearkombinationen der Vektoren in der Menge A (der die lineare Hülle von A bildet).

$$a_1\begin{pmatrix}1\\-1\\-2\end{pmatrix}+a_2\begin{pmatrix}2\\-1\\3\end{pmatrix}=\begin{pmatrix}a_1+2a_2\\-a_1-a_2\\-2a_1+3a_2\end{pmatrix}$$

Anschließend stelle ich fest, ob die beiden Vektoren in B das Ergebnis einer Linearkombination der Vektoren in A sind. Dazu betrachte ich die Vektoren separat:

$$\begin{pmatrix}a_1+2a_2\\-a_1-a_2\\-2a_1+3a_2\end{pmatrix}=\begin{pmatrix}2\\-3\\-11\end{pmatrix}\quad\begin{pmatrix}a_1+2a_2\\-a_1-a_2\\-2a_1+3a_2\end{pmatrix}=\begin{pmatrix}1\\0\\-2\end{pmatrix}$$

$$\begin{cases}a_1+2a_2=2\\-a_1-a_2=-3\\-2a_1+3a_2=-11\end{cases}\quad\begin{cases}a_1+2a_2=1\\-a_1-a_2=0\\-2a_1+3a_2=-2\end{cases}$$

Das Gleichungssystem auf der linken Seite, das dem ersten Vektor in B entspricht, hat eine Lösung für $a_1 = 4$ und $a_2 = -1$. (Vergessen, wie man Gleichungssysteme löst? Lesen Sie in Kapitel 4 nach!) So weit, so gut! Aber das Gleichungssystem auf der rechten Seite, das dem zweiten Vektor in B entspricht, hat keine Lösung. Es gibt keine Werte für a_1 und a_2, die alle drei Einträge des Vektors erzeugen. Die Menge B kann also keine Untermenge der linearen Hülle der Menge A sein.

Wann eine Untermenge ein Vektorraum ist

In einem der vorigen Abschnitte, »Eine Untermenge als Regel formulieren«, habe ich eine Untermenge eines Vektorraums gezeigt und dann erklärt, dass selbst wenn Sie eine Untermenge haben, dies nicht unbedingt eine Untermenge sein muss, bei der es sich um einen Vektorraum handelt. Ein Untervektorraum eines Vektorraums muss nicht nur eine nicht leere Untermenge sein, sondern er muss auch selbst ein Vektorraum sein.

Die Menge E besteht aus zwei Vektoren und ist eine Untermenge der Menge C, die ich im vorigen Abschnitt beschrieben habe.

$$\mathrm{E}=\left\{\begin{pmatrix}1\\0\\-2\end{pmatrix},\begin{pmatrix}10\\0\\4\end{pmatrix}\right\}$$

Aber die Menge E ist kein Vektorraum. Zum einen ist E nicht abgeschlossen für die Vektoraddition. (In Kapitel 13 ist detailliert erklärt, was Abgeschlossenheit für die Vektoroperationen bedeutet.) Wenn Sie die Vektoraddition auf die beiden Vektoren in der Menge E anwenden, erhalten Sie das folgende Ergebnis:

$$\begin{pmatrix}1\\0\\-2\end{pmatrix}+\begin{pmatrix}10\\0\\4\end{pmatrix}=\begin{pmatrix}11\\0\\2\end{pmatrix}$$

Der Vektor, der aus der Vektoraddition entsteht, ist nicht in der Menge E enthalten, die Menge ist also für diese Operation nicht abgeschlossen. Außerdem kann E auch deswegen kein Vektorraum sein, weil es keinen Nullvektor enthält. Und wenn Sie das alles noch nicht überzeugt, dann betrachten Sie die Anzahl der Vektoren in E. Es gibt nur zwei Vektoren. Der einzige Vektorraum mit weniger als einer unendlichen Anzahl an Vektoren ist der Vektorraum, der nur den Nullvektor enthält.

Nachfolgend zeige ich Ihnen ein Beispiel für eine Untermenge eines Vektorraums, bei der es sich selbst um einen Vektorraum handelt – und damit um einen Untervektorraum des Vektorraums. Betrachten Sie als erstes den Vektorraum G, der aus allen möglichen 2 × 4-Matrizen besteht. G ist ein Vektorraum unter der üblichen Matrixaddition und Skalarmultiplikation.

$$G = \begin{pmatrix} g_{11} & g_{12} & g_{13} & g_{14} \\ g_{21} & g_{22} & g_{23} & g_{24} \end{pmatrix}$$

Jetzt zeige ich Ihnen die Menge H, eine Untermenge von G:

$$H = \begin{pmatrix} h_{11} & h_{12} & h_{13} & h_{14} \\ 0 & h_{22} & 0 & 0 \end{pmatrix} \text{ mit } h_{14} = h_{11} + h_{12} + h_{13}$$

Ich will zeigen, dass H ein Untervektorraum von G ist. Um zu zeigen, dass H ein Untervektorraum ist, brauche ich nur zu zeigen, dass H eine Untermenge von G ist und für die Matrixaddition und Skalarmultiplikation abgeschlossen ist. Als erstes zeige ich die Abgeschlossenheit anhand eines Beispiels, dann die verallgemeinerte Form.

Ich wähle zwei beliebige Vektoren in H aus und addiere sie. Anschließend multipliziere ich den ersten Vektor mit dem Skalar 3.

$$\begin{pmatrix} 2 & 3 & 4 & 9 \\ 0 & -5 & 0 & 0 \end{pmatrix} \oplus \begin{pmatrix} -2 & 5 & -8 & -5 \\ 0 & 1 & 0 & 0 \end{pmatrix} = \begin{pmatrix} 0 & 8 & -4 & 4 \\ 0 & -4 & 0 & 0 \end{pmatrix}$$

$$3 \odot \begin{pmatrix} 2 & 3 & 4 & 9 \\ 0 & -5 & 0 & 0 \end{pmatrix} = \begin{pmatrix} 6 & 9 & 12 & 27 \\ 0 & -15 & 0 & 0 \end{pmatrix}$$

Angesichts dieses einfachen Beispiels könnte man vermuten, dass die Vektoren in der Menge für die Vektoroperationen abgeschlossen sind. Um sicher zu gehen, zeige ich die allgemeine Form der Vektoraddition.

$$\begin{pmatrix} h_{11} & h_{12} & h_{13} & h_{14} \\ 0 & h_{22} & 0 & 0 \end{pmatrix} \oplus \begin{pmatrix} k_{11} & k_{12} & k_{13} & k_{14} \\ 0 & k_{22} & 0 & 0 \end{pmatrix}$$

$$= \begin{pmatrix} h_{11}+k_{11} & h_{12}+k_{12} & h_{13}+k_{13} & h_{14}+k_{14} \\ 0 & h_{22}+k_{22} & 0 & 0 \end{pmatrix}$$

Weil die beiden Matrizen in der Menge H enthalten sind, ist $h_{11} + h_{12} + h_{13} = h_{14}$ und $k_{11} + k_{12} + k_{13} = k_{14}$. Die Vektorsumme der beiden Matrizen enthält als Eintrag in der ersten Zeile und vierten Spalte $h_{14} + k_{14}$. Wenn man die entsprechenden Werte einsetzt, erhält man:

$$\begin{aligned} h_{14} + k_{14} &= h_{11} + h_{12} + h_{13} + k_{11} + k_{12} + k_{13} \\ &= (h_{11} + k_{11}) + (h_{12} + k_{12}) + (h_{13} + k_{13}) \end{aligned}$$

Die Untermenge H ist also abgeschlossen bezüglich der Vektoraddition. Dasselbe gilt für die Skalarmultiplikation.

$$c \odot \begin{pmatrix} h_{11} & h_{12} & h_{13} & h_{14} \\ 0 & h_{22} & 0 & 0 \end{pmatrix} = \begin{pmatrix} ch_{11} & ch_{12} & ch_{13} & ch_{14} \\ 0 & ch_{22} & 0 & 0 \end{pmatrix}$$

Überprüft man die Beziehung zwischen den Elementen in der ersten Zeile, stellt man fest, dass $ch_{11} + ch_{12} + ch_{13} = c(h_{11} + h_{12} + h_{13}) = ch_{14}$. Die Untermenge ist also abgeschlossen für die Multiplikationsoperation. Aus diesem Grund ist H ein Untervektorraum von G.

Ein Erzeugendensystem für einen Untervektorraum finden

Vektorräume enthalten eine unendliche Anzahl an Vektoren (außer der Vektorraum, der nur den Nullvektor enthält). Sie können feststellen, ob eine bestimmte Menge einen Vektorraum oder einen Untervektorraum eines Vektorraums aufspannt, indem Sie untersuchen, ob jeder Vektor in dem Vektorraum durch eine Linearkombination der Vektoren im *Erzeugendensystem* dargestellt werden kann. Ein Vektorraum besitzt normalerweise mehrere Erzeugendensysteme. In diesem Abschnitt werde ich Ihnen zeigen, wie Sie eines oder mehrere dieser Erzeugendensysteme finden.

Ein mögliches Erzeugendensystem finden

Das einfachste Erzeugendensystem eines Vektorraums mit Matrizen als Elementen ist die *natürliche Basis*. In Kapitel 7 habe ich natürliche Basen für Vektormengen beschrieben. In diesem Kapitel erweitere ich diese Beschreibung auf Vektorräume im Allgemeinen.

Der Vektorraum, der aus allen 2×2-Matrizen besteht, wird von der Menge der Vektoren T aufgespannt. T ist auch eine *natürliche Basis* für den Vektorraum.

$$\mathrm{T} = \left\{ \begin{pmatrix} 1 & 0 \\ 0 & 0 \end{pmatrix}, \begin{pmatrix} 0 & 1 \\ 0 & 0 \end{pmatrix}, \begin{pmatrix} 0 & 0 \\ 1 & 0 \end{pmatrix}, \begin{pmatrix} 0 & 0 \\ 0 & 1 \end{pmatrix} \right\}$$

Die Menge T ist aber nicht das einzige Erzeugendensystem für alle $2{\times}2$-Matrizen. Betrachten Sie die Menge U.

$$\mathrm{U} = \left\{ \begin{pmatrix} 1 & 0 \\ 0 & 0 \end{pmatrix}, \begin{pmatrix} 1 & 1 \\ 0 & 0 \end{pmatrix}, \begin{pmatrix} 1 & 1 \\ 1 & 0 \end{pmatrix}, \begin{pmatrix} 1 & 0 \\ 1 & 1 \end{pmatrix} \right\}$$

Nach einer allgemeinen Linearkombination der Matrizen in der Menge U,

$$a_1 \begin{pmatrix} 1 & 0 \\ 0 & 0 \end{pmatrix} + a_2 \begin{pmatrix} 1 & 1 \\ 0 & 0 \end{pmatrix} + a_3 \begin{pmatrix} 1 & 1 \\ 1 & 0 \end{pmatrix} + a_4 \begin{pmatrix} 1 & 0 \\ 1 & 1 \end{pmatrix} = \begin{pmatrix} x_1 & x_2 \\ x_3 & x_4 \end{pmatrix}$$

schreibe ich jetzt das Gleichungssystem für die Elemente in den Matrizen, nachdem sie mit den Skalaren multipliziert wurden:

$$\begin{cases} a_1 + a_2 + a_3 + a_4 = x_1 \\ a_2 + a_3 = x_2 \\ a_3 + a_4 = x_3 \\ a_4 = x_4 \end{cases}$$

Durch Auflösung nach den Skalarwerten (die einzelnen a_i) unter Verwendung der Einträge der 2 × 2-Matrix stelle ich fest, dass jede 2 × 2-Matrix gebildet werden kann. Nachdem ich die Einträge der gewünschten Matrix festgelegt habe, kann ich eine Linearkombination der Matrizen in U schreiben, um diese gewünschte Matrix zu erstellen. Die Menge U ist also ein Erzeugendensystem für die 2 × 2-Matrizen.

$$\begin{pmatrix} a_1 \\ a_2 \\ a_3 \\ a_4 \end{pmatrix} = \begin{pmatrix} x_1 - a_2 - a_3 - a_4 \\ x_2 - a_3 \\ x_3 - a_4 \\ x_4 \end{pmatrix} = \begin{pmatrix} x_1 - x_2 - x_4 \\ x_2 - x_3 + x_4 \\ x_3 - x_4 \\ x_4 \end{pmatrix}$$

Polynome in die Erzeugung aufnehmen

Eine andere Art Vektorraum beinhaltet Polynome unterschiedlicher Grade. Das Symbol P^2 stellt alle Polynome des Grads 2 oder kleiner dar. Und das standardmäßige Erzeugendensystem eines solchen Vektorraums ist $\{x^2, x, 1\}$.

Ein Polynom ist eine Funktion in der Form:

$$f(x) = c_n x^n + c_{n-1} x^{n-1} + \ldots + c_1 x^1 + c_0$$

Dabei ist jedes c_i eine reelle Zahl und jedes n ist eine natürliche Zahl.

Ein weiteres Erzeugendensystem für P^2 ist die Menge $R = \{x^2 + 1, x^2 + x, x + 1\}$. R ist nicht das einzige Erzeugendensystem für P^2, aber ich werde Ihnen zeigen, dass R funktioniert, indem ich die Linearkombinationen der Elemente von R aufschreibe und feststelle, wie sie ein Polynom zweiten Grades erstellen.

$$a_1(x^2 + 1) + a_2(x^2 + x) + a_3(x + 1)$$
$$=(a_1 + a_2)x^2 + (a_2 + a_3)x + (a_1 + a_3)1$$

Wenn die Koeffizienten und Konstanten des Polynoms c_1, c_2 und c_3 sind, wie gezeigt, dann sind diese Koeffizienten und ihre Beziehung zu den Skalarmultiplikatoren wie folgt:

$$(a_1 + a_2)x^2 + (a_2 + a_3)x + (a_1 + a_3)1 = c_2 x^2 + c_1 x^1 + c_0$$
$$\begin{cases} a_1 + a_2 \quad = c_2 \\ \quad a_2 + a_3 = c_1 \\ a_1 \quad + a_3 = c_0 \end{cases}$$

Durch Auflösung nach den Skalarwerten erhalten wir:

$$a_1 = \frac{c_2 - c_1 + c_0}{2}, a_2 = \frac{c_2 + c_1 - c_0}{2}, a_3 = \frac{-c_2 + c_1 + c_0}{2}$$

Beispielsweise findet man die Linearkombination, mit der das Polynom zweiten Grades $5x^2 + 2x + 1$ erzeugt wird, folgendermaßen:

$$a_1 = \frac{c_2 - c_1 + c_0}{2} = \frac{5 - 2 + 1}{2} = 2$$

$$a_2 = \frac{c_2 + c_1 - c_0}{2} = \frac{5 + 2 - 1}{2} = 3$$

$$a_3 = \frac{-c_2 + c_1 + c_0}{2} = \frac{-5 + 2 + 1}{2} = -1$$

Setzt man in die Gleichung mit den Skalarfaktoren ein, erhält man:

$$(a_1 + a_2)x^2 + (a_2 + a_3)x + (a_1 + a_3)$$
$$= (2 + 3)x^2 + (3 - 1)x + (2 - 1)1$$
$$= 5x^2 + 2x + 1$$

Die Ergebnisse mit einer schiefsymmetrischen Matrix verdrehen

Eine Matrix wird als *schiefsymmetrisch* bezeichnet, wenn ihre Transposition jeden Eintrag durch das Negative dieses Eintrags austauscht. Sie erzeugen die Transponierte einer quadratischen Matrix durch Austausch der Einträge mit der gegenüberliegenden Seite der Hauptdiagonalen. Bei der Negativen einer Matrix bekommen alle Einträge nur das entgegengesetzte Vorzeichen. (Weitere Informationen darüber finden Sie in Kapitel 3, wo Matrizen detailliert beschrieben werden). Diese schiefsymmetrische Matrix hat also von beiden etwas: ein bisschen Transposition und ein bisschen Vorzeichenwechsel und ist doch eine ganz neue Matrix.

Die Eigenschaften einer schiefsymmetrischen Matrix A sind:

- ✔ A ist eine quadratische Matrix.
- ✔ Die Hauptdiagonale von A besteht aus lauter Nullen.
- ✔ Die Transposition von A ist gleich dem Negativen von A, $A^T = -A$.
- ✔ Für jedes Element in A ist $a_{ji} = -a_{ij}$

Es folgt ein Beispiel für eine schiefsymmetrische 4 × 4-Matrix:

$$\begin{pmatrix} 0 & 1 & 2 & -3 \\ -1 & 0 & 4 & 6 \\ -2 & -4 & 0 & -8 \\ 3 & -6 & 8 & 0 \end{pmatrix}$$

Die Menge aller schiefsymmetrischen 4 × 4-Matrizen ist ein Untervektorraum des Vektorraums aller 4 × 4-Matrizen. Falls Sie möchten können Sie ganz leicht zeigen, dass die Menge für die Addition und die Skalarmultiplikation abgeschlossen ist. Um ein Erzeugendensystem für schiefsymmetrische Mengen zu finden, betrachten Sie zunächst die allgemeine Form schiefsymmetrischer Matrizen:

$$\begin{pmatrix} 0 & a_{12} & a_{13} & a_{14} \\ -a_{12} & 0 & a_{23} & a_{24} \\ -a_{13} & -a_{23} & 0 & a_{34} \\ -a_{14} & -a_{24} & -a_{34} & 0 \end{pmatrix}$$

Hier folgen sechs Skalarfaktoren und ihre jeweiligen Matrizen als Linearkombination. Die sechs Matrizen bilden ein Erzeugendensystem für die schiefsymmetrischen 4 × 4-Matrizen.

$$a_{12}\begin{pmatrix} 0 & 1 & 0 & 0 \\ -1 & 0 & 0 & 0 \\ 0 & 0 & 0 & 0 \\ 0 & 0 & 0 & 0 \end{pmatrix} + a_{13}\begin{pmatrix} 0 & 0 & 1 & 0 \\ 0 & 0 & 0 & 0 \\ -1 & 0 & 0 & 0 \\ 0 & 0 & 0 & 0 \end{pmatrix} + a_{14}\begin{pmatrix} 0 & 0 & 0 & 1 \\ 0 & 0 & 0 & 0 \\ 0 & 0 & 0 & 0 \\ -1 & 0 & 0 & 0 \end{pmatrix}$$

$$+a_{23}\begin{pmatrix} 0 & 0 & 0 & 0 \\ 0 & 0 & 1 & 0 \\ 0 & -1 & 0 & 0 \\ 0 & 0 & 0 & 0 \end{pmatrix} + a_{24}\begin{pmatrix} 0 & 0 & 0 & 0 \\ 0 & 0 & 0 & 1 \\ 0 & 0 & 0 & 0 \\ 0 & -1 & 0 & 0 \end{pmatrix} + a_{34}\begin{pmatrix} 0 & 0 & 0 & 0 \\ 0 & 0 & 0 & 0 \\ 0 & 0 & 0 & 1 \\ 0 & 0 & -1 & 0 \end{pmatrix}$$

Den Spaltenraum definieren und nutzen

Der *Spaltenraum* einer Matrix ist die Menge aller Linearkombinationen der Spalten der Matrix. Der Spaltenraum einer Matrix wird häufig verwendet, um einen Untervektorraum von $\mathbb{R}^m$ zu beschreiben, wenn eine Matrix die Dimension $m \times n$ hat.

Betrachten Sie beispielsweise die folgende Matrix A, die die Dimension 3 × 4 hat. Der Spaltenraum für die Matrix A besteht aus vier 3 × 1-Vektoren. Und diese vier Vektoren bilden das Erzeugendensystem.

$$A = \begin{pmatrix} 1 & -1 & 2 & 0 \\ 3 & 2 & 0 & 1 \\ -1 & 0 & 1 & -2 \end{pmatrix}$$

$$\text{Spaltenraum A} = \text{lineare Hülle}\left\{\begin{pmatrix} 1 \\ 3 \\ -1 \end{pmatrix}, \begin{pmatrix} -1 \\ 2 \\ 0 \end{pmatrix}, \begin{pmatrix} 2 \\ 0 \\ 1 \end{pmatrix}, \begin{pmatrix} 0 \\ 1 \\ -2 \end{pmatrix}\right\}$$

Die Notation *Spaltenraum A* bedeutet *Spaltenraum der Matrix A*, und *lineare Hülle* { } bedeutet, dass die Vektoren ein Erzeugendensystem darstellen. Man kann den Spaltenraum der Matrix A auch beschreiben, indem man den Spaltenvektor $\vec{a}_1, \vec{a}_2, \vec{a}_3, \ldots$ angibt und schreibt *Spaltenraum* A = *lineare Hülle* $\{\vec{a}_1, \vec{a}_2, \vec{a}_3, \ldots\}$.

Weil *Spaltenraum* A die Menge aller Linearkombinationen der Spaltenvektoren a_i ist, können Sie $\vec{x}$ als einen Vektor in $\mathbb{R}^n$ annehmen und den resultierenden Vektor $\vec{b}$ als Produkt des Spaltenraums und $\vec{x}$ beschreiben.

Spaltenraum A = *lineare Hülle* $\{\vec{a}_1, \vec{a}_2, \vec{a}_3, \ldots\} = \{\vec{b} : \vec{b} = A\vec{x}\}$

Wenn der Vektor $\vec{b}$ in *Spaltenraum* A enthalten ist, dann ist $\vec{b}$ das Ergebnis einer Linearkombination aus den Spaltenvektoren in A. Betrachten wir beispielsweise die Matrix A und stellen fest, ob der hier gezeigte Vektor $\vec{b}$ in *Spaltenraum* A enthalten ist.

$$A = \begin{pmatrix} 1 & -1 & 2 & 0 \\ 3 & 2 & 0 & 1 \\ -1 & 0 & 1 & -2 \end{pmatrix}, \quad \vec{b} = \begin{pmatrix} 13 \\ 1 \\ 0 \end{pmatrix}$$

$$A\vec{x} = \begin{pmatrix} 1 & -1 & 2 & 0 \\ 3 & 2 & 0 & 1 \\ -1 & 0 & 1 & -2 \end{pmatrix} \begin{pmatrix} x_1 \\ x_2 \\ x_3 \\ x_4 \end{pmatrix} = \begin{pmatrix} 13 \\ 1 \\ 0 \end{pmatrix} = \vec{b}$$

Mit anderen Worten, ich muss eine Linearkombination der Spaltenvektoren finden, die zu $\vec{b}$ führt.

$$x_1 \begin{pmatrix} 1 \\ 3 \\ -1 \end{pmatrix} + x_2 \begin{pmatrix} -1 \\ 2 \\ 0 \end{pmatrix} + x_3 \begin{pmatrix} 2 \\ 0 \\ 1 \end{pmatrix} + x_4 \begin{pmatrix} 0 \\ 1 \\ -2 \end{pmatrix} = \begin{pmatrix} 13 \\ 1 \\ 0 \end{pmatrix}$$

Um nach den Einträgen (alle x_i) aufzulösen, verwende ich eine erweiterte Matrix und nehme Zeilenreduktionen vor. (Falls Sie sich nicht mehr erinnern können, wie die Sache mit den erweiterten Matrizen war, lesen Sie in Kapitel 4 nach.)

$$\left(\begin{array}{cccc|c} 1 & -1 & 2 & 0 & 13 \\ 3 & 2 & 0 & 1 & 1 \\ -1 & 0 & 1 & -2 & 0 \end{array}\right)$$

$$\begin{array}{r} \\ -3Z_1 + Z_2 \rightarrow Z_2 \\ Z_1 + Z_3 \rightarrow Z_3 \end{array} \left(\begin{array}{cccc|c} 1 & -1 & 2 & 0 & 13 \\ 0 & 5 & -6 & 1 & -38 \\ 0 & -1 & 3 & -2 & 13 \end{array}\right)$$

$$Z_2 \leftrightarrow Z_3 \left(\begin{array}{cccc|c} 1 & -1 & 2 & 0 & 13 \\ 0 & -1 & 3 & -2 & 13 \\ 0 & 5 & -6 & 1 & -38 \end{array}\right)$$

$$-Z_2 \rightarrow Z_2 \left(\begin{array}{cccc|c} 1 & -1 & 2 & 0 & 13 \\ 0 & 1 & -3 & 2 & -13 \\ 0 & 5 & -6 & 1 & -38 \end{array}\right)$$

$$\begin{array}{r} Z_2 + Z_1 \rightarrow Z_1 \\ \\ -5Z_2 + Z_3 \rightarrow Z_3 \end{array} \left(\begin{array}{cccc|c} 1 & 0 & -1 & 2 & 0 \\ 0 & 1 & -3 & 2 & -13 \\ 0 & 0 & 9 & -9 & 27 \end{array}\right)$$

$$\begin{array}{r} \\ \\ \frac{1}{9}Z_3 \rightarrow Z_3 \end{array} \left(\begin{array}{cccc|c} 1 & 0 & -1 & 2 & 0 \\ 0 & 1 & -3 & 2 & -13 \\ 0 & 0 & 1 & -1 & 3 \end{array}\right)$$

$$\begin{array}{r} Z_3 + Z_1 \rightarrow Z_1 \\ 3Z_3 + Z_2 \rightarrow Z_2 \\ \\ \end{array} \left(\begin{array}{cccc|c} 1 & 0 & 0 & 1 & 3 \\ 0 & 1 & 0 & -1 & -4 \\ 0 & 0 & 1 & -1 & 3 \end{array}\right)$$

Die Zeilenreduktionen führen zu den folgenden Beziehungen: $x_1 + x_4 = 3$, $x_2 - x_4 = -4$ und $x_3 - x_4 = 3$. Der Vektor $\vec{b}$ kann unter Verwendung zahlreicher Kombinationen aus den Spaltenvektoren erzeugt werden. Wenn ich beispielsweise $x_4 = 1$ setze, erhalte ich $x_1 = 2$, $x_2 = -3$ und $x_3 = 4$. Ich könnte auch $x_4 = -2$ setzen und erhalte dann $x_1 = 5$, $x_2 = -6$ und $x_3 = 1$. Hier sind die beiden Linearkombinationen – Sie können noch sehr viel mehr davon finden.

$$2\begin{pmatrix} 1 \\ 3 \\ -1 \end{pmatrix} - 3\begin{pmatrix} -1 \\ 2 \\ 0 \end{pmatrix} + 4\begin{pmatrix} 2 \\ 0 \\ 1 \end{pmatrix} + 1\begin{pmatrix} 0 \\ 1 \\ -2 \end{pmatrix} = \begin{pmatrix} 13 \\ 1 \\ 0 \end{pmatrix}$$

$$5\begin{pmatrix} 1 \\ 3 \\ -1 \end{pmatrix} - 6\begin{pmatrix} -1 \\ 2 \\ 0 \end{pmatrix} + 1\begin{pmatrix} 2 \\ 0 \\ 1 \end{pmatrix} - 2\begin{pmatrix} 0 \\ 1 \\ -2 \end{pmatrix} = \begin{pmatrix} 13 \\ 1 \\ 0 \end{pmatrix}$$

Zuvor habe ich Ihnen gezeigt, wie Sie feststellen, ob ein bestimmter Vektor im *Spaltenraum* A liegt, indem Sie die allgemeine Linearkombination schreiben und nach den erforderlichen Skalarfaktoren auflösen. Bei der Matrix A und dem Vektor $\vec{x}$ habe ich im Wesentlichen $A\vec{x} = \vec{b}$ gelöst. Angesichts so vieler Möglichkeiten für $\vec{x}$ will ich eine Formel oder ein Muster für alle möglichen Lösungen entwickeln, wenn ein bestimmter Vektor $\vec{b}$ erstellt werden soll.

Die Koordinaten eines Vektors $\vec{b}$ sind b_1, b_2 und b_3. Ich brauche noch Linearkombinationen der Vektoren, um einen gewünschten Vektor zu erzeugen.

$$x_1\begin{pmatrix}1\\3\\-1\end{pmatrix}+x_2\begin{pmatrix}-1\\2\\0\end{pmatrix}+x_3\begin{pmatrix}2\\0\\1\end{pmatrix}+x_4\begin{pmatrix}0\\1\\-2\end{pmatrix}=\begin{pmatrix}b_1\\b_2\\b_3\end{pmatrix}$$

Jetzt durchlaufe ich alle Zeilenoperationen wie aus dem vorigen Beispiel und verwende dabei die allgemeinen Einträge für den Vektor $\vec{b}$.

$$\left(\begin{array}{cccc|c}1&-1&2&0&b_1\\3&2&0&1&b_2\\-1&0&1&-2&b_3\end{array}\right)$$

$$\begin{array}{r}\\-3Z_1+Z_2\to Z_2\\Z_1+Z_3\to Z_3\end{array}\left(\begin{array}{cccc|c}1&-1&2&0&b_1\\0&5&-6&1&b_2-3b_1\\0&-1&3&-2&b_1+b_3\end{array}\right)$$

$$Z_2\leftrightarrow Z_3\left(\begin{array}{cccc|c}1&-1&2&0&b_1\\0&-1&3&-2&b_1+b_3\\0&5&-6&1&b_2-3b_1\end{array}\right)$$

$$-Z_2\to Z_2\left(\begin{array}{cccc|c}1&-1&2&0&b_1\\0&1&-3&2&-b_1-b_3\\0&5&-6&1&b_2-3b_1\end{array}\right)$$

$$\begin{array}{r}Z_2+Z_1\to Z_1\\ \\-5Z_2+Z_3\to Z_3\end{array}\left(\begin{array}{cccc|c}1&0&-1&2&-b_3\\0&1&-3&2&-b_1-b_3\\0&0&9&-9&2b_1+b_2+5b_3\end{array}\right)$$

$$\begin{array}{r}\\ \\ \frac{1}{9}Z_3\to Z_3\end{array}\left(\begin{array}{cccc|c}1&0&-1&2&-b_3\\0&1&-3&2&-b_1-b_3\\0&0&1&-1&\frac{2}{9}b_1+\frac{1}{9}b_2+\frac{5}{9}b_3\end{array}\right)$$

$$\begin{array}{r}Z_3+Z_1\to Z_1\\3Z_3+Z_2\to Z_2\\ \\ \end{array}\left(\begin{array}{cccc|c}1&0&0&1&\frac{2}{9}b_1+\frac{1}{9}b_2-\frac{4}{9}b_3\\0&1&0&-1&-\frac{1}{3}b_1+\frac{1}{3}b_2+\frac{2}{3}b_3\\0&0&1&-1&\frac{2}{9}b_1+\frac{1}{9}b_2+\frac{5}{9}b_3\end{array}\right)$$

Lassen Sie sich durch all diese Brüche nicht abschrecken. Sie haben immer noch Zahlenkombinationen, die in den Endergebnissen ganze Zahlen erzeugen. Für den Rest der Geschichte werde ich die Zahlen sehr überlegt auswählen.

Als erstes betrachten wir jedoch die Ergebnisse der Zeilenreduktionen in Hinblick auf die Beziehungen zwischen den Skalarfaktoren in den Linearkombinationen.

$$x_1 + x_4 = \frac{2}{9}b_1 + \frac{1}{9}b_2 - \frac{4}{9}b_3$$

$$x_2 - x_4 = -\frac{1}{3}b_1 + \frac{1}{3}b_2 + \frac{2}{3}b_3$$

$$x_3 - x_4 = \frac{2}{9}b_1 + \frac{1}{9}b_2 + \frac{5}{9}b_3$$

Die Variable x_4 erscheint in jeder Gleichung. Wir ersetzen x_4 durch die Konstante k. Nachdem der zu erstellende Vektor ausgewählt wurde, können wir k auf eine beliebige reelle Zahl setzen, diese dann in die Gleichungen einsetzen und die gewünschten Linearkombinationen erzeugen.

$$x_1 = -k + \frac{2}{9}b_1 + \frac{1}{9}b_2 - \frac{4}{9}b_3$$

$$x_2 = k - \frac{1}{3}b_1 + \frac{1}{3}b_2 + \frac{2}{3}b_3$$

$$x_3 = k + \frac{2}{9}b_1 + \frac{1}{9}b_2 + \frac{5}{9}b_3$$

In unserem Beispiel brauchen Sie die Linearkombinationen, um den folgenden Vektor zu erzeugen:

$$\vec{b} = \begin{pmatrix} 3 \\ -2 \\ 1 \end{pmatrix}$$

Wenn Sie die Koordinaten des Vektors in die Gleichungen einsetzen, ergibt sich:

$$\vec{b} = \begin{pmatrix} 3 \\ -2 \\ 1 \end{pmatrix} = \begin{pmatrix} b_1 \\ b_2 \\ b_3 \end{pmatrix}$$

$$x_1 = -k + \frac{6}{9} - \frac{2}{9} - \frac{4}{9} = -k$$

$$x_2 = k - 1 - \frac{2}{3} + \frac{2}{3} = k - 1$$

$$x_3 = k + \frac{2}{3} - \frac{2}{9} + \frac{5}{9} = k + 1$$

$$x_4 = k$$

Jetzt sei k der konstante Wert 4. (Ich habe einfach eine beliebige Zahl gewählt). Damit erhalten Sie die Werte für die Skalarfaktoren in der Linearkombination:

$$x_1 = -4$$

$$x_2 = 4 - 1 = 3$$

$$x_3 = 4 + 1 = 5$$

$$x_4 = 4$$

$$-4\begin{pmatrix} 1 \\ 3 \\ -1 \end{pmatrix} + 3\begin{pmatrix} -1 \\ 2 \\ 0 \end{pmatrix} + 5\begin{pmatrix} 2 \\ 0 \\ 1 \end{pmatrix} + 4\begin{pmatrix} 0 \\ 1 \\ -2 \end{pmatrix} = \begin{pmatrix} 3 \\ -2 \\ 1 \end{pmatrix}$$

Sie erhalten immer dasselbe Ergebnis, unabhängig davon, welchen Wert Sie für k wählen.

Die Verbindung zwischen Nullraum und Spaltenraum

Im vorigen Abschnitt ging es um den Spaltenraum. Und jetzt werde ich noch eine Bezeichnung für eine Interaktion mit einer Matrix einführen: den *Nullraum (Kern)*.

Der Nullraum einer Matrix A ist die Menge aller Vektoren $\vec{x}_i$, für die gilt: $A\vec{x} = \vec{0}$. Die Notation für den Nullraum von A ist *Kern* A.

Sie erkennen vielleicht, dass die Gleichung $A\vec{x} = \vec{0}$ ein *homogenes* System ist. (Falls Sie nicht mehr wissen, was das ist, lesen Sie in Kapitel 7 nach.)

Im obigen Abschnitt »Den Spaltenraum definieren und nutzen« habe ich Ihnen gezeigt, wie Sie die Linearkombinationen finden, die einen bestimmten Vektor erzeugen. Das besondere an dem vorliegenden Abschnitt ist es, dass der Vektor $\vec{x}$ den Nullvektor erzeugt, wenn er mit A multipliziert wird. Um einen Nullraum zu finden, isolieren Sie die Vektoren $\vec{x}_i$, so dass $A\vec{x}$ den Nullvektor erzeugt. Ich werde Linearkombinationen mit Einträgen von $\vec{x}$ verwenden.

Betrachten Sie beispielsweise die Matrix A und den Vektor $\vec{x}$. Ich habe $\vec{x}$ ausgewählt, weil er sich im Nullraum der Matrix A befindet.

$$A = \begin{pmatrix} 3 & 4 & 11 & -4 \\ 3 & 2 & 1 & 10 \\ -2 & -3 & -9 & 5 \end{pmatrix}, \quad \vec{x} = \begin{pmatrix} -8 \\ 7 \\ 0 \\ 1 \end{pmatrix}$$

Der Vektor $\vec{x}$ liegt in *Kern* A, weil A$\vec{x}$ der Nullvektor ist.

$$A\vec{x} = -8\begin{pmatrix} 3 \\ 3 \\ -2 \end{pmatrix} + 7\begin{pmatrix} 4 \\ 2 \\ -3 \end{pmatrix} + 0\begin{pmatrix} 11 \\ 1 \\ -9 \end{pmatrix} + 1\begin{pmatrix} -4 \\ 10 \\ 5 \end{pmatrix}$$

$$= \begin{pmatrix} -24+28+0-4 \\ -24+14+0+10 \\ 16-21+0+5 \end{pmatrix} = \begin{pmatrix} 0 \\ 0 \\ 0 \end{pmatrix}$$

Der Nullraum ist eine Menge von Vektoren. Die Vektoren haben üblicherweise eine bestimmte Form und werden unter Verwendung der Basis für die Menge beschrieben. Sehen Sie sich beispielsweise die nachfolgende Matrix B an, sowie die allgemeine Form für einen Vektor $\vec{x}$, der in *Kern* B liegt.

$$B\vec{x} = \begin{pmatrix} 1 & 0 & -1 \\ -1 & 1 & 2 \\ 0 & 2 & 2 \end{pmatrix}\begin{pmatrix} x_1 \\ x_2 \\ x_3 \end{pmatrix} = \begin{pmatrix} 0 \\ 0 \\ 0 \end{pmatrix}$$

Für diese Matrix B haben die Vektoren in *Kern* B alle die folgende Form:

$$\begin{pmatrix} k \\ -k \\ k \end{pmatrix} = k\begin{pmatrix} 1 \\ -1 \\ 1 \end{pmatrix}$$

Die Basis für *Kern* B ist also nur der 3×1-Vektor, der aus Einsen und einer –1 besteht. Wenn Sie jetzt beispielsweise k gleich 3 setzen, erhalten Sie:

$$B\vec{x} = \begin{pmatrix} 1 & 0 & -1 \\ -1 & 1 & 2 \\ 0 & 2 & 2 \end{pmatrix}\begin{pmatrix} 3 \\ -3 \\ 3 \end{pmatrix} = \begin{pmatrix} 0 \\ 0 \\ 0 \end{pmatrix}$$

Vektorraumbasen – es geht um das große Ganze

15

In diesem Kapitel...

- Alternative Basen für Vektorräume bestimmen
- Erzeugendensysteme auf Basen reduzieren
- Orthogonale und orthonormale Basen für Vektorräume schreiben
- Skalare bei wechselnden Basen finden

In Kapitel 14 ging es um Untervektorräume von Vektorräumen und Erzeugendensysteme für Vektorräume. In diesem Kapitel finden Sie viele Themen aus früheren Kapiteln wieder, die hier alle in einen großen Zusammenhang gebracht werden, und zwar mit dem gemeinsamen Ziel, die Basen von Vektorräumen zu untersuchen. Natürlich werde ich jeweils auf die betreffenden Kapitel verweisen, falls Sie einen kleinen Anstoß, ein bisschen Ermutigung oder einen Rückblick benötigen.

Was kann man noch über die Basis eines Vektorraums sagen? Meine Antwort: Vieles. Vektorräume haben meistens mehrere Basen, aber alle Basen eines Vektorraums haben eines gemeinsam: Die Basen eines bestimmten Vektorraums besitzen alle dieselbe Dimension. Außerdem kann ein Vektorraum orthogonale und orthonormale Basen haben. Darüber hinaus kann man Basen wechseln, indem man die Skalarfaktoren anpasst.

Bei der Arbeit mit einem bestimmten Vektorraum kommt es auf die ausgewählte Basis an. Anwendungen funktionieren nämlich besser, wenn Sie eine einfachere aber äquivalente Menge von Vektoren verwenden – es hängt von der Situation ab, welche Form Sie brauchen. In diesem Kapitel mache ich Sie mit den Optionen für die Basis eines Vektorraums vertraut.

Mit Vektorräumen in die Geometrie

Einige Geraden und Ebenen sind Untervektorräume von $\mathbb{R}^n$. Ein Grund dafür, warum ich jetzt über Geraden und Ebenen spreche, ist, dass ich Ihnen anhand einer Skizze zeigen kann, wie eine Basis aussieht.

Aber nicht alle Geraden und Ebenen bilden Vektorräume. Wenn ich jedoch die Diskussion auf die Geraden und Ebenen beschränke, die den Ursprung durchlaufen, bin ich auf der sicheren Seite – dann handelt es sich nämlich um Vektorräume.

Zuerst die Geraden

Die allgemeine Geradengleichung lautet $y = mx + b$. x und y stellen die Koordinaten im Koordinatensystem dar, m die Steigung der Geraden, und b den y-Achsenabschnitt. (Falls

Sie diese Gleichung nicht kennen, frischen Sie Ihre Grundlagen der Algebra mit Hilfe von *Algebra für Dummies* auf, ebenfalls erschienen bei Wiley-VCH.)

Die allgemeine Vektorgleichung einer Geraden sieht wie folgt aus:

$$\vec{v}(x) = \begin{pmatrix} x \\ xm+b \end{pmatrix} = x\begin{pmatrix} 1 \\ m \end{pmatrix} + \begin{pmatrix} 0 \\ b \end{pmatrix}$$

Dabei stellen die 2×1-Vektoren die Punkte (x, y) im Koordinatensystem dar. In Abbildung 15.1 zeige ich die Vektordarstellungen für zwei verschiedene Geraden: $y = 2x + 3$ und $y = -2x$.

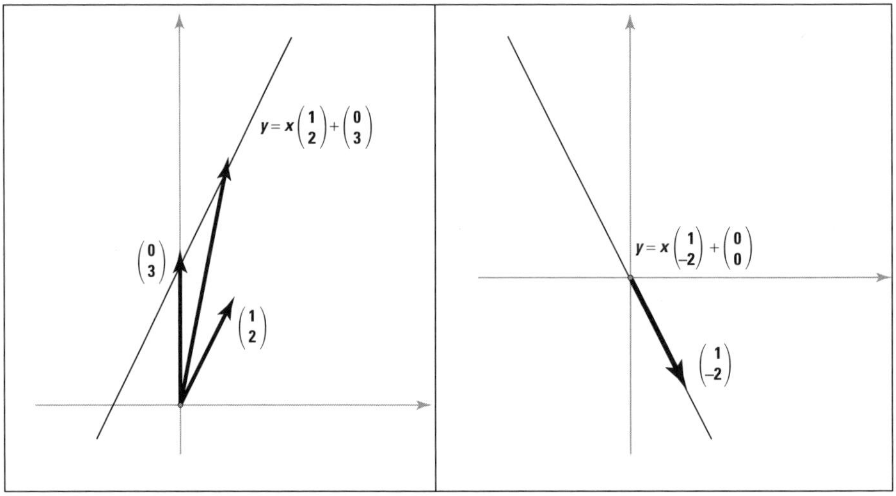

Abbildung 15.1: Geraden werden durch die Vektorsummen dargestellt

Es handelt sich hier um zwei unterschiedliche Geradentypen. Der erste Typ, dargestellt durch $y = 2x + 3$, repräsentiert Geraden, bei denen es sich nicht um Vektorräume handelt. Der zweite Typ, dargestellt durch $y = -2x$, repräsentiert Geraden, bei denen es sich um Vektorräume handelt. Der wichtigste Unterschied zwischen den beiden Geraden ist der Konstante Wert 3, der in der ersten Gleichung addiert wird. Durch Addition der Konstanten ist es nicht mehr möglich, ein Erzeugendensystem für die Punkte auf der Geraden – und dann eine Basis – zu schreiben.

Geraden im Koordinatensystem, bei denen es sich um Vektorräume handelt, werden also von allen Linearkombinationen (in diesem Fall mehreren) der reellen Zahlen x aufgespannt, die durch Multiplikation mit dem folgenden 2 × 1-Vektor entstehen:

$$\begin{pmatrix} 1 \\ m \end{pmatrix}$$

Und diese lineare Hülle ist eine Basis. Tatsächlich kann jedes Skalarvielfache des Vektors ebenfalls eine Basis bilden.

Ebenen – gerade heraus

Eine Ebene wird durch eine flache Oberfläche dargestellt. In der Geometrie verlaufen Ebenen unendlich in alle Richtungen, festgelegt durch drei *unterschiedliche* (lauter verschiedene) *nicht-kollineare* Punkte (nur jeweils zwei Punkte liegen gleichzeitig auf einer Geraden – d. h. sie liegen nicht alle drei auf derselben Geraden).

Wie für Geraden gilt auch für Ebenen, dass nur diejenigen Vektorräume bilden, die durch den Ursprung verlaufen. Die Ebenen eines Vektorraums werden jeweils durch zwei nicht parallele Vektoren aufgespannt. Nachfolgend die allgemeine Vektorgleichung einer Ebene (durch den Ursprung):

$$\vec{v}(a_1 a_2) = a_1\vec{v}_1 + a_2\vec{v}_2 = a_1\begin{pmatrix} x_1 \\ y_1 \\ z_1 \end{pmatrix} + a_2\begin{pmatrix} x_2 \\ y_2 \\ z_2 \end{pmatrix}$$

Als Beispiel für eine Ebene mit einer Vektorgleichung und einem Graphen habe ich zwei Vektoren ausgewählt, um eine Ebene zu erstellen – ein Vektor endet hinter der vertikalen yz-Ebene, der andere Vektor endet im ersten, vordersten Oktanten:

$$\vec{v}_1 = \begin{pmatrix} -1 \\ 2 \\ 1 \end{pmatrix}, \vec{v}_2 = \begin{pmatrix} 1 \\ 6 \\ 2 \end{pmatrix}$$

Abbildung 15.2 zeigt eine Ebene, die durch diese beiden Vektoren $\vec{v}_1$ und $\vec{v}_1$ beschrieben wird. Versuchen Sie sich, die Ebene so vorzustellen, dass sie sich von der durch die Vektoren definierten flachen Oberfläche aus in alle Richtungen erstreckt. Wenn die verwendeten Vektoren linear unabhängig sind, haben Sie eine Ebene. Sind sie nicht linear unabhängig, dann haben Sie eine einzelne Gerade durch den Ursprung.

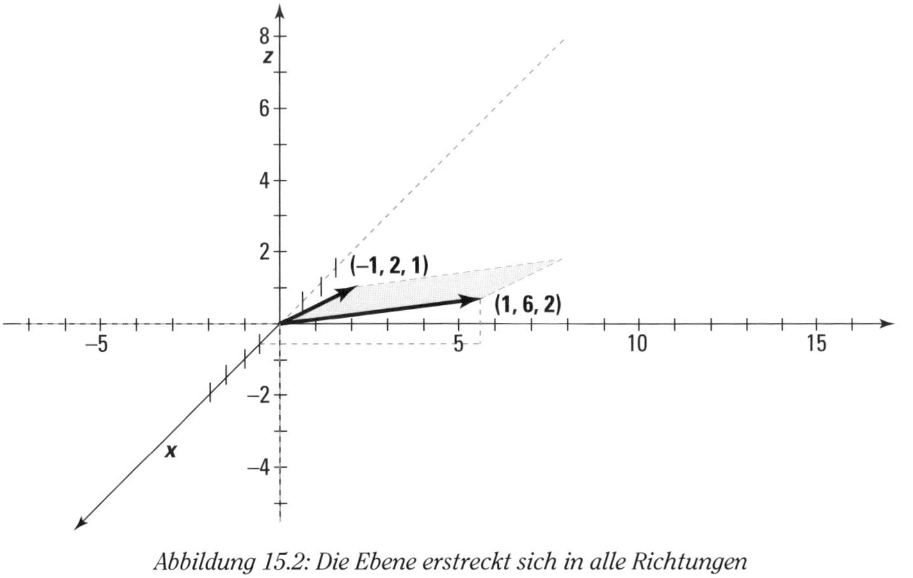

Abbildung 15.2: Die Ebene erstreckt sich in alle Richtungen

Aus Erzeugendensystemen Basen erzeugen

Alle Basen von Vektorräumen sind Erzeugendensysteme, aber nicht alle Erzeugendensysteme sind Basen. Was Erzeugendensysteme von Basen unterscheidet, ist die lineare Unabhängigkeit. (Weitere Informationen über die lineare Unabhängigkeit finden Sie in den Kapiteln 7 und 14.) Die Vektoren in einer Basis sind linear unabhängig. Es kann mehrere Basen für einen bestimmten Vektorraum geben, aber jede Basis enthält dieselbe Anzahl linear unabhängiger Vektoren. Die Anzahl der Vektoren in der Basis eines Vektorraums ist die *Dimension* des Vektorraums. Die Basis eines Vektorraums beinhaltet keine *Redundanz* – es sind nicht mehr Vektoren vorhanden, als man braucht.

Wenn Sie einen Vektorraum mit einer Basis aus n Vektoren haben, enthält jede Untermenge des Vektorraums mit mehr als n Vektoren irgendwelche linear abhängigen Vektoren.

In diesem Abschnitt zeige ich Ihnen ein Erzeugendensystem mit zu vielen Vektoren – einige stellen Linearkombinationen anderer dar. Anschließend zeige ich Ihnen, wie Sie die redundanten Vektoren entfernen und eine lineare Hülle für den Vektorraum erstellen.

Betrachten Sie das Erzeugendensystem S mit fünf 4×1-Vektoren. $S = \{\vec{s}_1, \vec{s}_2, \vec{s}_3, \vec{s}_4, \vec{s}_5\}$. Die lineare Hülle von S ist ein Unterraum von $\mathbb{R}^4$.

$$S = \left\{ \begin{pmatrix} 1 \\ 1 \\ -2 \\ 1 \end{pmatrix}, \begin{pmatrix} 1 \\ 2 \\ 1 \\ 1 \end{pmatrix}, \begin{pmatrix} 2 \\ 1 \\ 4 \\ -1 \end{pmatrix}, \begin{pmatrix} -1 \\ 6 \\ 1 \\ 5 \end{pmatrix}, \begin{pmatrix} 0 \\ 3 \\ -2 \\ 3 \end{pmatrix} \right\}$$

Die Vektoren von S sind linear abhängig. Jetzt schreiben wir die erweiterte Matrix für die Beziehung $a_1\vec{s}_1 + a_2\vec{s}_2 + a_3\vec{s}_3 + a_4\vec{s}_4 + a_5\vec{s}_5 = 0$ und reduzieren auf Stufenform (ich zeige hier nicht alle Schritte, sondern nur den Anfang und das Ende). Wir erhalten:

$$\left(\begin{array}{ccccc|c} 1 & 1 & 2 & -1 & 0 & 0 \\ 1 & 2 & 1 & 6 & 3 & 0 \\ -2 & 1 & 4 & 1 & -2 & 0 \\ 1 & 1 & -1 & 5 & 3 & 0 \end{array}\right) \rightarrow \left(\begin{array}{ccccc|c} 1 & 0 & 0 & -2 & 0 & 0 \\ 0 & 1 & 0 & 5 & 2 & 0 \\ 0 & 0 & 1 & -2 & -1 & 0 \\ 0 & 0 & 0 & 0 & 0 & 0 \end{array}\right)$$

Aus der Stufenform erhalten Sie die folgenden Beziehungen zwischen den Variablen: $a_1 = 2a_4$, $a_2 = -5a_4 - 2a_5$ und $a_3 = 2a_4 + a_5$. Wären die Vektoren linear unabhängig, dann wäre die einzige Lösung, bei der alle Gleichungen im System gleich 0 sind, diejenige, bei der jedes a_i gleich 0 ist. Wie Sie sehen, könnten Sie mit den Beziehungen, die ich in der Treppenform gefunden habe, $a_3 = 0$ machen, wenn $a_4 = 1$ und $a_5 = -2$ ist. Und es gibt noch weitere solcher Kombinationen. In jedem Fall sind die Vektoren linear abhängig und bilden keine Basis.

Gut gezeigt. Aber wie eliminieren wir ausreichend viele Vektoren, um die lineare Abhängigkeit zu entfernen, aber dennoch genügend zu behalten, um eine Basis zu bilden? Hier der Plan:

1. **Schreiben Sie die Vektoren in einer 4 × 5-Matrix.**
2. **Erstellen Sie die Transponierte der Matrix.**
3. **Zeilenreduzieren Sie die transponierte Matrix, bis Sie eine Dreiecksmatrix haben.**
4. **Transponieren Sie zurück in eine 4 × 5-Matrix.**
5. **Sammeln Sie die Vektoren ungleich Null als Basis.**

Falls Sie eine Auffrischung zur Transposition von Matrizen und zu Dreiecksmatrizen brauchen, blättern Sie zurück zu Kapitel 3.

Wenn Sie jetzt die ursprünglichen Vektoren von S in eine einzige Matrix schreiben und dann die Transponierte erstellen, erhalten Sie:

$$\begin{pmatrix} 1 & 1 & 2 & -1 & 0 \\ 1 & 2 & 1 & 6 & 3 \\ -2 & 1 & 4 & 1 & -2 \\ 1 & 1 & -1 & 5 & 3 \end{pmatrix}^T = \begin{pmatrix} 1 & 1 & -2 & 1 \\ 1 & 2 & 1 & 1 \\ 2 & 1 & 4 & -1 \\ -1 & 6 & 1 & 5 \\ 0 & 3 & -2 & 3 \end{pmatrix}$$

Jetzt führen Sie die Zeilenreduktion durch:

$$\begin{array}{r} \\ -1Z_1 + Z_2 \rightarrow Z_2 \\ -2Z_1 + Z_3 \rightarrow Z_3 \\ Z_1 + Z_4 \rightarrow Z_4 \\ \\ \end{array} \begin{pmatrix} 1 & 1 & -2 & 1 \\ 0 & 1 & 3 & 0 \\ 0 & -1 & 8 & -3 \\ 0 & 7 & -1 & 6 \\ 0 & 3 & -2 & 3 \end{pmatrix}$$

$$\begin{array}{r} \\ \\ Z_2 + Z_3 \rightarrow Z_3 \\ -7Z_2 + Z_4 \rightarrow Z_4 \\ -3Z_2 + Z_5 \rightarrow Z_5 \end{array} \begin{pmatrix} 1 & 1 & -2 & 1 \\ 0 & 1 & 3 & 0 \\ 0 & 0 & 11 & -3 \\ 0 & 0 & -22 & 6 \\ 0 & 0 & -11 & 3 \end{pmatrix}$$

$$\begin{array}{r} \\ \\ \\ 2Z_3 + Z_4 \rightarrow Z_4 \\ Z_3 + Z_5 \rightarrow Z_5 \end{array} \begin{pmatrix} 1 & 1 & -2 & 1 \\ 0 & 1 & 3 & 0 \\ 0 & 0 & 11 & -3 \\ 0 & 0 & 0 & 0 \\ 0 & 0 & 0 & 0 \end{pmatrix}$$

Anschließend transponieren Sie die letzte Matrix:

$$\begin{pmatrix} 1 & 1 & -2 & 1 \\ 0 & 1 & 3 & 0 \\ 0 & 0 & 11 & -3 \\ 0 & 0 & 0 & 0 \\ 0 & 0 & 0 & 0 \end{pmatrix}^T \rightarrow \begin{pmatrix} 1 & 0 & 0 & 0 & 0 \\ 1 & 1 & 0 & 0 & 0 \\ -2 & 3 & 11 & 0 & 0 \\ 1 & 0 & -3 & 0 & 0 \end{pmatrix}$$

Sie sammeln die Spalten ungleich Null als Vektoren und legen sie in einer Menge Z ab. Die in Z enthaltenen Vektoren sind eine Basis für die Untermenge S.

$$Z = \left\{ \begin{pmatrix} 1 \\ 1 \\ -2 \\ 1 \end{pmatrix}, \begin{pmatrix} 0 \\ 1 \\ 3 \\ 0 \end{pmatrix}, \begin{pmatrix} 0 \\ 0 \\ 11 \\ -3 \end{pmatrix} \right\}$$

Die Menge Z ist nicht die einzige Basis. Es sind viele unterschiedliche Basen möglich.

Orthogonalen Basen

Wenn Sie 2×1-Vektoren haben, die *orthogonal* sind, bedeutet das, dass sie senkrecht aufeinander stehen. In Kapitel 2 habe ich beschrieben, wie Sie die *Orthogonlität* von Vektoren prüfen, indem Sie ihr Skalarprodukt berechnen. Und nur um Sie an orthogonale (oder senkrechte) Vektoren zu erinnern, zeige ich Ihnen folgendes:

Zwei Vektoren $\vec{u}$ und $\vec{v}$ sind orthogonal, wenn ihr Skalarprodukt, $\vec{u}^T\vec{v}$, gleich 0 ist.

Die beiden hier gezeigten Vektoren $\vec{u}$ und $\vec{v}$ sind orthogonal. Wenn Sie den Vektor $\vec{u}$ in die Koordinatenebene eintragen, hat er seinen Punkt im zweiten Quadranten. Im rechten Winkel zu Vektor $\vec{u}$ befindet sich der Vektor $\vec{v}$, der seinen Punkt im dritten Quadranten hat. (In Kapitel 2 finden Sie eine Skizze von zwei senkrecht aufeinander stehenden Vektoren.) Das innere Produkt ist natürlich 0.

$$\vec{u} = \begin{pmatrix} -3 \\ 7 \end{pmatrix}, \vec{v} = \begin{pmatrix} -14 \\ -6 \end{pmatrix}$$

$$\vec{u}^T\vec{v} = \begin{pmatrix} -3 & 7 \end{pmatrix} \begin{pmatrix} -14 \\ -6 \end{pmatrix} = 42 - 42 = 0$$

Bei der Orthogonalität sind Sie nicht auf 2 × 1- oder 3 × 1-Vektoren beschränkt. Auch wenn sie nicht mehr graphisch dargestellt werden können, sind Vektoren dann orthogonal, wenn ihr Skalarprodukt gleich 0 ist. Betrachten Sie beispielsweise die beiden Vektoren $\vec{w}$ und $\vec{z}$:

$$\vec{w} = \begin{pmatrix} 1 \\ 0 \\ -3 \\ 2 \end{pmatrix}, \vec{z} = \begin{pmatrix} -7 \\ 8 \\ -5 \\ -4 \end{pmatrix}$$

$$\vec{w}^T z = \begin{pmatrix} 1 & 0 & -3 & 2 \end{pmatrix} \begin{pmatrix} -7 \\ 8 \\ -5 \\ -4 \end{pmatrix} = -7 + 0 + 15 - 8 = 0$$

Tatsächlich gibt es für $\vec{w}$ und $\vec{z}$ noch viele andere Vektoren, die orthogonal zu einem oder beiden von ihnen sind.

Eine *orthogonale Menge* ist eine Menge von Vektoren, wobei jedes Paar von Vektoren orthogonal zueinander ist (jeder Vektor ist orthogonal zu jedem anderen Vektor in dieser Menge). Beispielsweise ist die Menge P orthogonal. Jedes Paar Vektoren hat ein Skalarprodukt von 0.

$$P = \left\{ \begin{pmatrix} 1 \\ 0 \\ 2 \end{pmatrix}, \begin{pmatrix} -2 \\ 3 \\ 1 \end{pmatrix}, \begin{pmatrix} -6 \\ -5 \\ 3 \end{pmatrix} \right\}$$

$$\begin{pmatrix} 1 & 0 & 2 \end{pmatrix} \begin{pmatrix} -2 \\ 3 \\ 1 \end{pmatrix} = -2 + 0 + 2 = 0$$

$$\begin{pmatrix} 1 & 0 & 2 \end{pmatrix} \begin{pmatrix} -6 \\ -5 \\ 3 \end{pmatrix} = -6 + 0 + 6 = 0$$

$$\begin{pmatrix} -2 & 3 & 1 \end{pmatrix} \begin{pmatrix} -6 \\ -5 \\ 3 \end{pmatrix} = 12 - 15 + 3 = 0$$

Und wofür sind orthogonale Vektormengen gut? Sie sind sehr praktisch, wenn man mit unterschiedlichen Basen von Vektorräumen arbeitet.

Eine orthogonale Menge ist linear unabhängig, solange die Menge nicht den Nullvektor ($\vec{0}$) enthält. Darüber hinaus ist eine orthogonale Menge mit n Vektoren eine Basis für $\mathbb{R}^n$.

Eine orthogonale Basis erstellen

Ein Vektorraum kann mehrere Basen haben. Eine besonders praktische Basis eines Vektorraums ist seine *orthogonale Basis*. Um eine orthogonale Basis aus einer vorhandenen Basis zu erzeugen, wenden Sie das *Orthogonalisierungsverfahren nach Gram-Schmidt* an.

Wenn ein Unterraum W eine Basis aus den Vektoren $\{\vec{w}_1, \vec{w}_2, \vec{w}_3, \ldots\}$ besitzt, wird wie folgt eine orthogonale Basis $U = \{\vec{u}_1, \vec{u}_2, \vec{u}_3, \ldots\}$ für W bestimmt:

$$\vec{u}_1 = \vec{w}_1$$

$$\vec{u}_2 = \vec{w}_2 - \frac{\vec{u}_1^T \vec{w}_2}{\vec{u}_1^T \vec{u}_1} \vec{u}_1$$

$$\vec{u}_3 = \vec{w}_3 - \frac{\vec{u}_1^T \vec{w}_3}{\vec{u}_1^T \vec{u}_1} \vec{u}_1 - \frac{\vec{u}_2^T \vec{w}_3}{\vec{u}_2^T \vec{u}_2} \vec{u}_2$$

$$\vdots$$

$$\vec{u}_i = \vec{w}_i - \sum_{k=1}^{i-1} \frac{\vec{u}_k^T \vec{w}_i}{\vec{u}_k^T \vec{u}_k} \vec{u}_k, \; 2 \le i \le p$$

Nach dieser Formel für das Verfahren ist die Anzahl der Terme bei der Berechnung eines Vektors jeweils einer mehr als für den vorhergehenden Vektor. Die Berechnungen können komplex werden, aber im Zweifelsfall können Sie einen Computer zu Hilfe nehmen. Sie können eine Tabellenkalkulation anlegen und die Formeln eingeben. Am leichtesten behalten Sie den Überblick mit einem Computerprogramm; der Taschenrechner ist weniger benutzerfreundlich. Die Variable p in der Formel steht für die Dimension (die Anzahl der Vektoren) im Untervektorraum.

Und so entsteht eine orthogonale Basis aus der vorgegebenen Basis einer Menge, ausgehend von der Menge W, einer Basis für $\mathbb{R}^3$:

$$W = \left\{ \begin{pmatrix} 1 \\ -1 \\ 0 \end{pmatrix}, \begin{pmatrix} -2 \\ 3 \\ 1 \end{pmatrix}, \begin{pmatrix} 1 \\ 2 \\ 4 \end{pmatrix} \right\}$$

Gemäß dem Gram-Schmidt-Verfahren ist der erste Vektor in der orthogonalen Basis derselbe wie der erste Vektor in der vorgegebenen Basis. Jetzt wende ich das Verfahren an, um die beiden anderen Vektoren zu finden.

$$W = \left\{ \underset{\vec{w}_1}{\begin{pmatrix} 1 \\ -1 \\ 0 \end{pmatrix}}, \underset{\vec{w}_2}{\begin{pmatrix} -2 \\ 3 \\ 1 \end{pmatrix}}, \underset{\vec{w}_3}{\begin{pmatrix} 1 \\ 2 \\ 4 \end{pmatrix}} \right.$$

$$\vec{u}_1 = \vec{w}_1 = \begin{pmatrix} 1 \\ -1 \\ 0 \end{pmatrix}$$

$$\vec{u}_2 = \vec{w}_2 - \frac{\vec{u}_1^{\,T}\vec{w}_2}{\vec{u}_1^{\,T}\vec{u}_1}\vec{u}_1 = \begin{pmatrix} -2 \\ 3 \\ 1 \end{pmatrix} - \frac{-5}{2}\begin{pmatrix} 1 \\ -1 \\ 0 \end{pmatrix}$$

$$\vec{u} \quad \vec{w} \quad \frac{\vec{u}\ \vec{w}}{\vec{u}\ \vec{u}}\vec{u} = \begin{pmatrix} -2+\frac{5}{2} \\ 3-\frac{5}{2} \\ 1+0 \end{pmatrix} = \begin{pmatrix} \frac{1}{2} \\ \frac{1}{2} \\ 1 \end{pmatrix}$$

$$\vec{u}_3 = \vec{w}_3 - \frac{\vec{u}_1^{\,T}\vec{w}_3}{\vec{u}_1^{\,T}\vec{u}_1}\vec{u}_1 - \frac{\vec{u}_2^{\,T}\vec{w}_3}{\vec{u}_2^{\,T}\vec{u}_2}\vec{u}_2$$

$$= \begin{pmatrix} 1 \\ 2 \\ 4 \end{pmatrix} - \frac{-1}{2}\begin{pmatrix} 1 \\ -1 \\ 0 \end{pmatrix} - \frac{11}{3}\begin{pmatrix} \frac{1}{2} \\ \frac{1}{2} \\ 1 \end{pmatrix} = \begin{pmatrix} 1+\frac{1}{2}-\frac{11}{6} \\ 2-\frac{1}{2}-\frac{11}{6} \\ 4+0-\frac{11}{3} \end{pmatrix} = \begin{pmatrix} -\frac{1}{3} \\ -\frac{1}{3} \\ \frac{1}{3} \end{pmatrix}$$

Nicht übel, was? Um weitere Berechnungen einfacher zu gestalten, multiplizieren Sie den zweiten Vektor in U mit 2 und den dritten mit 3, um alle Einträge zu ganzen Zahlen zu machen.

$$U = \left\{ \begin{pmatrix} 1 \\ -1 \\ 0 \end{pmatrix}, \begin{pmatrix} 1 \\ 1 \\ 2 \end{pmatrix}, \begin{pmatrix} -1 \\ -1 \\ 1 \end{pmatrix} \right\}$$

Mit Hilfe der orthogonalen Basis die Linearkombination erzeugen

Ein Vorteil der orthogonalen Basis ist, dass Sie es damit einfacher haben, einen bestimmten Vektor als Linearkombination aus den Vektoren einer Menge zu erzeugen. Sie wählen Ihren Vektor aus, listen die Vektoren in Ihrer orthogonalen Basis auf und setzen dann Werte in eine Formel ein, um die Skalarfaktoren für jeden Vektor in der Basis zu bestimmen.

Wenn die Vektoren $\{\vec{u}_1, \vec{u}_2, \vec{u}_3, \ldots\}$ die orthogonale Basis B für einen Untervektorraum U darstellen, dann wird ein Vektor $\vec{v}$, der zu U gehört, folgendermaßen als Linearkombination geschrieben:

$$\vec{v} = a_1\vec{u}_1 + a_2\vec{u}_2 + a_3\vec{u}_3 + \ldots, \text{ mit}$$

$$a_i = \frac{\vec{u}_i^T\vec{v}}{\vec{u}_i^T\vec{u}_i}$$

Unter Verwendung der orthogonalen Basis B bestimme ich beispielsweise die Skalare, die ich benötige, um den Vektor $\vec{v}$ als Linearkombination der Vektoren aus B darzustellen:

$$B = \left\{ \begin{pmatrix} 1 \\ -1 \\ 0 \end{pmatrix}, \begin{pmatrix} 1 \\ 1 \\ 2 \end{pmatrix}, \begin{pmatrix} -1 \\ -1 \\ 1 \end{pmatrix} \right\}, \vec{v} = \begin{pmatrix} -6 \\ 12 \\ 5 \end{pmatrix}$$

$$a_1 = \frac{\vec{u}_1^T\vec{v}}{\vec{u}_1^T\vec{u}_1} = \frac{-18}{2} = -9, \quad a_2 = \frac{\vec{u}_2^T\vec{v}}{\vec{u}_2^T\vec{u}_2} = \frac{16}{6} = \frac{8}{3}$$

$$a_3 = \frac{\vec{u}_3^T\vec{v}}{\vec{u}_3^T\vec{u}_3} = \frac{-1}{3} = -\frac{1}{3}$$

$$a_1\vec{u}_1 + a_2\vec{u}_2 + a_3\vec{u}_3 = -9\begin{pmatrix} 1 \\ -1 \\ 0 \end{pmatrix} + \frac{8}{3}\begin{pmatrix} 1 \\ 1 \\ 2 \end{pmatrix} - \frac{1}{3}\begin{pmatrix} -1 \\ -1 \\ 1 \end{pmatrix}$$

$$= \begin{pmatrix} -9 + \frac{8}{3} + \frac{1}{3} \\ 9 + \frac{8}{3} + \frac{1}{3} \\ 0 + \frac{16}{3} - \frac{1}{3} \end{pmatrix} = \begin{pmatrix} -6 \\ 12 \\ 5 \end{pmatrix}$$

Chacka! Sieht für eine orthogonale Basis ausgezeichnet aus!

Orthogonal wird orthonormal

Gerade wenn Sie denken, dass es nicht mehr besser werden kann, zeige ich Ihnen noch ein Verfahren, um die Vektoren einer Basis zu verändern. Eine *orthonormale* Basis besteht aus Vektoren, die alle den Betrag 1 haben. (Der Betrag wurde bereits in Kapitel 2 beschrieben.)

Die Größe eines Vektors, dargestellt als $\|\vec{v}\|$, ist die Quadratwurzel der Summe der Quadrate der Koordinaten des Vektors.

Beispielsweise ist die Größe des hier gezeigten Vektors $\vec{w}$ gleich 7:

$$\vec{w} = \begin{pmatrix} -2 \\ 0 \\ 6 \\ -3 \end{pmatrix}, \|\vec{w}\| = \sqrt{(-2)^2 + 0^2 + 6^2 + (-3)^2} = \sqrt{49} = 7$$

Im Abschnitt »Eine orthogonale Basis erstellen« weiter oben in diesem Kapitel habe ich Ihnen gezeigt, wie Sie eine beliebige Basis zu einer orthogonalen Basis machen. Jetzt gehe ich noch einen Schritt weiter und mache aus einer orthogonalen Basis eine orthonormale Basis – alle Vektoren in der Basis haben den Betrag 1.

Der Prozess für die Umwandlung in eine orthonormale Basis ist wirklich relativ einfach. Sie multiplizieren einfach jeden Vektor in der orthogonalen Basis mit dem Kehrwert der Quadratwurzel seines inneren Produkts. (Das hört sich sehr viel schlimmer an, als es ist.)

Um einen Vektor $\vec{v}_i$ zu einem Vektor mit dem Betrag 1 zu machen, multiplizieren Sie jedes $\vec{v}_i$ mit

$$a_i = \frac{1}{\sqrt{\vec{v}_i^T \vec{v}_i}}$$

Um die orthogonale Basis U zu einer orthonormalen Basis zu machen, gehen Sie also wie folgt vor:

$$U = \left\{ \overset{\vec{u}_1}{\begin{pmatrix} 1 \\ -1 \\ 0 \end{pmatrix}}, \overset{\vec{u}_2}{\begin{pmatrix} 1 \\ 1 \\ 2 \end{pmatrix}}, \overset{\vec{u}_3}{\begin{pmatrix} -1 \\ -1 \\ 1 \end{pmatrix}} \right.$$

$$a_1\vec{u}_1 = \frac{1}{\sqrt{2}}\begin{pmatrix} 1 \\ -1 \\ 0 \end{pmatrix} = \begin{pmatrix} \frac{1}{\sqrt{2}} \\ -\frac{1}{\sqrt{2}} \\ 0 \end{pmatrix}, \quad a_2\vec{u}_2 = \frac{1}{\sqrt{6}}\begin{pmatrix} 1 \\ 1 \\ 2 \end{pmatrix} = \begin{pmatrix} \frac{1}{\sqrt{6}} \\ \frac{1}{\sqrt{6}} \\ \frac{2}{\sqrt{6}} \end{pmatrix}$$

$$a_3\vec{u}_3 = \frac{1}{\sqrt{3}}\begin{pmatrix} -1 \\ -1 \\ 1 \end{pmatrix} = \begin{pmatrix} -\frac{1}{\sqrt{3}} \\ -\frac{1}{\sqrt{3}} \\ \frac{1}{\sqrt{3}} \end{pmatrix}$$

Die Vektoren sind orthogonal *und* der Betrag jedes Vektors ist 1.

Denselben Vektor nach Änderung der Basen angeben

Zwei Basen für $\mathbb{R}^3$ sind W und U:

$$W = \left\{ \begin{pmatrix} 1 \\ -1 \\ 0 \end{pmatrix}, \begin{pmatrix} -2 \\ 3 \\ 1 \end{pmatrix}, \begin{pmatrix} 1 \\ 2 \\ 4 \end{pmatrix} \right\}, U = \left\{ \begin{pmatrix} 1 \\ -1 \\ 0 \end{pmatrix}, \begin{pmatrix} 1 \\ 1 \\ 2 \end{pmatrix}, \begin{pmatrix} -1 \\ -1 \\ 1 \end{pmatrix} \right\}$$

Sie erkennen die beiden Basen vielleicht, wenn Sie den obigen Abschnitt über orthogonale Basen gelesen haben. Die Menge U enthält die Vektoren einer orthogonalen Basis.

Weil beide Mengen W und U Basen für $\mathbb{R}^3$ sind, können Sie jeden 3×1-Vektor als Linearkombination der Vektoren jeder Menge schreiben. Beispielsweise wird der hier gezeigte Vektor $\vec{v}$ als Linearkombination der Vektoren so dargestellt:

$$\vec{v} = \begin{pmatrix} 0 \\ 19 \\ 24 \end{pmatrix}$$

$$W = 3\begin{pmatrix} 1 \\ -1 \\ 0 \end{pmatrix} + 4\begin{pmatrix} -2 \\ 3 \\ 1 \end{pmatrix} + 5\begin{pmatrix} 1 \\ 2 \\ 4 \end{pmatrix} = \begin{pmatrix} 0 \\ 19 \\ 24 \end{pmatrix}$$

$$U = -\frac{19}{2}\begin{pmatrix} 1 \\ -1 \\ 0 \end{pmatrix} + \frac{67}{6}\begin{pmatrix} 1 \\ 1 \\ 2 \end{pmatrix} + \frac{5}{3}\begin{pmatrix} -1 \\ -1 \\ 1 \end{pmatrix} = \begin{pmatrix} 0 \\ 19 \\ 24 \end{pmatrix}$$

Vielleicht sind Sie ein bisschen skeptisch, was die Skalarfaktoren für die Vektoren in U betrifft, aber probieren Sie es einfach aus! Unabhängig von Ihrer Skepsis fragen Sie sich wahrscheinlich, woher um alles in der Welt diese Faktoren kommen. Die Skalare hier stammen nicht aus der Formel aus dem Abschnitt »Mit Hilfe der orthogonalen Basis die Linearkombination erzeugen«.

Eine Methode, die Sie für die Auflösung nach den Skalarfaktoren anwenden können, ist die Verwendung erweiterter Matrizen für jede Vektorenmenge, die Anwendung der Zeilenreduktion und die Auflösung nach den Skalarfaktoren. Eine weitere Methode besteht darin, in einer der Mengen nach den Skalarfaktoren aufzulösen – die in einer bereits bekannten Linearkombination verwendet werden – und dann eine Matrix für den Basenwechsel zu verwenden, um andere Skalare für die neue Vektorenmenge zu berechnen.

Ich werde eine Übergangsmatrix erstellen, die die Skalare aus einer Linearkombination der Vektoren in W aufnimmt und mir die Skalare ausgibt, die ich für die Vektoren von U brauche. Aus keinem bestimmten Grund entscheide ich mich dafür, diejenige Basis zu verwenden, die von den Vektoren in U beschrieben wird – vielleicht, weil U eine orthogonale Basis ist. Sie können eine Übergangsmatrix in beide Richtungen erstellen – von U nach W oder von W nach U. Das Verfahren, die Übergangsmatrix von W nach U zu finden, sieht immer wie folgt aus:

1. Schreiben Sie die erweiterte Matrix, die die Vektoren aus der Menge U auf der linken Seite und die Vektoren aus der Menge W auf der rechten Seite hat.

$$\left(\begin{array}{ccc|ccc} 1 & 1 & -1 & 1 & -2 & 1 \\ -1 & 1 & -1 & -1 & 3 & 2 \\ 0 & 2 & 1 & 0 & 1 & 4 \end{array}\right)$$

Die erweiterte Matrix stellt also drei unterschiedliche Gleichungen mit Vektoren und Skalarmultiplikatoren dar:

$$a_1\vec{u}_1 + a_2\vec{u}_2 + a_3\vec{u}_3 = \vec{w}_1$$

$$b_1\vec{u}_1 + b_2\vec{u}_2 + b_3\vec{u}_3 = \vec{w}_2$$

$$c_1\vec{u}_1 + c_2\vec{u}_2 + c_3\vec{u}_3 = \vec{w}_3$$

Jedes $\vec{u}_i$ stellt einen Vektor in der Menge U dar, und jedes $\vec{w}_i$ stellt einen Vektor in der Menge W dar.

2. Führen Sie Zeilenreduktionen für die erweiterte Matrix durch, um die (linke) Matrix (Ausgangsmatrix) in die reduzierte Zeilenstufenform zu bringen.

$$\left(\begin{array}{ccc|ccc} 1 & 1 & -1 & 1 & -2 & 1 \\ -1 & 1 & -1 & -1 & 3 & 2 \\ 0 & 2 & 1 & 0 & 1 & 4 \end{array}\right)$$

$$Z_1 + Z_2 \rightarrow Z_2 \left(\begin{array}{ccc|ccc} 1 & 1 & -1 & 1 & -2 & 1 \\ 0 & 2 & -2 & 0 & 1 & 3 \\ 0 & 2 & 1 & 0 & 1 & 4 \end{array}\right)$$

$$\frac{1}{2}Z_2 \rightarrow Z_2 \left(\begin{array}{ccc|ccc} 1 & 1 & -1 & 1 & -2 & 1 \\ 0 & 1 & -1 & 0 & \frac{1}{2} & \frac{3}{2} \\ 0 & 2 & 1 & 0 & 1 & 4 \end{array}\right)$$

$$\begin{array}{r} -1Z_2 + Z_1 \rightarrow Z_1 \\ \\ -2Z_2 + Z_3 \rightarrow Z_3 \end{array} \left(\begin{array}{ccc|ccc} 1 & 0 & 0 & 1 & -\frac{5}{2} & -\frac{1}{2} \\ 0 & 1 & -1 & 0 & \frac{1}{2} & \frac{3}{2} \\ 0 & 0 & 3 & 0 & 0 & 1 \end{array}\right)$$

$$\frac{1}{3}Z_3 \rightarrow Z_3 \left(\begin{array}{ccc|ccc} 1 & 0 & 0 & 1 & -\frac{5}{2} & -\frac{1}{2} \\ 0 & 1 & -1 & 0 & \frac{1}{2} & \frac{3}{2} \\ 0 & 0 & 1 & 0 & 0 & \frac{1}{3} \end{array}\right)$$

$$Z_3 + Z_2 \rightarrow Z_2 \left(\begin{array}{ccc|ccc} 1 & 0 & 0 & 1 & -\frac{5}{2} & -\frac{1}{2} \\ 0 & 1 & 0 & 0 & \frac{1}{2} & \frac{11}{6} \\ 0 & 0 & 1 & 0 & 0 & \frac{1}{3} \end{array}\right)$$

Die Matrix auf der rechten Seite ist die Übergangsmatrix, die Sie verwenden, um die Skalare zu bestimmen, die Sie wiederum benötigen, um die Linearkombination der Vektoren in der Menge U zu bestimmen.

Hier die Übergangsmatrix von W nach U:

$$\begin{pmatrix} 1 & -\frac{5}{2} & -\frac{1}{2} \\ 0 & \frac{1}{2} & \frac{11}{6} \\ 0 & 0 & \frac{1}{3} \end{pmatrix}$$

Betrachten Sie beispielsweise den folgenden Vektor $\vec{v}$. Ich zeige den Vektor und die entsprechende Linearkombination der Vektoren in der Basis W.

$$\vec{v} = \begin{matrix} -13 \\ -1 \\ -20 \end{matrix}$$

$$W: \; 1\begin{pmatrix} 1 \\ -1 \\ 0 \end{pmatrix} + 4\begin{pmatrix} -2 \\ 3 \\ 1 \end{pmatrix} - 6\begin{pmatrix} 1 \\ 2 \\ 4 \end{pmatrix} = \begin{pmatrix} -13 \\ -1 \\ -20 \end{pmatrix}$$

3. **Jetzt konstruiere ich einen 3 × 1-Vektor der in der Linearkombination verwendeten Skalare.**

$$\begin{pmatrix} 1 \\ 4 \\ -6 \end{pmatrix}$$

4. **Um die Skalare zu finden, die für eine Linearkombination der Vektoren in der Basis U benötigt werden, multiplizieren Sie die Übergangsmatrix mit dem Vektor aus den Skalaren der Linearkombination von W.**

$$\begin{pmatrix} 1 & -\frac{5}{2} & -\frac{1}{2} \\ 0 & \frac{1}{2} & \frac{11}{6} \\ 0 & 0 & \frac{1}{3} \end{pmatrix} \cdot \begin{pmatrix} 1 \\ 4 \\ -6 \end{pmatrix} = \begin{pmatrix} 1 - \frac{5}{2} \cdot 4 - \frac{1}{2}(-6) \\ 0 \cdot 1 + \frac{1}{2} \cdot 4 + \frac{11}{6}(-6) \\ 0 \cdot 1 + 0 \cdot 4 + \frac{1}{3}(-6) \end{pmatrix} = \begin{pmatrix} -6 \\ -9 \\ -2 \end{pmatrix}$$

Unter Verwendung der Elemente aus der resultierenden 3 × 1 Matrix als Skalarfaktoren in der Linearkombination mit den Vektoren in U ergibt sich derselbe resultierende Vektor.

$$U: -6\begin{pmatrix} 1 \\ -1 \\ 0 \end{pmatrix} - 9\begin{pmatrix} 1 \\ 1 \\ 2 \end{pmatrix} - 2\begin{pmatrix} -1 \\ -1 \\ 1 \end{pmatrix} = \begin{pmatrix} -6-9+2 \\ 6-9+2 \\ 0-18-2 \end{pmatrix} = \begin{pmatrix} -13 \\ -1 \\ -20 \end{pmatrix}$$

Eigenwerte und Eigenvektoren

16

In diesem Kapitel...

- Zeigen, wie Eigenwerte und Eigenvektoren zusammenhängen
- Nach Eigenwerten und ihren entsprechenden Eigenvektoren auflösen
- Eigenvektoren in speziellen Situationen beschreiben
- Die Diagonalisierung kennen lernen

Die früheren Kapitel dieses Buches waren voller lustiger Dinge wie Vektoren und Matrizen. Das macht natürlich Spaß! Mathematik ist wunderbar – das dürfte Ihnen im Laufe der Lektüre dieses Buches doch klar geworden sein, oder ?

In diesem Kapitel werde ich Ihnen zeigen, wie Sie ein paar elementare Zutaten aus der Mathematik mischen, erwärmen und etwas noch Gigantischeres erhalten als zuvor! Sie nehmen eine Tasse Vektoren und ein halbes Pfund Skalare, fügen eine Matrix hinzu, kombinieren das Ganze mit einer Determinante und einer Subtraktion und heizen diese Mischung mit der Lösung einer Gleichung unter Verwendung der Algebra auf. Ich weiß, dass Sie es gar nicht erwarten können, das alles zu probieren, deshalb fangen wir auch sofort damit an.

Kurz gesagt, in diesem Kapitel geht es darum, spezielle Vektoren für Matrizen zu finden. Bei der Durchführung von Matrixoperationen wandeln die Matrizen diese Vektoren in Vielfache von sich selbst um.

Eigenwerte und Eigenvektoren – eine Definition

Eigenwerte und Eigenvektoren sind über eine Matrix miteinander verknüpft. Man beginnt mit einer Matrix und sagt zu sich selbst: »Ich frage mich, was ich erhalte, wenn ich diese Matrix mit einem Vektor multipliziere!« Wenn Sie mit dem Stoff aus Kapitel 3 vertraut sind, werden Sie natürlich sofort erkennen, dass das Ergebnis der Multiplikation einer Matrix mit einem Vektor wieder ein Vektor ist. Das Besondere in diesem Kapitel ist die *Art* von Vektor, die Sie als Ergebnis erhalten.

Eigenvektoren einer Matrix demonstrieren

Betrachten Sie Matrix A und den Vektor $\vec{v}$. Die Matrix A sieht wie jede andere 2×2-Matrix aus. Es scheint überhaupt nichts Besonderes an ihr zu sein. Und der Vektor $\vec{v}$ ist auch nicht spektakulär – außer natürlich, Sie haben ihn aus irgendwelchen Gründen besonders in's Herz geschlossen.

$$A = \begin{pmatrix} -1 & 2 \\ 4 & 6 \end{pmatrix}, \vec{v} = \begin{pmatrix} 1 \\ 4 \end{pmatrix}$$

Jetzt multipliziere ich die Matrix A mit dem Vektor $\vec{v}$. (Weitere Informationen über die Multiplikation finden Sie in Kapitel 3.)

$$A\vec{v} = \begin{pmatrix} -1 & 2 \\ 4 & 6 \end{pmatrix}\begin{pmatrix} 1 \\ 4 \end{pmatrix} = \begin{pmatrix} -1+8 \\ 4+24 \end{pmatrix} = \begin{pmatrix} 7 \\ 28 \end{pmatrix}$$

Die Multiplikation war nicht besonders aufregend, aber ist Ihnen an dem Produkt etwas aufgefallen? Die beiden Einträge im resultierenden Vektor sind Vielfache des ursprünglichen Vektors $\vec{v}$.

$$\begin{pmatrix} 7 \\ 28 \end{pmatrix} = 7\begin{pmatrix} 1 \\ 4 \end{pmatrix}$$

Das Seltsame, was hier passiert, ist, dass Sie durch die Multiplikation der Matrix A mit dem Vektor $\vec{v}$ dasselbe Ergebnis erhalten, das Sie bekämen, wenn Sie den Vektor $\vec{v}$ nur mit dem Skalar 7 multiplizierten.

Soll ich Ihnen das noch einmal zeigen? Kein Problem. Ich verwende einen neuen Vektor, $\vec{w}$.

$$A = \begin{pmatrix} -1 & 2 \\ 4 & 6 \end{pmatrix}, \vec{w} = \begin{pmatrix} -2 \\ 1 \end{pmatrix}$$

$$A\vec{w} = \begin{pmatrix} -1 & 2 \\ 4 & 6 \end{pmatrix}\begin{pmatrix} -2 \\ 1 \end{pmatrix} = \begin{pmatrix} 2+2 \\ -8+6 \end{pmatrix} = \begin{pmatrix} 4 \\ -2 \end{pmatrix} = -2\begin{pmatrix} -2 \\ 1 \end{pmatrix}$$

Jetzt multipliziere ich die Matrix A mit dem Vektor $\vec{w}$, und es entsteht dasselbe Ergebnis, als hätte ich den Vektor $\vec{w}$ mit dem Skalar –2 multipliziert.

Das waren aber auch schon alle meine Zaubertricks – oder alle meine Eigenwerte.

Die Definition des Eigenvektors

Alle quadratischen Matrizen haben Eigenvektoren und zugehörige Eigenwerte. Aber nicht alle quadratische Matrizen haben reelle Eigenvektoren (bei einigen liegen komplexe Zahlen vor). Wenn es reelle Eigenwerte und Eigenvektoren gibt, bewirkt die Multiplikation des Eigenvektors mit der Matrix dasselbe wie die Multiplikation desselben Vektors mit einem Skalar.

Ein Eigenvektor einer $n \times n$-Matrix ist ein Vektor $\vec{x}$ ungleich Null, so dass $A\vec{x} = \lambda\vec{x}$, wobei λ ein Skalar ist. Der Skalar λ wird als der Eigenwert von A bezeichnet, aber nur dann, wenn es eine nicht triviale Lösung (eine, die nicht aus lauter Nullen besteht) für $\vec{x}$ von $A\vec{x} = \lambda\vec{x}$ gibt. Man sagt, $\vec{x}$ ist ein Eigenvektor für λ.

Die Matrix A im Abschnitt »Eigenvektoren einer Matrix demonstrieren« hat zwei Eigenvektoren, $\vec{v}$ und $\vec{w}$. Der Eigenvektor $\vec{v}$ gehört zum Eigenwert 7, und der Eigenvektor $\vec{w}$ gehört zum Eigenwert –2.

Eigenwerte anhand von Spiegelungen und Drehungen verdeutlichen

In Kapitel 8 habe ich Ihnen Matrizen gezeigt, die Drehungen und Streckungen von Vektoren im Koordinatensystem darstellen. Wenn Sie einen Punkt um den Ursprung drehen, liegt der resultierende Punkt immer in derselben Distanz vom Ursprung wie der ursprüngliche Punkt, und manchmal auch in einem Vielfachen der Ursprungsdistanz. Das Strecken oder Kontrahieren (Verkürzen) von Vektoren oder Segmenten ändert Distanzen – sie werden größer oder kleiner. Ich verwende diese beiden geometrischen Transformationen, um das Konzept der Eigenvektoren zu verdeutlichen.

Drehen mit Eigenvektoren

Im Allgemeinen werden Drehungen von Punkten um den Ursprung unter Verwendung der folgenden 2×2-Matrix als Linearoperator durchgeführt:

$$\begin{pmatrix} \cos(\theta) & -\sin(\theta) \\ \sin(\theta) & \cos(\theta) \end{pmatrix}$$

Wenn θ gleich π (180 Grad) ist, dann erhalten Sie die folgende Matrix:

$$\begin{pmatrix} \cos(\pi) & -\sin(\pi) \\ \sin(\pi) & \cos(\pi) \end{pmatrix} = \begin{pmatrix} -1 & 0 \\ 0 & -1 \end{pmatrix}$$

Eine Drehung um 180 Grad bringt Punkte aus einem Quadranten in den gegenüberliegenden Quadranten und kehrt damit die Vorzeichen der Koordinaten um. Die Drehung eines Punktes, der auf einer der Achsen liegt, um 180 Grad, erzeugt einen weiteren Punkt auf derselben Achse – aber auf der anderen Seite des Ursprungs. Als Beispiel multipliziere ich hier die Matrix für eine Drehung von 180 Grad mit Vektoren, die den Ursprung auf die Punkte (3, 4), (–2, 7), (–5, –2) und (0, 3) verschieben.

$$\begin{pmatrix} -1 & 0 \\ 0 & -1 \end{pmatrix}\begin{pmatrix} 3 \\ 4 \end{pmatrix} = \begin{pmatrix} -3 \\ -4 \end{pmatrix} \quad \begin{pmatrix} -1 & 0 \\ 0 & -1 \end{pmatrix}\begin{pmatrix} -2 \\ 7 \end{pmatrix} = \begin{pmatrix} 2 \\ -7 \end{pmatrix}$$

$$\begin{pmatrix} -1 & 0 \\ 0 & -1 \end{pmatrix}\begin{pmatrix} -5 \\ -2 \end{pmatrix} = \begin{pmatrix} 5 \\ 2 \end{pmatrix} \quad \begin{pmatrix} -1 & 0 \\ 0 & -1 \end{pmatrix}\begin{pmatrix} 0 \\ 3 \end{pmatrix} = \begin{pmatrix} 0 \\ -3 \end{pmatrix}$$

Jeder resultierende Vektor ist ein Vielfaches des ursprünglichen Vektors, und der Faktor ist die Zahl –1. Diese spezielle Transformation funktioniert für jeden 2×2-Vektor, technisch gesehen ist also für diejenige Matrix, die 180-Grad-Drehungen durchführt, jeder Vektor, der den Ursprung auf einen Punkt im Koordinatensystem verschiebt, ein Eigenvektor mit dem Eigenwert –1. In Abbildung 16.1 zeige ich Ihnen die vier ursprünglichen Punkte und die entsprechenden Punkte nach einer Drehung um 180 Grad.

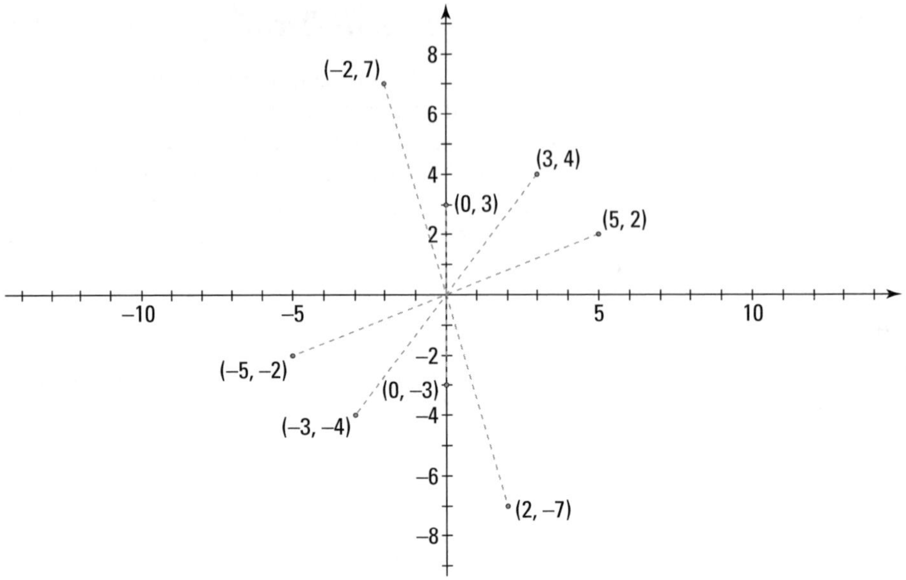

Abbildung 16.1: Punkte und ihre Abbildungen nach einer Drehung von 180 Grad

Strecken und Kontrahieren mit Eigenvektoren

Zwei weitere verwandte Arten der geometrischen Transformation sind Streckungen und Kontraktionen. In Kapitel 8 habe ich Ihnen erklärt, wie diese Transformationen funktionieren. In diesem Abschnitt zeige ich Ihnen, in welcher Verbindung diese Transformationen zu Eigenvektoren und Eigenwerten stehen.

Betrachten Sie die folgende Matrix und was passiert, wenn sie drei Vektoren multipliziert, die Koordinaten in der Ebene darstellen.

$$\begin{pmatrix} 2 & 0 \\ 0 & 2 \end{pmatrix}\begin{pmatrix} -1 \\ 2 \end{pmatrix}=\begin{pmatrix} -2 \\ 4 \end{pmatrix} \quad \begin{pmatrix} 2 & 0 \\ 0 & 2 \end{pmatrix}\begin{pmatrix} -1 \\ 1 \end{pmatrix}=\begin{pmatrix} -2 \\ 2 \end{pmatrix}$$

$$\begin{pmatrix} 2 & 0 \\ 0 & 2 \end{pmatrix}\begin{pmatrix} 3 \\ -1 \end{pmatrix}=\begin{pmatrix} 6 \\ -2 \end{pmatrix}$$

In Abbildung 16.2 zeige ich Ihnen die ursprünglichen drei Punkte – alle durch Teilstrecken miteinander verbunden. Anschließend verbinde ich auch die resultierenden Punkte mit Teilstrecken.

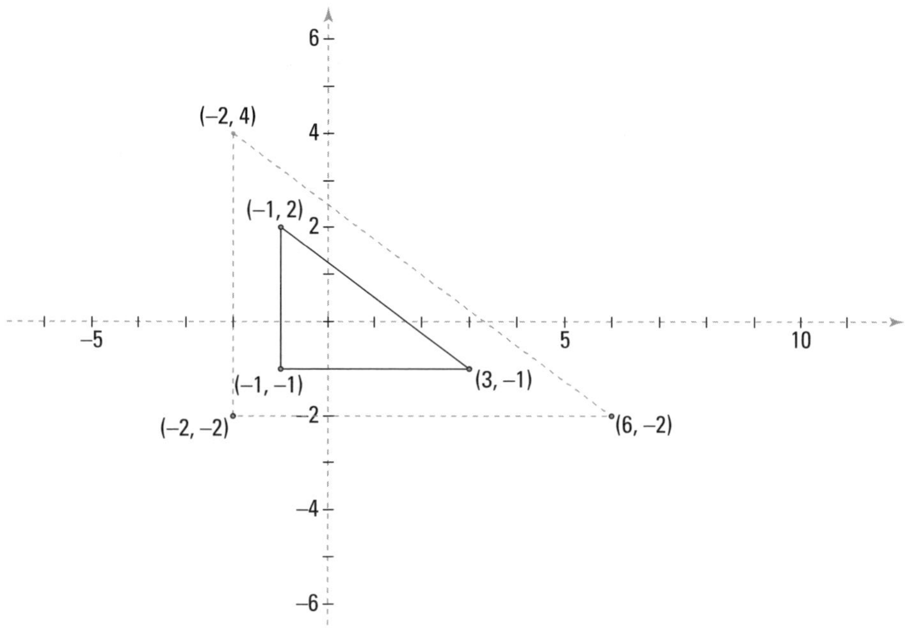

Abbildung 16.2: Das Dreieck wird durch die Streckung vergrößert

Jede Seite des neuen Dreiecks ist doppelt so lang wie die des ursprünglichen Dreiecks, was keine größere Überraschung darstellt, weil jede Koordinate verdoppelt wurde. Außerdem ist jeder neue Punkt doppelt so weit vom Ursprung entfernt wie der ursprüngliche Punkt. Die Matrix stellt eine Streckung von 2 dar (was auch der Eigenwert ist). Die Verwendung einer Zahl zwischen 0 und 1 statt der 2 in der Matrix würde eine Kontraktion bewirken. In jedem Fall führt die Matrix die Operation für jeden Vektor durch.

Nach Eigenwerten und Eigenvektoren auflösen

Die Eigenvektoren einer Matrix sind die besonderen Vektoren, die bei Multiplikation mit der Matrix zu Vielfachen von sich selbst werden. Ein Eigenwert ist ein konstanter Faktor, der dem zu multiplizierenden Vektor zugeordnet ist.

Ein Verfahren zur Bestimmung von Eigenwerten und den zugehörigen Eigenvektoren einer Matrix beinhaltet die Lösung der folgenden Gleichung: $\det(A - \lambda\vec{I})\vec{x} = 0$. Sie lösen nach den Werten auf, die λ annehmen muss, um die Determinante einer Matrix gleich 0 zu machen. Die Matrix, deren Determinante verwendet wird, wird gebildet, indem das Vielfache der Einheitsmatrix von der Ursprungsmatrix A subtrahiert wird. Ich werde diese Schritte jetzt genauer erklären.

Um nach den Eigenwerten λ_i und den entsprechenden Eigenvektoren $\vec{x}_i$ einer $n \times n$-Matrix A aufzulösen, gehen Sie wie folgt vor:

1. **Multiplizieren Sie eine $n \times n$-Einheitsmatrix mit dem Skalar λ.**
2. **Subtrahieren Sie das Vielfache der Einheitsmatrix von der Matrix A.**
3. **Bestimmen Sie die Determinante der Differenzmatrix.**
4. **Lösen Sie nach den Werten von λ auf, die die Gleichung $\det(A - \lambda I) = 0$ erfüllen.**
5. **Lösen Sie nach dem Vektor auf, der den einzelnen λ entspricht.**

Die Eigenwerte einer 2 × 2-Matrix bestimmen

In diesem Abschnitt zeige ich Ihnen zunächst anhand einer 2 × 2-Matrix und dann anhand einer 3 × 3-Matrix, wie Sie Eigenwerte und die entsprechenden Eigenvektoren finden.

Wir beginnen mit der Matrix A:

$$A = \begin{pmatrix} 7 & 3 \\ 3 & -1 \end{pmatrix}$$

1. **Multiplizieren Sie eine 2 × 2-Einheitsmatrix mit dem Skalar λ.**

$$\lambda \begin{pmatrix} 1 & 0 \\ 0 & 1 \end{pmatrix} = \begin{pmatrix} \lambda & 0 \\ 0 & \lambda \end{pmatrix}$$

2. **Subtrahieren Sie das Vielfache der Einheitsmatrix von der Matrix A.**

$$A - \lambda \vec{I} = \begin{pmatrix} 7 & 3 \\ 3 & -1 \end{pmatrix} - \begin{pmatrix} \lambda & 0 \\ 0 & \lambda \end{pmatrix} = \begin{pmatrix} 7-\lambda & 3 \\ 3 & -1-\lambda \end{pmatrix}$$

3. **Bestimmen Sie die Determinante der Matrix, die Sie in Schritt 2 erhalten haben, indem Sie die Differenz der Diagonalprodukte berechnen.**

$$\det \begin{pmatrix} 7-\lambda & 3 \\ 3 & -1-\lambda \end{pmatrix} = (7-\lambda)(-1-\lambda) - 3 \cdot 3$$
$$= -7 - 6\lambda + \lambda^2 - 9$$
$$= \lambda^2 - 6\lambda - 16$$

Falls Sie nicht mehr wissen, wie man Determinanten berechnet, lesen Sie in Kapitel 10 nach.

4. **Lösen Sie nach den Werten von λ auf, die die gefundene Gleichung erfüllen, indem Sie den Ausdruck gleich 0 setzen.**

$$\lambda^2 - 6\lambda - 16 = 0$$
$$(\lambda - 8)(\lambda + 2) = 0$$
$$\lambda = 8 \quad \text{oder} \quad \lambda = -2$$

Die Eigenwerte für die Matrix A sind 8 und –2.

5. Lösen Sie nach den entsprechenden Eigenvektoren auf.

Beginnen Sie mit $\lambda = 8$ und ersetzen Sie jedes λ in der Differenzmatrix durch eine 8.

$$\begin{pmatrix} 7-\lambda & 3 \\ 3 & -1-\lambda \end{pmatrix} = \begin{pmatrix} 7-8 & 3 \\ 3 & -1-8 \end{pmatrix}$$
$$= \begin{pmatrix} -1 & 3 \\ 3 & -9 \end{pmatrix}$$

Jetzt lösen Sie die Matrixgleichung $A\vec{x} = 0$ nach den x-Werten auf. Bei der Zeilenreduktion wird die Zeile der Elemente ungleich Null genutzt, um die Gleichung $-x_1 + 3x_2 = 0$ oder $x_1 = 3x_2$ zu erhalten. Diese Beziehung beschreibt den Eigenvektor, der dem Eigenwert 8 entspricht.

$$\begin{pmatrix} -1 & 3 \\ 3 & -9 \end{pmatrix}\begin{pmatrix} x_1 \\ x_2 \end{pmatrix} = \begin{pmatrix} 0 \\ 0 \end{pmatrix}$$
$$\left(\begin{array}{cc|c} -1 & 3 & 0 \\ 3 & -9 & 0 \end{array}\right)$$

wird vereinfacht zu:

$$\begin{pmatrix} -1 & 3 \\ 3 & -9 \end{pmatrix} \to \begin{matrix} x_1 & x_2 \\ \begin{pmatrix} -1 & 3 \\ 0 & 0 \end{pmatrix} \end{matrix}$$

$$-x_1 + 3x_2 = 0$$
$$x_1 = 3x_2$$
$$\begin{pmatrix} x_1 \\ x_2 \end{pmatrix} = \begin{pmatrix} 3 \\ 1 \end{pmatrix}$$

Wenn der Eigenwert 8 ist, ist das Produkt der Matrix A mit dem entsprechenden Eigenvektor gleich 8 mal der Eigenvektor.

$$\begin{pmatrix} 7 & 3 \\ 3 & -1 \end{pmatrix}\begin{pmatrix} 3 \\ 1 \end{pmatrix} = \begin{pmatrix} 24 \\ 8 \end{pmatrix} = 8\begin{pmatrix} 3 \\ 1 \end{pmatrix}$$

Analog dazu erhält man bei Bestimmung des Eigenvektors für den Eigenwert –2:

$$\begin{pmatrix} 7-(-2) & 3 \\ 3 & -1-(-2) \end{pmatrix} = \begin{pmatrix} 9 & 3 \\ 3 & 1 \end{pmatrix}$$

$$\begin{pmatrix} 9 & 3 \\ 3 & 1 \end{pmatrix} \rightarrow \begin{matrix} x_1 & x_2 \\ \begin{pmatrix} 3 & 1 \\ 0 & 0 \end{pmatrix} \end{matrix}$$

$$3x_1 + x_2 = 0$$

$$x_1 = -3x_2$$

$$\begin{pmatrix} x_1 \\ x_2 \end{pmatrix} = \begin{pmatrix} 1 \\ -3 \end{pmatrix}$$

Wenn man den Eigenvektor mit der Matrix A multipliziert, erhält man –2-mal den Vektor:

$$\begin{pmatrix} 7 & 3 \\ 3 & -1 \end{pmatrix}\begin{pmatrix} 1 \\ -3 \end{pmatrix} = \begin{pmatrix} -2 \\ 6 \end{pmatrix} = -2\begin{pmatrix} 1 \\ -3 \end{pmatrix}$$

Das Ganze mit einer 3 × 3-Matrix vertiefen

Es ist sehr viel schwieriger, nach Eigenwerten einer 3 × 3-Matrix zu suchen. Wenn die Matrix nicht gerade eine Unmenge an Nullen enthält, kann die Algebra für die Lösung der Gleichung, die man aus der Determinante erhält, relativ aufwändig sein.

Betrachten Sie die 3 × 3-Matrix A und den ersten Schritt zur Auflösung nach den Eigenwerten:

$$A = \begin{pmatrix} 4 & -3 & 0 \\ 4 & -1 & -2 \\ 1 & -3 & 3 \end{pmatrix}$$

$$A - \lambda\vec{I} = \begin{pmatrix} 4 & -3 & 0 \\ 4 & -1 & -2 \\ 1 & -3 & 3 \end{pmatrix} - \begin{pmatrix} \lambda & 0 & 0 \\ 0 & \lambda & 0 \\ 0 & 0 & \lambda \end{pmatrix}$$

$$= \begin{pmatrix} 4-\lambda & -3 & 0 \\ 4 & -1-\lambda & -2 \\ 1 & -3 & 3-\lambda \end{pmatrix}$$

Jetzt wende ich die in Kapitel 10 vorgestellte Technik an, um die Determinante der Differenzmatrix zu berechnen:

$$\det\begin{pmatrix} 4-\lambda & -3 & 0 \\ 4 & -1-\lambda & -2 \\ 1 & -3 & 3-\lambda \end{pmatrix}$$

$$= (4-\lambda)(-1-\lambda)(3-\lambda) + 6 + 0$$

$$-(0 + 6(4-\lambda) - 12(3-\lambda))$$

$$= -\lambda^3 + 6\lambda^2 - 11\lambda + 6$$

Ich weiß, ich habe all die wunderbaren algebraischen Schritte übersprungen und Ihnen das Produkt der drei Binome und die Ausmultiplizierung der Faktoren über die anderen Terme nicht gezeigt. Ich dachte mir, Sie würden gerne auf die müßigen Details verzichten und sich dem resultierenden Polynom widmen. Nachdem wir das also geklärt haben, faktorisiere ich jetzt das Polynom, nachdem ich es gleich 0 gesetzt habe.

Wie habe ich das Polynom faktorisiert? Ich habe eine Polynomdivision verwendet. Falls Sie nicht wissen, was eine Polynomdivision ist, lesen Sie in *Lineare Algebra für Dummies* nach, erschienen bei Wiley-VCH.

$$-\lambda^3 + 6\lambda^2 - 11\lambda + 6 = 0$$
$$-(\lambda - 1)(\lambda - 2)(\lambda - 3) = 0$$

Die Eigenwerte sind 1, 2 und 3. Bei der Auflösung nach den entsprechenden Eigenvektoren beginne ich mit $\lambda = 1$.

$$\lambda = 1, \begin{pmatrix} 4-1 & -3 & 0 \\ 4 & -1-1 & -2 \\ 1 & -3 & 3-1 \end{pmatrix}$$
$$= \begin{pmatrix} 3 & -3 & 0 \\ 4 & -2 & -2 \\ 1 & -3 & 2 \end{pmatrix}$$

Durch Zeilenreduktion der resultierenden Matrix erhalte ich:

$$\begin{pmatrix} 3 & -3 & 0 \\ 4 & -2 & -2 \\ 1 & -3 & 2 \end{pmatrix} \rightarrow \begin{pmatrix} 1 & -1 & 0 \\ 0 & 2 & -2 \\ 0 & -2 & 2 \end{pmatrix} \rightarrow \begin{pmatrix} 1 & -1 & 0 \\ 0 & 1 & -1 \\ 0 & 0 & 0 \end{pmatrix} \rightarrow \begin{pmatrix} 1 & 0 & -1 \\ 0 & 1 & -1 \\ 0 & 0 & 0 \end{pmatrix}$$

Aus den Zeilen der Matrix leite ich die Gleichungen $x_1 - x_3 = 0$ und $x_2 - x_3 = 0$ ab. Der Vektor für die Beziehung zwischen den Elementen ist:

$$\begin{pmatrix} 1 \\ 1 \\ 1 \end{pmatrix}$$

Die entsprechenden Eigenvektoren für $\lambda = 2$ werden wie folgt bestimmt. Ich habe bei der Zeilenreduktion Schritte ausgelassen, die Sie aber natürlich gerne selbst nachvollziehen können.

$$\lambda = 2, \begin{pmatrix} 2 & -3 & 0 \\ 4 & -3 & -2 \\ 1 & -3 & 1 \end{pmatrix} \rightarrow \begin{pmatrix} 1 & -3 & 1 \\ 0 & 3 & -2 \\ 0 & 0 & 0 \end{pmatrix} \rightarrow \begin{pmatrix} 1 & 0 & -1 \\ 0 & 3 & -2 \\ 0 & 0 & 0 \end{pmatrix}$$

Aus der Ergebnismatrix erhalte ich die Gleichungen $x_1 - x_3 = 0$ und $3x_2 - 2x_3 = 0$. Aus den Gleichungen erhalte ich den Eigenvektor:

$$\begin{pmatrix} 1 \\ \frac{2}{3} \\ 1 \end{pmatrix} \text{ oder } \begin{pmatrix} 3 \\ 2 \\ 3 \end{pmatrix}$$

Ich habe jedes Element mit 3 multipliziert, um den Bruch los zu werden.

Für $\lambda = 3$ schließlich erhalte ich:

$$\lambda = 3, \begin{pmatrix} 1 & -3 & 0 \\ 4 & -4 & -2 \\ 1 & -3 & 0 \end{pmatrix} \rightarrow \begin{pmatrix} 1 & -3 & 0 \\ 0 & 8 & -2 \\ 0 & 0 & 0 \end{pmatrix} \rightarrow \begin{pmatrix} 1 & 0 & -\frac{3}{4} \\ 0 & 1 & -\frac{1}{4} \\ 0 & 0 & 0 \end{pmatrix}$$

Die Gleichungen aus der Matrix lauten $x_1 - \frac{3}{4}x_3 = 0$ und $x_2 - \frac{1}{4}x_3 = 0$. Der resultierende Eigenvektor ist:

$$\begin{pmatrix} \frac{3}{4} \\ \frac{1}{4} \\ 1 \end{pmatrix} \text{ oder } \begin{pmatrix} 3 \\ 1 \\ 4 \end{pmatrix}$$

Wie Sie sehen, werden die Berechnungen und die Algebra komplizierter, wenn die Matrixgröße zunimmt. Gelobt sei die moderne Technologie! Einige $n \times n$-Matrizen haben jedoch leicht zu bestimmende Eigenwerte, insbesondere Dreiecksmatrizen.

Sonderfälle

Eigenwerte von Matrizen müssen manchmal durch Raten oder durch Ausprobieren bestimmt werden. Einige praktische Eigenschaften der Eigenwerte von Matrizen und verschiedener zugehöriger Matrizen machen die Berechnungen einfacher und manchmal sogar überflüssig. (Eine der Eigenschaften, bei der es um Potenzen von Matrizen geht, wird später in diesem Kapitel im Abschnitt »Die Diagonalisierung hilft« genauer besprochen.)

Eigenwerte einer Matrixtransposition umwandeln

Eine Eigenschaft von Matrizen und ihren zugehörigen Eigenwerten ist es, dass sich die Eigenwerte nicht verändern, wenn die Matrix transponiert wird. In Kapitel 3 habe ich die Matrixtransposition für Sie definiert und Beispiele gezeigt. Als schnelle Wiederholung sei hier nur gesagt, die *Transposition einer Matrix* bedeutet, alle Zeilen und Spalten zu vertauschen (Zeile 1 wird zu Spalte 1 usw.).

Die Eigenwerte einer Matrix A und der Matrix A^T sind gleich.

Wenn Sie also die Eigenwerte der hier gezeigten Matrix A kennen, kennen Sie auch die Eigenwerte der Matrix A^T.

$$\mathrm{A} = \begin{pmatrix} a & b & c \\ d & e & f \\ g & h & i \end{pmatrix}, \mathrm{A}^T = \begin{pmatrix} a & d & g \\ b & e & h \\ c & f & i \end{pmatrix}$$

Um diese Eigenschaft anhand der allgemeinen 3×3-Matrix zu demonstrieren, folgen hier die Terme in den jeweiligen Differenzdeterminanten:

$$\begin{aligned} \det(\mathrm{A} - \lambda \vec{\mathrm{I}}) &= \det \begin{pmatrix} a-\lambda & b & c \\ d & e-\lambda & f \\ g & h & i-\lambda \end{pmatrix} \\ &= (a-\lambda)(e-\lambda)(i-\lambda) + bfg + cdh \\ &\quad -(cg(e-\lambda) + fh(a-\lambda) + bd(i-\lambda)) \end{aligned}$$

$$\begin{aligned} \det(\mathrm{A}^T - \lambda \vec{\mathrm{I}}) &= \det \begin{pmatrix} a-\lambda & d & g \\ b & e-\lambda & h \\ c & f & i-\lambda \end{pmatrix} \\ &= (a-\lambda)(e-\lambda)(i-\lambda) + bfg + cdh \\ &\quad -(cg(e-\lambda) + fh(a-\lambda) + bd(i-\lambda)) \end{aligned}$$

Die Werte der Determinanten sind gleich. Dasselbe gilt natürlich für alle $n \times n$-Matrizen.

Der Eigenwert-Reziprokwert

Eine Matrix hat eigentlich keinen *Kehrwert*. (Der *Kehrwert* einer Zahl ist gleich 1 dividiert durch die Zahl.) Eine Matrix kann aber eine Inverse haben, wobei es sich um eine weitere Matrix handelt, die, wenn sie mit der ursprünglichen Matrix multipliziert wird, eine Einheitsmatrix erzeugt. In Kapitel 3 finden Sie genauere Details über Matrizen und ihre Inversen. Eine Zahl oder ein Skalarfaktor hat einen Reziprokwert (vorausgesetzt, der Skalar ist nicht 0.) Wie also sind Inverse von Matrizen und Kehrwerte von Skalaren miteinander verknüpft? Genau das werde ich Ihnen hier zeigen.

Wenn die Matrix A nicht singulär ist (eine Inverse hat) und λ ein Eigenwert der Matrix A ist, dann ist $1/\lambda$ ein Eigenwert der Inversen der Matrix A, der Matrix A^{-1}. Als Beispiel hier Matrix A:

$$A = \begin{pmatrix} 1 & 2 & 0 \\ 2 & 2 & 2 \\ 0 & 2 & 3 \end{pmatrix}$$

Und hier die Eigenwerte der Matrix A: $\lambda = 2$, $\lambda = 5$, $\lambda = -1$.

Die Inverse der Matrix A ist:

$$A^{-1} = \begin{pmatrix} -0,2 & 0,6 & -0,4 \\ 0,6 & -0,3 & 0,2 \\ -0,4 & 0,2 & 0,2 \end{pmatrix}$$

Und die Eigenwerte von A^{-1} sind $\lambda = \frac{1}{2} \lambda = \frac{1}{5}$ und $\lambda = -1$.

Nur der Anschaulichkeit halber zeige ich Ihnen die Eigenvektoren für den Eigenwert 2 der Matrix A und den entsprechenden Eigenwert $\frac{1}{2}$ für die Matrix A^{-1}.

$$A = \begin{pmatrix} 1 & 2 & 0 \\ 2 & 2 & 2 \\ 0 & 2 & 3 \end{pmatrix}, \lambda = 2$$

$$\begin{pmatrix} 1 & 2 & 0 \\ 2 & 2 & 2 \\ 0 & 2 & 3 \end{pmatrix} \begin{pmatrix} 2 \\ 1 \\ -2 \end{pmatrix} = \begin{pmatrix} 4 \\ 2 \\ -4 \end{pmatrix} = 2 \begin{pmatrix} 2 \\ 1 \\ -2 \end{pmatrix}$$

$$A^{-1} = \begin{pmatrix} -0,2 & 0,6 & -0,4 \\ 0,6 & -0,3 & 0,2 \\ -0,4 & 0,2 & 0,2 \end{pmatrix}, \lambda = \frac{1}{2}$$

$$\begin{pmatrix} -0,2 & 0,6 & -0,4 \\ 0,6 & -0,3 & 0,2 \\ -0,4 & 0,2 & 0,2 \end{pmatrix} \begin{pmatrix} 2 \\ 1 \\ -2 \end{pmatrix} = \begin{pmatrix} 1 \\ \frac{1}{2} \\ -1 \end{pmatrix} = \frac{1}{2} \begin{pmatrix} 2 \\ 1 \\ -2 \end{pmatrix}$$

Beachten Sie, dass die Eigenvektoren, die $\lambda = 2$ und $\lambda = \frac{1}{2}$ entsprechen, gleich sind.

Dreiecksmatrizen

In Kapitel 3 haben Sie zahlreiche Methoden kennen gelernt, Matrizen zu beschreiben. Matrizen können quadratische Matrizen, Dreiecksmatrizen, Nullmatrizen, Einheitsmatrizen, singulär, nicht singulär usw. sein. Viele Matrizen fallen in mehrere dieser Kategorien.

Die in diesem Abschnitt beschriebenen Matrizen sind alle quadratisch und Dreiecksmatrix oder quadratisch und diagonal – im Wesentlichen sind sie Dreiecksmatrix oder diagonal. Ginge es hier um Geometrie, würden Sie mir jetzt mitteilen, dass quadratisch und dreieckig gleichzeitig nicht möglich ist. Seien wir also froh, dass wir nicht in der Geometrie sind!

Eine *quadratische Matrix* hat gleich viele Zeilen und Spalten.

Eine *Dreiecksmatrix* hat lauter Nullen oberhalb oder unterhalb der Hauptdiagonalen. Wenn alle Elemente oberhalb der Hauptdiagonalen 0 sind, ist die Matrix eine *untere Dreiecksmatrix*. Befinden sich die Nullen unterhalb der Hauptdiagonalen, ist die Matrix eine *obere Dreiecksmatrix* (die Einordnung erfolgt danach, wo sich die Elemente ungleich Null befinden).

Jetzt will ich Ihnen eine schöne Eigenschaft von Dreiecksmatrizen zeigen. Ich beginne mit der oberen Dreiecksmatrix A und der unteren Dreiecksmatrix B:

$$A = \begin{pmatrix} 1 & 4 & 2 \\ 0 & 2 & -1 \\ 0 & 0 & -3 \end{pmatrix} \qquad B = \begin{pmatrix} 3 & 0 & 0 \\ 1 & -4 & 0 \\ 0 & 1 & 2 \end{pmatrix}$$

Das besondere an Dreiecksmatrizen sind ihre Eigenwerte.

Die Eigenwerte einer Dreiecksmatrix liegen entlang der Hauptdiagonalen

Wenn Sie sich die Matrizen A und B ansehen, erkennen Sie, dass die Eigenwerte für die Matrix A gleich $\lambda = 1, 2$ und -3 sind, und die Eigenwerte für die Matrix B $\lambda = 3, -4$ und 2. Skeptisch? Ich werde Ihnen anhand der Matrix A schnell zeigen, warum die Regel für Dreiecksmatrizen funktioniert. Ich richte die Matrix $A - \lambda\vec{I}$ ein, um anschließend die Determinante dieser Differenz zu bestimmen.

$$A - \lambda\vec{I} = \begin{pmatrix} 1-\lambda & 4 & 2 \\ 0 & 2-\lambda & -1 \\ 0 & 0 & -3-\lambda \end{pmatrix}$$

$$\det\begin{pmatrix} 1-\lambda & 4 & 2 \\ 0 & 2-\lambda & -1 \\ 0 & 0 & -3-\lambda \end{pmatrix}$$
$$= (1-\lambda)(2-\lambda)(-3-\lambda) + 0 + 0 - (0+0+0)$$
$$= (1-\lambda)(2-\lambda)(-3-\lambda)$$

Weil alle 0-Elemente an strategischen Positionen sitzen, ist der einzige Teil der Determinante, der nicht 0 ist, das Produkt entlang der Hauptdiagonalen. Setzen Sie dieses Produkt gleich 0, dann erhalten Sie die Eigenwerte als identisch mit den Einträgen entlang dieser Diagonalen. Diese Eigenschaft gilt für quadratische Matrizen aller Größen.

Potenzen von Matrizen

Bei verschiedenen Anwendungen mit Wahrscheinlichkeitsmodellen oder in der Herstellung hat man es mit Potenzen quadratischer Matrizen zu tun. Hier löst man Probleme, indem man die Matrix quadriert oder in die dritte, vierte oder eine noch höhere Potenz erhebt. Ich werde Ihnen zuerst die Beziehung zwischen den Eigenwerten einer quadratischen Matrix und den Eigenwerten von Potenzen quadratischer Matrizen zeigen. Im Abschnitt »Die Diagonalisierung hilft« zeige ich Ihnen, wie die Potenzierung von Matrizen sehr viel einfacher durchgeführt werden kann.

Wenn A eine $n \times n$-Matrix ist und λ ein Eigenwert von A, dann ist λ^k ein Eigenwert der Matrix A^k (für $k = 2, 3, 4, \ldots$). Beispielsweise hat die hier gezeigte Matrix A die Eigenwerte 7 und –2.

$$A = \begin{pmatrix} 3 & -5 \\ -4 & 2 \end{pmatrix}, \lambda = 7, -2$$

Ich erhebe A in die dritte Potenz und löse nach den Eigenwerten der resultierenden Matrix auf:

$$A^3 = \begin{pmatrix} 187 & -195 \\ -156 & 148 \end{pmatrix}$$

$$\begin{aligned} \det\begin{pmatrix} 187-\lambda & -195 \\ -156 & 148-\lambda \end{pmatrix} &= (187-\lambda)(148-\lambda) - 30420 \\ &= 27676 - 335\lambda + \lambda^2 - 30420 \\ &= \lambda^2 - 335\lambda - 2744 \\ &= (\lambda - 343)(\lambda + 8) \end{aligned}$$

Die Eigenwerte von A^3 sind 343 und –8, das sind die Kubikwerte von 7 und –2.

Dank der Technik konnte ich die Matrix A mit Hilfe meines Taschenrechners relativ einfach in die dritte Potenz erheben. Sie fragen sich vielleicht, ob es eine Alternative für diejenigen gibt, die kein so praktisches Rechengerät besitzen. Ich freue mich über Ihr Interesse – die Antwort finden Sie im nächsten Abschnitt, wo es um die Diagonalisierung geht.

Die Diagonalisierung hilft

Eine Diagonalmatrix ist eine quadratische Matrix, deren einzige Elemente ungleich Null entlang der Hauptdiagonalen liegen. Nachfolgend sehen Sie drei Diagonalmatrizen in drei verschiedenen Größen:

$$A = \begin{pmatrix} 1 & 0 & 0 \\ 0 & 2 & 0 \\ 0 & 0 & -3 \end{pmatrix}, B = \begin{pmatrix} 7 & 0 \\ 0 & 4 \end{pmatrix}, C = \begin{pmatrix} 1 & 0 & 0 & 0 \\ 0 & 5 & 0 & 0 \\ 0 & 0 & -3 & 0 \\ 0 & 0 & 0 & 8 \end{pmatrix}$$

Eine der praktischsten Eigenschaften von Diagonalmatrizen sind die einfachen Berechnungen. Insbesondere kann man eine Diagonalmatrix in verschiedene Potenzen erheben, indem man einfach jedes Element entlang der Hauptdiagonalen in diese Potenz erhebt. Wenn wir also die Matrix A in die vierte Potenz erheben, erhalten wir:

$$A^4 = \begin{pmatrix} 1^4 & 0 & 0 \\ 0 & 2^4 & 0 \\ 0 & 0 & (-3)^4 \end{pmatrix} = \begin{pmatrix} 1 & 0 & 0 \\ 0 & 16 & 0 \\ 0 & 0 & 81 \end{pmatrix}$$

Wenn Sie immer nur Diagonalmatrizen in höhere Potenzen erheben müssten, wären Sie alle Probleme los. Die nächste gute Nachricht ist, dass Sie häufig eine quadratische Matrix in eine Diagonalmatrix umwandeln können, die ähnlich zu dieser Matrix ist, und dann die Berechnungen für diese neue Matrix ausführen können. Die Potenzen einer Diagonalmatrix sind sehr viel einfacher zu finden als die Potenzen aller anderen Matrizen.

Wie in einer Dreiecksmatrix liegen die Eigenwerte einer Diagonalmatrix entlang der Hauptdiagonalen. Nachdem Sie die Eigenwerte der ursprünglichen Matrix bestimmt haben können Sie also eine Matrix erzeugen, die dieser vorgegebenen Matrix ähnlich ist.

Zwei Matrizen A und B werden als *ähnlich* bezeichnet, wenn die Matrix B gleich dem Produkt der Inversen einer nicht singulären (invertierbaren) Matrix S, der Matrix A und der Matrix S ist: $B = S^{-1}AS$.

Wenn zwei Matrizen *ähnliche* $n \times n$-Matrizen sind, haben sie dieselben Eigenwerte.

Es läuft also mit all diesen diagonalen Matrizen und ähnlichen Matrizen darauf hinaus, dass Sie, wenn Sie eine hohe Potenz einer Matrix benötigen, versuchen, eine ähnliche Matrix zu finden, bei der es sich um eine Diagonalmatrix handelt. Sie ermitteln die Potenz der Diagonalmatrix und bringen die Lösung dann wieder zurück in die ursprüngliche Form.

Wenn A beispielsweise eine $n \times n$-Matrix ist und $B = S^{-1}AS$, wobei B eine Diagonalmatrix ist, dann können Sie, nachdem Sie B in die k-te Potenz erhoben haben, dieselbe Matrix S und ihre Inverse benutzen um die Potenz von A mit $A^k = SB^kS^{-1}$ bestimmen.

Eine Matrix ist nur dann *diagonalisierbar* (man findet eine ähnliche Matrix, die diagonal ist), wenn die Matrix Eigenvektoren hat, die linear unabhängig sind. Ich werde Ihnen zeigen, wie Sie die Eigenvektoren einer Matrix nutzen, um eine ähnliche Diagonalmatrix zu bilden.

Die Matrix A ist diagonalisierbar, weil ihre beiden Eigenwerte $\lambda_1 = 1$ und $\lambda_2 = 6$ entsprechende Eigenvektoren $\vec{u}_1$ und $\vec{u}_2$ haben, die linear unabhängig sind.

$$A = \begin{pmatrix} 4 & -1 \\ -6 & 3 \end{pmatrix}$$

$$\lambda_1 = 1, \vec{u}_1 = \begin{pmatrix} 1 \\ 3 \end{pmatrix}$$

$$\lambda_2 = 6, \vec{u}_2 = \begin{pmatrix} 1 \\ -2 \end{pmatrix}$$

Angenommen, die Vektoren $\vec{u}_1$ und $\vec{u}_2$ bilden die Spaltenvektoren der Matrix S, dann bestimme ich die Inverse S^{-1}.

$$S = \begin{pmatrix} 1 & 1 \\ 3 & -2 \end{pmatrix}, S^{-1} = \begin{pmatrix} 0{,}4 & 0{,}2 \\ 0{,}6 & -0{,}2 \end{pmatrix}$$

Wenn Sie nicht mehr wissen, wie man die Inverse einer Matrix ermittelt, lesen Sie in Kapitel 3 nach. Jetzt ermittle ich das Produkt $S^{-1}AS$. Zuerst multipliziere ich Matrix A mit S und dann die Inverse von S mit dem Produkt. Ich nenne die neue Matrix B.

$$\begin{aligned} S^{-1}(AS) &= S^{-1}\left(\begin{pmatrix} 4 & -1 \\ -6 & 3 \end{pmatrix}\begin{pmatrix} 1 & 1 \\ 3 & -2 \end{pmatrix}\right) \\ &= S^{-1}\left(\begin{pmatrix} 1 & 6 \\ 3 & -12 \end{pmatrix}\right) \\ &= \begin{pmatrix} 0{,}4 & 0{,}2 \\ 0{,}6 & -0{,}2 \end{pmatrix}\begin{pmatrix} 1 & 6 \\ 3 & -12 \end{pmatrix} \\ &= \begin{pmatrix} 1 & 0 \\ 0 & 6 \end{pmatrix} = B \end{aligned}$$

Die resultierende Matrix sollte kaum eine Überraschung darstellen, wenn Sie mir geglaubt haben, dass die beiden ähnlichen Matrizen, A und B, dieselben Eigenwerte haben. Die Eigenwerte der diagonalen Matrix liegen entlang dieser Hauptdiagonalen. Das Ziel ist jetzt, die Potenz der Matrix A unter Verwendung der Matrix B zu bestimmen.

Als erstes wende ich also eine Operation auf Matrix B an: Ich erhebe B in die vierte Potenz.

$$B^4 = \begin{pmatrix} 1 & 0 \\ 0 & 6 \end{pmatrix}^4 = \begin{pmatrix} 1^4 & 0 \\ 0 & 6^4 \end{pmatrix} = \begin{pmatrix} 1 & 0 \\ 0 & 1296 \end{pmatrix}$$

Anschließend stelle ich die ursprüngliche Matrix A wieder her, oder genauer gesagt, die vierte Potenz von A, mit $A^4 = SB^4S^{-1}$.

$$\begin{aligned} (SB^4)S^{-1} &= \left(\begin{pmatrix} 1 & 1 \\ 3 & -2 \end{pmatrix}\begin{pmatrix} 1 & 0 \\ 0 & 1296 \end{pmatrix}\right)S^{-1} \\ &= \left(\begin{pmatrix} 1 & 1296 \\ 3 & -2592 \end{pmatrix}\right)S^{-1} \\ &= \begin{pmatrix} 1 & 1296 \\ 3 & -2592 \end{pmatrix}\begin{pmatrix} 0{,}4 & 0{,}2 \\ 0{,}6 & -0{,}2 \end{pmatrix} \\ &= \begin{pmatrix} 778 & -259 \\ -1554 & 519 \end{pmatrix} = A^4 \end{aligned}$$

Nachfolgend sehen Sie eine 3 × 3-Matrix mit den Eigenwerten λ_1, λ_2 und λ_3 und den entsprechenden Eigenvektoren $\vec{u}_1$, $\vec{u}_2$ und $\vec{u}_3$. Ich will A in die sechste Potenz erheben.

$$A = \begin{pmatrix} 4 & -3 & 0 \\ 4 & -1 & -2 \\ 1 & -3 & 3 \end{pmatrix}$$

$$\lambda_1 = 1, \vec{u}_1 = \begin{pmatrix} 1 \\ 1 \\ 1 \end{pmatrix} \quad \lambda_2 = 2, \vec{u}_2 = \begin{pmatrix} 3 \\ 2 \\ 3 \end{pmatrix} \quad \lambda_3 = 3, \vec{u}_3 = \begin{pmatrix} 3 \\ 1 \\ 4 \end{pmatrix}$$

Unter Verwendung der Eigenwerte von A schreibe ich eine Matrix B, die ähnlich zu A ist, indem ich eine diagonale Matrix mit den Eigenwerten entlang der Diagonalen erstelle. Anschließend schreibe ich die Matrix S unter Verwendung der Eigenvektoren und bestimme S^{-1}.

$$B = \begin{pmatrix} 1 & 0 & 0 \\ 0 & 2 & 0 \\ 0 & 0 & 3 \end{pmatrix}, S = \begin{pmatrix} 1 & 3 & 3 \\ 1 & 2 & 1 \\ 1 & 3 & 4 \end{pmatrix}, S^{-1} = \begin{pmatrix} -5 & 3 & 3 \\ 3 & -1 & -2 \\ -1 & 0 & 1 \end{pmatrix}$$

Ich erhebe die Matrix B in die sechste Potenz und bestimme dann $A^6 = SB^6S^{-1}$.

$$B^6 = \begin{pmatrix} 1 & 0 & 0 \\ 0 & 2 & 0 \\ 0 & 0 & 3 \end{pmatrix}^6 = \begin{pmatrix} 1^6 & 0 & 0 \\ 0 & 2^6 & 0 \\ 0 & 0 & 3^6 \end{pmatrix} = \begin{pmatrix} 1 & 0 & 0 \\ 0 & 64 & 0 \\ 0 & 0 & 729 \end{pmatrix}$$

$$\begin{aligned}
(SB^6)S^{-1} &= \left(\begin{pmatrix} 1 & 3 & 3 \\ 1 & 2 & 1 \\ 1 & 3 & 4 \end{pmatrix} \begin{pmatrix} 1 & 0 & 0 \\ 0 & 64 & 0 \\ 0 & 0 & 729 \end{pmatrix} \right) S^{-1} \\
&= \left(\begin{pmatrix} 1 & 192 & 2187 \\ 1 & 128 & 729 \\ 1 & 192 & 2916 \end{pmatrix} \right) S^{-1} \\
&= \begin{pmatrix} 1 & 192 & 2187 \\ 1 & 128 & 729 \\ 1 & 192 & 2916 \end{pmatrix} \begin{pmatrix} -5 & 3 & 3 \\ 3 & -1 & -2 \\ -1 & 0 & 1 \end{pmatrix} \\
&= \begin{pmatrix} -1616 & -189 & 1806 \\ -350 & -125 & 476 \\ -2345 & -189 & 2535 \end{pmatrix} = A^6
\end{aligned}$$

Teil V
Der Teil der Zehn

In diesem Teil...

Der Teil der Zehn beinhaltet Dinge, die gute Kandidaten für eine Top-10-Liste sind. Egal, ob es sich um Taschenrechner, griechische Buchstaben oder Matrixanwendungen handelt, hier können Sie sich das Passende raussuchen oder sich alles im Ganzen zu Gemüte führen.

Zehn Anwendungen von Matrizen aus der Praxis

17

In diesem Kapitel...

- Biologische und wissenschaftliche Modelle bearbeiten
- Verkehrs- und Bevölkerungsverlagerungen beobachten
- Geheime Nachrichten senden und Spiele spielen

Für den Fall, dass Sie sich fragen, wozu die lineare Algebra eigentlich gut ist, zeige ich Ihnen in diesem Kapitel 10 Beispiele für Matrizen in der Praxis. Natürlich würde ich viel lieber antworten, dass die lineare Algebra einfach ein Wunder für sich ist und der wahre Kenner keine Beweise braucht – aber ein wenig Praxisbezug kann nicht schaden.

In diesem Kapitel geht es um relativ häufige Anwendungen im Kurzformat – nur so viel, um Sie zu überzeugen.

Richtig essen

Die richtige Ernährung ist für jede Altersgruppe wichtig. Sie brauchen genügend Essen, um gesund zu bleiben, aber Sie dürfen es auch nicht übertreiben. Ältere Menschen brauchen andere Nährstoffmengen als jüngere oder Kinder.

Stellen Sie sich vor, ein Kantinenbetreiber verwendet täglich Reis, Makkaroni, fettarme Trockenmilch und Weizenbrot als Teil der angebotenen Mahlzeiten. In jeder Portion enthält der Reis 5 Milligramm Natrium, 21 Gramm Kohlenhydrate und 2 Gramm Eiweiß. Die Makkaroni enthalten 1 Gramm Fett, 1 Milligramm Natrium, 28 Gramm Kohlenhydrate und 5 Gramm Eiweiß. Die Milch enthält 1 Gramm Fett, 535 Milligramm Natrium, 52 Gramm Kohlenhydrate und 36 Gramm Eiweiß. Und das Brot enthält 4 Gramm Fett, 530 Milligramm Natrium, 47 Gramm Kohlenhydrate und 9 Gramm Eiweiß. Der Kantinenbetreiber muss außerdem mindestens 12 Gramm Fett, 2 Gramm Natrium, 265 Gramm Kohlenhydrate und 70 Gramm Fett für jede Person täglich bereitstellen. Er will nicht zu wenig oder zu viel von den verschiedenen Nahrungstypen bestellen.

Wie kann er das Problem lösen? Natürlich mit Hilfe von Matrizen! Er legt eine erweiterte Matrix mit den Nährstoffen und ihrem Gehalt in den einzelnen Nahrungsmitteln an. Alle Mengen werden in Gramm angegeben, die 530 Milligramm werden also zu 0,530 Gramm.

	Mak	Milch	Brot	Reis	Gesamt
Fett	1	1	4	0	12
Natrium	0,001	0,535	0,530	0,005	2
Kohlenhydrate	28	52	47	21	265
Eiweiß	5	36	9	2	70

Wenn wir jetzt nach den Mengen auflösen, erhalten wir:

	Mak	Milch	Brot	Reis	Gesamt
Fett	1	0	0	0	0,19
Natrium	0	1	0	0	1,03
Kohlenhydrate	0	0	1	0	2,69
Eiweiß	0	0	0	1	3,77

Um den täglichen Mindestbedarf der verschiedenen Nährstoffe zu decken, muss der Kantinenbetreiber 0,19 Portionen Makkaroni, 1,03 Portionen fettarme Milch, 2,69 Portionen Brot und 3,77 Portionen Reis für jede Person servieren.

Wie Sie eine erweiterte Matrix vereinfachen, um die Lösungen für das System zu erhalten, finden Sie in Kapitel 4 beschrieben.

Verkehrssteuerung

Haben Sie sich je gefragt, wer eigentlich die Ampelschaltung zwischen Ihrer Wohnung und Ihrem Büro programmiert hat? Als ich zwei Monate lang einen Umweg zur Arbeit nehmen musste, habe ich aufgezeichnet, wie oft ich an den 23 Ampeln zwischen zuhause und der Arbeit anhalten musste. Durchschnittlich musste ich an 21 der Ampeln halten!

Allerdings bin ich beeindruckt davon, was die Verkehrstechniker leisten, um den Verkehr am Laufen zu halten. Betrachten Sie dazu Abbildung 17.1, die die vier Hauptstraßen in meiner Stadt zeigt. Es handelt sich um Einbahnstraßen, und ich zeige die Anzahl der Autos, die innerhalb einer Stunde am Nachmittag in die Innenstadt fahren bzw. diese verlassen.

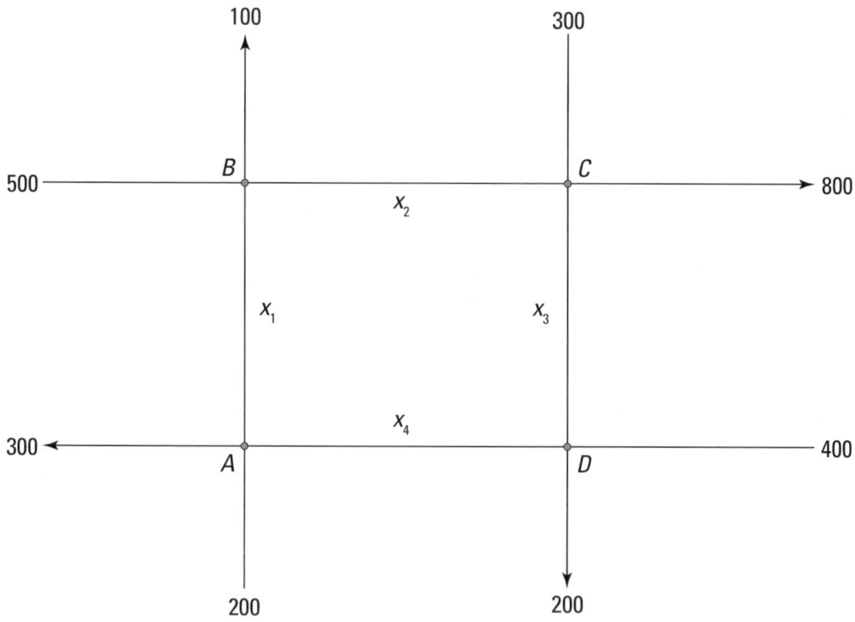

Abbildung 17.1: Der Verkehr verläuft an den Schnittstellen geradeaus oder biegt ab

Man könnte die Information systematisch darstellen, indem man Gleichungen dazu schreibt, was an jeder Kreuzung passiert:

A: $200 + x_4 = 300 + x_1$

B: $500 + x_1 = 100 + x_2$

C: $300 + x_2 = 800 + x_3$

D: $400 + x_3 = 200 + x_4$

Wenn man die Gleichungen umschreibt und alle Koeffizienten in einer Matrix ablegt, werden die Beziehungen zwischen den Variablen offensichtlicher.

$$\begin{array}{c} \\ A \\ B \\ C \\ D \end{array} \begin{array}{c} \begin{array}{cccc|c} x_1 & x_2 & x_3 & x_4 & \end{array} \\ \left(\begin{array}{cccc|c} 1 & 0 & 0 & -1 & -100 \\ 1 & -1 & 0 & 0 & -400 \\ 0 & 1 & -1 & 0 & 500 \\ 0 & 0 & 1 & -1 & -200 \end{array}\right) \end{array}$$

Sie suchen Beziehungen innerhalb des Verkehrsaufkommens zwischen den Schnittpunkten der einzelnen Straßen. Diese Beziehungen können im Hinblick daraufhin aufgezeichnet werden, was auf Teil x_4 der Straße passiert: $x_1 = x_4 - 100$, $x_2 = x_4 + 300$ und $x_3 = x_4 - 200$. Ein mögliches Szenario ist es, $x_4 = 200$ sein zu lassen, dann ist $x_1 = 100$, $x_2 = 500$ und $x_3 = 0$. Es kommt alles auf die Planung an.

In Kapitel 4 geht es um Gleichungssysteme und die Verwendung von Matrizen, um sie zu lösen.

Fuchs und Hase

Ein übliches Modell für die Interaktion zwischen zwei Spezies, den *Raubtieren* und der *Beute*, zeigt, wie die Anzahl einer Kategorie sich auf die andere auswirkt. Wenn es beispielsweise sehr viele Hasen gibt, dann haben die Füchse viel zu fressen und gedeihen (ihre Anzahl steigt). Wenn die Anzahl der Füchse zunimmt, nimmt die Anzahl der Hasen ab (weil sie gefressen werden). Wenn es weniger Hasen gibt, können weniger Füchse überleben (oder wandern ab). Ein Feinausgleich sorgt dafür, dass die Populationen von Fuchs und Hase konstant bleiben.

Gehen wir einfach mal davon aus, dass die Hasen 70 Prozent der Ernährung für die Fuchspopulation in einem bestimmten Gebiet darstellen. Außerdem fressen die Füchse innerhalb eines Monats eine Anzahl von Hasen, die 10 Prozent der Fuchspopulation in diesem Gebiet entspricht. Wenn es keine Hasen zum Fressen gibt, sterben 40 Prozent der Füchse. Wenn es keine Füchse in dem Bereich gibt, nimmt die Hasenpopulation um 10 Prozent pro Monat zu. Wenn die Hasen ausreichend sind, nimmt die Fuchspopulation um 30 Prozent der Hasenpopulation (in Hundertern) zu. Die folgende Übergangsmatrix zeigt das Zusammenspiel zwischen Füchsen und Hasen.

$$\begin{array}{c} \\ F \\ H \end{array}\begin{array}{c} \begin{array}{cc} F & H \end{array} \\ \begin{pmatrix} 0{,}6 & 0{,}30 \\ -0{,}10 & 1{,}10 \end{pmatrix} \end{array} * \begin{pmatrix} \text{Anzahl der Füchse} \\ \text{Anzahl der Hasen (in Hundertern)} \end{pmatrix}$$

Und so erhält man die Elemente in der Matrix:

- Anzahl der Füchse nächsten Monat = 0,60 (Füchse in diesem Monat, falls es keine Hasen gibt) + 0,30 (Hasen diesen Monat)
- Anzahl der Hasen nächsten Monat = –10 (der Füchse in diesem Monat, wenn es viele Füchse gibt) + 1,10 (Hasen diesen Monat, wenn es keine Füchse gibt)

Wenn Sie sich das Problem genauer ansehen, finden Sie mehr über die Evolution dieses Systems heraus, indem Sie nach Eigenwerten und den entsprechenden Eigenvektoren für die Matrix auflösen. Wenn Sie dann beobachten, was im Laufe mehrerer Generationen passiert, stellen Sie fest, dass beide Populationen zu einem Wachstum von 3 Prozent pro Monat tendieren, mit einem Verhältnis von 30 Füchsen zu 43 Hasen. (Weitere Informationen über Eigenwerte und Eigenvektoren finden Sie in Kapitel 16.)

Geheime Botschaften

Wenn Sie ein Fan von James Bond sind, haben Sie sich sicher schon an Geheimcodes versucht – wenn nicht gar an explodierenden Kugelschreibern. Am einfachsten verschlüsselt man eine Botschaft, indem jeder Buchstabe im Alphabet durch einen der anderen Buchstaben dargestellt wird. Diese Codes sind jedoch relativ einfach zu entschlüsseln (ich übe die Entschlüsselung mit Hilfe meiner Tageszeitung). Matrizen dagegen können Geheimbotschaften so stark verdrehen, dass niemand sie knacken kann.

Angenommen, ich will eine Nachricht an meinen Mitspion schicken, die heißt *Meet me at the bridge*. Ich beginne damit, jedem Buchstaben in der Botschaft seinen numerischen Platz im Alphabet zuzuordnen.

M	E	E	T	M	E	A	T	T	H	E	B	R	I	D	G	E
13	5	5	20	13	5	1	20	20	8	5	2	18	9	4	7	5

Jetzt zerlege ich die Botschaft in 3 × 1-Vektoren und trage als letztes Element 27 ein (weil die Botschaft nur 17 Buchstaben lang ist, so dass Sie den letzten Vektor nicht vollständig füllen können). Die Zahl 27 ist äquivalent mit der Zahl 1, deshalb ergibt sie sich als A. Eine weitere Möglichkeit wäre es, leere Positionen mit der Zahl 24 (X) zu füllen.

$$\begin{pmatrix}13\\5\\5\end{pmatrix},\begin{pmatrix}20\\13\\5\end{pmatrix},\begin{pmatrix}1\\20\\20\end{pmatrix},\begin{pmatrix}8\\5\\2\end{pmatrix},\begin{pmatrix}18\\9\\4\end{pmatrix},\begin{pmatrix}7\\5\\27\end{pmatrix}$$

Jetzt verschlüssele ich meine Botschaft, indem ich jeden Vektor mit der 3 × 3-Matrix A multipliziere. Ich habe eine Matrix mit einer relativ übersichtlichen Inversen ausgewählt, weil mein Mitspion die Ergebnisse möglicherweise von Hand ausrechnen muss.

$$A=\begin{pmatrix}2&-1&5\\-2&3&-8\\1&-2&5\end{pmatrix}$$

$$A*\begin{pmatrix}13\\5\\5\end{pmatrix}=\begin{pmatrix}46\\-51\\28\end{pmatrix},\ A*\begin{pmatrix}20\\13\\5\end{pmatrix}=\begin{pmatrix}52\\-41\\19\end{pmatrix}$$

$$A*\begin{pmatrix}1\\20\\20\end{pmatrix}=\begin{pmatrix}82\\-102\\61\end{pmatrix},\ A*\begin{pmatrix}8\\5\\2\end{pmatrix}=\begin{pmatrix}21\\-17\\8\end{pmatrix}$$

$$A*\begin{pmatrix}18\\9\\4\end{pmatrix}=\begin{pmatrix}47\\-41\\20\end{pmatrix},\ A*\begin{pmatrix}7\\5\\27\end{pmatrix}=\begin{pmatrix}144\\-215\\132\end{pmatrix}$$

Mein Mitspion erwartet einen Code aus positiven zweistelligen Zahlen. Einige der Elemente in den Vektorprodukten sind negativ, einige haben drei Ziffern. Ich addiere oder subtrahiere Vielfache von 26 zu bzw. von jedem Element, bis ich lauter zweistellige Zahlen habe. Wenn ich eine einstellige Zahl habe, wie beispielsweise 8, setze ich eine 0 davor. Anschließend liste ich die Elemente aus den Vektoren in einer Zeile auf.

$$\begin{pmatrix}46\\-51\\28\end{pmatrix}\rightarrow\begin{pmatrix}46\\01\\28\end{pmatrix},\begin{pmatrix}52\\-41\\19\end{pmatrix}\rightarrow\begin{pmatrix}52\\11\\19\end{pmatrix},$$

$$\begin{pmatrix}82\\-102\\61\end{pmatrix}\rightarrow\begin{pmatrix}82\\02\\61\end{pmatrix},\begin{pmatrix}21\\-17\\8\end{pmatrix}\rightarrow\begin{pmatrix}21\\09\\08\end{pmatrix},$$

$$\begin{pmatrix}47\\-41\\20\end{pmatrix}\rightarrow\begin{pmatrix}47\\11\\20\end{pmatrix},\begin{pmatrix}144\\-215\\132\end{pmatrix}\rightarrow\begin{pmatrix}92\\19\\80\end{pmatrix}$$

460128521119820261210908471120921980

Ich sende diese Zahlenfolge an meinen Mitspion. Er hat den Codeschlüssel, die Inverse der Matrix, die ich für die Verschlüsselung verwendet habe. Er zerlegt die Ziffernkette in Gruppen von je drei zweistelligen Zahlen für die Vektoren. Anschließend multipliziert er jeden Vektor mit der inversen Matrix.

$$A^{-1}=\begin{pmatrix}-1 & -5 & -7\\2 & 5 & 6\\1 & 3 & 4\end{pmatrix}$$

$$A^{-1}*\begin{pmatrix}46\\01\\28\end{pmatrix}=\begin{pmatrix}-247\\265\\161\end{pmatrix},A^{-1}*\begin{pmatrix}52\\11\\19\end{pmatrix}=\begin{pmatrix}-240\\273\\161\end{pmatrix},$$

$$A^{-1}*\begin{pmatrix}82\\02\\61\end{pmatrix}=\begin{pmatrix}519\\540\\332\end{pmatrix},A^{-1}*\begin{pmatrix}21\\09\\08\end{pmatrix}=\begin{pmatrix}-122\\135\\80\end{pmatrix},$$

$$A^{-1}*\begin{pmatrix}47\\11\\20\end{pmatrix}=\begin{pmatrix}-242\\269\\160\end{pmatrix},A^{-1}*\begin{pmatrix}92\\19\\80\end{pmatrix}=\begin{pmatrix}-747\\759\\469\end{pmatrix}$$

Durch Addieren oder Subtrahieren von Vielfachen von 26 zu bzw. von jedem Element, bis die Zahl zwischen 1 und 26 liegt, liest mein Mitspion jetzt:

$$\begin{pmatrix}-247\\265\\161\end{pmatrix}\rightarrow\begin{pmatrix}13\\5\\5\end{pmatrix},\begin{pmatrix}-240\\273\\161\end{pmatrix}\rightarrow\begin{pmatrix}20\\13\\5\end{pmatrix},$$

$$\begin{pmatrix}-519\\540\\332\end{pmatrix}\rightarrow\begin{pmatrix}1\\20\\20\end{pmatrix},\begin{pmatrix}-122\\135\\80\end{pmatrix}\rightarrow\begin{pmatrix}8\\5\\2\end{pmatrix},$$

$$\begin{pmatrix}-242\\269\\160\end{pmatrix}\rightarrow\begin{pmatrix}18\\9\\4\end{pmatrix},\begin{pmatrix}-747\\759\\469\end{pmatrix}\rightarrow\begin{pmatrix}7\\5\\1\end{pmatrix}$$

13	5	5	20	13	5	1	20	20	8	5	2	18	9	4	7	5	1
M	E	E	T	M	E	A	T	T	H	E	B	R	I	D	G	E	A

Die ursprünglichen Vektoren sind wiederhergestellt (wobei die letzte Zahl als 1 statt als 27 für den fehlenden Buchstaben dargestellt ist).

Rettet den Fleckenkauz!

Vor mehreren Jahren waren die Zeitungen voll mit Berichten über den Konflikt zwischen den Holzfällern in Pazifik-Nordwest und der drohenden Ausrottung des Fleckenkauzes. Es wurden Untersuchungen zum Lebenszyklus des Fleckenkauzes angeregt, und zur Frage, wie der Verlust von Waldland sich auf die Anzahl der Eulen in diesem Bereich auswirken würde.

Der Lebenszyklus des Fleckenkauzes (der eine Lebenserwartung von etwa 20 Jahren hat) unterteilt sich in drei Phasen: Junge, Heranwachsende und Erwachsene. R. Lamberson ist einer der Verfasser der Studie, in der festgestellt wurde, dass unter den weiblichen Eulen, die jedes Jahr gezählt werden, die Anzahl der jungen Eulen als etwa 33 Prozent der Anzahl erwachsener Eulen angenommen wird. Nur 18 Prozent der jugendlichen Eulen überleben, um Heranwachsende zu werden, und 71 Prozent der Heranwachsenden werden zu Erwachsenen. 94 Prozent der Erwachsenen überleben. Die Übergangsmatrix, die diese Zahlen nachbildet, sieht wie folgt aus:

Junge Heranw. Erw.

$$\begin{pmatrix} 0 & 0 & 0,33 \\ 0,18 & 0 & 0 \\ 0 & 0,71 & 0,94 \end{pmatrix} * \begin{pmatrix} \text{Anzahl Junge} \\ \text{Anzahl Heranwachsende} \\ \text{Anzahl Erwachsene} \end{pmatrix}$$

Durch die Multiplikation der Übergangsmatrix mit einem Vektor, dessen Einträge die Anzahl der jungen, heranwachsenden und erwachsenen Eulen darstellen, wird die jeweils erwartete Anzahl an Eulen in den einzelnen Phasen bestimmt und eine langfristige Vorhersage getroffen.

Die Matrixmultiplikation ist in Kapitel 3 genauer erklärt.

Populationswanderung

Vögel wandern, Fische wandern und Menschen wandern von Ort zu Ort oder von einem Teil des Landes zu einem anderen. Städteplaner müssen die erwartete Wanderung der Population berücksichtigen, wenn sie Straßen und Einkaufszentren planen und sich auch mit anderen Aspekten der Infrastruktur beschäftigen.

In einem bestimmten Stadtbereich wird beobachtet, dass jährlich 4 Prozent der Stadtbevölkerung in die Vorstädte ziehen, und 2 Prozent der Vorstadtbevölkerung in die Stadt. Nachfolgend sehen Sie die Übergangsmatrix, die diese Änderungen nachbildet:

$$\begin{array}{r} \\ \text{Stadt} \\ \text{Vorstädte} \end{array} \begin{array}{c} \text{Stadt} \quad \text{Vorstädte} \\ \begin{pmatrix} 0{,}96 & 0{,}02 \\ 0{,}04 & 0{,}98 \end{pmatrix} \end{array}$$

Anhand der Matrix erkennen Sie, dass 96 Prozent der Menschen, die in der Stadt wohnten, auch im nächsten Jahr in der Stadt geblieben sind, und dass 98 Prozent der Menschen, die in den Vorstädten gelebt haben, in den Vorstädten geblieben sind.

Sie können die Anzahl der Menschen bestimmen, die die verschiedenen Bereiche voraussichtlich bevölkern, indem Sie mit einem Vektor aus den aktuellen Populationen multiplizieren. Die langfristigen Prognosen findet man, indem man die Übergangsmatrix in verschiedene Potenzen erhebt. Gemäß diesem Modell wird die Bevölkerung bei gleich bleibenden Trends in etwa 60 Jahren relativ stabil bleiben, wobei 33 Prozent der Bevölkerung in der Stadt, 67 Prozent in den Vorstädten leben.

Genetischen Code aufschlüsseln

Die Genetik betrifft uns alle. Von der Haarfarbe über die Augenfarbe bis zur Größe entscheiden die Gene Ihrer Eltern, wie Sie aussehen. Meine Eltern haben beide braune Augen, und ich habe zwei blauäugige Brüder. Johnny Cash und seine Frau June Carter waren großartige Sänger, ihre Tochter Rosanne Cash ist auch sehr talentiert. Wie konnte das passieren?

Eine kurze Genetiklehrstunde: Braune Augen sind *dominant*, blaue Augen sind *rezessiv*, d. h. braune Augen setzen sich gegenüber blauen Augen durch. Aber braunäugige Eltern können blaue Gene weitergeben. Augen gibt es in den unterschiedlichsten Farben, deshalb verwende ich hier ein Genetikmodell, das nicht so viele Farbvarianten zulässt. (Falls Sie sich für Genetik interessieren, finden Sie alles Wichtige dazu in *Genetik für Dummies* von Tara Rodden Robinson, PhD, erschienen bei Wiley.)

Ein spezieller Blumentyp blüht rot, weiß oder rosa. Angenommen, die Blumen haben nur zwei Gene für die Farbe. Die Blumen haben die Genkombinationen RR (rot), Rr (rosa) oder rr (weiß). Wenn beide Elternblumen RR (rot) sind, dann ist der Nachkomme ebenfalls rot. Ist ein Elternteil RR (rot), der andere Rr (rosa), dann haben die entstehenden Blumen zur Hälfte die Wahrscheinlichkeit, RR (rot) zu sein und zur Hälfte Rr (rosa) zu sein. Im Biologieunterricht würden Sie alle Wahrscheinlichkeiten bestimmen. Ich zeige hier eine Übergangsmatrix, die die Eltern und die Nachkommen zeigt, sowie die Wahrscheinlichkeit, dass ein Nachkomme eine bestimmte Farbe hat:

$$\begin{array}{r} \\ \\ \text{RR} \\ \text{Eltern Rr} \\ \text{rr} \end{array} \begin{array}{c} \text{Nachkommen} \\ \text{RR} \quad \text{Rr} \quad \text{rr} \\ \begin{pmatrix} 0{,}5 & 0{,}5 & 0 \\ 0{,}25 & 0{,}5 & 0{,}25 \\ 0 & 0{,}5 & 0{,}5 \end{pmatrix} \end{array}$$

Gemäß der Matrix hat eine rote Blume eine 50-prozentige Wahrscheinlichkeit, rote Nachkommen zu haben, und eine 50-prozentige Wahrscheinlichkeit, rosafarbene Nachkommen zu haben, wenn der andere Elternteil Rr ist. Eine rote Blume kann keine weißen Nachkommen haben. Eine rosafarbene Blume hat eine 50-prozentige Wahrscheinlichkeit, rosafarbene Nachkommen zu haben, eine 25-prozentige Wahrscheinlichkeit, weiße Nachkommen zu haben, und eine 25-prozentige Wahrscheinlichkeit, rote Nachkommen zu haben.

Was ist mit zukünftigen Generationen? Wie hoch ist die Wahrscheinlichkeit, dass eine rote Blume eine rote Enkelblume hat? (Entschuldigen Sie die Wortwahl, aber ist es nicht nahe liegend?) Ich zeige Ihnen hier die nächste Generation sowie die Generation nach weiteren 20 Fortpflanzungen.

$$\text{Nachkomme}^2 \quad \begin{array}{c} \\ RR \\ Rr \\ rr \end{array}\!\!\begin{array}{ccc} RR & Rr & rr \\ \left(\begin{array}{ccc} 0{,}375 & 0{,}5 & 0{,}125 \\ 0{,}25 & 0{,}5 & 0{,}25 \\ 0{,}125 & 0{,}5 & 0{,}375 \end{array}\right) \end{array} \qquad \text{Nachkomme}^{20} \quad \begin{array}{c} \\ RR \\ Rr \\ rr \end{array}\!\!\begin{array}{ccc} RR & Rr & rr \\ \left(\begin{array}{ccc} 0{,}25 & 0{,}5 & 0{,}25 \\ 0{,}25 & 0{,}5 & 0{,}25 \\ 0{,}25 & 0{,}5 & 0{,}25 \end{array}\right) \end{array}$$

Gemäß der Wahrscheinlichkeitsmatrix besteht hier eine 12,5-prozentige Wahrscheinlichkeit, dass die Nachkommen der Nachkommen einer roten Blume weiß sind. Und betrachten Sie die Situation 20 Generationen weiter. Die Wahrscheinlichkeiten sind zu 25 Prozent für rot oder weiß und zu 50 Prozent für rosafarben geworden.

Wärmeverteilung

Wärmequellen können aus unterschiedlichen Richtungen strahlen. Wenn ein Objekt an einer Seite geheizt wird, ist es dort in der Regel wärmer, und je weiter man sich von der Wärmequelle entfernt, desto mehr nehmen die Temperaturen ab. Betrachten Sie das Objekt in Abbildung 17.2, wobei es sich um eine quadratische Metallplatte, einen quadratischen Raum oder irgendetwas anderes von relativ einheitlicher Gestalt handeln könnte. Die Zahlen an jeder Seite geben die Wärme an, die auf diese Seite wirkt, dargestellt in Grad Celsius.

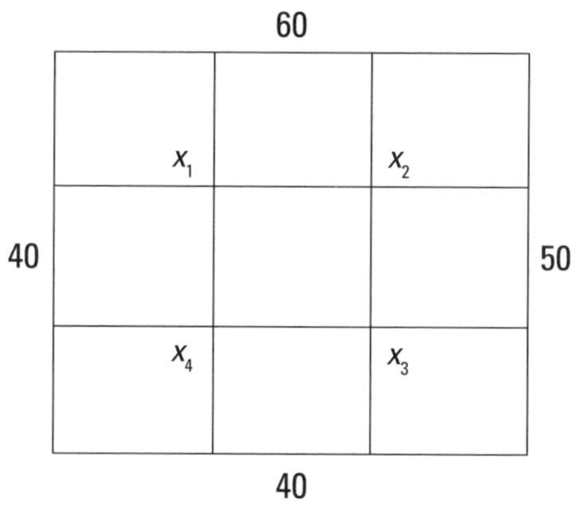

Abbildung 17.2: An jeder Seite werden unterschiedliche Beheizungen vorgenommen

Unter Verwendung einer *Mittelwerteigenschaft* (wobei man die Temperatur an einem bestimmten Punkt findet, indem man die nebeneinander liegenden Temperaturen addiert und durch die Anzahl der verwendeten Werte dividiert) schreibe ich vier Gleichungen, die die Wärme an jedem der zentralen Punkte darstellen.

$$x_1 = \frac{40+60+x_2+x_4}{4},\ x_2 = \frac{60+50+x_3+x_1}{4}$$

$$x_3 = \frac{50+40+x_2+x_4}{4},\ x_4 = \frac{40+40+x_3+x_1}{4}$$

Wenn man die Gleichungen vereinfacht und eine erweiterte Matrix erstellt, kann man mit Hilfe von Zeilenoperationen nach den Temperaturen an den zentralen Punkten auflösen:

$$\left(\begin{array}{cccc|c} 4 & -1 & 0 & -1 & 100 \\ -1 & 4 & -1 & 0 & 110 \\ 0 & -1 & 4 & -1 & 90 \\ -1 & 0 & -1 & 4 & 80 \end{array}\right) \rightarrow \left(\begin{array}{cccc|c} 1 & 0 & 0 & 0 & 48{,}75 \\ 0 & 1 & 0 & 0 & 51{,}25 \\ 0 & 0 & 1 & 0 & 46{,}25 \\ 0 & 0 & 0 & 1 & 43{,}75 \end{array}\right)$$

Die Temperaturen an den Punkten x_1, x_2, x_3 und x_4 sind 48,75, 51,25, 46,25 und 43,75. Jeder zentrale Punkt wird durch die beiden benachbarten Seiten beeinflusst, ebenso wie durch die beiden benachbarten zentralen Punkte.

Weitere Informationen über die Lösung von Gleichungssystemen unter Verwendung erweiterter Matrizen finden Sie in Kapitel 4.

Wirtschaftspläne

Ein bekanntes Modell für eine Volkswirtschaft ist das Produktionsmodell von Leontief. Das Modell berücksichtigt die verschiedenen Produktionsbereiche eines Landes, einer Stadt oder eines Gebiets, sowie die Art und Weise wie diese zusammenspielen. Hier beschreibe ich eine vereinfachte Version des Modells.

Stellen Sie sich eine Volkswirtschaft mit drei wesentlichen Produktionssektoren vor: Landwirtschaft, Handwerk und Dienstleistungen. Für einen Monat wird ein Produktionsziel festgelegt: 18 Einheiten für die Landwirtschaft, 20 Einheiten für das Handwerk und 24 Einheiten für die Dienstleistung. Bei der Produktion dieser Einheiten benötigen einige der Sektoren die produzierten Produkte, um dieses Ergebnis erzielen zu können. Für jede Ergebniseinheit braucht die Landwirtschaft 0,10 Einheiten der Landwirtschaft, 0,50 Einheiten des Handwerks und 0,15 Einheiten der Dienstleistungen.

Der Handwerkssektor benötigt 0,05 Einheiten der Landwirtschaft und 0,15 Einheiten Dienstleistung für jede produzierte Einheit. Und der Dienstleistungssektor benötigt 0,10 Einheiten Dienstleistung und 0,40 Einheiten Handwerk.

Die benötigten Gesamtmengen für die einzelnen Sektoren ergeben sich aus den Summen der zur Erreichung der einzelnen Produktionsziele nötigen Mengen:

Landwirtschaft: $(0.1) \times 18 + (0.5) \times (20) + (0.15) \times 24 = X_L$

Handwerk: $(0.5) \times 18 + (0) \times 20 + (0.15) \times 24 = X_H$

Dienstleistungen: $(0) \times 18 + (0.1) \times 20 + (0.4) \times 24 = X_D$

In Matrixschreibweise:

$$\begin{matrix} \text{Landwirtschaft} \\ \text{Handwerk} \\ \text{Dienstleistungen} \end{matrix} \begin{pmatrix} 0.1 & 0.5 & 0 \\ 0.05 & 0 & 0.1 \\ 0.15 & 0.15 & 0.4 \end{pmatrix} \begin{pmatrix} 18 \\ 20 \\ 24 \end{pmatrix} = \begin{pmatrix} X_L \\ X_H \\ X_D \end{pmatrix} = \begin{pmatrix} 2.8 \\ 18.6 \\ 8.1 \end{pmatrix}$$

Man benötigt also 2.8. Einheiten Landwirtschaft, 18.6 Einheiten Handwerk und 8.1 Einheiten Dienstleistungen um die gewünschten Mengen zu erzeugen.

Spiele mit Matrizen

Als Kind haben Sie vermutlich viel auf Papier gespielt – angefangen mit Tic-Tac-Toe –, und sind mittlerweile zu Computerspielen vorgedrungen, mit denen Sie Ihre Geschicklichkeit testen. Ein bestimmtes Spiel kann sowohl auf dem Papier als auch auf dem Computer gespielt werden – wobei der Computer natürlich sehr viel schneller und genauer ist. Das Spiel heißt »Quadrate« oder »Zauberquadrate«. Es kann mit Quadraten beliebiger Größe gespielt werden, aber für's Erste scheint mir ein 3 × 3-Raster Herausforderung genug zu sein.

Sie beginnen mit einem beliebigen Muster aus weißen und schwarzen Spielsteinen auf dem Raster und gewinnen, wenn Sie sie zu einem Muster gelegt haben, bei dem jeder Spielstein schwarz ist, außer dem in der Mitte. In Abbildung 17.3 sehen Sie ein mögliches Anfangsmuster und das Zielmuster.

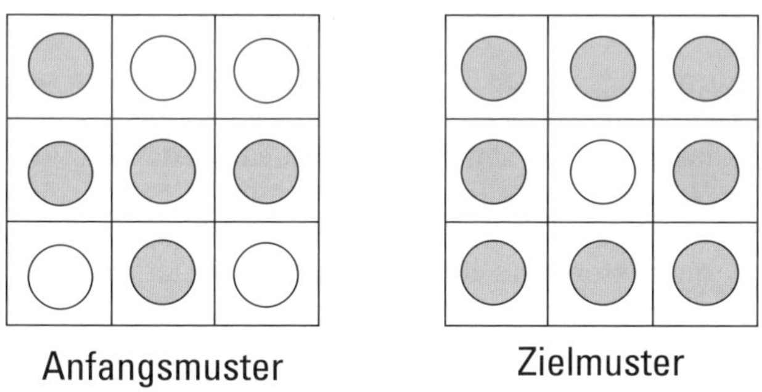

Abbildung 17.3: Sie vertauschen die Spielsteine, bis Sie das Zielmuster erreicht haben

Vielleicht fragen Sie sich, warum dieses Spiel so schwierig sein soll. Schließlich könnten Sie einfach die fünf Spielsteine austauschen – vier in schwarz und einen in weiß. Hier der Haken: Ich habe die Quadrate beschriftet, um die erlaubten Züge zu beschreiben:

a	*b*	*c*
d	*e*	*f*
g	*h*	*i*

Die Regeln lauten:

- Wenn Sie eine Ecke ändern (*a*, *c*, *g* oder *i*), ändern Sie auch jedes Quadrat neben dieser Ecke:
  - *a: a, b, d, e*
  - *c: b, c, e, f*
  - *g: d, e, g, h*
  - *i: e, f, h, i*
- Wenn Sie den mittleren Spielstein auf einer Seite ändern, ändern Sie alle Spielsteine auf dieser Seite:
  - *b: a, b, c*
  - *d: a, d, g*
  - *f: c, f, i*
  - *h: g, h, i*
- Wenn Sie den mittleren Spielstein ändern, ändern Sie die Spielsteine darüber, darunter, links und rechts davon: *b, e, h, d, f.*

Jetzt wissen Sie, warum das nicht ganz einfach ist – und warum ein Computer das Ganze sehr viel effizienter macht. Es geht aber auch ohne Computer! Letztlich kann jedes Zielmuster immer in höchstens neun Zügen erreicht werden. (Es gibt jedoch einige Ausgangsmuster, die keine Lösung haben – Sie können dann Spielsteine tauschen, bis Sie selber schwarz werden. Computerspiele vermeiden diese Ausgangsstellungen.)

Die Lösung hat die Form einer Folge von 9×1-Vektoren – die ersten neun davon werden in eine 9×9-Matrix eingetragen. Zu jedem der neun Quadrate gehört ein bestimmer Vektor, der die Veränderung ausdrückt, die stattfindet, wenn ein Austausch für dieses Quadrat vorgenommen wird. Die Vektoren enthalten Einsen (1) für die Felder, die vertauscht werden, und Nullen (0) für die Felder, bei denen sich nichts ändert. Ich zeige Ihnen hier den allgemeinen Vektor $\vec{v}$ und die Vektoren für die Änderungen, die stattfinden, wenn die Felder *a*, *d* und *e* vertauscht werden:

$$\vec{v} = \begin{pmatrix} a \\ b \\ c \\ d \\ e \\ f \\ g \\ h \\ i \end{pmatrix} \quad \vec{v}_a = \begin{pmatrix} 1 \\ 1 \\ 0 \\ 1 \\ 1 \\ 0 \\ 0 \\ 0 \\ 0 \end{pmatrix} \quad \vec{v}_d = \begin{pmatrix} 1 \\ 0 \\ 0 \\ 1 \\ 0 \\ 0 \\ 1 \\ 0 \\ 0 \end{pmatrix} \quad \vec{v}_e = \begin{pmatrix} 0 \\ 1 \\ 0 \\ 1 \\ 1 \\ 1 \\ 0 \\ 1 \\ 0 \end{pmatrix}$$

Wir können jeden einzelnen Schritt als Addition eines Vektors zum Ausgangsvektor darstellen. Wenn also zum Beispiel unsere Ausgangssituation so ist wie in Abb. 17.3 und schwarze Felder durch 1 repräsentiert werden und weiße durch 0, dann entspricht diese dem Vektor

$$\vec{v}_{Ausgang=}\begin{pmatrix}1\\0\\0\\1\\1\\1\\0\\1\\0\end{pmatrix}$$

und der Tausch des Feldes *a:* (zusammen *mit b, d, e*) der Addition des Vektors

$$\vec{v}_a = \begin{pmatrix}1\\1\\0\\1\\1\\0\\0\\0\\0\end{pmatrix}$$

Für die neue Konstellation ergibt sich also $\vec{v}_{\text{Ausgang}} + \vec{v}_{\text{a=}}$

$$\vec{v}_{\text{Ausgang}} + \vec{v}_{\text{a}} = \begin{pmatrix}1\\0\\0\\1\\1\\1\\0\\1\\0\end{pmatrix} + \begin{pmatrix}1\\1\\0\\1\\1\\0\\0\\0\\0\end{pmatrix} = \begin{pmatrix}2\\1\\0\\2\\2\\1\\0\\1\\0\end{pmatrix} = \begin{pmatrix}0\\1\\0\\0\\0\\1\\0\\1\\0\end{pmatrix}$$

Wie Sie leicht nachprüfen können, entspricht die Addition von 1 zu einer 0 der Verwandlung eines weißen Feldes in ein schwarzes und die Addition von 1 zu einer 1 der Verwandlung eines schwarzen Feldes in ein weißes, während bei der Addition von 0 alles gleich bleibt. Deswegen entsprechen die 2er unseres Ergebnis-Vektors einem weißen Feld, also einer 0.

Berücksichtigen wir jetzt alle neun Änderungsvektoren, dann können wir die einzelnen Schritte, die nötig sind, um von einem Ausgangszustand zu einem Zielzustand zu kommen, in allgemeiner Form so schreiben:

Ausgangsvektor $+ x_a\vec{v}_a + x_b\vec{v}_b + x_c\vec{v}_c + x_d\vec{v}_d + x_e\vec{v}_e + x_f\vec{v}_f + x_g\vec{v}_g + x_h\vec{v}_h + x_i\vec{v}_i =$ Zielvektor

Die x_a, x_b, … geben an, wie oft ein Feld getauscht (Vektor addiert) wird und sich dementsprechend das Muster auf dem Brett ändert.

In unserem Beispiel sieht die ganze Vektorgleichung dann folgendermaßen aus:

$$\begin{pmatrix}1\\0\\0\\1\\1\\1\\0\\1\\0\end{pmatrix} + x_a\begin{pmatrix}1\\1\\0\\1\\1\\0\\0\\0\\0\end{pmatrix} + x_b\begin{pmatrix}1\\1\\1\\0\\0\\0\\0\\0\\0\end{pmatrix} + x_c\begin{pmatrix}0\\1\\1\\0\\1\\1\\0\\0\\0\end{pmatrix} + x_d\begin{pmatrix}1\\0\\0\\1\\0\\0\\1\\0\\0\end{pmatrix} + x_e\begin{pmatrix}0\\1\\0\\1\\1\\1\\0\\1\\0\end{pmatrix} + x_f\begin{pmatrix}0\\0\\1\\0\\0\\1\\0\\0\\1\end{pmatrix} + x_g\begin{pmatrix}0\\0\\0\\1\\1\\0\\1\\1\\0\end{pmatrix} + x_h\begin{pmatrix}0\\0\\0\\0\\0\\0\\1\\1\\1\end{pmatrix} + x_i\begin{pmatrix}0\\0\\0\\0\\1\\1\\0\\1\\1\end{pmatrix} = \begin{pmatrix}1\\1\\1\\1\\0\\1\\1\\1\\1\end{pmatrix}$$

$$x_a\begin{pmatrix}1\\1\\0\\1\\1\\0\\0\\0\\0\end{pmatrix} + x_b\begin{pmatrix}1\\1\\1\\0\\0\\0\\0\\0\\0\end{pmatrix} + x_c\begin{pmatrix}0\\1\\1\\0\\1\\1\\0\\0\\0\end{pmatrix} + x_d\begin{pmatrix}1\\0\\0\\1\\0\\0\\1\\0\\0\end{pmatrix} + x_e\begin{pmatrix}0\\1\\0\\1\\1\\1\\0\\1\\0\end{pmatrix} + x_f\begin{pmatrix}0\\0\\1\\0\\0\\1\\0\\0\\1\end{pmatrix} + x_g\begin{pmatrix}0\\0\\0\\1\\1\\0\\1\\1\\0\end{pmatrix} + x_h\begin{pmatrix}0\\0\\0\\0\\0\\0\\1\\1\\1\end{pmatrix} + x_i\begin{pmatrix}0\\0\\0\\0\\1\\1\\0\\1\\1\end{pmatrix} = \begin{pmatrix}1\\1\\1\\1\\0\\1\\1\\1\\1\end{pmatrix} - \begin{pmatrix}1\\0\\0\\1\\1\\1\\0\\1\\0\end{pmatrix} = \begin{pmatrix}0\\1\\1\\0\\1\\0\\1\\0\\1\end{pmatrix}$$

(Beachten Sie, dass es in diesem Falle keinen Unterschied macht, ob sie zwei Vektoren voneinander subtrahieren oder zueinander addieren, da es nämlich gleich bleibt, ob Sie »vorwärts« oder »rückwärts« tauschen.)

Und in Matrixschreibweise:

$$\begin{pmatrix} 1 & 1 & 0 & 1 & 0 & 0 & 0 & 0 & 0 \\ 1 & 1 & 1 & 0 & 1 & 0 & 0 & 0 & 0 \\ 0 & 1 & 1 & 0 & 0 & 1 & 0 & 0 & 0 \\ 1 & 0 & 0 & 1 & 1 & 0 & 1 & 0 & 0 \\ 1 & 0 & 1 & 0 & 1 & 0 & 1 & 0 & 1 \\ 0 & 0 & 1 & 0 & 1 & 1 & 0 & 0 & 1 \\ 0 & 0 & 0 & 1 & 0 & 0 & 1 & 1 & 0 \\ 0 & 0 & 0 & 0 & 1 & 0 & 1 & 1 & 1 \\ 0 & 0 & 0 & 0 & 0 & 1 & 0 & 1 & 1 \end{pmatrix} * \begin{pmatrix} x_a \\ x_b \\ x_c \\ x_d \\ x_e \\ x_f \\ x_g \\ x_h \\ x_i \end{pmatrix} = \begin{pmatrix} 0 \\ 1 \\ 1 \\ 0 \\ 1 \\ 0 \\ 1 \\ 0 \\ 1 \end{pmatrix}$$

Um die Lösung zu bestimmen – welche Felder zu tauschen sind –, multiplizieren wir beide Seiten der Gleichung mit der Inversen der Matrix (da die Berechnung der Inversen einer binären Matrix, also einer Matrix, die nur auf den Werten 0 und 1 basiert, ein eigenes Kapitel wäre, bekommen Sie die Inverse von mir geschenkt):

Mit

$$A^{-1} = \begin{pmatrix} 1 & 0 & 1 & 0 & 0 & 1 & 1 & 1 & 0 \\ 1 & 1 & 1 & 1 & 1 & 1 & 0 & 0 & 0 \\ 1 & 0 & 1 & 1 & 0 & 0 & 0 & 1 & 1 \\ 1 & 1 & 0 & 1 & 1 & 0 & 1 & 1 & 0 \\ 1 & 0 & 1 & 0 & 1 & 0 & 1 & 0 & 1 \\ 0 & 1 & 1 & 0 & 1 & 1 & 0 & 1 & 1 \\ 1 & 1 & 0 & 0 & 0 & 1 & 1 & 0 & 1 \\ 0 & 0 & 0 & 1 & 1 & 1 & 1 & 1 & 1 \\ 0 & 1 & 1 & 1 & 0 & 0 & 1 & 0 & 1 \end{pmatrix}$$

ergibt sich also

$$\begin{pmatrix} x_a \\ x_b \\ x_c \\ x_d \\ x_e \\ x_f \\ x_g \\ x_h \\ x_i \end{pmatrix} = \begin{pmatrix} 1 & 0 & 1 & 0 & 0 & 1 & 1 & 1 & 0 \\ 1 & 1 & 1 & 1 & 1 & 1 & 0 & 0 & 0 \\ 1 & 0 & 1 & 1 & 0 & 0 & 0 & 1 & 1 \\ 1 & 1 & 0 & 1 & 1 & 0 & 1 & 1 & 0 \\ 1 & 0 & 1 & 0 & 1 & 0 & 1 & 0 & 1 \\ 0 & 1 & 1 & 0 & 1 & 1 & 0 & 1 & 1 \\ 1 & 1 & 0 & 0 & 0 & 1 & 1 & 0 & 1 \\ 0 & 0 & 0 & 1 & 1 & 1 & 1 & 1 & 1 \\ 0 & 1 & 1 & 1 & 0 & 0 & 1 & 0 & 1 \end{pmatrix} * \begin{pmatrix} 0 \\ 1 \\ 1 \\ 0 \\ 1 \\ 0 \\ 1 \\ 0 \\ 1 \end{pmatrix} = \begin{pmatrix} 2 \\ 3 \\ 2 \\ 3 \\ 4 \\ 4 \\ 3 \\ 3 \\ 4 \end{pmatrix} \rightarrow \begin{pmatrix} 0 \\ 1 \\ 0 \\ 1 \\ 0 \\ 0 \\ 1 \\ 1 \\ 0 \end{pmatrix} \rightarrow \begin{pmatrix} 0 \\ b \\ 0 \\ d \\ 0 \\ 0 \\ g \\ h \\ 0 \end{pmatrix}$$

Die 3 im Ergebnis steht für drei Züge, und der Eintrag wird dann wieder zu 1. Die 4 im Ergebnis wird zu 0. (Allgemein gilt, ungerade Nummern werden zu Einsen (1), gerade Nummern zu Nullen (0)). Es dauert gerade vier Züge, um das Anfangsmuster zum Zielmuster zu machen. Vertauschen Sie b, d, g und h (und alle Felder, die davon betroffen sind).

18 Zehn (oder so) Prozesse der linearen Algebra, die Sie auf Ihrem Taschenrechner ausführen können

In diesem Kapitel...

- Geraden zeichnen und Schnittpunkte finden
- Matrixoperationen durchführen
- Zeilenoperationen für Matrizen ausführen
- Mit dem Taschenrechner Zahlen runden

Graphische Taschenrechner sind wunderbar. Sie können sie im Rucksack, in der Brieftasche oder in Ihrer Geldbörse mit sich tragen, und herausziehen, wenn es irgendwelche coolen Aufgaben zu erledigen gibt – Dinge, mit denen Sie Ihre grauen Zellen nicht belasten wollen.

In diesem Kapitel zeige ich Ihnen einige graphische Möglichkeiten, unter anderem dafür, wie Sie ein lineares Gleichungssystem mit Hilfe von Geraden lösen können. Außerdem zeige ich Ihnen mehrere Verfahren, die Sie mit Hilfe von Matrizen bearbeiten können. Und schließlich geht es noch um große Zahlen, und wie Sie diese mit Ihrem Rechner runden können.

Hinweis: Es gibt einfach viel zu viele Taschenrechner auf dem Markt, als dass ich Ihnen genau sagen könnte, welche Knöpfe Sie dort jeweils drücken müssen, deshalb beschreibe ich hier allgemeinere Anweisungen. Wenn Sie nicht mit Ihrem graphischen Taschenrechner vertraut sind, nehmen Sie das Benutzerhandbuch zu Hilfe – insbesondere den Teil, der die verschiedenen Funktionen der einzelnen Tasten beschreibt.

Falls Sie das Handbuch nicht mehr haben (wie die meisten meiner Studenten!), gehen Sie online! Die meisten Hersteller der Taschenrechner haben praktische Webseiten, die Ihnen weiterhelfen.

Mit Hilfe von Geraden Gleichungssysteme lösen

In Kapitel 4 geht es um Gleichungssysteme und ihre Lösungen. Außerdem habe ich Ihnen bereits demonstriert, wie Sie ein System aus zwei linearen Gleichungen im Koordinatensystem darstellen. Hier zeige ich Ihnen, wie Sie ein Gleichungssystem in Ihren Taschenrechner eingeben und lösen lassen können.

Um ein System aus zwei linearen Gleichungen mit zwei Unbekannten zu lösen, gehen Sie wie folgt vor:

1. **Schreiben Sie jede Gleichung in Normalform: $y = mx + b$.**

   Dies ist auch die Funktionsform, mit der Sie angeben, dass die Variable y eine Funktion der Variablen x ist.

2. **Geben Sie die beiden Gleichungen in das y-Menü Ihres Taschenrechners ein.**

3. **Lassen Sie die Geraden zeichnen**

   Möglicherweise müssen Sie Ihr Display anpassen, damit beide Geraden gezeigt werden. Insbesondere wollen Sie natürlich sehen, wo sich die beiden Geraden schneiden.

Einige Taschenrechner haben eine Taste, mit der Sie die Höhe der Graphen an eine bestimmte Breite anpassen können, so dass Sie beide Linien gleichzeitig sehen.

4. **Verwenden Sie die Schnittstellenfunktion.**

   Normalerweise müssen Sie, wie gefordert, die Geraden nacheinander auswählen. Anschließend müssen Sie »schätzen«. Sie können gegebenenfalls mit den Pfeilen nach links und rechts den Zeiger näher an den Schnittpunkt heranbewegen.

5. **Drücken Sie die Eingabetaste, um die Lösung zu erhalten.**

   Sie erhalten die Koordinaten des Punkts (die Variablen x und y).

   Angenommen, wir wollen das folgende Gleichungssystem lösen:

$$\begin{cases} 2x + 3y = 9 \\ 4x - y = 11 \end{cases}$$

Ich schreibe die Gleichungen in Normalform (Schritt 1) und erhalte: $y = -\frac{2}{3}x + 3$ und $y = 4x - 11$. Ich schreibe die erste Gleichung an die erste Position des y-Menüs und die zweite Gleichung an die zweite Position (Schritt 2). Wenn ich jetzt die Geraden zeichne, stelle ich fest, dass die Standardeinstellung (von –10 bis +10 in beide Richtungen) gut geeignet ist (Schritt 3). Abbildung 18.1 zeigt, wie der Graph aussehen könnte.

Bei Verwendung der Schnittstellenfunktion (Schritt 4) werde ich von meinem Taschenrechner aufgefordert, die beiden Geraden auszuwählen. Bei manchen Taschenrechnern muss man die Gleichungen markieren, bei anderen kann man direkt auf die Graphen der Geraden klicken. Ich drücke die Eingabetaste (Schritt 5) und lasse die Lösung bestimmen. Einige Taschenrechner geben die Lösung als geordnetes Paar aus, z. B. (3, 1), andere geben $x = 3$, $y = 1$ aus. In jedem Fall habe ich den Schnittpunkt der Geraden gefunden – die Lösung des Systems. Wenn meine Geraden keinen Schnittpunkt haben, sehe ich zwei parallele Geraden, die sich nie berühren. Sollte ich versuchen, den Taschenrechner dieses parallele System lösen zu lassen, dann erhalte ich eine Fehlermeldung.

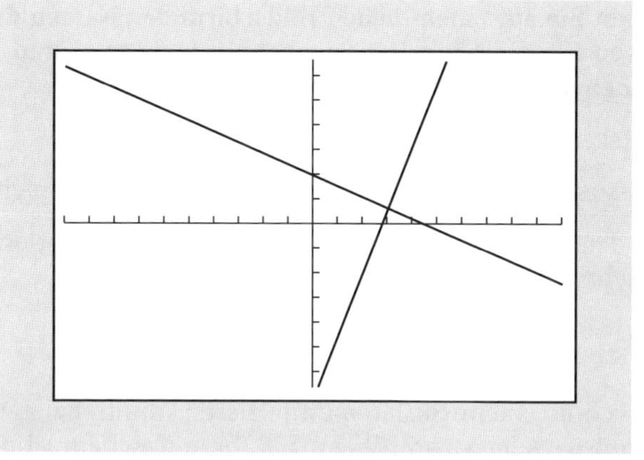

Abbildung 18.1: Die Geraden schneiden sich im ersten Quadranten

Das meiste aus Matrizen machen

Matrixoperationen sind mit einem graphischen Taschenrechner schnell und präzise. Es gibt aber auch Nachteile. Die Matrizen müssen Eintrag für Eintrag in den Taschenrechner eingegeben werden. Und wenn Sie mit mehreren Matrizen arbeiten, müssen Sie den Überblick behalten, wo Sie sich gerade befinden – welche Matrix welche ist, und wie Sie sie benannt haben. Berechnungen für Matrizen führen häufig zu Zahlen mit Dezimalstellen, wodurch es schwierig wird, alle Einträge gleichzeitig anzuzeigen. Sie müssen entweder die Zahlen in Brüche umwandeln oder runden. Im späteren Abschnitt »Anpassung von Stellenwerten« werde ich Ihnen zeigen, wie man schnell und einfach Zahlen so runden kann, dass sie für das Display geeignet sind.

Um eine Matrix in den Taschenrechner einzugeben, wählen Sie zunächst einen Namen für sie aus (nicht unbedingt Joachim, Rainer oder Elke). Normalerweise gibt Ihnen der Taschenrechner eine Auswahl vor, etwa A, B, C, D (ja, Sie haben Recht, wie langweilig!). Nachdem Sie einen Namen ausgewählt haben, geben Sie die Dimension der Matrix ein, etwa 2×3. Anschließend tragen Sie die Zahlen an den entsprechenden Positionen ein. Und jetzt beginnt der Spaß!

Matrizen addieren und subtrahieren

Sie können Matrizen derselben Dimension addieren und subtrahieren. Wenn Sie versuchen, mit dem Taschenrechner Matrizen unterschiedlicher Dimensionen zu addieren oder zu subtrahieren, erhalten Sie eine schnöde Fehlermeldung.

Um zwei Matrizen mit denselben Dimensionen zu addieren oder zu subtrahieren, gehen Sie wie folgt vor:

1. **Geben Sie die Einträge in die beiden Matrizen ein.**

   Achten Sie bei der Eingabe darauf, die Matrizen nicht zu verwechseln.

2. **Geben Sie auf einem neuen Bildschirm den Namen der ersten Matrix ein, tragen Sie das Operationssymbol ein (+ oder –) und tragen Sie dann den Namen der zweiten Matrix ein.**

3. **Drücken Sie die Eingabetaste.**

Dachten Sie etwa, dass es kompliziert oder schwierig wäre? Diesmal nicht.

Der von mir verwendete Taschenrechner zeigt die folgende Operation an: **[A] + [B]**. Die eckigen Klammern kennzeichnen die Matrix.

Mit einem Skalar multiplizieren

Wenn Sie eine Matrix mit einem Skalar multiplizieren, multiplizieren Sie letztlich jeden Eintrag der Matrix mit derselben Zahl. Wenn Sie Ihren Taschenrechner für diese Aufgabe verwenden ersparen Sie sich, immer wieder von Hand multiplizieren zu müssen. Und der Prozess ist ganz einfach. Wenn Sie die Matrix A mit 2 multiplizieren wollen, schreiben Sie **2 · [A]**, und schon erhalten Sie die Lösung.

Zwei Matrizen multiplizieren

Das schwierigste bei der Multiplikation von zwei Matrizen ist die Reihenfolge. Sie ist zwingend einzuhalten! Sie können eine 2 × 3-Matrix mit einer 3 × 5-Matrix in dieser Reihenfolge multiplizieren, aber nicht umgekehrt. (In Kapitel 3 erfahren Sie die Gründe für diese Regel.) Sie müssen also darauf achten, wie Sie die zu multiplizierenden Matrizen eingeben. Ihr Taschenrechner erlaubt keine Vertauschungen – ansonsten erhalten Sie eine Fehlermeldung. Vorsicht ist also angesagt.

Um eine 2 × 3-Matrix A mit einer 3 × 5-Matrix B zu multiplizieren, gebe ich in meinen Taschenrechner einfach **[A] * [B]** ein und drücke die Eingabetaste, um die resultierende 2 × 5-Matrix zu erhalten.

Zeilenoperationen

Viele Aufgaben in der linearen Algebra beinhalten Vektoren und Matrizen. Und häufig muss man das Format der Matrix ändern, um ein Gleichungssystem zu lösen oder eine Beziehung zwischen Variablen oder Multiplikatoren darzustellen. Graphische Taschenrechner sind ideal für Operationen mit Matrizen geeignet, insbesondere, wenn die Einträge der Matrizen groß und unhandlich sind, oder wenn Sie durch Zahlen dividieren müssen, die zu unübersichtlichen anderen Zahlen führen.

Ich werde in diesem Abschnitt die gebräuchlichsten Operationen aufführen. ***Hinweis***: Möglicherweise werden nicht alle Operationen auf jedem Taschenrechner unterstützt, und einige Taschenrechner haben mehr Operationen als diese. Ihr Handbuch ist in diesem Fall der beste Ratgeber.

Zeilen vertauschen

Sie haben eine Matrix mit vier Zeilen und wollen, dass die vierte Zeile zur ersten wird. (Vielleicht ist das erste Element der vierten Zeile eine 1.) Ihr Taschenrechner sollte zu dieser Vertauschung in der Lage sein. Bei der Eingabe der Befehle für die Operation zur Zeilenvertauschung müssen Sie einem bestimmten Ablauf folgen. Sie müssen angeben, welche Matrix zu bearbeiten ist, weil Sie möglicherweise mehrere Matrizen in Ihren Taschenrechner geladen haben. Anschließend müssen Sie die Zeilen angeben.

Auf meinem Taschenrechner beispielsweise gebe ich ***rowSwap*([A],1,4)** ein, d. h. ich will die Zeilen 1 und 4 der Matrix A vertauschen. Natürlich muss ich zuerst die Matrix eingeben und sie unter dem Namen A speichern. Anschließend muss ich den Befehl *rowSwap* finden. Bei den meisten Taschenrechnern kann man nicht einfach Befehle über die Buchstabentasten eingeben, sondern muss die eingebauten Matrix-Operationen finden. Suchen Sie unter der Matrix-Taste nach dem Menü für die Operationen.

Zwei Zeilen addieren

Sie addieren zwei Zeilen einer Matrix, um die Form zu verändern. Häufig will man einen der Einträge in der Matrix abändern, wobei die anderen Einträge in der Zeile auf dieselbe Weise verändert werden. Beispielsweise will ich in der Matrix A die Zeilen 1 und 3 addieren, weil die Summe der ersten Einträge in diesen beiden Zeilen gleich 0 ist.

$$A = \begin{pmatrix} 1 & 2 & 3 & 4 & 5 \\ 0 & -2 & 5 & 6 & 4 \\ -1 & 3 & 6 & 7 & 2 \\ 3 & 1 & 5 & 3 & 6 \end{pmatrix}$$

Nachdem Sie die Summe haben, müssen Sie feststellen, wohin sie geschrieben werden soll. Wenn ich nur Nullen unter der 1 in der ersten Zeile, erste Spalte haben will, dann will ich, dass die Summe der Zeilen 1 und 3 in die Zeile 3 geschrieben wird.

Die Eingabe für den Taschenrechner muss beinhalten, mit welcher Matrix Sie arbeiten, welche Zeilen addiert werden sollen, und wo die Summe abgelegt werden soll. Bei meinem Taschenrechner verwende ich als Operation für die Zeilenaddition ***row*+([A],1,3)**. Der Taschenrechner schreibt automatisch die Summe in Zeile 3, die zweite im Skript angegebene Zeile. Wenn die Summe in Zeile 1 abgelegt werden soll, schreiben Sie ***row*+([A],3,1)**.

Das Vielfache einer Zeile zu einer anderen Zeile addieren

Wenn Sie lauter Nullen oberhalb und unterhalb eines bestimmten Eintrags in Ihrer Matrix haben wollen, ist es praktisch, wenn alle Einträge das Negative des Zielelements sind. Sie brauchen dann nur die Zeile zu der Zielzeile addieren. Aber so viel Glück hat man nicht immer. Sehr viel häufiger kommt es vor, dass man ein Vielfaches einer Zeile zu einer anderen Zeile addieren muss.

Beispielsweise hat die Matrix A im vorigen Abschnitt eine 1 in Zeile 1, Spalte 1, und eine 3 in Zeile 4, Spalte 1. Um die 3 zu einer 0 zu machen, muss ich Zeile 1 mit –3 multiplizieren und diese Abänderung von Zeile 1 zu Zeile 4 addieren. Das Ergebnis soll in Zeile 4 geschrieben werden. Die Befehle für diese Operation sind:

- ✔ Namensangabe der Matrix
- ✔ Angabe des Vielfachen und der zu multiplizierenden Zeile
- ✔ Angabe der Zeile, zu der das Vielfache addiert werden soll
- ✔ Angabe, wohin das Ergebnis geschrieben werden soll

Uff! Ich gebe in meinen Taschenrechner folgendes ein: * ***row+*****(–3,[A],1,4)**. Zuerst kommt das Vielfache, dann die Matrix, dann die zu multiplizierende Zeile und dann die Zeile, zu der das Produkt addiert werden soll. Das Ergebnis soll ebenfalls in dieser vierten Zeile stehen.

Und jetzt verrate ich Ihnen ein Geheimnis: Ich habe einen Aufkleber in der Klappe meines Taschenrechners angebracht, wo ich mir alle diese Befehle aufgeschrieben habe. Ich kann mir nie merken, was wo stehen soll, und das Handbuch für den Taschenrechner liegt nie griffbereit. Diese kleinen Skripts schreibe ich mir also auf, um schnell nachschlagen zu können. Vielleicht hilft es ja auch Ihnen!

Eine Zeile mit einem Skalar multiplizieren

Sie können eine ganze Matrix mit einem Skalar multiplizieren – jedes Element in der Matrix wird mit derselben Zahl multipliziert. Manchmal will man jedoch nur eine der Zeilen ändern oder mit einer bestimmten Zahl multiplizieren. In der Matrix A möchte ich die Brüche in Zeile 2 loswerden, deshalb multipliziere ich Zeile 2 mit 6. In Matrix B will ich eine 1 als dritten Eintrag in Zeile 3, deshalb multipliziere ich jeden Eintrag in Zeile 3 mit $\frac{1}{2}$.

$$A = \begin{pmatrix} 1 & 3 & 4 & -2 & 5 \\ 0 & \frac{1}{2} & -3 & \frac{2}{3} & \frac{5}{6} \\ 0 & 3 & 5 & 6 & -4 \end{pmatrix} \qquad B = \begin{pmatrix} 1 & 0 & 3 & 4 & -9 & 5 & 6 \\ 0 & 1 & 5 & 6 & 3 & 9 & 0 \\ 0 & 0 & 2 & 5 & 4 & 3 & -1 \end{pmatrix}$$

Die Operation für die Multiplikation einer einzigen Zeile mit einem Skalar ist relativ einfach. Sie geben einfach nur die Matrix, den Faktor und die Zeile an. Bei meinem Taschenrechner gebe ich dafür * ***row*****(6,[A],2)** ein, also zuerst den Faktor, dann die Matrix und dann die Zeile. Die resultierenden Einträge werden wieder in die multiplizierte Zeile geschrieben.

Eine Stufenform erzeugen

Nicht alle Taschenrechner bieten diese Funktion, aber es gibt Geräte, die eine Matrix entgegennehmen und sie in *Stufenform* oder *reduzierte Zeilenstufenform* bringen. Man verwendet die Stufenform, um die Lösung für ein Gleichungssystem zu bestimmen oder die Beziehungen zwischen Variablen in Gleichungen oder andere Beziehungen darzustellen. (Weitere Informationen über Stufenformen finden Sie in Kapitel 4.) Der Taschenrechner schränkt normalerweise die Matrixtypen ein, für die Stufenformoperationen durchgeführt werden: Die Matrix darf nicht mehr Zeilen als Spalten haben.

Die Zeilenstufenform wandelt Ihre Matrix in eine Form um, bei der lauter Einsen an den a_{ii}-Positionen stehen (wo also Zeilen und Spalten die gleiche Nummer haben), wenn die Zeile nicht lauter Nullen enthält, und Nullen unterhalb jeder Eins. Zeilen mit lauter Nullen werden als die letzten Zeilen der Matrix angezeigt. Die reduzierte Zeilenstufenform hat die Einsen an den a_{ii}-Positionen (wenn die Zeile nicht lauter Nullen enthält), und Nullen unterhalb und oberhalb jeder Eins. Die Matrix E ist in ursprünglicher Form, in Zeilenstufenform und reduzierter Zeilenstufenform gezeigt.

$$E = \begin{pmatrix} 1 & 4 & -3 & 18 \\ 3 & -1 & 6 & -12 \\ 1 & 1 & 3 & -2 \end{pmatrix}$$

$$\rightarrow \begin{pmatrix} 1 & -\frac{1}{3} & 2 & -4 \\ 0 & 1 & -\frac{15}{13} & \frac{66}{13} \\ 0 & 0 & 1 & -\frac{62}{33} \end{pmatrix} \rightarrow \begin{pmatrix} 1 & 0 & 0 & \frac{8}{11} \\ 0 & 1 & 0 & \frac{32}{11} \\ 0 & 0 & 1 & -\frac{62}{33} \end{pmatrix}$$

Um diese Operationen mit Ihrem Taschenrechner auszuführen, müssen Sie normalerweise einfach Zugriff auf die entsprechende Operation haben und dann den Matrixnamen eingeben.

In Potenzen erheben und Inverse finden

Mit Ihrem Taschenrechner können Sie eine Matrix in eine wirklich hohe Potenz erheben, und sogar den Kehrwert bilden, um die Inverse der Matrix zu finden. Eine Bedingung ist natürlich, dass Sie es mit einer quadratischen Matrix zu tun haben müssen. Nur quadratische Matrizen können mit sich selbst multipliziert werden. Und nur quadratische Matrizen haben Inverse (obwohl nicht alle quadratischen Matrizen Inverse haben).

Matrizen in Potenzen erheben

Eine Matrix A in die 20. Potenz zu erheben, ist mit Papier und Bleistift ein Horrortrip. Bei einem graphischen Taschenrechner dagegen brauchen Sie nur die Elemente der Matrix einzugeben, sie zu speichern und dann die Matrix in diese Potenz zu erheben. Ich gebe dafür **[A]^20** in meinen Taschenrechner ein.

Inverse suchen

Die Inverse einer Matrix ist eine weitere Matrix derselben Größe wie die ursprüngliche Matrix. Die Inverse der Matrix A multipliziert mit der Matrix A ist eine Einheitsmatrix. Selbst die Multiplikation in umgekehrter Reihenfolge ergibt dieselbe Lösung. Symbolisch: $[A]^{-1} * [A] = [A] * [A]^{-1} = I$.

Um die Inverse einer quadratischen Matrix zu bestimmen, verwenden Sie die vorhandene Kehrwerttaste. Bei einigen Taschenrechnern steht darauf x^{-1}. Bei den meisten Taschenrechnern können Sie aber auch die Caret-Taste, ^-1 verwenden, um die Inverse zu erhalten. Der Taschenrechner teilt Ihnen mit, ob die Matrix singulär ist (keine Inverse hat).

Die Ergebnisse einer Markov-Kette bestimmen

Einige mathematische Modelle von Situationen aus dem echten Leben beschäftigen sich mit der Statusänderung einer Situation in Abhängigkeit von einer Wahrscheinlichkeit. Eine *Markov-Kette* ist ein Prozess, bei dem das Ergebnis eines Experiments oder das Aussehen der nächsten Generation vollständig von der vorhergehenden Situation oder Generation abhängig ist. Grundlegend für die Untersuchung einer Markov-Kette ist eine *Übergangsmatrix*. Eine Übergangsmatrix enthält alle Wahrscheinlichkeiten darüber, dass etwas von einem Status in einen anderen übergeht. Beispielsweise sehen Sie in der folgenden Matrix die Wahrscheinlichkeiten, dass Menschen, die die Produkte A, B oder C gekauft haben, auch beim nächsten Mal A, B oder C kaufen.

$$\begin{array}{c} \\ A \\ B \\ C \end{array}\begin{array}{c} \begin{array}{ccc} A & B & C \end{array} \\ \begin{pmatrix} 0,65 & 0,10 & 0,25 \\ 0,25 & 0,05 & 0,70 \\ 0,35 & 0,15 & 0,50 \end{pmatrix} \end{array}$$

Sie lesen die Einträge von links nach rechts oben. Hier sehen Sie beispielsweise, dass, wenn eine Person jetzt A kauft, die Wahrscheinlichkeit 0,65 oder 65 Prozent beträgt, dass sie auch beim nächsten Mal A kauft; 10 Prozent, dass sie beim nächsten Mal B kauft, und 25 Prozent, dass sie beim nächsten Mal C kauft. Die Wahrscheinlichkeit beträgt nur 5 Prozent, dass eine Person, die jetzt B kauft, auch beim nächsten Mal B kauft.

Mit Hilfe der Übergangsmatrix stellen Sie fest, mit welcher Wahrscheinlichkeit Personen über einen bestimmten Zeitraum A, B oder C kaufen. Wenn Sie die Matrix quadrieren, erkennen Sie, dass der Prozentsatz der Personen, die A zum dritten Mal gekauft haben, nachdem sie es zum zweiten Mal gekauft hatten, auf 53,5 Prozent gesunken ist, und dass die Anzahl derjenigen, die C gekauft haben, nachdem sie A gekauft haben, auf 35,75 Prozent gestiegen ist.

$$\begin{pmatrix} 0,65 & 0,10 & 0,25 \\ 0,25 & 0,05 & 0,70 \\ 0,35 & 0,15 & 0,50 \end{pmatrix}^2 = \begin{pmatrix} 0,535 & 0,1075 & 0,3575 \\ 0,42 & 0,1325 & 0,4475 \\ 0,44 & 0,1175 & 0,4425 \end{pmatrix}$$

Interessant ist jedoch vor allem, was langfristig passiert. Sie können die Matrix in eine höhere Potenz erheben – in diesem Fall habe ich die achte Potenz gewählt –, um zu erkennen, wie die langfristigen Trends aussehen. Die Werte sind jeweils auf das nächste Tausendstel gerundet.

$$\begin{pmatrix} 0,65 & 0,10 & 0,25 \\ 0,25 & 0,05 & 0,70 \\ 0,35 & 0,15 & 0,50 \end{pmatrix}^8 = \begin{pmatrix} 0,484 & 0,114 & 0,402 \\ 0,484 & 0,114 & 0,402 \\ 0,484 & 0,114 & 0,402 \end{pmatrix}$$

Aus der Markov-Kette erkennen Sie, dass 48,4 Prozent der Personen A kaufen, 11,4 Prozent B kaufen und 40,2 Prozent C kaufen.

Systeme mit $A^{-1} * B$ lösen

In Kapitel 1 habe ich Ihnen gezeigt, wie Sie auf die unterschiedlichsten Arten lineare Gleichungssysteme lösen können. Hier zeige ich Ihnen eine Möglichkeit, Gleichungssysteme zu lösen, die nur eine einzige Lösung haben. Sie verwenden die Koeffizientenmatrix A, den Lösungsvektor $\vec{b}$ und multiplizieren die Inverse der Koeffizientenmatrix mit dem Lösungsvektor.

Angenommen, ich will das folgende Gleichungssystem lösen:

$$\begin{cases} 3x_1 - 2x_2 + x_3 + 4x_4 - 9x_5 = -27 \\ 2x_1 + 3x_2 + 3x_3 - x_4 - x_5 = 8 \\ -4x_1 - x_2 - 3x_3 + 2x_4 + 6x_5 = 23 \\ 5x_1 - 7x_2 + x_3 + x_4 + x_5 = 3 \\ x_1 + x_2 + 7x_3 + 4x_4 + 2x_5 = 50 \end{cases}$$

Ganz schön heftig! Fünf Gleichungen und fünf Unbekannte. Solange jedoch die Koeffizientenmatrix nicht singulär ist (das hieße, sie hat keine Inverse), haben wir eine Chance. Wir erstellen eine Matrix A, die aus den Koeffizienten der Variablen besteht, und einen Vektor $\vec{b}$, der aus den Werten der rechten Seiten besteht:

$$A = \begin{pmatrix} 3 & -2 & 1 & 4 & -9 \\ 2 & 3 & 3 & -1 & -1 \\ -4 & -1 & -3 & 2 & 6 \\ 5 & -7 & 1 & 1 & 1 \\ 1 & 1 & 7 & 4 & 2 \end{pmatrix} \qquad \vec{b} = \begin{pmatrix} -27 \\ 8 \\ 23 \\ 3 \\ 50 \end{pmatrix}$$

Das Gleichungssystem wird jetzt durch $A * \vec{x} = \vec{b}$ dargestellt, wobei der Vektor $\vec{x}$ fünf Koordinaten enthält, die für die Werte der fünf Variablen stehen.

Jetzt soll der Taschenrechner die Inverse der Matrix A mit der Matrix B multiplizieren. Der resultierende Vektor hat die Werte der Variablen.

$$(A)^{-1} * \vec{b} = \begin{pmatrix} 1 \\ 2 \\ 3 \\ 4 \\ 5 \end{pmatrix} = \vec{x} = \begin{pmatrix} x_1 \\ x_2 \\ x_3 \\ x_4 \\ x_5 \end{pmatrix}$$

Sie sehen, $x_1 = 1, x_2 = 2, x_3 = 3, x_4 = 4$ und $x_5 = 5$.

Anpassung von Stellenwerten

Um Stellenwerte geht es, wenn Sie versuchen, alle Dezimalstellen zu berücksichtigen, die aus Berechnungen entstehen. Wenn Sie 4 durch 9 dividieren, erhalten Sie 0,4444444…, und die 4 setzt sich ewig fort. Sie runden auf Tausendstel, indem Sie die ersten vier 4en beibehalten und die restlichen abschneiden. Sie runden auf, wenn die Stelle, die entfernt wird, größer oder gleich 5 ist, und Sie runden ab, wenn sie kleiner als 5 ist. Kompliziert? Überlassen Sie Ihrem Taschenrechner die Arbeit.

Eine Möglichkeit ist es, einfach den Modus oder die Einstellungen Ihres Taschenrechners zu ändern. Sie können auswählen, ob der Taschenrechner alle Dezimalstellen anzeigen soll, die er anzeigen kann, oder die Dezimalstellen auf eine, zwei oder drei oder beliebig viele begrenzen. Das ist besonders bei der Arbeit mit Matrizen praktisch. Durch die Begrenzung der Zahlen, die aus Berechnungen entstehen, erkennen Sie die Werte der einzelnen Einträge besser.

In Abbildung 18.2 beispielsweise zeige ich Ihnen, wie das Display aussieht, wenn Sie eine 3×3-Matrix in die achte Potenz erhoben haben. (Das ist die Matrix, die ich bereits im Abschnitt über die Markov-Kette verwendet habe.) Die Dezimalzahlen sind so lang, dass Sie nur die erste Spalte sehen.

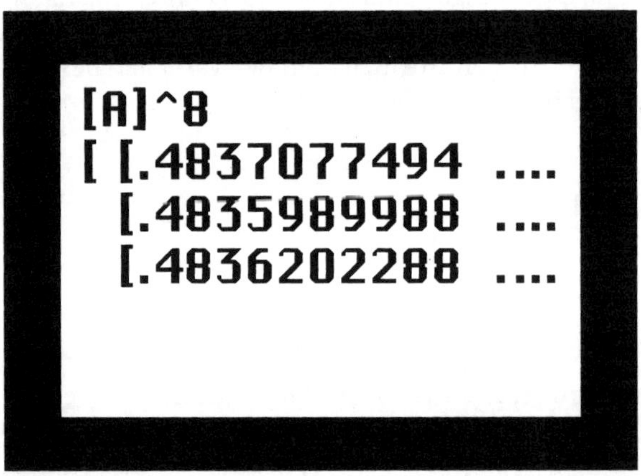

Abbildung 18.2: Sie müssen nach rechts blättern, um den Rest der Matrix zu sehen

Einige Taschenrechner bieten sogar eine Funktion zum Runden, die nach Abschluss der Berechnungen aufgerufen wird. Sie können Anweisungen eingeben, so dass der Taschenrechner alle Einträge einer bestimmten Matrix auf die von Ihnen angegebene Anzahl an Dezimalstellen rundet. Bei meinem Taschenrechner beispielsweise verwende ich die Funktion *round*. Wenn ich *round*([A], 2) eingebe, weiß mein Taschenrechner, dass er für die Matrix A alle Einträge auf zwei Dezimalstellen runden soll. Auf diese Weise kann ich die Ziffern aller Einträge in der in Abbildung 18.2 gezeigten Matrix auf dem Display sehen.

Zehn mathematische Bedeutungen griechischer Buchstaben

19

In diesem Kapitel...

- Einige bekannte und weniger bekannte Bedeutungen griechischer Buchstaben
- Die historische Bedeutung der Verwendung einiger griechischer Buchstaben

Wenn Sie je einer (US-amerikanischen) Studentenverbindung angehört haben, wissen Sie, wie es ist, die griechischen Buchstaben der Reihe nach aufzählen und ihre Groß- und Kleindarstellung kennen zu müssen. Die meisten Verbindungen verwenden drei griechische Buchstaben in ihren Namen, einige auch nur zwei. Und viele andere exquisite Vereinigungen haben griechische Buchstaben gewählt, um ihrem Namen ein traditionelles und historisches Flair zu verleihen.

Mathematiker, Statistiker, Naturwissenschaftler und Ingenieure haben griechische Buchstaben übernommen, um bestimmte Werte oder Quotienten zu repräsentieren. Die griechischen Buchstaben geben den Standard für einen Wert oder eine Berechnung an, die in einem bestimmten Gebiet häufig verwendet werden.

In diesem Kapitel mache ich Sie mit einigen der gebräuchlichsten Verwendungszwecke der Buchstaben des griechischen Alphabets vertraut.

π muss rund sein

Die Fläche eines Kreises wird mit der berühmten Formel $A = \pi r^2$ berechnet.

Sie glauben vielleicht, dass der griechische Buchstabe π schon immer die Zahl 3,14159... dargestellt hat, zumindest seit die Beziehung zwischen dem Umfang und dem Durchmesser eines Kreises entdeckt wurde, aber dem ist nicht so. Die Verwendung von π wird dem Mathematiker Leonhard Euler (1707–1783) zugeschrieben, aber man findet π auch schon kurz vor der Geburt Eulers. Der griechische Buchstabe π wird auch als Archimedes-Konstante bezeichnet – dadurch können Sie sich vielleicht vorstellen, wie lange das Verhältnis zwischen dem Umfang und dem Durchmesser eines Kreises bereits bekannt ist.

Differenzen mit Δ ausdrücken

Als Großbuchstabe gibt der griechische Buchstabe Delta, Δ, eine Änderung oder eine *Differenz* an. In der Mathematik stellt Δx »die Änderung in x« dar – also, wie sehr sich die Variable x unter bestimmten Umständen ändert. Als Kleinbuchstabe steht Delta, δ, ebenfalls für eine Veränderung oder Variation in der Mathematik. Und wenn das δ mit einem + oder – ausgestattet ist, geht es um eine Partialladung auf einem Ion in der Chemie.

Summen entstehen mit Σ

Der Großbuchstabe Sigma, Σ, stellt die Summenterme in einer Reihe oder Folge dar. Σ wird häufig als Summenoperator bezeichnet, d. h. Sie addieren soviele Terme einer bestimmten Formel, wie gefordert.

Als Kleinbuchstabe führt uns Sigma, σ, in die Welt der Statistik. Der Buchstabe σ stellt die Standardabweichung dar, Wenn Sie Sigma quadrieren, σ^2, haben Sie die Varianz oder Streuung.

Und jetzt ϱ

Der griechische Kleinbuchstabe Rho, ϱ, nimmt in unterschiedlichen Kontexten unterschiedliche Bedeutungen an. In der Statistik ist ϱ ein Korrelationskoeffizient, der angibt, wie weit eine Einheit eine andere bestimmt – eine Art Vorhersehbarkeit. In der Physik bezieht sich ϱ auf die Dichte. Dichte wird in Masse pro Volumeneinheiten gemessen, wie beispielsweise 40 kg pro Kubikmeter. Und in der Finanzwelt hat ϱ mit der Abhängigkeit vom Zinssatz zu tun. Wie Sie sehen, ist ϱ ein sehr beliebtes Symbol, das in der Statistik, Physik und im Bankenwesen zuhause ist.

Winkel brauchen θ

Der griechische Kleinbuchstabe Theta, θ, ist ein vertrautes Symbol für Geometriestudenten. Theta ist ein Standardsymbol für einen Winkel. Statt einen Winkel unter Verwendung von drei Punkten anzugeben, wie etwa ∠ABC, schreiben Sie das Symbol θ direkt in den Winkel und verweisen mit diesem einen griechischen Buchstaben auf den Winkel. θ wird auch als das repräsentative Winkelmaß in vielen trigonometrischen Beziehungen und Berechnungen verwendet.

In der Finanzwelt findet man θ als Symbol für die Zeitdauer. Und in der Thermodynamik wird θ für die Temperatur verwendet.

Ein bisschen Abwechslung mit ε

Der griechische Kleinbuchstabe Epsilon, ε, bedeutet in der Mathematik soviel wie *kaum ein Unterschied*. Vielleicht hören Sie irgendwann einen Mathematiker sagen »Er ist nur ein ε von dem Beweis entfernt.« (Ok, doch noch ein ganzes Stück.) Innerhalb von ε bedeutet, dass man nicht exakt an einer bestimmten Stelle ist, man ist darüber, darunter, links, rechts oder anderweitig vom Ziel entfernt.

In der Informatik bezeichnet ε in der Codetheorie eine leere Zeichenkette. Und in der Astronomie bezeichnet das Symbol ε die Neigung der Erdachse – wir liegen leicht daneben.

A-μ-sant

Der griechische Kleinbuchstabe My, μ, ist ebenfalls a-mü-sant. (Entschuldigung, das musste einfach sein.) Tatsächlich ist μ einer der berühmtesten Buchstaben des griechischen Alphabets. Er wird in vielen Bereichen der Mathematik und Naturwissenschaften eingesetzt.

In der Zahlentheorie steht μ für die Möbius-Funktion (eine Funktion aus der Zahlentheorie, die 0, 1 oder –1 ausgibt, abhängig von der Primzahlenzerlegung der eingegebenen Zahl). In der Statistik und Wahrscheinlichkeitsrechnung steht μ für den Mittelwert oder den erwarteten Wert einer Population. Und außerdem ist μ der Reibungskoeffizient in der Physik und die Bedienrate in der Warteschlangentheorie. Außerdem steht der Buchstabe für 10^{-6} oder ein Millionstel.

Woher wissen Sie also, was das μ, das Ihnen gerade begegnet ist, bedeutet? Das hängt ganz davon ab, mit wem und worüber Sie sprechen!

Das Lambda

Der Buchstabe Lambda, λ, ist ein weiterer sehr vielseitiger griechischer Buchstabe. Sie finden ihn in Kapitel 16, wo es um Eigenwerte und Eigenvektoren geht. Das λ steht für die Eigenwerte der betrachteten Matrix.

λ steht auch für einen Mikroliter – ein Volumenmaß, das einem Kubikmillimeter entspricht (also nicht sehr viel). Bei der Messung von Funkwellen stellt λ eine Wellenlänge dar. In der Physik stellt λ die durchschnittliche Lebensdauer einer Exponentialverteilung dar. Und in der Wahrscheinlichkeitstheorie finden Sie λ als erwartete Anzahl der Vorkommen in einer *Poisson-Verteilung* (die die Wahrscheinlichkeit ausdrückt, dass bestimmte Ereignisse auftreten, basierend auf den Durchschnittswerten aus vergangenen Beobachtungen.)

Haben Sie einen ΦBK-Schlüssel?

Eine große persönliche Ehre ist es, als Mitglied von Phi Beta Kappa aufgenommen zu werden. ΦBK ist eine exquisite Vereinigung, deren Mitglieder die Besten der Besten sind. Die Gesellschaft wurde 1776 am College of William & Mary gegründet. Es ist die älteste derartige Gesellschaft in Amerika. Die Buchstaben ΦBK stehen für »Die Liebe zum Lernen ist der Führer durch das Leben«.

Und ω zum Schluss

Wenn es um Anfang und Ende geht, spricht man auch oft von *Alpha und Omega*. Das sind der erste und der letzte Buchstabe des griechischen Alphabets. Der Kleinbuchstabe Omega, ω, wird natürlich auch in anderen Situationen angewendet. In der Wahrscheinlichkeitstheorie steht ω für ein mögliches Ergebnis eines Experiments. Und obwohl normalerweise der Großbuchstabe N für die Menge der natürlichen Zahlen verwendet wird, finden Sie manchmal auch ω als deren Bezeichnung in der Mengentheorie.

Der Großbuchstabe Omega, Ω, steht für Ohm bei Elektrikern und die Winkelgeschwindigkeit eines Planeten bei Astronomen. Mathematiker haben auch eine Omega-Funktion, Ω, die angibt, wie viele Primfaktoren eine Zahl hat.

Glossar

(Ab)bild: Die resultierende Matrix bzw. der resultierende Vektor nach der Ausführung einer Funktionsoperation auf eine Matrix oder einen Vektor.

Abgeschlossenheit: Die Eigenschaft von Zahlensystemen und Vektorräumen, dass bestimmte im System verwendete Operationen wieder nur Elemente dieses Systems oder Vektorraums erzeugen. Die ganzen Zahlen sind abgeschlossen für die Addition, aber nicht für die Division (die Division von 4 durch 5 erzeugt kein Ergebnis, das innerhalb der ganzen Zahlen liegt).

Abhängiges Gleichungssystem: Ein Gleichungssystem, bei dem mindestens eine der Gleichungen eine Linearkombination einer oder mehrerer anderer Gleichungen im System ist.

Absolutwert: Der numerische Wert einer Zahl ohne Berücksichtigung ihres Vorzeichens. Der Abstand der Zahl von Null. Der Absolutwert von +3 und –3 ist 3.

Adjunkte: Die Transponierte einer quadratischen Matrix, die man erhält, wenn jedes Element durch seinen Kofaktor ersetzt wird. Jedes Element a_{ij} wird durch den Kofaktor des Elements in a_{ji} ersetzt. Auch als Adjungierte bezeichnet.

Äquivalente Matrix: Zwei $m \times n$-Matrizen, wobei eine aus der anderen erzeugt wird, indem elementare Zeilenoperationen angewendet werden.

Assoziativität: Die Eigenschaft der Addition und der Multiplikation, dass das Endergebnis gleich bleibt, wenn die Elemente in der Operation umgruppiert werden. Die Addition $(8 + 3) + 4$ ergibt dasselbe Ergebnis wie die Addition von $8 + (3 + 4)$.

Basis: Eine Menge von Vektoren, $\{\vec{v}_1, \vec{v}_2, \vec{v}_3, \ldots\}$, die einen Vektorraum V aufspannen, und die die Eigenschaft hat, dass die Vektoren linear unabhängig sind.

Benachbart: neben; mit gemeinsamer Seite oder Kante; ohne etwas dazwischen. Die Zahlen 2 und 3 sind benachbarte ganze Zahlen. Im Rechteck ABCD sind die Seiten AB und BC benachbart.

Beschränkung: Ein Kriterium oder eine einschränkende Regel, die festlegt, welche Werte eine Variable annehmen darf. Die Variable x kann beispielsweise auf Zahlen größer 2 beschränkt sein: $x > 2$.

Betrag eines Vektors: Die Länge eines Vektors. Der Wert, den man durch Berechnung der Quadratwurzel der Summe der Quadrate der Koordinaten erhält.

Bild einer Funktion f: Alle Ergebnisse bei der Ausführung einer Funktion auf alle Elemente einer Menge.

Bild einer Lineartransformation: Alle Vektoren, die Ergebnisse einer Lineartransformation eines Vektorraums sind.

Charakteristisches Polynom: Die Determinante der quadratischen Matrix, die durch Subtraktion eines Vielfachen einer Einheitsmatrix von einer Transformationsmatrix definiert ist, $A - \lambda\vec{I}$.

Determinante: Die Summe aller Produkte aller möglichen Permutationen der Einträge einer quadratischen Matrix. Jedes Produkt wird mit +1 oder –1 multipliziert.

Diagonale Matrix: Eine quadratische Matrix, deren nicht auf der Hauptdiagonalen liegenden Elemente alle Null sind.

Diagonalisierbare Matrix: Eine Matrix, für die Sie eine ihr ähnliche diagonale Matrix erstellen können.

Dimension einer Matrix: Die Anzahl der Zeilen und Spalten einer Matrix, dargestellt im Format $m \times n$.

Dimension eines Vektorraums: Die Anzahl der Vektoren in der Basis des Vektorraums.

Distributiveigenschaft: Eine Eigenschaft der Multiplikation über die Addition. Man multipliziert eine Summe (bzw. Differenz) mit einem Faktor, indem man jeden Summand (bzw. Minuend und Subtrahend) mit diesem Faktor multipliziert und anschließend die Produktwerte addiert (bzw. subtrahiert). Bei der Verteilung der Zahl 2 über die Summe aus 4 und 5 sind die Ergebnisse auf jeder Seite der Gleichung gleich: $2(4+5) = 2 \cdot 4 + 2 \cdot 5$.

Drehung: Eine Transformation, bei der die Punkte um einen bestimmten Drehwinkel an andere Positionen überführt werden. Der Drehwinkel ist der Winkel zwischen den Geraden, die durch Verbinden des Ausgangspunktes bzw. Bildpunktes mit dem Scheitelpunkt entstehen.

Dreiecksmatrix: Eine Matrix, bei der alle Elemente oberhalb oder unterhalb der Hauptdiagonalen 0 sind. Eine obere Dreiecksmatrix hat die Nullen unterhalb der Hauptdiagonalen, eine untere Dreiecksmatrix hat die Nullen oberhalb der Hauptdiagonalen.

Eigenvektor: Ein Vektor $\vec{x}$, der einer quadratischen Matrix A zugeordnet ist, so dass gilt $A\vec{x} = \lambda\vec{x}$, wobei λ ein beliebiger Skalar ist. Der Skalar λ wird als Eigenwert von A bezeichnet. Man sagt, $\vec{x}$ ist ein Eigenvektor zum Eigenwert λ.

Eigenwert: Eine Zahl, die einer Matrix zugeordnet ist. Die Multiplikation eines Eigenwertes mit einem Vektor (Eigenvektor) ergibt dasselbe wie die Multiplikation der Matrix mit dem Vektor. Der resultierende Vektor ist dann also der ursprüngliche Vektor mal dem Eigenwert. Für die quadratische Matrix A, den Vektor $\vec{x}$ und den Eigenwert λ gilt $A\vec{x} = \lambda\vec{x}$.

Einheitsvektor: Ein Vektor mit dem Betrag 1.

Erweiterte Matrix: Eine Matrix, die aus den Koeffizienten eines linearen Gleichungssystems besteht, und einer letzten Spalte, die die Konstanten (den Vektor rechts des Gleichheitszeichens) enthält. Jede Spalte enthält die Koeffizienten der jeweils selben Variablen aus dem System.

Erzeugendensystem: Eine Menge von Vektoren $\{\vec{v}_1, \vec{v}_2, ..., \vec{v}_k\}$, aus deren Linearkombinationen alle Vektoren in einem Vektorraum gebildet werden können.

Freie Variable: Eine Variable in einem Gleichungssystem, unter deren Verwendung die anderen Variablen dargestellt werden können. Die Variable x_3 ist eine freie Variable, wenn $x_1 = 2x_3$ und $x_2 = 3x_3$.

Geometrisches Mittel: Eine Zahl zwischen zwei anderen Zahlen, die gebildet wird, indem die positive Quadratwurzel des Produkts der beiden Zahlen berechnet wird. Das geometrische Mittel von 4 und 9 ist 6, weil 6 die Quadratwurzel von $4 \times 9 = 36$ ist.

Geordnetes Paar (Tripel, Quadrupel): Die Auflistung aller Koordinaten der Punkte oder Elemente eines Vektors, angegeben in runden Klammern und durch Kommas voneinander getrennt, wobei die Reihenfolge natürlich und sequentiell ist. Der Punkt (2, 3) im Koordinatensystem ist ein geordnetes Paar, mit $x = 2$ und $y = 3$.

Halbumfang: Der halbe Umfang eines Polygons (Vielecks).

Hauptdiagonale einer Matrix: Die Gesamtheit der Einträge einer quadratischen Matrix, bei denen beide Indexangaben gleich sind: $a_{11}, a_{22}, \ldots, a_{kk}$. Diese Elemente beginnen links oben und verlaufen nach rechts unten in der Matrix.

Homogenes Gleichungssystem: Ein System aus Gleichungen, die alle gleich Null gesetzt sind. Das System hat immer eine Lösung. Die Lösung ist *trivial,* wenn alle Variablen gleich Null sind, und *nicht trivial,* wenn nicht alle Variablen gleich Null sind.

Einheitsmatrix: Eine quadratische Matrix, auf deren Hauptdiagonalen (von oben links nach unten rechts) nur Einsen stehen, und deren restliche Einträge Nullen sind.

Index eines Matrixeintrags: Die Zeilen- und Spaltenangabe oder Position des Eintrags a, angegeben durch den Index a_{ij}. Der Eintrag a_{24} liegt in der zweiten Zeile und vierten Spalte der Matrix.

Inkonsistentes Gleichungssystem: Ein lineares System, das keine Lösung hat.

Inverse Matrix: Eine quadratische Matrix, die einer anderen Matrix zugeordnet ist, so dass das Produkt der Matrix und ihrer Inversen die Einheitsmatrix ergibt.

Inversion oder Fehlstand (einer Permutation): Eine Permutation, bei der eine größere ganze Zahl einer kleineren ganzen Zahl vorausgeht. Wenn Sie die Permutationen der ersten drei positiven ganzen Zahlen betrachten, gilt: Die Permutation 132 hat eine Inversion (3 steht vor 2), und die Permutation 321 hat drei Inversionen (3 steht vor 2, 3 steht vor 1, 2 steht vor 1).

Invertierbare Matrix: Eine quadratische Matrix, die eine Inverse hat. Auch als *nicht singuläre Matrix* bezeichnet.

Kehrwert (Reziprokwert): Eine in die Potenz –1 erhobene reelle Zahl (außer Null). Der Kehrwert von 2 ist $\frac{1}{2}$, der Kehrwert von $\frac{4}{3}$ ist $\frac{3}{4}$. Das Produkt einer Zahl mit ihrem Kehrwert ist 1.

Kern der Lineartransformation: Eine Untermenge eines Vektorraums, die durch bestimmte Linearkombinationen auf den 0-Vektor abgebildet wird.

Koeffizient: Ein konstanter Faktor einer Variablen, einer Matrix oder eines Vektors. Im Term 2x ist die Zahl 2 der Koeffizient.

Koeffizientenmatrix: Eine Matrix, die aus allen Koeffizienten der Variablen in einem linearen Gleichungssystem besteht.

Kofaktoren einer Matrix: Werden aus einer Matrix erstellt, indem die Determinanten der Untermatrizen (Minoren) der Matrix mit Potenzen von –1 multipliziert werden. Der Kofaktor A_{ij} der Matrix A ist gleich $(-1)^{i+j}\det(M_{ij})$, wobei M_{ij} eine Untermatrix der Matrix ist.

kollinear: Auf derselben Geraden liegend.

Kommutativität: Die Eigenschaft von Addition und Multiplikation, dass das Ergebnis sich nicht ändert, wenn die Reihenfolge der Elemente der Operation vertauscht wird. Die Multiplikation von $4 \cdot 5$ ergibt dasselbe wie die Multiplikation von $5 \cdot 4$.

konsekutiv: Eigenschaft von Elementen, die unmittelbar aufeinander folgen. Die ganzen Zahlen 4, 5 und 6 sind drei konsekutive ganze Zahlen.

konsistentes Gleichungssystem: Ein Gleichungssystem, das mindestens eine Lösung hat.

Konstante: Ein Wert, der sich nicht ändert. Im Ausdruck $x^2 + x + 4$ ist die Zahl 4 eine Konstante, x ist eine Variable.

Kontraktion: Eine Funktion oder Transformation, die Distanzen verkürzt. Die Funktion f für das Element u ist eine Kontraktion, wenn $f(u) = ru$ mit $0 < r < 1$.

Koordinatenachsen: Senkrecht aufeinander stehende Geraden, die die Ebene in vier Quadranten unterteilen. Traditionell ist die x-Achse die horizontale Achse, die y-Achse die vertikale Achse.

Koordinatenvektor: Ein Spalten- oder Zeilenvektor reeller Zahlen $a_1, a_2, \ldots, a_k$, der verwendet wird, um einen Vektor mit Hilfe der geordneten Basis $S = (\vec{v}_1, \vec{v}_2, \ldots, \vec{v}_k)$ in der Form $a_1\vec{v}_1 + a_2\vec{v}_2 + \ldots + a_k\vec{v}_k$ darzustellen.

Lineare Gleichung: Eine Gleichung der Form $a_1x_1 + a_2x_2 + \ldots a_kx_k = b$, wobei die a Koeffizienten, die x Unbekannte und b eine Konstante sind.

Lineare Hülle: Alle Vektoren in einem Vektorraum V, die Linearkombinationen einer Vektormenge $\{\vec{v}_1, \vec{v}_2, ..., \vec{v}_k\}$ (Erzeugendensystem genannt) sind, werden als Lineare Hülle bezeichnet.

Lineare Unabhängigkeit: Liegt vor, wenn die Linearkombination einer Menge von Elementen nur dann gleich 0 ist, wenn alle Skalarfaktoren gleich 0 sind. Die Menge der Vektoren $\{\vec{v}_1, \vec{v}_2, \ldots, \vec{v}_k\}$ ist linear unabhängig, wenn nur dann $a_1\vec{v}_1 + a_2\vec{v}_2 + \ldots + a_k\vec{v}_k = 0$ ist, wenn $a_1 = a_2 = \ldots = a_k = 0$.

Linearkombination: Die Summe aus beliebigen Vielfachen von Elementen einer bestimmten Menge. Eine Linearkombination aus Elementen einer Vektorenmenge und Skalaren wird dargestellt als $a_1\vec{v}_1 + a_2\vec{v}_2 + \ldots + a_k\vec{v}_k$, wobei jedes a_i eine reelle Zahl und jedes $\vec{v}_i$ einen Vektor darstellt.

Lineartransformation (Operator): Eine Transformation oder Operation auf Elemente einer Menge, bei der es unerheblich ist, ob Addition und Skalarmultiplikation vor oder nach der Transformation durchgeführt werden. Wenn T die Transformation ist und $\vec{u}$ und $\vec{v}$ Vektoren und a und b Skalare, dann ist $T(a\vec{u} + b\vec{v}) = aT(\vec{u}) + bT(\vec{v})$.

Lösung von linearen Gleichungssystemen: Geordnete Zahlenmenge, die beim Einsetzen in die Gleichungen des Systems wahre Aussagen erzeugt.

Matrix: Ein rechteckiges Feld aus Zahlen (oder sonstigen Einträgen) mit m horizontalen Zeilen und n vertikalen Spalten.

Natürliche Basis von Vektoren: Die Basis einer Vektormenge, wobei ein Eintrag in jedem Vektor gleich 1 ist und die anderen Einträge gleich 0 sind, und keine zwei Vektoren die 1 an derselben Position haben. Siehe auch *Standardbasis von Matrizen*.

Nebendiagonale: Die Diagonale einer quadratischen Matrix, die von oben rechts nach unten links in der Matrix verläuft.

Neutrales Element: Ein Element einer Menge, das einer Operation zugeordnet ist und in Verbindung mit der Anwendung der Operation auf ein anderes Element den Wert oder Status dieses anderen Elements nicht verändert. Im reellen Zahlensystem ist das neutrale additive Element 0, das neutrale multiplikative Element ist 1.

Nicht invertierbare Matrix: Eine quadratische Matrix, für die es keine Inverse gibt. Auch als *singuläre Matrix* bezeichnet.

Nicht singuläre Matrix: Eine quadratische Matrix, die eine Inverse hat. Auch als *invertierbare Matrix* bezeichnet.

Nicht triviale Lösung: Eine Lösung eines homogenen Gleichungssystems, bei der die Werte der Skalare nicht alle Null sind.

Nullmatrix: Eine $m \times n$-Matrix, in der jeder Eintrag 0 ist.

Nullraum: Die Menge aller Lösungen eines Systems homogener Gleichungen.

Orthogonal: Vektoren, deren Skalarprodukt gleich 0 ist. Eine orthogonale Basis eines Vektorraums ist eine Basis, in der alle Vektoren orthogonal zueinander sind.

Orthonormalbasis: Eine orthogonale Basis einer Vektormenge, in der alle Vektoren den Betrag 1 haben.

Parallelflach: Ein Polyeder (Vielflach), wobei alle Seiten Parallelogramme sind.

Parallelogramm: Ein vierseitiges Polygon, bei dem die gegenüberliegenden Seiten jeweils parallel und kongruent sind.

Parameter: Eine Variable, mit deren Hilfe eine Beziehung ausgedrückt wird, und durch deren Wert verschiedene Fälle unterschieden werden können.

Parametrische Gleichung: Eine Gleichung, in der ein Parameter verwendet wird, um zwischen den verschiedenen Fällen zu unterscheiden. In der Normalform der linearen Gleichung $y = mx + b$ sind m und b Parameter, die sich auf die Neigung und den y-Schnittpunkt des Graphen der Geraden auswirken.

Permutation: Eine Umordnung einer geordneten Auflistung von Elementen. Die sechs Permutationen der ersten drei Buchstaben des Alphabets sind: abc, acb, bac, bca, cab und cba.

Polyeder: Ein Körper mit mehreren ebenen Oberflächen.

Polynom: Eine Funktion, dargestellt durch $f(x) = a_n x^n + a_{n-1} x^{n-1} + a_{n-2} x^{n-2} + \ldots + a_1 x^1 + a_0$, wobei a reelle Zahlen und n ganze Zahlen sind.

Skalarprodukt (inneres Produkt) von zwei Vektoren: Die Summe der Produkte der einander entsprechenden Einträge der Vektoren.

Quadratische Matrix: Eine Matrix, die eben so viele Zeilen wie Spalten hat.

Rechter Winkel: Ein Winkel mit 90°, dessen Schenkel senkrecht aufeinander stehen.

Reelle Zahl: Jede rationale oder irrationale Zahl.

Schiefsymmetrische Matrix: Eine Matrix, für jeden derer Einträge gilt: $a_{ij} = -a_{ji}$. Die Matrix ist gleich dem Negativen ihrer Transponierten. Wenn der Eintrag in Zeile 2, Spalte 3 gleich 4 ist, dann ist der Eintrag in Zeile 3, Spalte 2 gleich –4.

Senkrecht (lotrecht): Im rechten Winkel zueinander.

Singuläre Matrix: Eine quadratische Matrix, für die es keine Inverse gibt. Auch als *nicht invertierbare* Matrix bezeichnet.

Skalar: Eine Konstante oder ein Konstantenvielfaches.

Spaltenmatrix (Vektor): Eine $m \times 1$-Matrix. Eine Matrix mit einer Spalte und m Zeilen.

Spiegelung: Eine Transformation, bei der alle gespiegelten Punkte auf die entgegengesetzte Seite der Spiegelachse übertragen werden, und zwar in gleicher Distanz zur Spiegelachse und auf einer Geraden liegend, die senkrecht zur Spiegelachse verläuft.

Standardbasis von Matrizen: Eine Basis, deren Vektoren die Spalten einer Einheitsmatrix sind. Jeder Vektor enthält also nur ein Element ungleich Null, das außerdem immer gleich 1 ist.

Standardposition eines Vektors: Ein Vektor, dessen Ausgangspunkt am Ursprung liegt.

Strahl: Eine geometrische Figur, die an einem Punkt beginnt, und sich von dort ins Unendliche erstreckt (Halbgerade).

Streckung: Eine Funktion oder Transformation, bei der Distanzen verlängert werden. Die Funktion f für das Element u ist eine Streckung, wenn $f(u) = ru$, mit $r > 1$.

Transformation: Ein Übergang von einem Ausdruck, einer Figur oder einem Format in einen anderen, eine andere bzw. ein anderes unter Anwendung eines definierten Prozesses oder einer definierten Regel.

Translation: Eine Transformation, bei der alle Punkte in neue Positionen übergeführt werden, indem ein Vektor in einem bestimmten Winkel und mit einer bestimmten Länge angelegt wird (Parallelverschiebung).

Transponierte einer Matrix: Eine Matrix, die erzeugt wird, indem alle Zeilen einer Matrix zu Spalten und alle Spalten zu Zeilen werden. Jedes Element a_{ij} wird zum Element a_{ji}.

Triviale Lösung: Liegt vor, wenn die Lösung eines homogenen Systems nur Variablen gleich 0 hat.

Übergangsmatrix (Abbildungsmatrix): Eine Matrix, die in der Regel oder dem Prozess verwendet wird, die durch eine Transformation definiert sind.

Unabhängige Gleichungen: Ein Gleichungssystem, für das keine der Gleichungen eine Linearkombination aus den anderen Gleichungen im System ist.

Untermatrix: Eine Untermenge einer Matrix, die entsteht, indem die Zeile und die Spalte entfernt werden, die einem bestimmten Element zugeordnet sind. Eine Untermatrix ist mit dem a_{ij}-ten Element der ursprünglichen Matrix insoweit verknüpft, als sie durch Löschung der i-ten Zeile und die j-ten Spalte der Ursprungsmatrix gebildet wird.

Untervektorraum: Ein Vektorraum, der eine Untermenge eines Vektorraums ist, und auf dem dieselben Operationen gelten wie im Vektorraum.

Variable: Eine unbekannte Größe, die nur einen der Werte aus einer vorgegebenen Menge annehmen kann. In den meisten Situationen nimmt eine Variable x im Ausdruck $2x + 3x^2$ den Wert einer reellen Zahl an.

Vektor: Ein Element eines Vektorraums.

Vektor im zweidimensionalen Raum: Eine messbare Größe, die durch ihren Betrag und ihre Richtung beschrieben wird. Eine gerichtete Strecke in der Ebene.

Vektorraum: Eine Menge von Elementen, die bestimmte Eigenschaften in Hinblick auf zwei definierte Operationen $\odot$ und $\oplus$ besitzen, einschließlich der Existenz von neutralen und inversen Elementen.

Zeilenmatrix: Eine $1 \times n$-Matrix. Eine Matrix mit einer Zeile und n Spalten.

Stichwortverzeichnis

A

B

C

D

E

F

G

H

I

K

L

M

N

O

P

Q

R

S

T

U

V

W

Z